现代信息资源管理丛书

邱均平　主编

Development and Utilization of Web Information Resources

网络信息资源开发与利用

张洋　等　编著

科学出版社

北　京

内 容 简 介

本书是《现代信息资源管理丛书》之一。

本书在广泛吸取国内外相关研究成果的基础上，从基础理论、开发方法、利用实践三个方面对网络信息资源开发和利用问题进行了系统的研究。书中深入探讨了网络信息资源开发与利用的基本问题，也包括网络信息资源评价，网络信息资源采集，网络信息资源组织，网络信息资源检索，网络信息资源服务和网络科技、商务、公共信息资源利用等具体问题。

本书既适合高等院校信息管理、情报学、图书馆学、工商管理、企业管理、新闻与传播、电子商务、管理科学与工程等有关专业的教学和科研使用，也可供广大信息工作者、网络工作者、科技工作者和有关管理人员学习参考。

图书在版编目(CIP)数据

网络信息资源开发与利用 / 张洋等编著 . —北京：科学出版社，2010
（现代信息资源管理丛书 / 邱均平主编）
ISBN 978-7-03-027383-3

Ⅰ. ①网… Ⅱ. ①张… Ⅲ. ①计算机网络 - 信息管理：资源管理 - 研究
Ⅳ. ①TP393. 07 ②G354. 4

中国版本图书馆 CIP 数据核字（2010）第 077900 号

责任编辑：李 敏 刘 鹏 / 责任校对：钟 洋
责任印制：钱玉芬 / 封面设计：鑫联必升

科学出版社出版
北京东黄城根北街 16 号
邮政编码：100717
http://www.sciencep.com
骏杰印刷厂印刷
科学出版社发行 各地新华书店经销
*
2010 年 5 月第 一 版 开本：B5（720 × 1000）
2010 年 5 月第一次印刷 印张：29 1/4
印数：1—3 000 字数：562 000

定价：48.00 元
（如有印装质量问题，我社负责调换）

《现代信息资源管理丛书》编委会

总　序

信息资源管理（information resource management，IRM）是20世纪70年代末兴起的一个新领域。30多年来，IRM已发展成为影响最广、作用最大的管理领域之一，是一门受到广泛关注的富有生命力的新兴学科。IRM对经济社会可持续发展和提高国家、区域、组织乃至个人的核心竞争力来说，都具有基础性的意义和独特的价值。

在国际范围内，受信息技术进步的推动和经济社会管理需求的牵引，IRM理论研究和职业实践发展迅速，并呈现出一些明显的特征：①广泛融合了信息科学、经济学、管理学、计算机科学、图书情报学等多学科的理论方法，形成以“信息资源”为管理对象的一个新学科，在管理学知识地图中确立了自己的地位。②研究范式的形成和变化。IRM的记录管理学派、信息系统学派、信息管理学派各自发展，以及管理理念、理论和技术方法的交叉融合，形成了IRM的集成管理学派。集成管理学派以信息系统学派的继承和发展为主线，吸收了记录管理学派的内容管理和信息管理学派的社会研究视角，形成了IRM强调“管理”和“技术”，并在国家、组织、个人层面支持决策和各自目标实现的新的研究范式[①]。③研究热点的变化。当前IRM研究在国家、组织、个人层面上表现出新的研究热点，如国家层面的国家信息战略、国家信息主权与信息安全、信息政策与法规、支持危机管理的信息技术等；组织层面的信息系统理论，信息技术（系统）的绩效、价值与应用，IT投资，知识管理，电子商务，电子政务，IT部门与IT员工，虚拟组织，IRM技术等[②]；个人层面的人—机交互、My Library、

① 麦迪·克斯罗蓬．信息资源管理的前沿领域．沙勇忠等译．北京：科学出版社，2005

② Mehdi Khosrow-Pour. Advanced Topics in Information Resources Management（Volume 1-5）. Hershey：IGI Publishing，2002～2006

个人信息管理（personal information management，PIM）框架、PIM工具与方法等[①]。④职业实践的发展。IRM的基础管理意义和强大的实践渗透力不断催生出新的信息职业、新的信息专业团体和新的信息教育。组织中的CIO作为一个面向组织决策的高层管理职位，正经历与COO、CLO、CKO等的角色融合与再塑；信息专业团体除信息科学学（协）会、图书馆学（协）会、计算机学（协）会、竞争情报学（协）会、数据处理管理学（协）会、互联网协会等之外，专门的信息资源管理协会也开始成立，如美国信息资源管理协会(Information Resources Management Association，IRMA)；同时，IRM作为高等教育中的一个专业或课程，广泛渗透于图书情报、计算机、工商管理等学科领域，这种多元并存的教育格局一方面加剧了IRM的职业竞争，另一方面也成为推动IRM学科发展和保持职业生命力的重要因素。

随着IRM在中国的发展，中国的图书情报档案类高等教育与IRM的关系日益密切[②]，进入21世纪以后，出现了面向IRM的整体改革趋势和路径选择。在2006年召开的“第二届中美数字时代图书馆学情报学教育国际研讨会”上，与会图书情报（信息管理）学院院长（系主任）签署的《数字时代中国图书情报与档案学教育发展方向及行动纲要》中明确提出：“图书情报档案类高等教育应定位于信息资源管理，定位于管理科学门类”，认为“面向图书馆、情报、档案与出版工作的图书情报学类高等教育是信息资源管理事业健康发展的重要保障”[③]，显示了面向IRM已成为中国图书情报档案类高等教育改革的一个集体共识。在这一背景下，图书情报档案类学科如何在IRM大的学科框架

① William Jones. Personal Information Management. *In*: Annual Review of Information Science and Technology. Volume 41，2007

② 在我国目前的高等教育体系中，图书馆学、信息管理与信息系统、档案学、编辑出版学分别属于教育部高等教育司颁布的《普通高等学校本科专业目录和专业介绍》中的本科专业；图书馆学、情报学、档案学、出版发行学分别属于国务院学位委员会《授予博士硕士学位和培养研究生的学科专业目录》中的二级学科。但它们分别属于不同的学科门类（如本科专业中的管理学类、文学类）和一级学科（如研究生专业中的管理科学与工程，图书馆、情报与档案管理）

③ 数字时代中国图书情报与档案学教育发展方向及行动纲要．图书情报知识，2007，(1)

下发展，以信息资源作为对象和逻辑起点进行知识更新与范畴重建，并突出“管理”和“技术”的特点，已成为我国图书情报档案类学科理论研究和教学改革的新的使命和任务。毫无疑问，这将是中国图书情报档案类学科及其教育在新世纪所面临的一次方向性变革和结构性调整，不仅意味着理论形态及其知识体系的改变，也意味着实践模式的革新。《现代信息资源管理丛书》的出版就是出于对这一使命的认识和学术自觉。事实上，我国“图书馆、情报与档案管理”（或称“信息资源管理”）学科领域的教学和研究已经发生了深刻变革，其范围不断扩大，内容更加充实，应用面也在拓展。为了落实“宽口径、厚基础，培养通用型人才”的要求，很多学校的教学工作正在由按二级学科专业过渡到按一级学科来组织，而现已出版的信息管理类丛书仅针对“信息管理与信息系统”专业的需要，适用面较窄，不能满足一级学科的教学、科研和广大读者的迫切需要。因此，根据高等学校 IRM 类学科发展与专业教育改革的需要和图书市场的需求，为了建立结构合理、系统科学的学科体系和专业课程体系，创建符合 IRM 的学科发展和教学改革要求的著作体系，进一步推动本学科领域的教学和科研工作的全面、健康和可持续发展，武汉大学、华中师范大学、黑龙江大学、兰州大学、南京理工大学、中山大学、吉林大学、华东师范大学、湘潭大学、郑州大学、西安电子科技大学和郑州航空工业管理学院等 12 所高校信息管理学院（系、中心）的多名专家、学者共同发起，在广泛协商的基础上决定联合编著一套《现代信息资源管理丛书》（以下简称《丛书》），由科学出版社正式出版。我们希望能集大家之智慧、博采众家之长写出一套有价值、有特色、高水平的信息资源管理领域的科学著作，既展示本学科领域的最新丰硕成果，推动科学研究的不断深入发展，又能满足教学工作和广大读者的迫切需要。

《丛书》的显著特点主要是：①定位高，创新性强。《丛书》中的每部著作都以著述为主、编写为辅。既融入自己的研究成果，形成明显的个性特色，又构成一个统一体系，能够用于教学；既是反映国内外学科前沿研究成果的创新性专著，又是适合高校本科生和研究生教学需要的新教材；同时还可以供相关学科领域和行业的广大读者学习参考。②范围广，综合性强。《丛书》涉及“图书馆、情报与档案管理”整个一级学科，包括图书馆学、情报学、档案学、信息管理与信息系统、编辑出版、电子商务以及信息资源管理的其他专业领域，体现出学科综合、方法集成、应用广泛的明显特点。③水平高，学术性强。《丛书》的著者都具有博士学位或副教授以上职称，都是教学、科研第一线的骨干教师或学术带头人，既具有较高的学术水平和雄厚的科研基础，又有撰写著作的经验，从而为打造高水平、高质量的系列著作提供了人才保障；同时，按照理论、方法、应用三结合的思路构建各种著作的内容体系，体现内容上的前瞻性、科学性、系统性和实用性；在信息资源管理理论与信息技术结合的基础上，对信息技术和方法有所侧重；书中还列举了典型的、有代表性的案例，充分体现其实用性和可操作性；注重整套丛书的规范化建设，采用统一版式、统一风格，表现出较高的规范化水平。

《丛书》由武汉大学博士生导师邱均平教授全程策划、组织实施并担任主编，王伟军、马海群、沙勇忠、王学东、毕强、赵捧未、况能富、范并思、王新才、甘利人、刘永、夏立新、唐晓波、张美娟、赵蓉英、文庭孝、张洋、颜端武担任副主编。为了统一认识，落实分工合作任务，在《丛书》主编主持下，先后在武汉大学召开了两次编委会。第一次编委会（2005 年 11 月 27 日）主要讨论了选题计划，确定各分册负责人；然后分头进行前期研究、撰写大纲，并报给主编进行审订或请有关专家评审，提出修改意见。经过两年多的准备和研究，2007 年 12 月 23 日召开了第二次编委会，进一步审订了各分册的编写大纲、落实作者队伍、确定交稿时间和出版计划等，并商定在 2008～2009 年内将近 20 本分册全部出版发行。会后各分册的撰著工作全面展开，进展顺利。在 IRM 大学科体系框架下，我们选择 20 个主题分头进行研究，其研究成果构成本套丛书著作。这些著作反映了 IRM 领域的重要分支或新的专业领域的创新性研究成果，基本上构成了一个较为全面、系统的现代信息资源管理的学科体系。参与撰著的作者来自30多所高校或科研院所，有着广泛的代表性。其中，已确定的18本分册的名称和负责人分别是：《信息资源管理学》（邱均平，沙勇忠），《数字资源建设与管理》（毕强），《信息获取与用户服务》（颜端武），《信息系统理论与实践》（刘永），《信息分析》（沙勇忠），《信息咨询与决策》（文庭孝），《政府信息资源管理》（王新才），《出版经济学》（张美娟），《电子商务信息管理》（王伟军），《信息资源管理政策与法规》（马海群），《网络计量学》（邱均平），《信息检索原理与技术》（夏立新），《信息资源管理技术》（赵捧未），《信息安全概论》（唐晓波），《数字信息组织》（甘利人），《企业信息战略》（王学东），《竞争情报学》（况能富），《网络信息资源开发与利用》（张洋）。《丛书》各分册的撰写除阐述各自学科领域相对成熟的知识积累和知识体系之外，还力图反映国内外学科的前沿理论和技术方法；既有编著者的独到见解和新的研究成果，又突出面向职业实践的应用。因此，《丛书》的另一个重要特色是兼具专著与教材的双重风格，既可作为高校信息管理与信息系统、工商管理、图书情报档案、电子商务以及经济学和管理学等相关专业的教材或教学参考书，又可供信息管理部门、信息产业部门、信息职业者以及广大师生阅读使用。

《丛书》的出版得到了科学出版社的大力支持；同时还得到了各分册负责人、各位著者和参编院校的鼎力帮助；在编写过程中，我们还参阅了大量的国内外文献。在此一并表示衷心的感谢！

由于面向IRM的图书情报档案类学科转型是一个艰巨和长期的任务，我们所做的工作只是一次初步的尝试，不足和偏颇之处在所难免，诚望同行专家及读者批评指正。

邱均平

于武汉珞珈山

2008年6月8日

前　言

互联网的诞生和高速发展无疑是当代人类社会最具影响力的事件之一。特别是进入21世纪以来，“网络化”日益成为经济、社会和科技发展的重要因素和显著特征，并呈现不断加强的趋势。在这种新形式下，对网络信息资源的管理、开发和利用水平已成为衡量一个国家或企业发展水平和信息化程度的重要标志。

著名未来学家奈斯比特曾经说过：“失去控制和无组织的信息在信息社会里不再构成资源，相反，它将成为信息工作者的敌人。”与传统信息资源相比，网络信息资源具有不同的特征和功能。网络信息的无序扩张使得用户直接从网络上获取的信息大都是无用、重复的表层信息，往往不是用户所需要的特定信息。形式上网络信息资源的充分与事实上网络信息资源的稀缺形成了鲜明的对比。这一切使得针对网络信息资源进行开发和利用呈现不同以往的复杂性和艰巨性。首先，信息资源的开发与其他自然资源的开发相比具有更大的复杂性。尽管信息技术的进步为信息资源开发利用提供了先进的手段，但实践证明，单纯依靠技术驱动不能完全做好信息资源的开发利用工作。这种情况在网络信息资源环境下尤为明显。相比传统的信息资源开发受到社会发展条件和社会信息需求的制约，网络信息资源开发还受到信息基础设施等更多的影响。我们必须从更广阔的视角进行梳理，形成网络信息资源开发的结构化框架。其次，当前计算机技术和网络技术的发展大大提高了人类利用信息资源的能力。随着社会信息资源的丰富、信息价值的提高和应用的稀缺性，信息商品开始大规模出现，人类利用信息的方式和途径比以往任何时候都更加复杂。其中，网络信息资源的利用问题尤为突出。一般而言，面向特定用户提供高质量的信息服务，实现网络信息资源的有效利用，包括扩展现有稳定性网络信息资源、接纳非稳定性网络信息资源、建立集成化搜索引擎、建立文献保障及加强网络化知识信息服务等。总之，对网络信息资源开发和利用展开研究具有重要的科学意义，同时又具有挑战性，这使其成为学术界研究的热点问题。

本书在广泛吸取国内外相关研究成果的基础上，从基础理论、开发方法、利用实践三个方面对网络信息资源开发与利用问题进行系统、全面、深入的探讨。全书共9章。第1章为绪论，从网络信息资源的内涵、网络信息资源的开发与利用的基本问题、网络信息资源开发和利用的关系等方面进行了系统讨论，为后文更加深入、具体地探讨网络信息资源开发与利用问题奠定理论基础。第2～5章围绕网络信息资源开发的关键环节，分别探讨网络信息资源评价、网络信息资源采集、网络信息资源组织、网络信息资源检索等重要内容。第6～9章围绕网络信息资源利用的主要方面，分别探讨网络信息资源服务的基本问题和网络科技信息资源、网络商务信息资源、网络公共信息资源利用的具体问题。

本书由张洋任主编，郑重、张蕊任副主编。段宇锋、杨峰、朱少强、余以胜、李丹、张会平参与了书中各章节的编著工作。全书由张洋策划、统筹、组织、撰写大纲，张洋和郑重审稿和统稿。各章节具体分工如下：第1章由张洋、郑重撰写；第2章由张洋撰写；第3章由段宇锋撰写；第4章由杨峰撰写；第5章由朱少强撰写；第6章由余以胜撰写；第7章由李丹撰写；第8章由张蕊撰写；第9章由张会平撰写。此外，中山大学资讯管理系的张磊同学参与了本书的部分文献调查和汇总工作，黄腾同学参与了书稿的排版整理工作。在此，衷心感谢《现代信息资源管理丛书》主编邱均平教授和各位编委的全力指导！感谢中山大学资讯管理系各位领导和同仁的大力支持！感谢科学出版社工作人员的辛勤劳动！同时，还要感谢所有参考文献的作者、国内外同行，以及所有在本书创作和出版过程中给予帮助和支持的友人！

本书是教育部人文社会科学项目“网络信息分布与变化规律的基础理论研究”的研究成果之一。书中所涉及的很多问题都是新出现的，无论是互联网还是现代信息社会都在不断发生着丰富多彩的变化，还有很多问题有待进一步的探索。由于作者水平所限，书中疏漏和不足之处在所难免，恳请读者批评、指正。

张　洋

2009年12月18日于中山大学

目　录

第 1 章　绪　　论

与传统信息资源相比，网络信息资源具有不同的特征和功能，针对其进行开发和利用呈现出与以往完全不同的特点。本章从网络信息资源的内涵、网络信息资源的开发及利用的基本问题、网络信息资源开发和利用的关系等方面进行了系统讨论，为更加深入、具体地探讨网络信息资源开发和利用问题奠定理论基础。

1.1　网络信息资源

1.1.1　信息资源概述

在客观世界的发展过程中，信息普遍存在于自然界和人类社会，并与物质、能量一起成为支配人类最基本活动的三个不可缺少的要素。最初，人们对信息一词的理解是比较肤浅的，只是停留在字面意思。信息与消息、音信等词可以互换使用。在英语中，“信息”（information）与“消息”（message）两个词在很多场合也是相互通用的。直到 20 世纪，人们才开始从科学和理论的层面上意识到“信息”这一问题，认识到进行信息研究的科学价值和作用。

早期，在通信领域，人们把信息作为科学对象展开研究。伴随着现代信息技术的形成和发展，人们在这一领域的研究不断深入。1928 年，哈特莱在《贝尔系统电话杂志》上发表了题为《信息传输》的论文，他在这篇文章里把信息理解为选择通信符号的方式，并用选择的自由度来计量这种信息的大小。他认为，发信者所发出的信息就是他在通信符号表中选择符号的具体方式。1948 年，信息论的创始人香农（C. E. Shannon）在《贝尔系统电话杂志》上发表了一篇题为《通信的数学理论》的论文，他在定量测度信息时认为“信息是用来消除不确定性的东西”。香农的这一看法被认为是对信息的认识的重大进展，对后人影响很大。1950 年，控制论的奠基人维纳（N. Wiener）在《控制论与社会》中写道：“信息就是我们在适应外部世界并把这种适应反作用于外部世界的过程中同外部世界进行交换的内容的名称”，“接受信息和使用信息的过程，就是我们适应外界环境的偶然性的过程，也是我们在这个环境中有效生活的过程。”维纳把人与外部环境交换信息的过程看成是一种广义的通信过程，即泛指人与人、机器与机器、机器与自然物、人与自然物之间的信息传递与交换。维纳指出信息是一类独立的研究对象，“信息就是信息，既不是物质也不是能量”，但并没有回答什么是信息的问题。1975 年，意大利学者朗高（G. Longo）在《信息论：新的趋势与未决问题》一书中指出：“信息是反映事物的形成、关系和差异的东西，它含在事物的差异之中，而不在事物本身。”简单地讲，“信息就是差异”。

我国学者钟义信认为，信息是事物运动的状态与方式，是事物的一种属性。其中，“事物”泛指一切可能的研究对象，包括外部世界的物质客体，也包括主观世界的精神现象；“运动”泛指一切意义上的变化，包括机械运动、化学运动、生命运动以及生命运动的高级形式——思维运动和社会运动；“运动方式”是指事物运动在时间上所呈现的过程和规律；“运动状态”则是事物运动在空间上所展示的形状与态势。

在其他学科领域，学者们对于信息的理解也不断深入。20 世纪 40 年代许多经济学家关注于风险、不确定性与信息之间的关系研究，把不确定性的减少（信息的获取）与成本、收益联系起来，取得了突出的成果。英国生物学家阿思比把信息定义为“变异度”，他认为，任何一个集合包含的元素数的以 2 为底的对数就是该集合的变异度。随着科学技术和社会经济的发展，人们的认识水平不断提高，信息的概念也在不断拓展。在计算机技术领域，信息被看成是数据，在计算机科学的许多基础理论中使用，并应用于数据库的开发和建设。在生命科学领域，动物界与植物界的信号交换、遗传基因的传递也被看成是信息的传递。特别是在第二次世界大战后，科技信息工作成为科技工作的重要组成部分，信息服务逐渐发展起来，成为社会经济生活中独立的产业，信息又被看成是经验、知识和资料。

我国学者冷伏海等认为信息是一个内涵广泛的名词，可泛指信号、音信、消息和数据等，在信息管理科学中主要指具有特定传播、参考和使用价值的这些内容范畴的消息。王曰芬等认为在信息概念的诸多层次中，从客体出发的本体论层次和从主体出发的认识论层次是最重要的两个层次。从本体论层次上看，信息是一种客观存在的现象，是事物的运动状态及其变化方式，亦即事物内部结构和外部联系的状态以及状态变化的方式。从认识论层次看，信息是主体所感知或所表达的事物运动状态及其变化方式，是反映出来的客观事物的属性。杨坚争等认为信息是一个社会概念，它是社会共享的、人类的一切知识、学问以及从客观现象提炼出来的各种消息的总称，信息反映了客观世界中各种事物的特征和变化的组合，是一种有用的知识。

在对信息从不同角度、不同定义进行综合分析和深入研究的基础上，从信息管理和信息资源开发利用的角度出发，可以认为信息是关于事物运动状态和运动方式的反映。对于人类社会而言，信息经过组织和整序，能够成为区别于物质和能量的另一种基础性社会资源，能够减少或消除人们认知的不确定性，以实现用最小的投入获取最大效益的目的。从认识论的角度讲，信息是为了特定的目的产生、传递、交流，并应用于人类社会实践活动，包括一切由人类创造的语言、符号和其他物质载体表达和记录的数据、消息、经验、知识。

1. 信息资源化

信息作为事物存在和运动的状态、方式以及关于这些状态和方式的广义知识，在其他信息活动要素的支持下，通过一系列的流通、加工、存储和转换过程作用于用户时，就可以为人类创造出更珍贵的物质财富和精神财富，因此它也是人类和人类社会发展所必需的资源。信息资源化既有其社会经济发展的大背景，也是与之相伴的人类认识演变和深化的结果。信息的地位和作用随着社会经济的发展而显得日益重要，现代社会经济的发展为信息的生成、传递、存储和积累提供了用武之地，以计算机为核心的信息技术的发展又为信息的广泛应用提供了前所未有的技术基础和条件。因此进入现代社会以来，各种形态的信息以指数形式增长并迅速积累起来，记录在各种载体上的信息其数量极其庞大，并且更新迅速，同时借助于现代通信技术，信息在全球范围内迅速传播。

人们在社会经济实践活动中逐渐意识到，资源不仅有各种物质形态，也包括知识、经验、技术等非物质的信息形态，前者包括物质资源和能量资源，后者即是信息资源，它是一种无形的资源或无形的社会财富，是信息社会十分重要的资源。目前，信息资源与物质资源和能量资源一起，已经成为现代社会经济发展的三大支柱。

在当今世界，信息资源日益成为争夺的重点。在科学技术与经济发展水平比较接近的国家之间，掌握信息的竞争是十分激烈的。谁能掌握和利用更多的信息，谁就能取得主动权，从而在国际竞争中获胜。世界上一些发达国家把占有、开发和利用信息资源作为一项基本国策，而各个新兴的工业化国家和地区以及许多发展中国家也纷纷认识到开发利用信息资源的战略意义，并加入到这场新的世界性竞争中去（马费成，2004）。

2. 信息资源的含义

信息资源是“信息”与“资源”这两个概念在信息时代的历史条件下，伴随着信息对社会经济的日益影响而整合衍生的新概念。信息是事物的基本属性，是关于事物存在状态和运动方式的反映；资源是指自然界和人类社会生活中的一种可以用以创造物质财富和精神财富的具有一定量的积累和客观存在的形态。它是人类进行物质生产和精神生产的自然基础和社会基础，是人类得以生存和发展的前提。

信息资源作为一种社会性非物质资源，与天然性物质资源的本质区别是其人为性、社会性和可塑性。由此造成了信息资源与天然物质资源的另一不同，即天然资源只存在开发和利用的问题，而不存在组织建设和管理问题；信息资源既存在开发和利用问题，也存在组织建设和管理问题，而且后者是前者的前提。没有对信息资源科学的组织建设和管理，便无以实现对信息资源的有效开发和利用。因此，对信息资源的科学定义，不仅要以“信息”和“资源”这两个概念为基础，还必须考虑到社会管理因素。

目前，国内外对信息资源这一概念的认识有两种代表性观点。一种观点是狭义的理解，认为信息资源是指人类社会经济活动中经过加工处理的有序化并大量积累起来的有用信息的集合，如科技信息、政策法规信息、社会发展信息、市场信息、金融信息等，都是信息资源的重要构成要素；另一种观点是广义的理解，认为信息资源是人类社会信息活动积累起来的信息、信息生产者、信息技术等信息活动要素的集合。广义的信息资源既包括信息本身，又包括与信息和信息管理相关的各种管理要素，如人员、设备、设施、组织机构、资金等。人员是指具有与信息相关的技能并从事信息管理活动的人；设备包括信息技术硬件和软件；设施指与图书馆、计算机中心、通信中心、情报中心等相联系的建筑、通信网络等基础设施；组织机构则指与上述设备相联系的社会组织。

国外对信息资源的研究多按广义来理解，国内多数学者也持此类似的观点。例如，王曰芬等认为信息资源是指所有可利用的信息的集合，由信息内容、信息内容的表达和组织方式、信息表达所依附的载体和传递的媒介。毕强等认为信息资源作为信息管理的基本对象和信息社会开发利用的基本资源，是指有序化社会信息集合本身和与此直接相关的各种管理要素的总和，这些管理要素主要包括信息设备、信息设施、组织机构、信息人员、信息管理资金等。

3. 信息资源的类型

如何对信息资源进行分类是对其进行组织管理和开发利用的理论前提。从目前已提出的各种观点来看，影响较大的信息资源划分方法包括以下几种。

王曰芬等认为不同载体表述的信息可以通过各种媒介或渠道来传递，如通过人际传播、组织传播、出版发行系统传播、图书信息服务系统传播、广播电视系统传播以及计算机网络传播。

毕强等以对信息资源进行开发和利用为目的，依据实用性原则，把信息资源存在状态作为划分信息资源类型的一级标准。按信息资源的存在状态将其分为潜在信息资源和现实信息资源两大类。潜在信息资源是指个人在学习、认知和实践过程中储存在大脑中的信息资源，其特点是只能供个人所用；现实信息资源是人类获取并表述出来的，能够为公众所利用的信息资源，现实信息资源是当前研究、开发和利用的重点。现实信息资源依据其载体可分为人载信息资源、文献信息资源、实物信息资源和网络信息资源四种类型。他们还认为信息资源作为一个发展着的有机体，它的类型也不是一成不变的，随着科学技术的发展，新的信息资源类型将不断涌现。随着信息资源内涵与外延的深化、拓展，信息资源的分类标准与分类方法也可能发生变化，信息资源类型体系亦应及时地予以调整，以保持信息资源类型与其定义的一致性。

马费成认为信息资源应该按照何种方式来划分并没有固定的标准，在实际生活中主要取决于人们的具体需要。从对信息资源进行管理的角度出发，通常将信息资源划分为记录型信息资源、实物型信息资源、智力型信息资源和零次信息资源。

符福峘从广义和狭义两个角度对信息资源做了比较详细的分类。他认为广义的信息资源按其组成与内在关系可分为元信息资源、本信息资源、表信息资源；按其有形与无形可分为有形信息资源和无形信息资源；按其地域（所处空间范围）可分为国际（世界）信息资源、国家信息资源、地区（部门）信息资源、单位信息资源。狭义的信息资源按其加工程度可分为一次信息资源、二次信息资源、三次信息资源；从其管理和开发的角度可分为记录型信息资源、实物型信息资源、智力型信息资源与零次信息资源；按人的感官对信息的接受方式或信息对人感官的作用可分为视觉信息资源、听觉信息资源、视听信息资源与触觉信息资源；按信息的传递范围可分为公开信息资源、半公开信息资源、非公开信息资源；按信息的产生领域可分为人类社会产生的信息资源和大自然产生的信息资源；按信息资源的介质可分为口头型信息资源、书面型信息资源、视听型信息资源、缩微型信息资源和机读型信息资源；按信息的社会属性可分为政治信息资源、军事信息资源、科技信息资源、经济信息资源、社会信息资源、生产信息资源等；按信息的时态可分为历史信息资源、现状信息资源、预测信息资源；按信息的性质可分为逻辑思维信息资源和形象情感信息资源，或分为情绪信息资源、知识信息资源、控制信息资源；按信息的有序程度可分为有序信息资源（机读信息）、准有序信息资源（经过分类、标引的非机读信息）和无序信息资源；按信息在生产经营管理活动中的地位、作用可分为能源与材料信息资源、技术信息资源和管理信息资源。

娄策群、桂学文对狭义的信息资源进行了分类。他们认为从信息资源所描述的对象来看，信息资源是由自然信息资源、机器信息资源和社会信息资源组成；

从信息资源的载体和存储方式来看，信息资源由天然型信息资源、智力型信息资源、实物型信息资源和文献型信息资源等构成；从信息资源的内容来看，信息资源由政治、法律、军事、经济、管理、科技等信息资源组成；从信息资源的作用层次来看，信息资源由战略信息资源、战术信息资源组成；从信息资源的开发程度来看，信息资源由未开发的信息资源（信息原料）和已开发的信息资源（信息产品）组成。

孟广均等以开发程度为依据，将信息资源划分为潜在的信息资源与现实的信息资源两大类型。其中现实的信息资源按表述方式又可分为口语信息资源、体语信息资源、文献信息资源和实物信息资源。

从总体上看，信息资源应该按照何种方式划分目前尚缺乏统一的标准。尽管研究者对这一问题的研究十分重视，也出现了一些成果，但也存在不容忽视的问题。主要包括：①信息资源定义和类型划分无法同步。信息资源类型的划分实际是对信息资源概念的深化和具体化，因此信息资源概念和信息资源类型两者是内涵与外延的关系。目前关于信息资源的定义与类型划分研究存在三种情况：狭义的定义对应狭义的分类；广义的定义对应广义的分类；广义的定义对应狭义的分类。其中以第三种情况居多。许多论著在信息资源的概念上秉持广义，在信息资源的类型却做狭义的分类，导致了信息资源的内涵与外延认识相背离、系统的本质与其自身结构的把握相脱节，成为理论体系上的疏漏。②系统性不强。众多学者提出的各种分类方案，多半依惯例从不同的角度对信息资源加以类型划分。这样的分类虽能给人们提供多种研究入口，能让人们多侧面地认识信息资源，却无法使人们形成完整系统的认识。③分类标准与分类方法无法统一。一方面，不同的研究者按同一标准划分却分出不同的类型；另一方面，研究者尽管按不同的标准却分出几乎相同的类型。这表明不同的研究者在对标准的把握、标准的文字表述以及利用某一标准进行类型划分的具体方法等具体问题上还需做进一步的研究。

4. 信息资源的特征与功能

信息资源作为现代社会发展的三大基础性资源之一具有同物质资源和能量资源相同的特性，即有用性、稀缺性、使用的可选择性，这是经济资源的一般特征。同时相对于物质和能量，信息资源还具有许多特性，这些特性使信息资源具有许多其他经济资源无法替代的经济功能。信息资源特征主要表现在以下几个方面。

（1）可驾驭性

信息资源具有开发和驾驭其他资源的能力，不论是物质资源还是能源资源，其开发和利用都有赖于信息的支持。人的认识和实践过程基本上是信息过程，在这个过程中，虽然每一个环节都离不开物质和能量，但是始终贯穿全过程、统帅全局和支配一切的却是信息。

（2）生产和使用中的不可分性

首先，作为一种资源的信息在生产中是不可分的，信息生产者为一个用户生产一组信息与为许多用户生产同一组信息所花费的努力几乎没有什么差别。其次，作为一种资源的信息在使用中也具有不可分性，即信息资源不能像其他资源那样任意计量。

（3）共享性

共享性是信息资源的一种天然特性，和物质资源及能源资源的占有和消耗所带来的竞争性不同，信息资源的利用不存在竞争关系。信息能在同一时间被许多人同时享有，而且并不减少信息的内容和作用。在排除一切社会因素和人为限制的条件下，信息可被多人甚至全社会同时掌握，实现共享。

（4）累积性与再生性

信息资源的累积性和再生性是由信息的非消耗性决定的。物质资源和能量资源是可消耗的，在消费和使用中最终消灭其独立的物体形式和使用价值，因此物质资源和能量资源不会在使用中再生，也不会表现为任何方式的积累。信息资源具有非消耗性，信息资源一旦产生，不仅可以满足同时期人类的需要，而且可以通过信息的保存、积累、传递达到时间点上的延续，满足后代的需要，这就是信息资源的累积性。信息资源的累积性是指信息资源在满足社会需求和利用的同时，不仅不会被消耗掉，还会生产出新的信息资源，而且信息资源利用得越多越广，其效用发挥得就越充分，创造出的新信息就越多。这说明信息资源利用的结果是再生新信息，因此应当鼓励消费、利用信息资源。

信息资源的功能是指信息资源在社会经济活动中的功效和作用，根据信息资源在社会经济活动中的利用过程和发挥作用的特点，可以把信息资源的主要功能归纳如下。

（1）经济功能

信息作为重要的经济资源，其本身就具有经济功能。信息资源的经济功能表现在多个方面，在经济活动中发挥着不同的作用，其中最重要的是它对社会生产力系统的作用功能。信息是社会生产力的重要构成要素，一方面，它是一种有形的独立的生产要素，与劳动者、劳动工具、劳动对象一起，共同构成现代生产力的基础；另一方面，它又是一种无形，寓于其他要素之中的非独立要素，通过优化其他要素的结构和配置、改进生产关系及上层建筑的素质与协调性来施加其对生产力的影响。

信息要素的注入有助于提高生产力系统中劳动者的素质，缩短劳动主体对客体的认识及熟练过程，使各种生产要素以较好的状态尽快进入生产运行体系，使生产过程更具时效性并且充分地促进生产力发展。信息资源的生产力功能是在信息要素和信息技术要素有机结合的条件下实现的，在信息技术的支持下，信息可以有效地改善其对生产力各个要素施加影响的条件，从而给社会生产力带来深刻的变革。信息资源对社会生产力系统具有举足轻重的作用，信息资源开发利用的程度是衡量现代国家信息化和社会生产力水平高低的重要标志。

信息资源还具有直接创造财富、实现经济效益放大的功能，它可以通过流通和利用直接创造财富。如今围绕信息的生产、开发和利用已经形成了一个巨大的产业，即信息产业。

(2) 管理与协调功能

信息流反映物质和能源的运动，社会正是借助信息流来控制和管理物质能源流的运动，从而进行合理配置，发挥其最大效益。信息的管理与协调功能在企业活动中的作用主要体现在：传递整个企业系统的运行目的，有效管理企业资源；调节和控制物质流与能量流的数量、方向和速度；传递外界对系统的作用，保持企业系统的内部环境稳定。

(3) 选择与决策功能

信息的选择与决策功能广泛作用于人类选择与决策活动的各个环节，并优化其选择和决策行为，实现预期目标。这种功能主要体现在：通过信息进行选择和决策；利用信息优化选择和决策。

信息在人类的选择与决策活动中还可发挥预见性功能。信息反映了事物演变的历史和现状，隐含着事物发展的趋势。人们可以利用信息，结合人们的经验，运用科学的方法，从而对未来发展的趋势和可能性做出判断。

(4) 研究与开发功能

信息的研究与开发功能是信息的科学功能的具体体现，即在人类科学研究和技术创新活动中，信息具有活化知识、生产新知识的功能。人类从事科学研究和技术开发的各个阶段，都需要获取和利用相关信息，充分利用前人的研究成果，开发出新技术和新产品。科技信息的研究与开发功能在这里得到了充分的体现。

1.1.2 网络信息资源的范畴

1. 因特网的发展历程

21 世纪最重要的技术发展是以计算机和远程通信技术为基础的信息网络建设。目前连接世界上 240 个国家的因特网是使用最广泛、影响最大的全球性信息网络。因特网给全世界带来了非同寻常的机遇。人类经历了农业社会、工业社会，当前正在迈进信息社会。信息作为继材料、能源之后的又一重要战略资源，它的有效开发和充分利用，已经成为社会和经济发展的重要推动力和取得经济发展的重要生产要素，它正在改变着人们的生产方式、工作方式、生活方式和学习方式。

20世纪60年代末因特网产生于美国，起源于军事目的。到了80年代，因特网开始向教育和学术性网络转变。这一时期的网络建设和信息资源开发主要表现在对教育和科研环境的改变，并决定着教育与科研的竞争优势。90年代，因特网在汇集了大量信息的基础上开始逐步向商业性网络过渡。目前，Web是因特网上增长领域最快、最灵活、最通用的一个多种信息集成的多媒体信息发布、浏览与检索系统。Web的迅速崛起及其应用的普及促进了信息产业的发展，使人类社会进入到信息时代。

因特网的意义并不在于它的规模，而在于它提供了一种全新的全球性的信息基础设施。当今世界正向知识经济时代迈进，信息产业已经发展成为世界发达国家的新的支柱产业，成为推动世界经济高速发展的新的原动力，并且广泛渗透到各个领域。特别是近几年来国际互联网及其应用的发展，从根本上改变了人们的思想观念和生产生活方式，推动了各行各业的发展，并且成为知识经济时代的一个重要标志之一。因特网已经构成全球信息高速公路的雏形和未来信息社会的蓝图。

在我国，因特网的发展速度迅猛。根据中国互联网络信息中心（CNNIC）于2009年7月发布的第24次《中国互联网络发展状况统计报告》提供的数据，截至2009年6月30日，中国网民规模达到3.38亿人，普及率达到25.5%。网民规模较2008年底年增长4000万人，半年网民规模的增长率为13.4%。

由此可见，网络建设以及网络信息资源开发已经成为世界各国新的竞争点，网络信息资源已经成为信息资源的重要组成部分。

2. 网络信息资源的含义

目前，学术界关于“网络信息资源”（network information resource）的含义说法不一。较有代表性的观点包括网络信息资源是一切投入互联网络的数字化信息资源的统称。它们分布在不同的网络节点上，可以利用现代信息技术进行制作、加工、传输、转换和二次开发。与传统的信息资源一样，网络信息资源涉及人类生产、生活、娱乐及其他社会生活的各个方面，是随人类社会实践的发展而不断累积起来的；网络信息资源是指以数字形式记录，以多媒体形式表达，存储在网络计算机磁介质、光介质及各类通信介质上的信息集合；网络信息资源是将文字、图像、声音、动画等多种形式的信息，以数字化的形式存储，并借助计算机与网络通信设备发布、收集、组织、存储、传递、检索和利用的信息资源；网络信息资源是“通过计算机网络可以利用的各种信息资源的总和”，最能完整地说明此概念的外延。还有的学者认为网络信息资源可以简单定义为是指放置在因特网上能满足人们信息需求的信息集合。

此外，还有很多与网络信息资源类似的概念，包括电子信息资源（electronic information resource）、因特网信息资源（Internet information resource）、万维网资源（world wide web resource）、数字化信息资源（digital information resource）等，其定义也是多种多样，不一而足。

从根本上讲，“网络信息资源”的概念是随着因特网的发展和网上信息资源的增加，以及由此而引发的对网上信息资源管理和开发利用的社会需要而产生的。我们可以认为，“网络信息资源”是通过因特网可以利用的各种信息资源的总和，其在本质上属于“信息资源”的范畴。因此，与信息资源一样，网络信息资源也可以从广义和狭义两个层次来理解。狭义的网络信息资源是“以数字化形式记录的，以多媒体形式表达的，存储在网络计算机磁介质、光介质以及各类通信介质上的，并通过计算机网络通信方式进行传递的信息内容的集合”。例如，国务院信息化工作领导小组曾编制《国家信息化“九五”规划和2010年远景目标纲要》，确定的国家信息化体系的六要素（信息资源、国家信息网络、信息技术应用、信息技术和产业、信息化人才、信息化政策法规和标准）是并列关系，其中的信息资源包括文献型与网络型，是特指概念。广义的网络信息资源是网络信息活动中所有要素的总合，包括与网络相关的信息内容、信息网络、信息人才、信息系统、信息技术等资源。例如，2001年2月中国互联网络信息中心（CNNIC）开展的中国互联网络信息资源调查，将域名数、网站数、网页数、在线数据库数作为网络信息资源，使用的就是泛指的含义。一般而言，在探讨网络信息资源开发与利用问题时，往往涉及广义的网络信息资源的各个方面。

1.1.3 网络信息资源的类型

网络信息资源类型繁杂、形式多样，可以从多种维度进行划分。例如，按信息的组织方式，可划分为文件、数据库、主题目录和超媒体四种类型。按功用分，就整个网络信息而言，存在着价值信息与非价值信息（信息噪声和信息垃圾等）之分；就用户来说，网络信息资源还存在价值差异（如价值大小、价值状态、开发程度及层次、效用等）。因此，这是一个相对概念，可以采用“功用”标准，将非价值信息排除于网络信息资源的范畴。

按网络信息资源的来源分，发布网络信息的主体有政府部门、公司企业、研究机构、教育机构、个人以及其他社会团体等；按其客体区分则有网站与网页，从而形成站点信息资源和页面信息资源两大类。从网络信息资源的发布形式分为网络图书、网络期刊与报纸（如网络学报、网络快报、网络学术会议等）属于狭义的网络出版，也是正式出版的网络信息资源。广义的网络出版如Adobe公司、HP公司、诺基亚公司等所称的“泛网络出版”，系指以任何形式上网传播的文字、图片等，其形式除上述狭义外还有文件文档、网上电子信件、电子公告板、专题讨论栏目、专家分析和新闻论坛等形式，这些均可称为非正式或半正式出版的信息资源。

按网络信息资源呈现的形态分为文本信息资源、图形图像信息资源、音频视频信息资源、网络数据库。数字图书馆实质就是一个包罗万象的数字化的信息系统。从网络信息资源的服务类型来看，不同的网站提供服务的重点也不同，如政府网站主要提供职能业务介绍、政府公告、法律法规、政府新闻、行业地区信息、办事指南等，商业网站主要提供电子商务、新闻等，而企业网站的服务主要集中在企业介绍与产品介绍等。

如果按照信息的开发状态来划分，网络信息资源可以分为两种类型（柳卫莉，2004）：网络数据库和未开发的“原始信息”。网络数据库是经过信息开发形成的信息产品，包括书目型数据库、全文数据库、专题数据库等。它们是由专门的机构、专门的信息从业人员按照一定的学科分类体系，对大量未开发的原始信息进行搜集、整理、分析、标引、序化等一系列加工程序，最终形成的规范化的有序数据库集合。图书馆通过签约付费，可远程登录，在线利用或通过建立镜像站点在网上利用这些网络数据库。这些资源（数据）存储在数据库提供商的服务器上，图书馆对这些资源有检索使用权，而不是永久拥有。近年来，国内外许多出版商、数据库商生产了大量这样的数据库，较有影响的国外数据库如Science Direct on Site、Eivillage、EBSCOhost、Springer Link等。国内的则有中国期刊网、万方数据资源系统等。由于这些数据库是由专业机构组织专业人员依据科学的信息资源开发理论与方法生产出来的，专业化程度高，提供了多种检索途径、用户界面友好、检索效率高，因而已经成为图书馆赖以提供网络信息服务的主要信息源。未开发的“原始信息”是指出现在因特网上未经序化和加工整理的信息。这些信息数量极为庞大、内容极其复杂。从内容范围上看有政府信息、学术信息、文化信息、教育信息、商业信息；从信息发布形式上看有书目信息、电子报刊、文件文档、网上电子信件、电子公告、专题讨论栏目等；从人类信息交流方式上看有非正式出版信息、半正式出版信息、正式出版信息。存在的问题是有价值的信息混杂在大量分散、无序和甚至无用的信息垃圾中，无法加以利用。因此，必须对网上这些原始信息进行开发，使其成为有价值的信息源。

按照信息的发布形式划分，网络信息资源可以划分成二次文献数据库、参考型数据库、期刊文献数据库以及其他文献数据库；按照传输协议划分，网络信息资源可以划分成 Web 信息资源、网络论坛（新闻组、电子论坛、电子公告、专题讨论组等）、FTP、Gopher 等；按照发布机构划分，网络信息资源可以划分成企业站点信息资源、科研院校站点信息资源、信息服务机构站点信息资源、行业机构站点信息资源。

1.1.4 网络信息资源的特征与功能

网络信息资源是一种与传统资源有很大差别的新型数字化资源，在网络环境下，信息以计算机可识别的方式存储于网络的某一节点上，并且可以在任何需要的时候通过四通八达的全球互联网络传向任一合法的网络终端用户。与传统的信息资源相比，网络信息资源有以下特点。

（1）内容丰富，形式多样

因特网已经成为当代信息存储与传播的主要媒介之一，也是一个巨大的信息资源库。从对网络信息资源类型的阐述和研究中可以看出，其内容包罗万象，覆盖了不同学科、不同领域、不同地域、不同语言的信息资源。在形式上包括了文本、图像、声音、软件、数据库等，堪称多媒体、多语种、多类型信息的混合体。

（2）分布开放、关联度强

网络信息资源在分布上极其广泛，打破了信息资源分布的时空阻碍，使得网络信息资源呈现全球化的分布结构。网络特有超文本链接方式，使得内容之间又有很强的关联程度。

（3）传输速度快

因特网提供了覆盖全球的高速的信息传输渠道，通过互联网络实现了网络信息资源的即时传递，使信息资源更加快捷地应用于各个领域。

（4）共享程度高

在网络环境下，时间和空间范围得到了最大程度的延伸和扩展。网络信息资源可以同时提供给多个用户使用，而且在使用过程中信息内容不会损失。

（5）使用成本低、方便快捷

在因特网上，大部分信息资源都可以免费使用，用户只需支付网络使用费用。虽然还有一些有偿的网络信息资源，但是与其他形式的信息资源相比，网络信息资源在满足用户信息需求的情况下，节省了大量的人力和时间成本。

（6）信息的分布和构成缺乏结构和组织

网络信息资源中存在大量未经组织和规范的信息，使得网络信息资源的分布具有很大的随意性，无论是信息的存储地点还是信息形式上的分类都比较混乱，使得用户不能方便利用。

(7) 质量良莠不齐

因特网存在着巨大的开放性，用户在存储和发布信息时有很大的自由度，这就导致了大量冗余、粗制滥造甚至虚假信息的存在。无用信息与有用信息混杂在一起，给用户的利用带来诸多不便。

(8) 交互性强

在因特网上，信息发布具有很大的自由性和任意性，用户既是信息资源的使用者，同时也是信息资源的生产者。用户可以实时地利用和提供网络信息资源，在这个过程中并不受限制。

(9) 信息关联度强，检索快捷

网络信息资源利用超文本链接，构成了立体网状文献链，把不同国家、不同地区、各种服务器、各种网页、各种不同文献通过节点链接起来，关联度随之增强。通过专用搜索引擎及检索系统使信息检索变得方便快捷。

1.2　网络信息资源开发

1.2.1　信息资源开发

1. 信息资源开发的概念和意义

信息资源的开发与其他自然资源的开发相比具有更大的复杂性，这是因为信息资源的开发渗透到政治、经济、社会、文化、科技等诸多领域，涉及政府部门、企业单位、公益机构、社会公众等多方面的主体。信息技术的进步为信息资源开发利用提供了先进的手段。但是，实践证明，单纯的技术驱动思路不能使我们完全做好信息资源的开发利用工作。我们必须从更广阔的视角进行梳理，形成信息资源开发的结构化思路框架。

从广义上说，信息资源开发包括信息本体开发、信息技术研究、信息系统建设、信息设备的制造以及信息机构建立、信息规则设定、信息环境维护、信息人员培养等活动。这种定义系统考虑了以信息资源为核心的开发活动及其联系紧密的其他社会活动，能够揭示信息资源开发过程的系统性、复杂性和交叉性。

从狭义上说，信息资源开发仅仅是指对信息本体的开发，主要包括信息的生产、表示、搜集、整序、组织、存储、检索、重组、转化、传播、评价、应用等。这些环节不仅增加了信息资源数量和类型，更重要的是提升了信息资源的质量、完善了信息服务、方便了信息资源利用。它挖掘了信息资源的潜在价值和显在价值，在实现信息资源自身的经济价值的同时，也通过信息资源的开发而降低其他资源的消耗，进而实现其他资源的升值，增加社会总收益。

广义的信息资源开发包括了狭义的信息资源开发的一切相关内容和定义。总体来说，从系统角度考虑信息资源开发，学者们倾向于较为宽泛的信息资源开发概念，即人们通过对信息的搜集、组织、加工、传递使信息价值增值的活动和为了使这一活动得以有效进行而开展的信息系统建设、信息环境维护等活动。

网络信息资源的有效开发，主要是指依托网络应用技术，将储存在网络媒体中的信息资源进行加工处理以生成新的信息因素和信息链接的过程。有效开发体现于实践中的含义，指的是通过开发使有些网络信息资源因素能够从不可利用或不便于利用的状态，变为可以有效利用的状态。

信息资源开发活动的目标都是发现信息资源的价值，获取信息资源的价值，提升信息资源的价值。具体来说，信息资源开发的意义可概括为以下几点：为国家发展提供战略资源；为社会提供巨大的商业机会；增加就业机会，提高劳动者素质；促进国家产业结构优化；放大其他资源的价值；为人们的生活和劳动提供便利。

2. 信息资源开发的原则

信息资源开发的原则主要有以下几个方面。

（1）坚持以用户为中心的原则

为用户服务是信息资源开发的根本目的，所以信息资源的开发必须以用户为中心，以用户的信息资源需求为导向。为了使网络信息资源开发工作具有强烈的针对性，做到有的放矢，必须对信息用户的类型、特点、知识结构、工作性质、信息需求特征及其发展变化等情况作深入详细地了解和分析，制定以用户为中心的信息资源的开发利用计划，力求开发出针对性强的、适合用户需求的信息，满足用户的各类需要，避免开发工作中的盲目性。

（2）经济性原则

在一切信息资源开发活动中应充分发挥市场机制和社会需求对信息资源开发的导向和带动作用，尊重市场规律，按照市场需求决定生产的产品和规模。主要包括两个方面：从信息资源开发者角度出发，开发活动必须努力提高开发的“产出/投入”，提高信息资源开发者的净收益；从社会利用角度来说，在保证开发信息资源能够获得经济收益的同时，还要提高资源开发活动的社会总收益，努力实现经济效益和社会效益的平衡和统一。

（3）全局性原则

对信息资源的开发活动必须从国家的战略高度进行全局考虑，一方面要引入市场竞争机制，优胜劣汰，用市场的力量达到资源的最佳配置；另一方面还需要政府进行宏观调控，避免开发过程中出现重复和各自为政，造成社会资源的浪费。信息资源的开发是一个复杂的多因素的动态系统工程，涉及信息机构、信息设施、信息资源、信息人员、信息用户、信息经费、信息政策等方面。所以，在研究信息资源开发利用问题时，要运用系统的观点和方法从系统的整体出发，考虑各方面因素之间的相互作用、相互影响，注意各个方面、各个环节的相互协调与合作，全盘考虑，确定最佳方案，以求达到最佳效果。

具体到相关部门和领域，全局性原则主要包含两大方面：一是开发内容的全局性，指信息资源开发过程涉及的各种软件和硬件的开发工作及各种层次、类型的工作同时进行，不可偏废；二是开发过程的全局性，指各时期、各地区、各单位开发过程中的标准统一、互联互通、互相兼容等问题。

（4）实用性原则

实用性原则就是立足现实、从实际需求出发开发信息资源，避免开发工作和开发成果的浪费，这是开发信息资源的指导思想。立足现实就是要根据国家、地区、系统以及各个机构的信息资源的实际情况，再考虑人力、物力、财力、技术、设施、政策、环境等可能条件，采取各种方式方法，最大限度地开发现有的信息资源，使其得到充分利用。

立足现实的开发还包括两个方面：一是被开发的信息资源是有价值的，预期开发成果具有较大的现实意义；二是信息资源开发成果是能够被利用的，应根据现实情况和实际需要开发能够被利用的信息资源。

（5）效益性原则

信息资源只有被用户利用才能产生效益。坚持信息资源开发工作的效益性，主要是指要正确处理好三种关系，即经济效益和社会效益的关系、当前效益和长远效益的关系、局部效益和整体效益的关系。我们应尽可能平衡近期利益和远期利益，考虑当前技术热点和未来的技术方向，在制度上避免出现频繁波动和无法继承的尴尬和浪费，在技术上避免出现无法兼容和被老技术锁定、无法升级的情况。

（6）法制原则

信息资源的共享利用行为和知识产权保护之间存在着某种程度上的矛盾，尽管知识产权保护可以促进信息资源的生产和提高知识产权所有者的经济收益，但在一定范围内知识产权保护还是对资源共享产生了限制和约束，缩小了信息资源共享的范围和水平。另外，信息资源开发活动还应该注意信息保密问题。开发信息资源应该本着合法合理的原则，在知识产权和相关法律的许可范围内进行开发，在信息资源开发过程中涉及个人私有信息的地方应注意个人许可问题，在公布这些信息前应首先征得当事人的同意，避免因泄露他人私密信息而给他人带来不必要的损失。

此外，有的学者还提出了针对特定信息资源的开发原则。例如，文献信息资源开发的原则主要包括以下几个方面：科学性原则、针对性原则、效益性原则、系统性原则、标准化原则。

1.2.2 网络信息资源开发的内涵

著名未来学家奈斯比特（1984）曾经说过：失去控制和无组织的信息在信息社会里不再构成资源，相反，它成为信息工作者的敌人。这种情况网络信息资源环境下尤为明显，网络信息资源的无序扩张使得用户通过终端直接从网络上获取的信息只是一种大量重复的表层信息，往往不是用户所需要的特定信息。形式上网络信息资源的充分与事实上网络信息资源的稀缺形成了鲜明的对比，网络信息资源的开发已经是一个十分迫切的问题。相比传统的信息资源开发受社会发展条件、社会信息需求的制约，网络信息资源开发还受到信息基础设施和网络信息资源状况的影响。

所谓网络信息资源开发，是指依托网络应用技术，将存储在网络媒体中的信息资源从不可得状态变为可得状态，可得状态变为可用状态，低水平的使用状态变为高水平的使用状态的过程。其中可得状态的开发，应该理解为网络信息资源的存取的开发。一个网站的信息资源建设，意味着按一定需求目标储存于该站点的信息资源处于一个可获取的状态，即用户所需要的信息这里有。但信息存在并不意味着可以用，这还需要通过开辟与之相适应的服务项目，使得这些信息资源处于一个用户能方便使用的状态。比如，检索服务的开展，更有利于查询的检索途径的增加等，从而使得网上信息与用户之间建立起一个有效的传输通道，使资源处于一个可用的状态。此外，通过网上信息服务、专题分析研究服务、专题检索代理以及针对特定用户群的需求进行创造性的信息产品深度加工、动态追踪，则会使得网上信息资源的利用在量与质的方面获得提高，这时的网络信息资源是处在一个高水平的可用状态。

一般而言，网络信息资源开发主要遵循以下几个步骤。首先，确定开发重点，根据特定学科、专题和用户的要求，以具有实用价值的资源为开发对象，论证并确认开发价值。其次，利用搜索引擎搜索、采集并下载网上信息资源，对重要 Web 站点持续跟踪检索，重点收集原始信息和原始数据，并注意内容的全面性和系统性。再次，分析收集的信息资源，进行筛选、归类、标引、整序工作，挖掘、提炼价值信息和效用信息，使信息内容结构化，最终形成特定需要的序列化网络专题信息产品，如全文、文摘或题录型数据库，还可利用指引库技术创建网络资源导航库或指引库，以用户熟悉的语言加以组织，方便用户到特定地址检索、获取信息。最后，维护并及时更新所建的信息库（接收研究人员反馈的新信息源）与指引库（增加新节点地址、删除消失的地址、修改改变的节点地址等），保证信息资源最新，且全面、正确。

当前，网络信息资源的开发方式主要有下列几种方法。

（1）网站评价与导航

根据用户的需求，对网站进行分析研究，将信息量大、有利用价值的网站汇集到一起进行科学分类与链接，并对 URL 的主要内容作出简介和评价，帮助用户在尽可能短的时间内和尽可能广的空间里获得尽可能多的有价值的信息。这是在因特网上利用最多、最简单直接的信息资源开发方式。

（2）专业信息指南系统建设

专业信息指南系统的开发建设，是通过多种搜索引擎对某一或某些主题信息上网查询、浏览，并参考有关文献，选择参考价值较高的信息资源，总结、组织、归类、设置类目。如果说网站评价与导航只是满足一般性的信息需求的话，那么专业信息指南系统是一种针对性较强的深层次的信息服务，可以满足信息用户便捷、高效地访问重点学科相关资源的特殊需要。因为经过专业人员对信息的选择、加工、组织，信息更加系统准确，导航作用更强。

（3）专业信息资源指引库的开发与建设

为了更系统、全面地开发因特网上某些专业的信息资源，人们提出了一种指引库的概念，即利用指引库技术组织信息资源，利用自动更新技术及时更新指引库，从而使用户检索到网络信息。从物理上讲，指引库并不存储各种实际的信息资源，但通过对其访问，可以检索到有关数据库的实际资源。指引库把因特网上与某一或某些主题相关的节点进行集中，按照方便用户检索的原则，以用户熟悉的语言进行组织，向用户提供这些资源分布情况，指引用户查找。指引库主要由三部分组成：反映该专业国内外信息资源的 URL；原始信息，包括访问频度较高的原始信息资源的镜像；方便信息组织和用户查询的支持技术。指引库的建设是突破传统信息资源建设模式的一项关键技术。

（4）建立特色虚拟馆藏

为了满足信息用户的深层次需求，网络信息资源开发的重点，应该从提取信息线索转向直接获取信息和有具体内容的知识。目前因特网上具有学术价值而没有出版的原始文献，越来越多地通过 WWW 服务器或 Newsgroup，以电子出版物形式发布和交流。因此，应根据信息用户的需求，有计划地组织信息资源和链接 WWW 信息服务器，通过过滤，整理网上信息资源，下载用户重点研究课题所需资源，并将其存储在自己的 Web 服务器上，建成具有特色的虚拟馆藏。

1.2.3 网络信息资源开发的层次

网络信息资源的开发是有层次的，不同的层次代表着信息资源不同的开发深度。网络信息资源开发可以按照开发程度的深浅划分为基础开发、服务性开发和深层次利用开发三个层次。

（1）基础开发

基础开发主要包括网络基础设施的建设、网络信息资源的存储与利用，这些都是基于网络基础设施开展的，通过建网与联网构成网络信息资源开发的基础平台，通过信息资源建设如网站主页建设、子页建设以及 Web 和数据库的集成开发等把信息资源储存在网络节点上。

（2）服务性开发

服务性开发主要包括免费资源深度与广度的挖掘、镜像资源的开发、收费资源的代理服务、局域网、区域网资源的组织和服务等。网上的信息服务形式主要有接入服务和信息内容服务两种类型。信息内容服务又包括了在线数据库服务、计算机硬软件信息服务、电子报刊服务、新闻信息服务等。依托网络技术，实现信息打包、信息镜像、信息推送、信息代理等服务，以解决网上获取信息费时费力等问题。只有当自己的资源特色吸引了用户，服务特色吸引了用户，才可能将网站的信息资源植入用户心中，有了用户，节点资源才可能处在可用状态中。

（3）深层次利用开发

如果将网上信息资源从无到有的开发称为一次开发，那么对现有网上资源再加工，以挖掘其利用深度的开发则可称为二次开发。这种提高网上资源利用的量与质的内容的开发主要包括对现有网上信息资源再加工，如重组、浓缩和网络知识挖掘。具体而言，是指以网络信息资源为开发对象，按照一定的程序，综合各种信息组织方式，使用先进的信息技术手段，对网络信息进行搜集、选择、综合分析、整序，使无序的网络信息有序化，其最终目的是形成各种新形式的信息资源，为用户提供高品位、高质量、个性化、有价值的信息产品（刑湘萍，2008）。

网络信息资源开发的最终目的是为了满足信息用户的深层次信息需求，因此深层次利用开发是最符合此目的的开发方式。当前深层次利用开发主要包括以下几种具体方式。

1）网络学科导航及重组。网络学科导航是因特网上用于重组与开发网络信息资源的一种工具，由于其以学科专业或事物为中心重组网络零次信息和一次信息，学科专业性强，信息组织有序化，能较好地满足学科专业用户对特定信息的需求，有助于提高某一学科领域检索的查全率和查准率，优化检索质量，使用价值较大。网络学科导航的重组对象是某一学科或主题领域的学术期刊、电子图书、会议论坛、研究机构、实验室、专家学者、电子报纸、电子工具书、科技报告等信息资源，按照方便特定用户浏览和检索的原则，以主题树或数据库方式结合超文本技术将它们联系在一起。用户在访问某一学科信息集合时，通过激活相关的超级链接，就可以在一个专业化的“信息超市”中“选购”，也可以进行本专题信息资源的“一站式检索”。网络学科导航实现了对网络信息资源的有效重组，使网上信息资源按学科要求进行整序，满足了用户对学科信息资源的需求，提高了网络信息的有序化和信息检索与利用的效率。

2）信息处理。在对网上资源内容进行定向搜寻的基础上，给予下载、编译，然后再将编译成果以网页的形式在Web站点的相关栏目下再现。

3）网络知识挖掘。深层次开发项目均是基于扩大网上信息利用量为目的，网络知识挖掘是最大限度减少知识从获取到利用的中间环节，将充分整合后的知识一步到位地送至用户面前。网络知识挖掘，是指利用数据挖掘技术，自动地从由异构数据组成的网络文档中发现和抽取知识，从概念及相关因素延伸比较上找出用户需要的深层次知识的过程。其目的是将用户从综合的多媒体信息源中解放出来，摆脱原始数据细节，直接与数据所反映的知识打交道，使处理结果以可读、精炼、概括的形式呈现给用户，使其主要精力真正能够用到分析本质问题，提高决策水平上去。

根据挖掘对象不同，网络知识挖掘可分为：网络结构挖掘（Web structure mining）、网络用法挖掘（Web usage mining）和网络内容挖掘（Web content mining）。网络结构挖掘是挖掘Web潜在的链接结构模式，是对Web页面超链接关系、文档内部结构、文档URL中的目录途径结构的挖掘，通过分析一个网页链接和被链接的数量及对象来建立Web自身的链接结构模式，可用于网页归类，并可由此获得有关不同网页间相似度及关联度的信息，有助于用户找到相关主体的权威站点。网络用法挖掘是指对用户访问Web时服务器方留下的访问记录进行挖掘，从中得出用户的访问模式和访问兴趣。网络用法挖掘分为一般访问模式追踪和定制用法追踪。一般访问模式追踪通过分析用户访问记录了解其访问模式和访问兴趣，以便将网络信息更有效地进行重组，帮助用户准确而快速地找到所需信息，满足特定用户的特殊情报需求。定制用法追踪根据已知的访问模式，当用户进行某一信息的查询时，系统会自动地动态地将有关该信息的组织结构及组织方式提供给用户。定制用法追踪体现了个性化的趋势。网络内容挖掘是指通过对网络信息内容的准确定位，揭示众多信息之间的关系，挖掘在网络数据或文档中的知识内容。网络内容挖掘是网络知识挖掘中最常用也最重要的一种。主要包括有联机数据库中的内容挖掘、网络图书馆中的内容挖掘和Web中的内容挖掘。

1.2.4 网络信息资源开发的关键问题

（1）网络信息的鉴别、选择问题

因特网上的信息资源虽然丰富，但很多信息与用户需求是无关的，甚至有些信息本身就是无用的。因此，在开发网络信息资源时，首先就要对网上的信息进行鉴别、选择。鉴别与选择的标准一般可考虑：①信息用户的需求，包括对信息内容的学科范围、深度、类型、语种的需求；②信息的内容质量，包括是否含实质性内容的信息，是否虚假信息，是否来自权威作者、权威刊物、权威机构的信息，信息的覆盖范围及深广度，信息的时效性等；③信息的形式特征，如网页的版面，是否遵循公认的图像设计原理和文本设计原理，具有可读性、易读性，是否多媒体信息等；④信息的稳定性。网络信息资源呈动态变化性，网站网页形式相对稳定有利于用户使用。数字化的印刷型文献、网络期刊、联机数据库、图书馆 OPAC 目录等都是比较稳定、准确可靠、方便存取的信息资源。

（2）网络资源开发质量问题

网络信息资源的开发质量主要体现在两个方面：①信息的完备性。用户在检索某一学科或主题的文献时，总希望一次能检索到尽可能多的相关信息，以至于一次检索就能达到检索要求，而不必再到别的网站去查找。在开发网络信息资源时，应考虑到用户的这一要求，收集的信息要尽可能全面系统，并注重连续性和完整性。因此，要善于用多种搜索引擎、用不同的查找方法和途径来发现信息，并对信息资源进行长期跟踪，及时增补新的信息，保证有足够的相关信息量。②信息使用的方便性。经过开发的网络信息资源，应该越便于使用越好。因此在开发网络信息资源，设计新的检索系统时，要考虑资料的组织是否科学、合理；界面是否友好、易用，无需专门培训；检索功能是否完善，检索途径是否多；检索方式是否灵活多样；是否可提供打印、存盘、电子邮件传递等方式输出数据；等等。

（3）网络信息资源开发中的标准化问题

由于网络信息的存在状态是多样化的，其类型多样、存储格式各异。这一特征要求人们在开发网络信息资源时必须规定信息揭示的统一标准和获取使用信息的具体规则，以保证信息资源能够得到充分利用，同时也保证用户的信息需求能够得到满足。网络信息资源开发中的标准化主要应解决两个问题：①内容格式标准化。目前国际公认的网上信息资源内容、格式标准是元数据标准。随着元数据系统的发展，建立各种元数据系统之间的相互转换关系和方法已成为规范数字化信息、保障网络信息资源开发顺利进行的条件。②导航服务标准化。网络信息资源是以超文本格式链接起来的非线性结构，各个国家、各种服务器、各种网页、各种文章上的相关信息都可以通过结点链接起来。这种链接的方便性也带来了网络信息的错综、交叉分布，使查找信息的复杂性加大，所以，网络信息导航服务的标准化势在必行。而网络信息资源导航的标准是内容全、导航数据全、航标明确，并且具备较好的链接功能和用户界面友好性。

随着网络信息服务的发展，网络化的信息组织与开发出现了手段现代化、方式便捷化、环境虚拟化、对象社会化、内容务实化、发展适时化等特点。基于以上情况，网络信息资源组织与开发技术标准化推进的基本内容应包括信息载体技术标准化、信息内容技术标准化、信息组织与开发技术过程标准化、信息服务业务技术标准化。具体来说有以下几个方面：①信息载体技术标准化。它是指所有与计算机和通信设备的设计、制造和网上信息传输、交换、存取等有关的技术，都应遵循通用标准。其目的是使人们正确地应用共同的信息技术，保证网络信息资源开发利用的质量和效率。②信息内容技术标准化。信息技术标准化不一定带来基于信息技术的内容格式的标准化。信息内容格式标准化对于提高网络信息资源的共享、降低因格式转换成本等有着重要作用。当前，虽然难以实现完全的信息内容格式化标准，或者说难度很大，但这又是必须解决的问题，因此应尽快加以解决。③信息组织与开发技术过程标准化。信息组织与开发过程标准化与信息内容格式标准化相联系，信息内容是对信息产品而言的，信息组织与开发强调的是对象。信息组织与开发过程标准化有助于减少信息冗余，提高管理效率。④信息服务业务技术标准化。网络信息资源组织与开发服务业务标准化，旨在为网络信息资源的开发、保护与信息的采集、分类、识别、存储、检索、传递与应用提供通用的标准，为网络信息业务的开展方法、程序、安全等方面提供通用的技术依据，以利于网络信息资源的社会化组织和管理的推进。

(4) 增加信息资源开发的针对性，充分满足用户信息需求的问题

人们在谈论互联网时，总是认为互联网涉及社会各个方面，信息资源丰富，信息量大。但当人们去利用数量庞大、种类齐全的网络信息资源时，却感到网络信息资源匮乏。出现这种状况原因是多方面的，但直接原因是用户在互联网上不能找到能够满足自己特定需求的信息，也就是个性化的要求。因此，要增强网络信息资源开发的针对性，为不同用户提供不同层次、不同角度的信息，最大限度地满足多个用户的个性需求。

(5) 网络信息资源开发中的权益保障问题

网络信息资源开发涉及信息资源数字化共享和复制权、信息资源网络传播权、数据库知识产权、网络链接处理权等问题。具体来说有以下几个方面：①信息资源数字化共享与复制权问题是指利用数字化技术将文献或其他信息资源的传统形式转换成计算机能够识别的编码数字形式，这种转换只是带来信息载体形式

上的变化，不具有著作权意义上的创造性，没有产生新作品，因此可视为一种复制行为。在网络环境下传播数字化信息资源时，除超过著作权法保护年限的信息资源以及公有领域的信息资源外，必须特别强调这种使用必须符合“不得影响作品的正常利用，也不得不适当地损害著作权人的合法权益”的原则。②信息资源网络传播权问题。作品网络传播属于著作权人的专有权利，不经授权许可，不得擅自将他人作品上网传播。然而，将网络传播权绝对化，必然妨碍社会公共利益。由于网络信息数字化的特点，网络可以使社会公众通过它获得极大的利益，因而传播权保护应考虑专有权利与社会利益之间的平衡在保护著作权人利益的同时，应有益于促进社会文化和科学事业的发展与繁荣。③网络资源环境下数据库的知识产权保护，具体指注意数据库的版权保护和数据库的特殊权利保护。数据库特殊权利的保护，其目的是为了保护数据库制作者在数据库上的投资利益。在具体保护过程中应采取利益均衡原则，保护数据库拥有者和公众两方的利益。④网络链接处理与权益保护问题。网络链接所涉及的纠纷，集中体现在未经许可使用网站资源和网站之间的竞争问题，因此也就涉及了诸如版权、不正当竞争等许多知识产权方面的争议。

1.3 网络信息资源利用

1.3.1 信息资源利用

1. 本质研究

计算机技术和网络技术的发展大大提高了人类获取信息和处理信息的能力，人类利用信息资源的能力得到空前的增强。随着社会信息资源的丰富、信息价值的提高和应用的稀缺性，信息商品开始大规模出现，人类利用信息的方式和途径比以往任何时候都更加丰富。根据人们利用信息的行为和方式，可以将信息利用分为五类：满足生存和交流的需要，提供决策和行动依据，满足娱乐、宣传、学习、暗示等高级需要，通过积累、抽取以及和经验相结合形成知识，包装成商品或服务投入市场交易。

信息资源利用行为就是人有目的性地、有选择性地、能动地利用信息资源以满足个人需要的行为。一般来说，信息资源利用和信息利用同指一个概念，但它们也有一定的区别。总地来说，信息利用关注的是具体的利用行为、利用取向、利用目的等，而信息资源利用关注的是利用效率、利用水平、利用过程中的评价、维护等。一般说来，信息资源利用问题的研究对象是信息资源和信息用户，研究的行为是人机交互。信息用户研究内容包括信息用户的定位研究、信息用户的类型研究（类型与特征）、信息用户的行为研究以及信息用户研究的方法研究等几个方面。

2. 信息用户研究

信息用户是指自觉地、有意识地、有目标地、有目的地利用社会信息资源开展社会信息活动的个人或者团体。

在信息资源利用中对信息用户展开研究，主要通过以下几个方面展开分析。

（1）用户信息需求

在人类社会中，不同的组织、单位、个人需求的信息类型是不同的，用户的信息需求可以根据用户所属范围大小分为国家需求、区域需求、行业需求、组织需求、个体需求。

（2）用户信息行为

用户信息行为主要指用户与信息资源之间的交互行为，一般来说用户的信息需求决定了用户的信息搜索行为。用户的信息行为不仅依赖于社会结构、公民对信息及社会交流的意识和认识等，还和一些信息组织及信息系统因素相关。在行为特征上，用户信息行为包括行为方式、手段、方法、途径、工具、理念、方案、模型、思想等还受到社会文明程度的影响。用户信息行为可划分为四类：信息用户对未知信息的需求行为、信息用户对已知信息的吸收行为、信息用户对已知信息的加工行为、信息用户之间的交流行为。

（3）用户信息心理

用户信息心理主要指信息用户在信息的需求、获取、吸收、利用等方面的心理。由于信息用户在认知信息时受到自身的个性、心情、知识结构及环境的影响，所以信息用户对信息的认知心理是一个复杂的课题。一般的研究方法有观察法、实验法和模拟法。所以在信息资源开发过程中，我们必须考虑用户的心理因素，特别是在人机交互界面上，更应该从用户心理感受的角度思考问题、设计方案。

（4）用户信息素养

美国国家图书情报委员会（NCLIS）成员 C. M. Gould 认为信息素养是一种查找、检索、评价、组织、理解和利用信息的能力。马费成认为信息素养是知道什么时候需要什么样的信息，并能定位、获取、评估和高效地利用信息去满足这种需要的一种能力。从宏观角度看，用户信息素养是一个国家的国民整体的信息素养，它受到这个国家的经济、政治、历史、文化、习俗、语言、宗教等因素影响，反映了国家信息化水平，也体现了国家信息资源的开发和利用能力。从微观角度看，用户信息素养是指单个用户的信息素养，它受教育、环境、工具、技术等因素的影响，决定了用户利用信息资源的能力和水平。

1.3.2 网络信息资源利用的内涵

1. 网络信息资源利用

对网络信息资源利用的理解观点众多。丁继国认为网络信息资源的利用是指将信息用于管理、决策、生产、学习以及文化娱乐等活动以实现信息价值的过程。向桂林等认为网络信息资源利用可分为数据库型网络信息资源的利用和非数据库型的网络信息资源的利用。沈扬等认为网络信息资源利用的原则包括坚持以用户为中心的原则、坚持以质量取胜的原则、坚持效益性原则、坚持整体性原则。

依据马费成对信息资源利用行为的理解，可以认为网络信息资源利用即是通过对网络信息资源有目的、有选择、能动地利用，满足信息用户现实需求和潜在需求的行为。其中，各种形式的网络信息服务是网络信息资源利用的表现形式，各种类型的网络用户则是网络信息利用的最终归宿。

一般而言，面向特定用户提供高质量的信息服务，实现网络信息资源的有效利用，需要从以下几个方面展开。

(1) 扩展现有稳定性网络信息资源

稳定性网络信息资源包括远程联机检索系统、镜像数据库、光盘专业数据库、电子期刊数据库及相关知识库等，它们是网络信息资源配置和利用的重中之重。此外，随着人工智能与数据库管理系统技术的开发利用，各类专家决策系统（亦称知识库）也在网上出现，其通用和参考特性在信息服务及知识应用领域大有可为。就发展趋势而言，数字化图书馆馆藏策略应有一定的前瞻性，即把知识库也视为一种网络信息资源而兼容并蓄。

(2) 接纳非稳定性网络信息资源

稳定性网络资源则指未经人工编码的非正式或半正式出版信息，如专题讨论组、电子布告栏、新闻组和电子邮件群。计算机网络作为一种新的媒体，提供了建立多渠道非正式交流途径的可能，这便是“非稳定性网络信息资源”的来由。“非稳定性网络信息资源”作为一种事实存在，从积极尝试的角度，把它作为一个网络信息交流的节点有其现实意义和可操作性。

(3) 建立集成化搜索引擎

采用最新的全文检索技术和全文检索引擎，注重全文检索引擎的开发，促进信息资源开发检索向多元化、综合化和智能化方向发展。集成化搜索引擎的特点是汇集了多个单独的搜索引擎，通常提供一个统一的界面，用户只需提出一个问题，集成化搜索引擎将其适当格式化以后，提交给搜索引擎，然后将返回搜索结果进行整理、合并集成为一个页面或一份报告，这种搜索可以大大节省搜索时间。只有注重和发展网络信息集成化检索工具，并向多元网络站点综合性向专业性方向发展，才能使检索途径更加丰富，才能在信息资源的组织管理上最大限度地满足用户对查询信息快、准、精的需求。

（4）建立文献保障

网络信息资源大多以二次文献为主，全文数据库数量有限，因此与之配套的文献保障显得格外重要。国外这方面基础雄厚优势明显，如美国的“Internet11”计划、北欧的“芬兰模式”、德国以哥廷根大学为中心的文献调控系统，标志了较高水平和发展趋势。尤其是美国俄亥俄州的“OhioLink”（大学图书馆和信息服务网络），为区域资源共享和信息服务提供了可资借鉴的范例。国内 CALIS 计划——中国高等教育文献保障体系已经取得了一定的成就，其主要建设内容和任务是：通过文献信息服务网络和文献信息资源及数字化建设，初步实现系统的公共检索、馆际互借、文献传递、协调采购、联机合作编目等功能，基本建成中国现代高等教育文献保障体系的基本框架。它有待于继续发展与建设。

（5）加强网络化知识信息服务的国际竞争与合作策略的优化

网络化信息服务的重要性及其在社会信息化与知识经济发展中的作用表明，它是国际竞争的一个方面。我国作为发展中国家，与国外先进水平和网络建设中的差距是客观存在的，这就决定了我国在组织网络化知识信息服务中要进行有效的国际竞争与合作，以适应新世纪的发展需要。

2. 网络信息服务

网络信息时代不仅对传统的管理方式带来了猛烈的冲击，引起了管理思想和管理方式的重大变革，而且对人们的传统生活方式也产生了深远影响。网络环境下的信息服务方式不同于传统图书馆的服务，它是开放式的，用户可在任何一个地点通过终端—联网的方式查找所需的信息，而且均通过计算机进行，这与过去的传统服务方式不同。新的服务方式有视听服务、电子邮件服务、图文信息服务、电子出版物的发行、联机公共目录查询、光盘远程检索服务、远程电视会议服务、用户预约服务等。

网络环境下的信息服务面临越来越多的挑战，基于 Web 2.0 的集成信息服务的体系结构，Web 2.0 服务和技术的进一步发展存在横纵两个方向。从横向发展看，类似 Blog、Flickr、PodCast、Delious 的应用需求将不断被挖掘，Web 2.0 服务将会随着应用领域的拓宽而不断丰富其应用类别。从纵向发展看，Web 2.0 以个体参与为基础，以促进个体之间交流的社会效应形成的服务功能将会进一步增强，这种服务功能增强除体现在对微内容处理与服务的功能增加外，还体现在对软件应用的社会效应分析功能的增强上。尽管目前纵横两个方向的发展还都处于起步阶段，但随着互联网的发展，网民的个性化和社会化需求进一步增强，需要通过集成现有技术、理念、服务，形成满足用户需求的集成化 Web2.0 服务。

3. 网络信息用户研究

网络信息用户始终是人们研究的重点内容。中国互联网络信息中心发布的《中国互联网络发展状况统计报告》表明，网络用户的信息查询活动是一种高度个性化的行为，他们的具体要求越来越独特，越来越变化多端，面对海量的信息，他们不仅能够做出选择，而且还渴望做出选择。有关研究表明：用户继续访问的条件是预期发现的信息的价值大于为发现信息所需要的支出（反高斯模式）；用户对信息源的选择不会因年龄的不同和教育程度的不同而有明显变化；用户在开始上网查询信息时的感受并不会因性别不同、网龄长短而有明显差别，与其上网频次以及受教育程度也无显著相关关系，但上网查询信息的首选策略与其网龄、上网频次、地点和费用来源显著相关；用户所出现的迷路现象会因为用户网龄的长短以及受教育程度的高低有明显差异。但就用户的上网频次而言，却与用户网上查寻时出现迷路现象无显著相关。

与传统大众传媒不同的是，网络提供给用户一个充分开放自我的、有较好个人信息控制权的优越环境。在这个数字化环境中，任何一个网络用户都能够主动寻找并取出自己要的个性化信息，而不再是信息的被动接受者。信源与信宿的共生性、零距离关系，用户的虚拟性、自主性、参与性特点，要求网络建设者重新设计完全不同于付款媒介的信息服务，使“推送”的服务与用户的接受更加和谐。

1.3.3 网络信息资源利用的层次

根据网络信息资源在满足人类社会利用过程中的应用层次，可以将网络信息资源利用分为三层：一是维系社会需求。通过利用网络信息资源推动社会生产力结构的变革和发展，促进人类文明进步和人类自身的进化。二是满足组织需求。通过网络信息资源的利用与交流，建立固定的组织机构，并强化组织成员的认同，保证组织间的沟通，统一组织行为，提升组织效能。三是满足个人需求。通过网络信息资源利用实现满足个人最基本的生存需要，建立与他人的联系，丰富个人生活。根据以上对网络信息资源利用的层次划分，还可以根据每一层的利用主体将利用行为分为社会利用、组织利用和个人利用。

根据网络信息资源来源，可以将网络信息资源利用划分为非数据库型的网络信息资源的利用和数据库型网络信息资源的利用。其中非数据库型的网络信息资源通常称为静态网页，当然也包含其他格式的数字资源，如DOC格式的文档、PDF格式的文档等，与数据库型的网络信息资源相比，它们是半结构化和非结构化的数据，虽然更新的频度相对较低，但稳定性相对较好。对这类网络信息资源，我们可以采取下载到本地保存的策略。比如Google网站，可对搜索到的网页保留一个快照。对图书馆来说，也可以采取这一策略。只不过图书馆关注的是从学科领域出发对网络信息资源进行整理、保存，这是由图书馆的社会角色决定的。把非数据库型的网络信息资源下载到本地并整序，可以使用网络爬行者和信息抽取器两种工具。

由于数据库型的网络信息资源无法下载到本地整序和管理，图书馆利用此类资源时只能根据读者的需求实时获取。但网络上的数据库很多，读者无法一一得知各个数据库的收录范围和特色，是否能满足自己的需要。此时可针对稳定网络信息资源里的数据库资源，由学科馆员或者专业人员，先对这些数据库进行评价，选出有代表性的网络数据库，然后针对每个数据库，由技术人员分析它们的查询链接。当有用户提出查询请求时，先分析查询请求，并把用户的查询请求装配成各个特定数据库的查询串分发给各个数据库，再把各个数据库返回的结果进行整理、排序、去重后显示给用户。

1.3.4 网络信息资源利用的关键问题

1. 信息保密与信息安全

随着计算机网络的发展，信息保密和信息安全问题应运而生，它一般是指信息的完整性、保密性和可用性的保护。它涉及信息系统安全、数据库安全、网络安全、个人隐私保护、国家机密保护、商业秘密保护等方面。开发信息资源必须注意这些问题，在开发利用信息资源之前应该首先确定信息资源是否属于保密范围，对于保密的信息应该谨慎行事。在网络环境中，开发信息资源时除了需要保护信息的安全和防止泄密外，还要保护信息系统的安全，防止系统因认为原因而崩溃。

事实上，随着人类对因特网依赖性的增强，解决因特网所带来的网络安全问题已经刻不容缓。国内外关于“信息战”、“网络战”的讨论已经给我们敲响了警钟，我国信息安全面临的形势十分严重。

2. 网络信息资源服务与用户接受的一致性

为了更好观察网络信息资源服务和用户接受度保持一致，可以采取如下方法。

1）进行用户调查，了解他们的信息资源需求。

网络用户因其学科专业、兴趣爱好、个性特征方面的差异，信息需求千差万别，满足这种个性化需求已成当务之急。所以，首先必须进行用户调查，在整体上了解他们的信息资源需求，以便提供他们可接受的信息资源服务。

2）以个性化主动服务机制提供网络信息资源。

用户接受优先原则的体现在于网络能按用户的阅读习惯和思维习惯组织信息资源，使信息资源从储存、传输到检索、输出个性化，通过特定的信息技术建立个性化主动服务机制，满足各层次各专业各学科用户的个性化需求。

3. 网络信息资源利用效率研究

网络信息资源利用效率的衡量主要取决于以下两个核心要素。

（1）网络信息系统利用率

信息技术只有得到使用才能对绩效产生影响（Devaraj and Kohli，2003），系统使用历来就是评价信息系统效用的重要指标，应当保证技术被其目标用户接受并得到正确使用。用户不接受而导致的系统使用率低下被认为是导致信息技术“生产率悖论”的主要原因之一。信息技术价值的实现，必须以用户接受、使用系统为前提。网络信息系统的使用同样如此，必须通过有效的信息技术实施，在特定用户群体中传播合适的技术，从用户接受的视角分析影响信息资源价值实现的主要因素，进而提出以用户接受为目标的信息资源系统建设实施原则。网络信息系统中资源的丰富程度和可获取程度在一定程度上显示了信息服务的水平，并且这类统计数据的获取也较为方便，如了解现有网络信息系统资源的用户使用率，从而全面掌握用户群体的层次，了解网络信息系统的宣传效果和使用趋势，等等。

（2）网络信息利用效能比

目前网络信息资源利用的焦点聚集到与特定用户的个性化需要相匹配的信息效用层面。网络信息资源利用效率应该评估的是信息利用取得了多大的效果，它建立在对用户希望效能和实际产生效能进行比较的基础上，是用户在利用信息过程中的行为和问题解决状况的具体表现，是网络信息效用价值的真正实现。这是研究网络信息资源利用效率不可忽视的另一个重要层面。我们这里提出的网络信息利用效能，指的是网络信息资源所具有的，可以通过用户的使用更好地完成实践活动的，使用户知识水平、个人绩效、满意度等发生改变的能力。信息资源建设应该充分考虑利用主体的各种差异性因素，尽可能减少乃至消除信息用户对所获信息的希望效能与其实际效能之间的距离，即提高信息利用效能比，这直接关系到网络信息利用效率水平的进一步完善和提高。一些学者提出了基于整合技术采纳模型（TAM）/任务—技术适配模型（TTF）的网络信息资源利用效率的评价模型，评价模型分别从用户、任务、技术三个方面出发，通过三者之间的特征分析以及两两作用下的适配关系来分析这些因素对网络信息资源利用效率的影响。整合模型不仅包括了TAM和TTF两个模型的主要要素，同时弥补了TAM缺少明确的外部变量以及缺乏对任务的关注这两个重要缺陷，在任务—技术匹配与信息系统采纳行为之间架起了易用认知和有用认知的桥梁，得到了用户的使用意向与网络信息系统的实际使用状况共同决定网络信息资源的使用效果的结论。

4. 网络信息资源利用中对知识产权的法律保护

网络信息资源利用中包含着他人的智力劳动成果和知识产权，应予尊重；网络信息资源利用中凝结着创作者的智力劳动成果和知识产权，应予肯定；在利用网络信息资源的过程中涉及作品的所有者和创作者的合法权益，应予维护；在网络信息资源的国内外交流中存在着知识产权保护问题，应予重视。网络信息资源利用涉及的知识产权包括著作权（版权）纠纷、域名与商标企业名称的有关冲突、不正当竞争纠纷、知识产权纠纷的管辖权问题和网络服务商责任的界定等问题。网络信息资源利用与知识产权有着密切的关系，需要知识产权法等民商法担当起网络使用者、服务者与知识产权人间的权益平衡器和调节器的重要作用。

1.4 网络信息资源开发与利用的关系

网络信息资源的价值最终通过网络信息资源的开发与利用得到实现，网络信息资源开发与利用程度反映一定社会网络信息资源建设的实际水平，直接影响社会的发展与进步。

网络信息资源开发和网络信息资源利用是相辅相成的关系。网络信息资源开发是网络信息资源利用的前提和基础，网络信息资源利用为网络信息资源开发提供动力和方向。网络信息资源开发的目的是利用，开发与利用密不可分。一般来说，网络信息资源的开发是指信息资源拥有者的行为，是对隐性信息和无记录信息进行揭示、叙述、记录、显形；对原始、初级信息进行搜集、组织、加工、整理；对成熟信息进行宣传、发布、传递等过程。它是一次信息源或者二次信息源建立的过程。信息资源利用则是信息需求者的行为，是个人或者组织对信息资源的吸收行为，最终为个人爱好、行动和组织战略、决策等提供支持。利用信息资源是开发信息资源的继续，任何开发行为都能够在其利用过程中产生社会效益和经济效益，网络信息资源利用是网络信息资源开发的目的和原因所在。通过网络信息资源利用将网络信息资源开发的成果得到有效利用，充分满足用户的信息需求。

从总体上看，网络信息资源开发利用应遵循以下原则。

(1) 坚持以用户为中心的原则

为用户服务是网络信息资源开发利用的根本目的，所以，网络信息资源的开发利用必须以用户为中心，以用户的信息资源需求为导向。为了使网络信息资源开发利用工作具有强烈的针对性，做到有的放矢，必须对信息用户的类型、特点、知识结构、工作性质、信息需求特征及其发展变化等情况作深入详细地了解和分析，制定以用户为中心的网络信息资源的开发利用计划，力求开发出针对性强的、适合用户需求的信息，满足用户的各类需要，避免开发利用中的盲目性。

(2) 坚持以质量取胜的原则

用户所需要的信息是经过分析处理的、真实、可靠、准确的信息，而不是庞杂的信息，因此，质量保证是网络信息资源开发利用成功的关键。质量取胜原则，包括两个方面：一是要求对信息内容的判断要准确，避免信息污染，为用户提供准确、精炼、能解决问题的适用信息；二是要求采用正确的信息检索方式方法，搜集准确的信息，防止信息在传递过程中的失真。

(3) 坚持效益性原则

网络信息资源只有被用户利用才能产生效益。网络信息资源的开发利用，既会给信息资源的开发带来一定的效益，也会给信息资源的使用者带来一定的效益。这里所指的效益是指两者的效益。坚持网络信息资源开发利用的效益性，主要是指要正确处理好三种关系，即经济效益和社会效益的关系、当前效益和长远效益的关系、局部效益和整体效益的关系。

(4) 坚持整体性原则

网络信息资源的开发利用是一个复杂的多因素的动态系统工程，涉及信息机构、信息设施、信息资源。信息人员、信息用户、信息经费、信息政策等诸多方面，所以，在研究网络信息资源开发利用问题时，要运用系统的观点和方法，从系统的整体出发，考虑各方面因素之间的相互作用、相互影响，注意各个方面、各个环节的相互协调与合作，全盘考虑，确定最佳方案，以求达到最佳效果。

第2章　网络信息资源评价

“没有科学的评价，就没有科学的管理。”本章首先论述了网络信息资源评价的若干基本理论问题，包括起源、基本概念、目的意义等。然后从几个方面深入分析了网络信息资源评价研究的进展情况，包括评价的主体、对象、指标、方法等。最后重点介绍网络信息计量方法，尤其是当前该领域的研究热点——网络影响因子。

2.1　网络信息资源评价概述

2.1.1　网络信息资源评价的起源

随着近代人类社会逐渐向信息社会转变，人们逐渐意识到“信息”作为一种战略资源所具有的重要价值。而与之相伴随的，则是现代社会信息量急剧增大，信息载体多种多样，信息传播渠道十分复杂，信息源在时间和空间的分布都极为广泛，同时新知识、新信息不断产生。在这种情况下，为了更好地满足用户对信息的需求，有必要对信息进行评价和选择，从浩如烟海的信息海洋中筛选出真正有价值的信息。信息资源评价研究也就成为国际学术界一个突出的研究热点，相关的研究成果不断涌现。

自20世纪90年代以来，迅速发展的因特网对人类社会产生了越来越大的影响。时至今日，网络化已成为经济、社会和科技发展的重要因素和显著特征，并呈现不断加强的趋势。而网络环境下的信息资源管理在技术管理、经济管理和人文管理等方面均有了更为丰富的内容。其中最突出的表现就是互联网的发展导致了一大批以网络为依托的电子化信息资源的产生。网络环境下的信息资源不同于以往任何环境下的信息资源。在网络环境下，信息以计算机可识别的方式存储于网络的某一节点上，并且可以在任何需要的时候通过四通八达的全球互联网络传向任一网络终端用户。

网络信息资源的迅速发展和普遍使用使得其质量问题成为人们关注的焦点。但面对这种新型的信息资源，传统的信息资源评价指标和方法不再适用于网络信息环境，运用以往的指标和方法无法确定网络信息资源的质量和价值。因此，针对网络信息资源自身的情况和特点，建立一套切实可行的网络信息资源评价指标以及完善相关的评价体系，为用户提供具有可信度、符合其利用需求的网络信息资源评价服务，帮助用户选择、利用网络信息资源，就显得尤为重要和迫切。在这种新的形势下，对网络信息资源评价的研究便应运而生。探讨、研究因特网信息资源的评价与选择标准，建立一套科学、合理的网络信息资源评价方法和指标，为用户提供较高质量的网络信息资源评价服务，也就成为近年来国内外图书情报学领域的热门课题。

早在20世纪90年代初，国外学者便开始了对网络信息资源评价的研究。1991年，Richmond（1990）首先提出了评价网络信息资源的10C原则。相比较而言，国内的研究稍晚一些。1997年，董小英在其博士论文《网络环境下的信息资源管理》中提出了网络信息资源评价的9项标准，这是国内最早涉及网络信息资源评价问题的研究。

2.1.2　网络信息资源评价的内涵

表面上看，网络信息资源评价这一概念似乎并不难理解。现有的学术文章中，很少有学者对网络信息资源评价的基本概念进行深入的探讨，大多只是简要地进行描述性的说明。例如，将其描述为“采用定性或（和）定量的方法，对因特网上的网站或网页的内容、外观和易用性进行综合评估，确定其好坏与优劣”。事实上，网络信息资源评价是一个十分复杂的概念，牵涉许多重要的理论问题，无论内涵还是外延均十分丰富。具体而言，主要涉及以下几个基本问题。

首先，网络信息资源评价属于科学评价的范畴，科学评价的基本理论和方法是网络信息资源评价的理论基础和方法论基础。目前，科学评价的概念范畴在学术界尚未有明确清晰的界定。一般认为，对科学评价应从狭义和广义两个层次来理解。从狭义上来看，科学评价是指以科学为对象的评价。人们对所需要的科学信息进行判断和预测，做出正确的选择，实现自己的目标。传统的科学评价主要限于这种狭义的范畴。近年来，科学评价不仅是科学系统自身关注的重要问题，而且成为政府和社会共同关注的重要问题。科学评价已经超出了针对自然科学和社会科学领域中某一具体学科进行的评价，扩展到包括大学评价、企业竞争力评价、期刊评价、信息资源评价、管理信息系统评价乃至网站评价在内的面向组织、产品、服务、行业和产业的广大领域，科学评价具有更广泛的含义。从广义上看，可以将科学评价定义为“用科学的方法进行的评价”，即“评价的科学化”。换言之，广义的科学评价不再局限于某种特定的评价对象，而更注重于评价过程和评价方法的科学性。显然，网络信息资源评价属于广义的科学评价的范畴，因而它必须遵循科学评价的上述原则，而这正是一切网络信息资源评价工作的根本出发点。

其次，网络信息资源评价来源于传统的信息资源评价，但表现出了许多新的特点。如前所述，信息资源评价的产生和发展，归根到底是由于人们对信息资源价值的发现和认识。这一过程远早于网络的出现和普及。从某种意义上说，网络信息资源评价就是信息资源评价在网络环境下的新形式，是网络时代信息资源评价的重要组成部分。因此，传统信息资源评价研究和工作中所积累的丰富成果和成功经验无疑是网络信息资源评价的重要基础。例如，在传统的信息资源评价中，有价值的信息应具备如下条件：能够及时地以适当的方式提供解决问题所需要的依据；信息符合用户需求的内容；信息的可信赖程度高；信息具有综合性；信息容易获取；信息的费用与目标吻合。这些条件同样可以借鉴到网络信息资源评价指标体系当中。另外，我们还要清醒地意识到，与传统环境相比，网络环境已经发生了巨大的甚至是根本性的转变。与传统信息资源相比，网络信息资源的内容更加丰富，结构更加复杂，缺乏组织且共享程度高。正是由于网络环境的特殊性，我们在应用原有的信息资源评价方法时必须进行不断的调整和改进，使其成为适用于网络环境下的评价方法，而不能盲目仿制或者生搬硬套。

最后，网络信息资源评价是网络信息资源管理的重要手段和重要组成部分。在传统环境下，信息资源评价与信息资源管理关系十分密切，两者之间是相互交叉、相互促进、相辅相成的互动关系。相应的，网络信息资源评价与网络信息资源管理同样是不可分割的整体。对于网络信息资源评价而言，网络信息资源管理中的有关理论、原理是其理论基础，有关方法、技术是其重要手段，有关成果和产品是其重要信息源和工具。对于网络信息资源管理而言，对网络信息资源展开科学的评价是网络信息资源开发利用的重要环节和保障，是网络信息资源管理的新模式和重要手段，“科学的管理需要科学的评价”这一重要结论在网络环境下依然适用。

从以上分析可知，所谓网络信息资源评价是指依据科学评价的基本原理，采取各种定性和定量分析方法，运用各种评价指标及指标体系，对存在于网络上的一切信息资源进行选择和评估。作为一个综合性的概念，网络信息资源评价涉及科学评价、信息资源评价和网络信息资源管理等许多研究领域。相应的，网络信息资源评价工作也就是一个集合了科学评价基本原理、信息资源管理理论和方法以及信息技术、数学工具等诸多因素在内的系统工程。

2.1.3　网络信息资源评价的目的和意义

评价是管理的重要手段。科学评价具有判断、认定、选择、预测、鉴定、诊断、导向、促进、反馈、沟通、激励、监督、规范、参谋、学习、制衡、交易、检讨、宣传、咨询等功能。作为科学评价的一种具体形式，对网络信息资源进行评价可以继续发挥信息服务部门帮助信息用户选择、利用信息的传统功能，通过对网络信息资源的评价，了解网上和学科、专业、主题领域内的学术信息的分布及质量水平，从而为有关信息的取舍提供判断依据，以便在最短的时间内，以最快的速度，帮助用户选择或直接为其提供具有针对性的信息，确保所选择的网站具有较高的权威性，确保网站的信息具有较高的价值性和可靠性。简单而言，网络信息资源评价的根本目的是为选择合适的网络信息资源提供科学依据，从而更好地满足用户的信息需求，以实现对网络信息资源的有效开发与利用。

具体而言，网络信息资源评价主要具有以下几方面的意义：

第一，网络信息资源评价可以更好地满足用户对网络信息资源的利用需求。通过网络信息资源评价，信息服务机构可以为用户筛选和评估相关的网络信息资源，确定资源自身的质量和对相关用户的有用性，进而推荐给用户使用。网络信息资源评价给用户提供的高质量信息服务，可以避免用户自己查找有用资源时耗费大量的时间和费用，从而节约了社会成本。

第二，网络信息资源评价可以使网络信息资源的组织和管理更加有效。面对海量和质量参差不齐的网络信息，评价不同种类和内容网络信息资源的质量水平并加以区分，有利于进一步优化网络信息资源的管理。

第三，网络信息资源评价可以促进信息化社会和知识管理型社会的建设和发展。网络信息资源是信息化社会和知识管理型社会里非常重要的一种信息，并且日益占据主导地位。而网络信息资源自身具备的特点决定了只有对其进行评价才能更好地发挥作用。因此，网络信息资源评价工作是建设信息化社会和知识管理型社会的必然要求。

2.1.4 网络信息资源评价主体和对象

（1）评价主体

网络信息资源评价是一项十分复杂的工作，这决定了对实施评价的主体有着特殊的要求。为此，一些学者曾对此进行过专门的探讨。例如，苏广利认为网络信息资源评价的主体包括：①学术领域专业人员；②图书馆员及图书馆学、情报学专家；③因特网用户；④网上评估服务机构；⑤从事网络资源评价的出版物。李爽指出网络评价出版物的常见发布形式主要有主页定题网评、新闻或讨论组网评、以咨询方式网评、离线网评。宋迎迎、索传军则将评价主体分为评价者个体和机构两大类，评价者个体是指来自于不同领域的专家学者，而评价机构包括学术性机构、服务性机构、经营性机构等。此外，还可以将评价主体分为用户评价者和第三方评价者等。

从目前的评价实践来看，国外的评价主体较为丰富多样，除了专家个人的科学研究之外，众多机构和组织也进行了大量的评价工作。这其中既包括高校、图书馆、研究所、科学协会等学术机构，也包括了盈利性的企业。这些机构结合自身实践工作，提出了各种不同的评价标准。例如，美国费城科学信息研究所 ISI（Institute for Scientific Information）评价选择网络信息资源的标准主要包括：权威性、用户层次、写作质量等[1]。美国图书馆协会（ALA）下属的参考馆员与用户服务协会的参考部（Machine Assisted Reference Section，MARS）自 1999 年开始审核、评价因特网信息资源，其主要评价指标有：准确性、通用性、导航设计、可获得性、内容和范围等。澳大利亚国立大学从 1994 年起，每年进行一次从站点的内容质量、组织结构、外观设计等方面，对一些学术网站进行评价。美国艾奥瓦州立大学的 Cyberstacks 站点，主要评价科学、技术方面的网站，评价指标为权威性、内容准确性、清晰程度、内容的独特性、新颖性、相关评论和社区需要等几方面。美国 Purdue 大学图书馆在评价网络信息资源时列出了 9 个指标，分别是权威性、准确性、客观性、用户对象、信息水平、出版时间、范围（深度和广度）、出版质量和易用性等[2]。美国密歇根大学创办的专为儿童服务的网络图书馆 The Internet Public Library（IPL）称其选择信息资源的标准是基于信息内容、图表的可用性、文本的可获得性、引文以及独特性等。Magelan Internet Guide 网站是一个描述、评估、评论因特网信息资源的联机指南，内容涵盖英文、法文以及德文资源，其评价的主要标准有内容的完整性、资源组织、信息的新颖性以及易用性等。由 Argus Associates 公司制作的信息评价工具 The Argus Cleaninghouse，是一个因特网信息资源指南，由专人负责资源的评估工作，评价标准主要有资源描述水平、主观评估、设计水平、组织结构、用户界面以及元信息水平。此外，还有 LII（Librarians' Index to Internet）提出的信息选择四标准：内容、权威、范围、设计。SOSIG（Social Science Information Gateway）提出的内容指标（有效性、权威性、准确性、广泛性、独特性等）、媒介的形式指标（易用性、支持度、合适性、设计美学等）、操作指标（信息、网站的新颖性、系统的稳定性等）。ISI[3] 提出的 CurrentWeb Conent 网站评价标准等。

与国外相比，目前国内的评价主体数量较少且类型单一，大部分都是专家学者进行的研究性质的评价，由机构主导的评价工作凤毛麟角，较为典型的是中国互联网络信息中心通过统计网络用户的访问量或根据对网络用户的调查统计对网站进行的排名。

---

① The Australian National University. http：//www. anu. edu. au

② Evaluating Information. http：//www. lib. purdue. edu/studentinstruction/evaluating. information. html

③ James Testa. Current Web Content：Developing Web Site Selection Criteria

总之，无论国内还是国外，各种各样的评价主体已经参与到网络信息资源评价当中，评价主体多元化必然是未来的发展趋势。

（2）评价对象

网络信息资源的数量巨大，种类繁多，结构各异。随着互联网的高速发展，网络信息资源评价所涉及的对象也日益复杂。但从总体上看，目前网络信息资源评价的对象大致可以从两个方面来进行分类：①直接对网络节点（网站、网页等）上所提供的不同种类的信息内容进行评价，如信息内容的广度和深度、数据或事实的准确性、用户界面、外观设计、响应速度等；②对某种特定组织形式的网络信息资源集合及其提供利用的方式进行评价，如对网站、搜索引擎、网络数据库等进行的评价。

从信息内容来看，目前网络信息资源评价对象主要包括学术信息、服务信息、医学信息、教育信息、体育信息。服务信息方面医学信息方面教育信息方面从组织方式来看，目前网络信息资源评价对象主要包括网站、搜索引擎、图书馆电子资源、网络数据库。

2.2 网络信息资源评价指标

2.2.1 定性评价指标

早期的网络信息资源评价主要以定性评价为主，国内外的网络信息资源评价研究均是以定性指标研究为起点。1991 年 Betsy Richmond 首次提出了评价网络信息资源的 10C 原则，即内容（content）、可信度（credibility）、批判性思考（critical thinking）、版权（copyright）、引文（citation）、连贯性（continuity）、审查制度（censorship）、可连续性（connectivity）、可比性（comparablity）和范围（context）。此研究不仅开创了网络信息资源评价研究的先河，而且所提出的 10 个指标影响也很大，直至今日依然被广泛引用。此后，各种定性评价指标被不断提出，并被应用于网络信息资源的评价工作。

美国南卡罗来纳州大学教授 Robert Harris 提出了网络信息资源评价的 8 条标准：①有无质量控制的证据，如专家编审或同仁评论；②读者对象和目的；③时间性；④合理性；⑤有无令人怀疑的迹象，如不实之词，观点矛盾等；⑥客观性，作者的观点是受到控制还是得到自由表达；⑦世界观；⑧引证或书目。后来他又提出了“CARS 检验体系”，即可信度（credibility）、准确性（accuracy）、合理性（reasonableness）和支持度（support）。美国的 M. O. Kevin 等在研究和分析网站信息资源特点的基础上，提出了网络信息资源评价的 11 个大类 125 个“质量指标”。这11个大类分别是：①可检索性和可用性；②信息资源的识别和验证；③作者身份鉴别；④作者的权威性；⑤信息结果和设计；⑥信息内容相关性和范围；⑦内容的正确性；⑧内容的准确性和公正性；⑨导航系统；⑩链接质量；⑪美观和效果。同年，该教授还与其他人一起提出了OASIS评价体系，即客观性（objective）、准确性（accuracy）、来源（source）、信息含量（information）、范围（span）。新西兰的A. G. Smith提出网络信息资源评价的7项指标：①范围（scope），包括广度、深度、时间范围与格式；②内容（content），包括内容的准确性、权威性、新颖性、独特性、与其他资源的链接、写作质量等；③图形与多媒体设计（graphic andmultimedia design），即网站资源看起来是否有趣；④目的（purpose）；⑤评论（review），即有关该站点的评论与评价；⑥可操作性（workability），即资源的利用是否方便有效，包括用户界面的友好性、所要求的计算机环境、查找功能、浏览与组织、交互性、连接响应速度等；⑦成本（cost）。D. Stoker和A. Cooke提出了8条标准：①权威性；②信息来源；③范围和论述，包括目的、学科范围、读者对象、修订方法、时效性及准确性等；④文本格式；⑤信息组织方式；⑥技术因素；⑦价格和可获取性；⑧用户支持系统。此外，B. D. Scott、K. Jim、G. McMurdo等也分别提出了各自的网络信息资源评价定性指标。

国内网络信息资源评价定性指标研究始于1997年，董小英首次总结了网络信息资源评价的9项标准，即信息准确性、信息发布者的权威性、提供信息的广度和深度、主页中的链接是否可靠和有效、版面设计质量、信息的有效性、读者对象、信息的独特性、主页的可操作性。这也是国内学者首次对网络信息资源评价展开研究。其后，相关研究迅速展开，如因特网学术资源的特点和评价的意义、印刷型文献的评价方法和准则、因特网学术资源的评价工作、网上学术资源评价标准及评价方法。网络资源集评价的三大指标，即内容、连贯性、功能。网络信息内容评价的6项关键指标：权威性（包括网站或网页的权威性以及网站作者的权威性）、准确性、客观性、时效性等。

从总体上看，国内的研究在开始阶段主要以介绍、引进国外研究成果为主，包括网络信息资源评价的研究进展、国外学者提出的定性评价指标和原则等。随着研究的深入，国内学者开始结合国内的网络环境和网络信息资源实际状况，提出网上数字化信息资源评估的8项指标如下。

（1）来源与出处

网站上应有明确的创建者或版权所有者，同时，应能使用户检索到关于创建或拥有该网站的机构或个人的说明。用户可根据对这些机构和个人信息的分析，从而对该网站发布的信息的质量和可靠性作出判断。因特网上存在着一些匿名的网站，这些网站发布的信息的可靠性较差。

（2）权威性

信息发布者应在相应的专业领域具有一定的权威性。一般地说，某个专业较著名的权威机构或专家所拥有的网站和发布的信息是真实可靠的，具有较高的质量。尤其是大学和研究机构的网站，一般在发布前已对信息作过审查、筛选，这样的信息权威性强。如果对信息发布者的情况不了解，应查找其专业背景、资历，负责任的网站应提供这些信息。通过对网站被其他网站链接、被专业论文引用的情况也可以对该网站的权威性进行分析。

（3）用户

每个网站都是为一定的用户群接收而发布信息的。因而，每个网站都有自己的意向用户（intended audience），正如每本书都希望有自己的读者一样。所以，网站发布的信息应满足用户的需要，信息的专业化程度要适应用户的水平。

（4）内容

网站内容是因特网信息资源评估中最重要的指标。第一，网站发布的信息内容应当切题，标题清楚。第二，信息内容应当有明确的范围和边界，具有足够的广度和深度来满足用户的需要。第三，文本和多媒体文件的组织应当规范，逻辑性强。第四，网站的内容及其链接应当新颖。第五，网站在引用其他信息来源时应当注明出处，确保引用事实和数据的准确。第六，应当注意网站内容的客观性。对于有倾向性的网站和为推销商品或服务的商业网站提供的信息的客观性尤其应予关注。第七，在网上，同种主题往往会有许多站点，但是，它们发布原始信息的数量和质量是不同的，应更多地关注那些发布原始信息的网站。第八，随着因特网的网站评估工作的发展，一些重要的网站往往会有较多的评估报告，许多搜索引擎对评估的网站进行分级。第九，从一个网站被链接的数量多少可以判断该网站内容的重要性。第十，运用WWW虚拟图书馆（WWW-VL）可以了解其链接的网站的信息质量。

（5）时效性

一个好的网站应当明确地说明其创建期和最近的更新期，具有较高的更新频率，网站内容所引用的文献、数据应当有明确的日期，对于过时的信息和死链接（dead link）应当及时清除。

（6）设计

网页的设计应当简练，尽量减少用户屏幕卷动的次数；具有友好的界面，比较直观，不易引起歧义，对于链接和交互性内容应有必要的说明；网页的各个组成部分应都能运行；网页之间的切换应方便，在任何一个网页上均有返回主页的链接。此外，在用户需要辅助软件时，应提供下载这种软件的链接。

（7）适用性

适用性是保证用户访问的前提，访问者希望能用较短的时间、点击较少的链接（最好在3个链接之内）找到所需的信息。

（8）媒体

Web网站应充分利用多媒体功能，将文本、图像、声频、视频信息有机地集成于一体。

总之，人们对定性评价的研究开始较早，在多年的研究中积累了一系列有价值的研究成果和具有重要意义的定性指标，指标设置比较全面，成熟度较高。但是，由于定性评价的固有缺陷，定性指标始终无法避免主观性较强，操作性差，评价结果易受网络环境、评价人员衡量标准等客观条件的影响等缺点，使其大多只能用于评价网络信息资源内容以及表现形式上。为了解决这一问题，人们逐渐将研究重点转向定量评价指标的研究上。

2.2.2　定量评价指标

尽管定量指标很早就出现在网络信息资源评价中，但初期主要以一些较为简单的、直观的数量指标为主，如访问量、数据流量等。随着网络信息计量学（webometrics）的产生和迅速发展，一系列有重要价值的定量指标纷纷出现，使得原有的定性评价为主的网络信息资源评价逐步进入到定性评价和定量评价相结合的新阶段。1996年，美国爱荷华州立大学图书馆的理论馆员Gerry McKiernan根据文献计量学中引文的含义，首次提出了“sitation”的概念来描述网站（site）之间相互链接的行为。R. Rousseau研究了网络信息资源之间的链接关系，并分析了这种链接关系对人们研究网络信息资源所起到的重要作用。此后，以网络链接数量为基础的各种定量指标被应用到网络信息资源的评价当中。其中最有代表性的，无疑是网络影响因子（Web impact factor，WIF）。P. Ingwersen受文献计量学中的期刊“影响因子”（impact factor）的概念启发提出了网络影响因子的概念，用来分析一定时期内相对关注的网站或网页平均被引情况，以此来评价网站在网上的影响力。网络影响因子的提出引起了网络信息计量研究领域的高度关注，成为网络信息计量学的一个重要研究内容，许多学者都围绕WIF开展了大量研究。特别是A. Smith、L. Bjorneborn、M. Thelwall等的研究不仅证实了Ingwersen的思想，他们对WIF的改进更使其成为一个实用的定量指标，对网络信息资源评价产生了巨大影响。我们将在2.4节详细介绍网络信息计量学在网络信息资源定量评价中所发挥的重要作用以及网络影响因子这一最有代表性的定量评价指标。

与国外相比，国内的定量评价指标研究起步稍晚，但发展很快。定量分析可以通过以下三个方面实现：①通过各种查询引擎和主题指南及各站点提供的相关站点连接统计有关某一类型和某一特定专题站点出现的频次来选择出常用站点；②通过各站点被访问次数统计排序来确定常用站点；③统计电子期刊订购人数、文章被访问和下载次数、超文本链接次数，并借鉴文献计量学中的引文分析法，利用科学引文索引（SCI）数据库光盘及期刊引文报告（ICR）对网上出版的电子期刊进行被引频次、影响因子分析，从而做出客观、公正的评价。提出运用定量分析可以将有关网站的访问次数、下载情况、链接数量等进行整理排序，可以对网站影响力、站点所提供信息的水平和可信度等做出评判，进而选出常用站点、给出热门站点。段宇锋和邱均平从排名前50位的美国商学院中，随机抽取20个，把它们主页所在网站作为研究对象，以指向网站的网页数和网络影响因子（Web-IF）作为测定核心网站的依据。研究表明：用这两种依据来测定核心网站，所得结果基本一致；Web-IF对评价网站质量和测定核心网站具有重要价值；在计算Web-IF时应以其他网站指向被研究对象的网页数和网站在该时刻可访问到的网页数作为依据；布拉德福定律可能适用于核心网站的研究。袁毅提出从定量角度分析网络信息内容评价的关键指标：①针对权威性，从领域专家在网站中出现的次数，网站中所有作者的影响因子之和，统计每个网站中出现教授、专家、博士的网页数量判断作者的权威性等三个方面来判断；②针对主题覆盖度，从网站的导航图等及网站自身的介绍、各种媒体对网站的评价、专业人员的主观判断、统计某领域主题特征词在网站中出现的网页数来判断；③针对利用程度，从网站的一般访问量、深度访问量、用户数、被文献引用量来判断。

与定性指标相比，定量指标更加客观和准确，因而更具可信度和说服力。从目前国内外的情况来看，人们已经开始将一些定量指标应用到网络信息资源评价工作中，发挥了积极的作用。

2.2.3 指标体系

早期的网络信息资源评价研究主要是针对某一具体的问题，围绕若干具体的指标进行的，缺乏对网络信息的全面、系统的探讨。随着研究的深入，人们开始尝试建立一整套具有可操作性的评价指标体系。例如，J. C. Wyatt提出了包括可靠性和利益冲突、网站的责任者和创办人、网站的作者和凭证、网站的结构和内容、信息的覆盖面和准确性、信息的新颖性、用户交互的平台、网站的导航功能等指标在内的网站评价指标体系。此后，各种指标体系纷纷出现，极大地促进了网络信息资源评价向系统化和实用化发展。代表性的研究有：黄奇、郭晓苗率先提出了网站评价的思想以及模拟的综合评价指标体系，包括5个方面的评价指标[内容（正确性、权威性、独特性、内容更新速度、目的及目标用户、文字表达）、设计（结构、版面安排、使用界面、交互性、视觉设计）、可用性和可获得性（链接、硬件环境需要、传输速度、检索功能）、安全、其他评价来源］。这一研究开创了国内建立指标体系的先河。罗春荣、曹树金提出因特网信息资源评价标准体系包括内容（包括实用性、全面性、准确性、权威性、新颖性、独特性、稳定性七方面）、操作使用（包括导航设计、信息资源组织、用户界面、检索功能、连通性五方面）、成本（包括技术支持、连通成本），并介绍了几种常用的因特网信息资源评价工具。陈雅、郑建明提出评价网站的指标包括网站的信息内容、网站概况、网页设计、操作使用、网站的开放度、网上著名站点对网站的评价结果、搜索引擎的评价结果、专家学者评价意见、点击率等。同时详细分析了各种指标所包含的具体要素，第一次较为完整地提出了网站评价指标体系，并提出建立网站评价指标体系的原则和要求，即内容质量第一、科学性、指标的全面性、动态性、实用性。索传军介绍了几个评价指标体系并分析了不足：评估指标以定性化为主，定量指标太少；定量化指标太少不成体系，在实际的评估过程中感性成分较多；现在的评估指标、概念不统一，评估指标缺乏普遍适应性，没有科学的评价、评估模型，可操作性差。刘记、沈祥兴提出了目前指标体系存在的问题：①指标体系不完整。很少有人对网站的内、外部属性进行充分客观的揭示和综合全面的考察。②指标设计不合理。有些评价方法并未对网站信息内容的质量与网站流量、访问量和被链接量间的关系等指标做科学的界定，使指标较多重复，不具备适用性。③部分指标对象模糊。他提出评价指标体系的设置从网站的内部特征和网站的外部特征两方面出发，并且提出构建自动网站评价系统。

从总体上看，当前的指标体系中仍然以定性指标为主，定量指标仍较为简单。但可以预见的是，定性指标和定量指标相结合是指标体系建设的必然趋势。陆宝益就曾提出过一个较为全面的网络信息资源评价指标体系，如表 2-1 所示。

表 2-1　网络信息资源评价指标体系

序号	指标名称		评价网上具体信息		评价网站/网页	
			选用（√）	权重	选用（√）	权重
1	定性指标	信息内容涉及主题的深度和广度	√	0.107		
2		引用数据或事实的准确性	√	0.106		
3		表达观点的客观性	√	0.099		
4		创新性	√	0.098	√	0.064
5		稳定性			√	0.067
6		安全性			√	0.063
7		导航系统			√	0.056

续表

序号	指标名称		评价网上具体信息		评价网站/网页	
			选用（√）	权重	选用（√）	权重
8		责任者	√	0.066	√	0.039
9		信息来源或提供商	√	0.088	√	0.043
10		注释或参考文献	√	0.073		
11		文字表达效果	√	0.069		
12		创作（办）目的	√	0.055	√	0.052
13		用户/读者对象	√	0.045	√	0.047
14	性指标	文本格式	√	0.035		
15		用户界面友好性			√	0.051
16		外观设计			√	0.038
17		对用户的技术要求			√	0.040
18		社会影响			√	0.049
19		信息媒体形式	√	0.034	√	0.036
20		更新频率/最后更新或修改日期	√	0.079	√	0.073
21		专业信息比例			√	0.062
22		信息组织层次			√	0.055
23	定量指标	响应速度			√	0.048
24		价格			√	0.045
25		链接情况			√	0.038
26		被下载或引用次数	√	0.046		
27		被访问次数			√	0.034
合计			14 项	1.00	20 项	1.00

其中，主要指标的含义包括以下几点：

1）信息内容的深度和广度是评价网上具体信息内容的最重要的指标，它直接反映着信息的质量水平。深度主要指反映某主题信息的详细程度；广度则是指反映某主题涉及本领域及相关领域的范围。

2）引用数据或事实的准确性是评价信息内容的又一重要指标。评价时主要是看这些数据或事实是否有前后矛盾之处，是否来自于权威机构或公开、合法文献，是否经得起推敲和验证等。

3）表达观点的客观性反映作者提供的信息是否科学、公正，也是一项比较重要的评价指标。评价时主要是看作者对待事物的态度是否有偏见，他的观点是否得到充分的表达。

4）创新性包括两个方面。一是具体信息内容的独创性或新颖性，信息内容涉及的主题、作者表达的思想和观点及研究过程中所运用的方法是否新颖独特；二是网站所提供的信息在学科范围、形式、手段等方面是否有独到、创新之处。

5）稳定性指一个网站（网页）的存在状态，是评价网站（网页）的一项重要指标。一个网站（网页）如果能长期存在，并且各项性能均较为稳定，人们则能从中得到较为系统、全面的信息，这样的网站所提供的信息就值得信赖。

6）安全性对于一个网站（网页）来说也是很重要的评价因素。人们如果因为下载了某个网站的信息而带来病毒给自己的计算机造成破坏的话，那这个人下次一定不会再访问这个网站。看一个网站（网页）的安全性主要是看它的防病毒、抗病毒能力如何，特殊信息是否使用专门的服务器，是否使用安全加密措施等。

7）导航系统是人们进入一个网站查找信息的指示性工具，它反映该网站是怎样组织和分类信息的。一个网站导航系统的优劣可以从它的分类情况、菜单功能等方面来衡量。

8）责任者指具体信息的作者或网站（网页）的创办者。责任者的身份和学术地位可以从一定程度上反映其所传播的信息的质量。考查信息作者的情况主要是查看他的姓名、职称、科研成果、获奖情况、研究动向等。评价网站（网页）的主办者主要是看是机构、团体还是个人，它（他）们在本领域的学术地位如何，年经费有多少。如果是机构或团体，它的组织方式和运行机制又是如何等。

9）信息来源或提供商同样可以反映信息可靠性。一般说来，来自于公开、合法的出版物、新闻媒介，或政府机关、高等院校、科研院所及其他专业信息服务机构提供的信息比较准确、可靠、权威。

10）注释或参考文献可以提供额外的信息线索，也是检查文中有关数据或事实的依据。著录是否规范、统一、完整、准确，是评价的主要着眼点。

11）创作（办）目的。一个网站（网页）为什么目的而创作（办），决定着它能否为读者（用户）提供系列而有针对性的信息及其学术水平。如果目的不明确，那它提供的信息就可能零散而没有重点，缺乏一致性。考查目的性时主要看网站（网页）是商业性的还是学术性的，是研究性还是普及性的。

12）用户界面友好性。简单易用的用户界面可以让用户轻松上网，无形中提高了网上信息的使用价值。一个友好的用户界面，应该能够让毫无上网经验或计算机技术基础的人也很容易地在网上查询信息。

13）外观设计同样对用户有一定的吸引力。美丽的外观，可以使人们在查检信息的同时得到美的享受，减轻上网疲劳。较佳的网站（网页）外观应该既有美的欣赏性，又有指导实用性。外观设计包括页面布置、图案、色彩等方面。

14）对用户的技术要求。有些网站，需要用户运用特殊的技术或软件，或者具备较高性能的计算机，才能下载、获取其所提供的信息，这就给不了解相关技术或电脑环境较差的用户利用网上信息带来一定困难。因而，对用户的技术要求也是评价网络信息资源时必须考虑的一个方面。

15）媒体形式包括两层含义，一是网上的具体信息是以什么媒体形式存在的，二是一个网站能为人们提供哪些媒体形式的信息。人们一般喜爱得到多媒体信息，而现在大多学术网站提供的信息仍以文字信息为主，声音、图像等其他媒体信息不足。

16）更新频率（最后更新或修改日期）直接体现网络信息资源的时效性，是评价网站（网页）的最重要的指标。一个网站更换信息的频率越快，它所提供的信息的时效性就越强，利用价值就越大，反之亦然。

17）专业信息比例指一个网站所发布的学术性、专业性信息在其所发布的全部信息中所占的比例。比例大，说明该网站的学术性倾向较强，学术信息质量水平较高、较为可靠；否则，其发布的学术信息需要更加认真的考证。

18）信息组织层次是指网站组织具体信息的结构层次。简单地说，就是读者（用户）进入一个网站的主页或网页后，需点击几次鼠标才能找到具体的信息。组织层次多，信息的容量大，但用户检索起来比较麻烦。一般来说，用户可以接受的层次数是2~3个。

2.3 网络信息资源评价方法

2.3.1 评价方法的类型

在网络信息资源评价当中涉及众多的评价方法，如用户自我评价、第三方评价、从文献计量角度的评价、网络计量法、自动评价等。这些方法有的是借鉴其他领域的科学评价方法，有些则是网络环境下所特有的。由于来源、原理不同，涉及广泛的学科领域，不同的评价方法往往差别很大。许多学者曾从理论上对这些方法进行总结，探讨网络信息资源评价方法的分类等基本理论问题。

左艺等阐述了进行网上信息资源优选与评价研究的意义及必要性，并重点介绍了评价原则及方法。吴江文指出要对网络世界中信息的身份、从属关系和认知权力进行评价，并介绍用一个循环的评估模式和特殊的评价标准来正确评估因特网资源。张咏提出网络信息资源评价方法可分为第三方评价、用户自我评价和网络计量法。索传军提出提高数字资源评估质量的策略。宋迎迎、索传军提出按一般划分网络信息资源评价方法可以分为定性评价法、定量评价法和综合评价法，根据评价主体则可以分为用户评价法、第三方评价法和网络计量法。

正如前文所言，网络信息资源评价所涉及的对象丰富多样。不同的对象适用于不同的评价方法。即使方法相同，在应用于不同的对象也必然有着不同的特点，必须进行有针对性的研究。以网站评价为例，目前主要的评价方法包括四种类型。

（1）定性评价方法

定性评价方法主要有指标体系法和调查表法两种。指标体系法是通过设置一系列反映网站质量的指标，并由专家根据指标体系对网站进行分析评价。调查表法是充分利用用户对网站的认知、感知和态度来度量网站对于用户所产生的效用。这种方法通常是由评价机构或个人为了解网站服务能力和经营效果，面向用户设计的一套调查问卷，并对分析处理了收集的数据，以评测网站质量。

（2）定量分析方法

定量分析方法采用一套科学、规范、客观的评价方法，用可靠的数字来说明和分析问题。最初从分析链接数、访问次数等一些基本元素的考察分析开始，后来发展为系统的定量评价方法。国内外比较典型的定量评价方法有信息计量法、层次分析法和对应分析法等3种。

（3）综合评价法

综合评价法包括基于IA理论的网站评价和网站框架评价法两种。基于IA理论的网站评价方法是指从信息构建的分类、导航、搜索和标引系统四方面对网站进行考察分析，这种分析方法通常是从用户体验的角度出发，通过用户确定使用目标、检验用户实践的效果来对网站进行评价。这种方法较之上述的定性方法而言，更加系统和科学，属于实证性的分析方法。网站框架评价法根据网站的不同侧面，制定出一系列可以度量的标准，并将各项标准性指标放在一种非常结构化的框架和表格中，然后将此标准作为评价依据的一种网站评价方法。该方法既可以客观描述，又可以用定量标准来量化，评价结果比较全面，是一个折中的方法。由于综合评价法利用了定性评价法和定量评价法的优点，综合评价法可以得到较好的效果。但在使用该方法时必须考虑处理好以下两个问题：①定性方法和定量方法比例的选择；②依比例灵活选择合适的方法，将会给评价系统带来一些误差。

（4）自动评价法

自动评价法从网站的属性和特点入手，利用数字化、自动化、智能化的手段来解决问题，通过开发相关的自动测试软件或网站，使其能够对各类网站进行测试，自动采集测评数据，并根据建立的网站评价模型，对采集评价数据自动地进行统计、分析和计算，给出评价结果。自动测试的方法是指利用计数器、Cookies、缓存以及 IP 地址作为网站的分析基础数据，通过对用户访问记录分析、基于 Web 的站点分析服务，以及服务器日志分析等自动分析法，分析网站的使用负载和信息质量的客观评价方法，具有客观性和可靠性等优点。构建自动网站评价系统是采用软件工程的快速原型法，并结合面向组件（对象）的开发方法，开发构建基于 B/S 模式的自动网站评价工具模型系统。系统开发过程中将用到 Java 或 . NET 技术，UML 建模、XML、Web Services、Intelligent 和 Portal 技术，采用基于 J2EE 或 . NET Framework 等多层开放式软件体系结构，以实现该软件平台的可扩展性和可维护性。

2.3.2 主要评价方法

在各种学科基础理论和方法论的基础上，研究者们依据相关的技术或结构模型，针对网络信息资源自身的特点，提出了很多具体的评价方法。其中，研究较多、应用较为广泛的评价方法主要包括以下几个方面。

（1）链接分析法

黄奇、李伟提出了基于经济学和情报学的理论与方法结合之上的量化评价方法，它主要利用网页间的链接关系，在对网站进行评价的同时，完成网站分类。这种方法对优化现有的搜索引擎性能具有一定的价值。刘雁书通过对中国网站链接特征及站外链接类型的调查分析，综合评价利用链接关系评价网络信息的可行性与局限性。

（2）层次分析法

邱燕燕运用层次分析法（the analytis hierarchy process），建构网络信息资源评价的层次结构模型及评价体系。层次分析法是美国著名运筹学家 T. L. 萨蒂于 20 世纪 70 年代提出来的，它充分利用人的分析、判断和综合能力，适用于结构较为复杂、决策准则较多且不易量化的决策问题。它将定性分析和定量分析相结合，具有高度的有效性、可靠性、简明性和广泛的适用性。赵炜霞和隗德民提出了构建网络信息资源评价指标体系应遵循的原则：科学性原则、发展性原则、可操作性原则、引导性原则。具体提出了进行 AHP 评价的步骤：①建立层次结构模型；②建立判断矩阵；③层次单排序与并一致性检验；④层次总排序；⑤层次总排序一致性检验。肖琼等提出了在模糊数学综合评判法和层次分析法思想的基础上，引入模糊一致性矩阵构建权重集，从而对网络信息资源进行评价，并以网络期刊全文数据库为例给出了综合评价的分析实例。模糊层次分析法同普通层次分析法的区别在于判断矩阵的模糊性，它简化了人们判断目标相对重要性的复杂程度，借助模糊判断矩阵实现决策由定性向定量方便、快捷的转换，直接由模糊判断矩阵构造模糊一致性判断矩阵，使判断的一致性问题得到解决。赵伟提出了一种改进的层次分析法，并用它建立了网络信息资源的评价指标体系，计算出各评价指标的相对权重，采用专家给出的待评价的网络信息资源各指标的属性值，通过线性加权获得评价结果，为网络信息资源的定量评价提供了新的途径。矫健提出一种基于层次分析法和贝叶斯网络的对专家知识和经验进行有效集结的综合评价方法，并将此方法应用于网站的信息资源评价中。通过该方法，可以有效处理专家意见不一致的情形，并能够在某些专家意见缺失的情况下得到合理的结果，该方法的另一个优点是易于对所得到的评价结果进行分析解释，从而提出合理化建议。卢小莉和吴登生运用层次分析法思想，建构网络信息资源的评价指标体系，在层次分析法和模糊一致矩阵的基础上，提出了模糊层次综合评价模型。

（3）回归分析法

张东华利用统计中的线性回归模型的方法建立了评价模型，通过开展调查、获取数据，利用所得的数据估计模型中的参数，求出关于综合指标的线性评价模型，最终利用所建立的模型对具体的网站进行评价。张东华和索传军从定量的角度对网络信息资源评价的指标体系和评价方法进行探讨，选择恰当的评价指标，建立评价指标体系，在此基础上利用统计中的线性回归的方法建立了评价模型，最后通过用户调查获取数据，利用所得的数据估计模型中的参数，对模型进行了初步验证。

（4）元数据方法

粟慧提出了评价网上资源的三方面标准及若干指标，认为元数据、DC和CORC（cooperative online resource catalog）系统是目前最佳的评价辅助工具。CORC是联合联机资源目录的简称，它是由OCLC（online computer library center）在网络环境下研制的资源元数据（基于都柏林核心集）创建系统，能够自动获取网络资源的基本信息、快速灵活地创建记录，通过它的不断增长的网络资源数据库用户可以迅速地了解资源的全方位信息。当人们需要某一网站（页）的信息时，可以在CORC系统中通过输入此网站（页）的URL方便地查找或创建一条此网站（页）的记录，王渊讨论了网络资源评价中存在的困难及评价指标的实现问题，认为元数据和CORC系统是目前最佳的评价辅助工具。

(5) 其他方法

除了上述主要的评价方法之外，还有许多其他方法受到学者的关注。模糊数学自美国著名控制论专家 L. A. Zadeh 教授于 1965 年发表“Fuzzy Set”一文以来，作为一门新兴学科发展十分迅猛，其应用的触角涉及各个领域。而网络信息资源具有广泛的模糊性，对这类模糊性不确定现象进行数学处理的方法是力求从事物的模糊性中去确定广义的排中律，这个广义的排中律就是模糊集论中的隶属规律。隶属规律使我们可以对一大类不确定现象进行客观的数量刻画，进而可以广泛地应用以模糊集论为基础的模糊数学理论和方法对这类现象进行计量研究。具体步骤是：①建立多层次综合评判的数学模型；②确定网站评价指标；③以专业网站为例运用模糊数学方法进行多层次评判。黄晓斌分析了文献的数字化、网络化时对引文分析评价方法提出的挑战，提出通过规范引用文献的方式、改进引文数据的统计方法、建立数字化网络化的引文评价工具、完善引文分析评价方法、注意与其他评价方法相结合、充分利用现代信息技术进行分析、加强网络化引用行为的研究等方面提高引文分析评价的科学性。刘彩娥提出了定性评价的 6 个方面的指标，并用概率统计中期望值和方差的方法给出了量化评价对象质量的计算方法。这种方法能够为我们更加科学合理地反映评价对象的动态变化和发展前景提供有益的启示。赵伟等介绍了人工神经网络（ANN）是以工程技术手段模拟人脑神经网络的机理与功能的一种技术系统，它用大量非线性并行处理器模拟众多的人脑神经元，用处理器错综复杂灵活的连接关系来模拟人脑神经元，可以解决许多传统方法不能解决的问题，其中 BP 网络是使用最广泛的一种网络。通过对 15 个网站的信息资源进行评价的仿真分析，试图更加有效地对网络信息资源进行评价。王居平指出在纯语言加权算术平均算子（PLWAA）的概念和纯语言运算法则的基础上，提出基于纯语言信息的网络信息资源综合评价的方法，从而解决了网络信息资源采用纯语言信息可以做定量化的综合评价问题。

总之，许多方法已经被学者们应用到网络信息资源评价当中。随着研究的深入，更多的评价方法将不断涌现出来。将这些特定的方法切实有效地与网络信息资源评价工作结合起来，将始终是人们努力的方向。

2.4 网络信息计量分析

2.4.1 网络信息计量学概述

1. 网络信息计量学的产生与发展

定量化和数学化一直是科学发展的重要方向和必然趋势，各种计量科学的产生和发展正是这种发展趋势的直接反映。20 世纪 60 年代以来，在图书馆学、文献学、情报学和科学学领域相继出现了 3 个十分相似的定量性质的分支学科，即文献计量学（bibliometrics）、科学计量学（scientometrics）和信息计量学（informetrics）（简称“三计学”）。经过几十年的努力研究与推动，“三计学”都不同程度地取得了一定的进展，得到了国际学术界的广泛承认。这些计量学科成为上位学科定量化研究的有力工具，极大地推动了图书情报学科的发展。

随着网络时代的到来，信息资源由早期的实物化、纸质化阶段进入到电子化、数字化和网络化阶段，网络逐步成为重要的信息交流渠道和信息载体，以网络为媒介的信息交流活动迅速激增。在这种日益明显的网络化趋势之下，加强网络信息资源的开发利用和网络管理已成为当务之急，而实施定量化管理则是其主要的途径之一。与传统信息资源相比，网络信息在数量、结构、分布、传播范围、类型、载体形态、内涵、控制机制、传递手段等方面，都与传统的信息资源有着很大的差异，呈现出许多新的特点，决定了网络信息计量学的研究过程具有许多区别于“三计学”的特征。例如，网络信息的丰富性、多样性和分散性使统计数据很难做到准确而全面；网络信息的引用缺少统一的规范，给网络资源的引用情况统计带来了一定的困难；网络信息的更新十分迅速，难以保存，统计工作难以保证真实性和准确性；网络信息自由度很大，使信息质量不稳定等。面对这种新兴的研究对象和管理对象，原有“三计学”的研究方法已不再适用于测度评估网络信息资源了，网络时代的信息管理亟须一种新的计量科学。在这种国际趋势和科学前沿背景之下，网络信息计量学应运而生。

1997 年，T. C. Almind① 和 P. Ingwersen 在所作的研究中描述了一系列进行 Web 信息分析的方法和参数，主张将传统的信息分析方法“移植”到 WWW 网上的信息分析当中，并首次提出了“网络信息计量学”（webometrics）一词，用以描述将文献计量学方法应用于网络信息的定量研究，这被认为是网络信息计量学诞生的标志。在这之后，许多学者在其有关网络空间的信息计量研究中使用了“webometrics”一词。例如，Almind 的文章发表后，立即被 Ronald Rousseau 引用。在 1999 年于罗马召开的欧洲信息学会自组织会议上，Moses A. Boudouries 在所发表的报告中，正式认可了这一概念。

网络信息计量学是在当前特定的科学背景和技术条件下迅速形成与发展起来的，主要是由网络技术、网络管理、信息资源管理与信息计量学等相互结合、交叉渗透而形成的一门交叉性边缘学科，也是信息计量学的一个新的发展方向和重要的研究领域。从某种意义上来说，网络信息计量学就是“三计学”在网络上

① T. C. Almind 在其论文尚未正式发表时就在车祸中不幸去世，但其对网络信息计量学的突出贡献，使他的名字和 Webometrics 永远联系在了一起。特此说明，以为纪念

应用的一门学科，“三计学”构成了网络信息计量学的学科基础。第一，“三计学”中的很多理论、原理都可延伸到网络信息计量领域，成为网络信息计量学的理论基础，这其中既包括相似原理、耗散结构原理、马太效应、最小努力原则、随机过程原理等普遍原理，也包括信息组织理论、信息系统理论等信息科学理论，还包括信息增长与老化规律、集中与分散规律、引文分布规律等经典规律。第二，在“三计学”中得到广泛应用的文献信息统计分析法、数学模型分析法、引文分析法、书目分析法、系统分析法、关键词统计分析法、关联数据分析法（包括聚类分析、共词分析、同域分析等）、计算机辅助文献信息计量分析法等定量方法同样成为网络信息计量研究的重要方法。第三，“三计学”在诸多应用领域，尤其是电子文献信息资料的统计分析等方面的研究成果，为网络信息计量学的形成奠定了基础，积累了经验。因此，近几年网络信息计量学的诞生，本质上说，乃是科学计量学、文献计量学、情报计量学和技术计量学在新的信息网络时代经过革命改造的结果，“三计学”构成了网络信息计量学的学科基础。但与此同时，我们还应该看到，“三计学”并不是网络信息计量学的全部，作为网络技术、统计学、文献计量学理论三合一的产物，网络信息计量学必将不断汲取其他学科的成果，扩大自己的学科基础。

2. 网络信息计量学的定义

最早提出“webometrics”的 T. C. Almind 等将其定义为“信息计量学方法在 WWW 上的应用”（the application of informetrics methods to the World Wide Web），从中可以看出他们是将其视为一种全新的研究方法而提出的。因此，在最初的几年里，webometrics 一直被定义为一种新兴的研究方法或研究工具。随着研究的深入，网络信息计量学逐步发展成为一门独立的科学学科，成为信息科学的新兴分支，这一术语的含义也相应的趋向于作为一门科学学科来描述。邱均平教授指出，“从研究对象、方法、内容和目标等方面来看，网络信息计量学是采用数学、统计学等各种定量方法，对网上信息的组织、存储、分布、传递、相互引证和开发利用等进行定量描述和统计分析，以便揭示其数量特征和内在规律的一门新兴分支学科。它主要是由网络技术、网络管理、信息资源管理与信息计量学等相互结合、交叉渗透而形成的一门交叉性边缘学科，也是信息计量学的一个新的发展方向和重要的研究领域”。这一定义自提出后就被学术界广泛引用，从网络信息计量学的研究现状及其发展趋势来看，可以说是目前最为准确、全面的定义。

需要说明的是，“网络信息计量学”作为一门发展中的新兴学科，其产生还不到 10 年，其学科的内涵和外延都还远没有定论。“网络信息计量学”这一术语所表示的含义的变化，实际上从一个角度反映出了该学科由一种经验性的研究方法向一门严谨的科学学科发展转化的过程。可以预见，随着网络信息计量学研究的不断发展，这一学科的定义还将继续演化，直至发展成为一门成熟的为学术界所公认的科学学科。

3. 网络信息计量学的学科性质

一门学科的学科性质是其最根本的属性特征，在很大程度上决定了它所具有的各种特性。对网络信息计量学的学科性质主要应从以下几个方面来理解。

首先，网络信息计量学是信息计量学的分支学科。“三计学”是网络信息计量学的理论原理、研究方法的主要来源，是网络信息计量学的学科基础。从某种意义上来说，网络信息计量学就是文献计量学、科学计量学和信息计量学在网络上的应用的一门学科，而“三计学”最终将融合到“信息计量学”这统一的学科体系之下。因此，网络信息计量学最终将定位为信息计量学的下位学科。

其次，网络信息计量学是一门交叉性的边缘学科。与传统信息资源相比，网络信息资源呈现出许多新的特点，这决定了网络信息计量学的研究过程具有许多区别于“三计学”的特征。因此，“三计学”虽然构成了网络信息计量学的基础，但并不是网络信息计量学的全部，网络信息计量学必须不断汲取其他学科的成果，扩大自己的学科基础。网络信息计量学的这种“交叉”性质，一方面表现在信息科学内部分支学科之间的交叉、融合，包括信息技术、人工智能、计算机科学、信息资源管理、情报学、信息计量学等诸多分支学科；另一方面表现在与信息科学之外的其他学科交叉，如数学、统计学、管理科学、社会学等更为广泛的科学领域。

最后，网络信息计量学是一个应用性学科。社会实践需要是网络信息计量学产生和发展的根本动力。网络信息计量学研究的根本目的主要是通过网上信息的计量研究，为网上信息的有序化组织和合理分布、为网络信息资源的优化配置和有效利用、为网络管理的规范化和科学化提供必要的定量依据，从而改善网络的组织管理和信息管理，提高其管理水平，促进其经济效益和社会效益的充分发挥，推动社会信息化、网络化的健康发展（邱均平，2000）。“应用”一直都是网络信息计量学的重要研究内容，虽然理论问题的研究是不可或缺的，但更多的研究是结合实际需要，为解决网络管理等工作中的具体问题而展开的，具有明显的“应用性”特征。这一特征既符合所有计量科学的共性，也在一定程度上解释了目前网络信息计量学“应用”领先于“理论”的研究现状。

4. 网络信息计量学的研究对象

当前网络信息计量学的研究对象主要包括三种类型。

（1）网络特征信息

网络作为日益重要的信息载体和交流工具，其客观特征可以通过众多定量指标反映出来：这些特征信息既包括某个网站的点击量、网页数量、浏览次数等网络结构单元的个体特征信息，也包括网站数量、IP地址分布等反映网络整体特性的总体特征信息；既包括计算机、作者、域名等反映网络内容提供者的相关信息，也包括年龄构成、文化程度、上网习惯等反映网络用户特征的相关信息；既包括人数、规模、构成、分布等静态信息，也包括流量、增长、发展趋势等动态信息。这类信息实际上反映了网络信息活动诸要素的总体统计特征。由于网络是一个复杂的自组织系统，在微观层面具有不可预测性，因此，只能在宏观层面上对网络信息活动的诸要素进行统计学意义的特征提取。这种经过加工形成的二次信息一般由专门的统计机构或研究机构在统计分析后形成统计报告。例如，中国互联网络信息中心每年发布的《中国互联网络发展状况统计报告》，就是对我国网络特征信息的权威统计。

（2）网络拓扑信息

从拓扑结构来看，所谓网络就是由节点和各节点之间的路径构成的。对万维网而言，网络节点是构成网络的各个网络结构单元，如我们所熟悉的站点、布告栏、聊天室、讨论组、电子邮件服务器等，而路径就是连接各结构单元之间的超链接。在这个由“超链接”和“节点”构成的网络中，蕴含着大量的有用信息。例如，透过链接结构的拓扑学研究可以分析网络节点之间的联系程度和集中度，推论出网站群落，确认出权威网页，萃取出主题知识；通过对网路上大量、复杂但具结构化的网络节点进行网络结构的布局分析，可以合理配置资源，改进搜寻引擎的算法；等等。因此，网络链接结构信息也是网络信息计量学的重要研究对象之一。

（3）网络文献信息

网络文献是指所有以网络为载体的包含知识内容的信息单元。它不仅包括网络上传播的电子图书、电子期刊、电子报纸、专利信息、科技报告、学术会议论文、标准信息、学位论文、行政报告、会议资料等在网络上记录和传递的电子文献，也包括书目数据库、数字图书馆等结构化的信息集合，还包括日志文件、电子邮件、聊天室、电子留言板、个人主页等多种形式的信息单元，具有数量巨大、类型多样、变化频繁、结构复杂、质量层次参差不齐、用户差异大等特点。从本质上讲，“网络文献”仍然属于“文献”的范畴，这决定了网络文献与传统文献具有相当大的相似性，因此，传统文献计量研究方法、原理能够十分有效地“借用”过来。事实上，从其产生历史可以看出，网络信息计量学的研究正是起源对“网络文献”所进行的信息计量研究工作，而目前这一领域的研究者也大多是传统的文献计量学家。

5. 网络信息计量学的体系结构

网络信息计量学作为一门新兴的交叉学科，其研究内容涉及不同的角度和层面，涵盖众多的学科领域，不同时期的研究重点和实践内容也不一致。这决定了网络信息计量学的体系结构是一个多纬度、多层次的复杂结构体系模式。依据迄今为止该学科的发展和研究状况，可以从以下三个维度来分析网络信息计量学的构成：①依据不同发展阶段的不同内涵，可将网络信息计量学分为经典网络信息计量学（classic webometrics）和现代网络信息计量学（modern webometrics）。两者前后衔接，形成了网络信息计量学的发展体系结构。②依据研究对象的层次不同，可将网络信息计量学分为微观网络信息计量学（micro-webometrics）和宏观网络信息计量学（macro-webometrics）。两者共同构成网络信息计量学层次体系结构。③依据研究内容的侧重点不同，可将网络信息计量学分为理论网络信息计量学、技术网络信息计量学、应用网络信息计量学3个有机组成部分。它们既各有不同，又相互依赖和制约，共同构成完整的网络信息计量学的内容体系结构。

2.4.2　网络信息计量学与网络信息资源评价

1. 网络信息计量学与科学评价

近年来，“科学评价”（science evaluation）成为人们越来越关注的事情。科学评价是“用科学的方法进行的评价”，方法问题无疑是科学评价最为核心的问题。从目前的实践情况来看，科学评价所采用的各种方法已经形成了一个谱系，以“同行评议”为原型的定性评价和以“三计学”为核心的定量评价构成了该谱系的两极。而且，定性方法和定量方法也不是各自完全独立的，它们总是在一定程度上互相联系着的。在定量方法中，无论是属于科学学领域的科学计量学，还是作为文献学的分支学科的文献计量学和情报科学领域的信息计量学，其理论原理和方法技术都被广泛应用于定量科学评价中，对科学评价起到了巨大的推动作用。而在当今的网络时代，科学评价面临着前所未有的新的形势和挑战，这使得网络信息计量学成为新时期保证科学评价顺利进行的重要工具。究其原因，主要有以下几点。

第一，从学科基础来看，“三计学”在传统的科学评价中发挥着重要的作用，而在科学评价中的应用反过来又给“三计学”的发展带来了新的活力。网络信息计量学是在“三计学”的基础上发展而来的，网络信息计量学的诞生就是“三计学”在新的信息网络时代经过革命性改造的结果。因此，网络信息计量学自然继承了“三计学”在科学评价中的特殊地位。可以说，网络信息计量学从其诞生之日起，就与科学评价结下不解之缘。

第二，从产生背景来看，随着人类社会经济的发展和网络的日益普及，科学交流的社会化与信息化趋势日益明显，网络逐步成为重要的信息交流渠道和信息载体。在这种新的网络环境下，原有的信息计量指标和评价方法已不再适用于测度评估网络信息资源了，网络时代的科学评价对原有的定量研究提出了新的迫切的要求。网络信息计量学正是在这种特定的背景下迅速形成与发展起来的。可以说，科学评价工作的迫切需求是网络信息计量学产生、发展的主要动力之一。

第三，从功能作用来看，一方面，网络信息计量学继承了“三计学”丰富的研究方法，“三计学”中的许多特征方法，经过不断调整和改造，逐步形成为网络信息计量学的特征研究方法；另一方面，随着信息技术的突飞猛进，计算机、网络、数据库、通信等相关领域的先进技术（如知识发现、数据挖掘、数据可视化、神经网络、模式识别等）和方法（如内容分析法、图论方法等）不断被引入到网络信息计量研究中来，极大地丰富了网络信息计量学的方法论体系。上述这些研究方法已经在网站评价、大学评价、期刊评价等众多的科学评价领域中得到广泛的应用，并处于越来越重要的位置。可以说，网络信息计量学方法必将成为网络环境下科学评价的主要手段。

总之，将网络信息计量学应用于科学评价中是一种必然的选择。网络信息计量学正在成为新时期保证科学评价顺利进行的重要工具。可以预见，随着人类社会网络化、信息化环境的日益拓展，以及在基础理论、方法技术等各个方面的不断发展，网络信息计量学在科学评价领域将具有更加广阔的应用前景，必将对人类社会、经济、科技和文化等领域产生越来越大的影响。

2. 网络信息计量学在网络信息资源管理中的应用

网络信息计量学作为一门交叉性的边缘学科，有着广泛的应用领域。它既可在图书情报领域内应用，又可以应用于科学学、社会学、人才学、历史学、未来学等许多相关学科，还可以用于图书情报工作、网络管理、信息资源管理、科学评价、科技管理与预测、电子商务等具体社会生产实践活动中。其中，网络信息资源管理和科学评价是网络信息计量学应用研究最为集中的领域。而网络信息资源评价既是网络信息资源管理的重要手段和重要组成部分，也属于科学评价的范畴。因此，网络信息资源评价无疑是网络信息计量学最为重要的应用领域。经过近十年的发展，这一领域的应用研究取得了长足的进步，参与者遍布各个国家和地区，涉及广泛的研究对象和多层次的研究内容，采用了各种各样研究方法和工具，所取得的成果极为丰富。

从研究者来看，近年来，在网络信息计量学与网络信息资源评价的交叉领域涌现出了一批重要的专家学者，包括 Peter Ingwersen、Lennart Björneborn、Mike Thelwall、Ronald Rousseau、Liwen Vaughan、Alastair G. Smith、Leot Leydesdorff 等一大批知名学者。其中，最为突出的是英国伍尔弗汉普顿大学计算机与信息技术学院（School of Computing and Information Technoly，University of Wolverhampton）的 Mike Thelwall。作为国际网络信息计量学应用与实证研究的权威科学家之一，他的研究就主要集中在网络信息资源评价领域。在国内，最为突出的研究者是武汉大学的邱均平教授，他所带领的科研团队近年来所发表的有关网络信息计量学的论文中，相当一部分是探讨在网络信息资源评价中的应用问题的。

从研究对象来看，网络信息计量学研究所涉及的评价对象大体上可以概括为以下几类。①对“期刊文献”（journal articles）的研究；②对“期刊网站”（journal web sites）的研究；③对“国家”（countries）的研究；④对“国家集合”（sectors within collections of countries）的研究；⑤对“国家内大学集合”（national collections of universities）的研究；⑥对“国际大学集合”（international collections of universities）的研究；⑦对“学术型专业网站”（academic departmental web sites）的研究；⑧对“其他学术相关网站和网页集合”（other academic-related collections of sites or pages）的研究；⑨对“商业网站”（commercial web sites）的研究。

从研究内容来看，网络信息计量学在网络信息资源评价中的应用主要表现为3个层次：①直接以评价“客体”作为计量研究的对象，研究结果直接作为评价的结果。例如，崔雷通过对美国19所顶尖医学院的图书馆网站进行链接分析，从成千上万与医学有关的网站中确定出了78个“核心”医学网站。再如，王宏鑫运用链接分析方法来评价公共图书馆的网站建设质量，给出了各馆网站建设质量按不同指标的排序和综合排序，以及各指标的优选排序。②通过研究论证评价指标的有效性，研究结果作为评价指标。例如，Liwen Vaughan 与 Kathy Hysen、邱均平与安璐所作的研究都表明，期刊的影响因子与该期刊网站的外部链接数和网络影响因子之间均存在着明显的相关关系，因此，网站的外部链接数和网络影响因子等网络计量数据均可作为网站评价的重要指标。再如，马大川等通过对中、美各选择10个研究型网站内存在的链接进行统计分析，提出了心血管学研究型网站链接特征评价的参考指标。③利用网络信息计量的研究成果、产品来进行评价工作。与SCI等引文数据库在传统科学评价中所起到的重要作用一样，网络信息计量研究的相关成果和产品也是网络时代的科学评价工作不可或缺的工具。例如，美国宾夕法尼亚州信息科学技术学院开发的 Citeseer 数据库，提供了网页的引用和被引用情况，可用于网页、网站和网络杂志的评价。

2.4.3 网络影响因子

在当前网络信息计量学与网络信息资源评价的交叉领域中，最引人注目的无疑是“网络影响因子”（web impact factor，WIF）这一定量评价指标。为此，我们在本节中专门对此指标进行介绍。

1. 网络影响因子的提出

网络影响因子的诞生并非孤立的事件，而是属于网络信息计量学——这一新兴学科产生和发展过程的一部分。从信息组织方式上看，互联网上的 Web 网页主要是利用超链接联系在一起的。国外一些学者创造性地将此特性与传统文献中的“引用”联系起来，借鉴引文分析的思想来进行网络信息计量研究，由此产生了网络信息计量学的重要研究方法——网络链接分析法（hyperlink analysis）。此后，引文分析中的许多概念、指标、规律、方法、工具不断被“借用”到网络链接分析研究中来，极大地促进了网络信息计量研究的发展。其中，网络影响因子的概念就源自于引文分析中的重要测度指标——期刊影响因子（journal impact factor，JIF）。

1998 年，丹麦皇家图书情报学院（Royal School of Library and Information Science）的 Peter Ingwersen 在一篇名为“The calculation of web impact factors”的论文中，首次提出了“web impact factor”的概念。这篇以英文写作的论文发表在国际权威期刊 *Journal of Documentation* 上，产生了很大的影响，因而被学术界公认为网络影响因子诞生的标志。在国内，“web impact factor”最早出现在 2001 年的一些文献中，但都只是简单提及。直到 2002 年，杨涛等才对其进行了较为系统的介绍。此后，国内的相关研究迅速展开，成果增长很快。至于相应的中文术语，则先后出现过网络影响因子、网络影响因素、网络效果系数等多种译法。但从目前主流来看，网络影响因子已成为“web impact factor”事实上的标准化译名。

2. 网络影响因子的定义

期刊影响因子是 Eugene Garfield 在 1972 年提出的一个评价期刊的重要指标。尽管在多年的发展中，其计算方法有多种形式，但基本上可以通用地描述为：“某刊在时期 T_1 内发表的论文在时期 T_2 内被引用的平均次数。”JIF 的基本出发点是“通过调整和修正大刊、老刊凭借发表论文绝对数量而在期刊被引上所占的优势，同时选择期刊被引数量达到最高峰时来计算其平均被引率，来更客观地反映期刊被使用的真实情况”。这一思想，被 Peter Ingwersen 借鉴到了因特网上的网站评价当中。在目前的因特网上，网站数量巨大、种类繁多，规模参差不齐。如果只通过简单的“链接分析”来进行比较，那么历史悠久、规模较大的网站则会占据天然的优势，难以获得客观的评价结果。这与传统期刊评价中的大刊、老刊所具有的“规模效应”十分类似。既然人们可以使用影响因子来消除期刊规模影响，那么，网站作为新型的文献载体形式，同样也可以采用类似的评价指标来消除网站所具有的规模优势。正是循着这一思路，Ingwersen 提出了网络影响因子的概念，他仿照 JIF 的定义，将 WIF 定义为“某个国家的网域（或某个网站的网址）被其他网址和其自身所链接的网页数目的逻辑和除以该国家（或该网站）的所有网页数”，即

$$\text{WIFp} = \frac{\text{某网站的入链数}}{\text{该网站的网页总数}} \tag{2-1}$$

其中，WIFp 表示 Ingwersen 提出的 WIF 定义。

在 WIF 的定义中，“分母”的作用是反映研究对象的“规模大小”。Ingwersen 使用网站的网页总数来作为分母，这在初期取得了一定的效果。但随着研究范围的扩展，研究者们发现，WIFp 在很多情况下并没有显著的价值。例如，Owen Thomas 等的研究结果就表明，WIFp 与 RAE 不存在任何明显的相关关系。究其原因，是因为网页总数只能反映网站的规模，而网站规模与网站所属机构的规模并不是完全一致的，当研究对象由单纯的网站评价扩展到机构评价时，WIFp 就会失去效用。于是，人们开始采用其他的数据作为计算 WIF 的分母。其中最典型的代表就是英国的 Mike Thelwall 教授。他（Thelwall ，2002）以英国 96 大学的网站为研究对象，探讨了 WIF 与大学研究力排名的关系。结果表明，WIFp 与大学研究力之间不存在明显的相关关系，但以“全职研究人员数量”取代“网站网页数”作为分母来计算影响因子，则两者的相关程度有显著提高。由此，Mike Thelwall 提出了一种新的 WIF 计算公式，

$$\text{WIFm} = \frac{\text{某网站的入链数}}{\text{该大学的全职研究人员数量}} \tag{2-2}$$

其中，“WIFm”表示 Thelwall 提出的 WIF 定义。

Thelwall 的研究具有十分重要的意义。其研究结果表明，网站规模不等于网站所属机构的规模，在网络数据（如网站的网页数）不能准确反映机构规模的情况下，可以采用一些更有代表性的非网络数据（如全职研究人员数量）作为计算 WIF 的分母。这一思想有力地推动了 WIF 的理论发展。更为重要的是，他开创性地将网络数据与非网络数据结合起来分析，表明网络并不是一个孤立的空间，而是与现实存在着十分密切的联系。这使得 WIF 应用对象由最初的网站评价延伸到机构评价，极大地拓展了 WIF 乃至整个网络信息计量学的应用范围。

此后，人们纷纷仿照 Thelwall 的做法，采用了很多其他的非网络数据作为分

母来计算 WIF。例如，邱均平等考察了中国 100 个主要大学的网站，分析了 WIF 等评价指标与大学排名的相关关系。他们在研究中采用四种不同的分母来计算 WIF：①以“网站外链数”为分母；②以“大学的专职教师数”为分母；③以“大学二级教学单位数”为分母；④以“大学本科学位数”为分母。再如，杨涛（2005）在对中国 50 所大学网站的 WIF 进行研究时，也采用了以“网站网页总数”为分母的 WIFp 和以“研究人员数”为分母的 WIF_m 进行对比。晏尔伽在对中国内地地区 27 个省会城市政府网站排名进行研究时，除了 WIFp 之外，还采用了 GDP 数、人口数、人均 GDP 数为分母，计算出 3 种不同的 WIF 用于分析。总之，WIF 有效地消除了网站规模的影响，为网络信息资源的定量评价提供了一个有价值的指标，因而迅速得到广泛的应用。作为 WIF 的创立者，Peter Ingwersen 所定义的 WIFp 是影响力最大的，几乎所有的相关研究中都会采用他的算法。其中相当一部分是直接使用 WIFp 用于分析数据。此后，随着研究的深入和研究对象的扩展，人们又使用了很多不同的方法来计算 WIF，但 WIFp 依然被广泛采纳来作为对比之用。事实上，无论具体的 WIF 算法有何不同，均是在 WIFp 的基础上演变而成，其本质与式（2-1）始终是一致的。即“通过‘分子/分母’的形式，指代‘一个网络节点的平均入链数’，反映的是‘排除了节点规模大小的网络影响力’”，这正是 WIF 的本质。

3. 网络影响因子的应用对象

（1）网站评价

WIF 最直接的应用对象就是网站。数量众多、类型各异的网站是网络拓扑结构的基本单元，它们具有结构紧密、边界清晰、地址明确等优点，最适合于统计链接数据。WIF 作为一个纯粹的定量指标，比定性指标更为客观，可以直接纳入到网站评价的指标体系当中。事实上，Ingwersen 最初提出 WIF 目的正是为了分析一定时期内相对关注的网站平均被引情况，换言之，即通过计算网站的被链接强度来评价网站在网上的影响力。近年来，WIF 在网站评价上的应用发展迅速，许多类型的网站都被作为评价对象。例如，田红梅等根据链接分析方法研究的主要内容，探讨了对学术性核心网站评价的基本内容、原则和基于 WWW 链接分析的评价方法。他们指出，WIF 从信息利用的角度，体现了信息资源在信息交流中被人们所重视的程度，因而可用于评价学术型核心网站。王宏鑫运用链接分析方法来评价我国省级以上公共图书馆的网站建设质量，通过计算 WIF 等网络定量评价指标，给出了各馆网站建设质量按不同指标的排序和综合排序以及各指标的优选排序。段宇峰以指向网站的网页数和 WIF 为依据，测定了美国商学院网站中的核心网站，结果表明 WIF 对评价网站质量和测定核心网站具有重要价值。晏尔伽运用网络链接分析法，以中国内地地区27个省会城市政府网站为对象，对3种链接数、6种WIF与政府网站排名之间的相关性进行了实证分析。其研究结果表明，部分WIF与政府网站排名具有显著相关性。

（2）机构评价

除了直接评价网站之外，WIF还可以用于各种机构的评价当中。目前的因特网上，无论是国内还是国外，无论是大学、企业还是政府，稍有规模的组织机构基本上都有自己的网站。作为整个机构的重要组成部分，这些网站并非孤立存在，它们既是信息交流的平台，也是各种组织机构展示风采、扩大影响的窗口。而随着人类社会网络化程度的加深，其作用更是日益凸显。因此，网站的质量是和所属机构的整体形象密切联系在一起的，网站的影响力能够在一定程度上反映所属机构的影响力。正是从这一点出发，研究者们将WIF的应用范围从单纯的网站评价扩展到了各种机构的评价当中。

从研究对象来看，WIF在初期主要应用于科技期刊、大学、图书馆等学术型机构，这与JIF主要用于科技期刊评价是一致的。在期刊评价方面，Alastair G. Smith对22个电子期刊的WIF进行了研究，发现其中只有5种被ISI收录，显示了网络影响力与传统期刊评价体系的差异。邱均平等对42种工程类中文期刊网站的WIF进行测定，并与中国科学技术信息研究所2001年底公布的2000年JIF逐一比较，发现传统JIF与WIF具有统计学意义的相关关系。在大学评价方面，Mike Thelwall在针对96所英国大学的研究中，发现大学网站的外部WIF与其RAE排名显著相关。而Tang等在针对中国内地高校的研究中也得到了类似的结论。邱均平等考察了中国100个主要大学的网站，分析了WIF等网络指标与大学排名的相关关系，结果发现改进后的WIF与大学排名具有显著的相关关系。段宇峰等对大学网站的利用情况和网络影响力在大学评价中的作用进行了探索，结果发现，院校排名与大学网站的WIF也具有一定的相关关系。

近些年，随着WIF研究的日益成熟，所涉及的机构也越来越广泛，包括政府、企业等其他组织机构也成为研究的对象。在企业评价方面，可以运用链接分析方法和网络影响因子测度方法评价优秀企业网站的影响力，在政府评价方面，运用链接分析方法和网络影响因子测度方法，对我国省级政府网站的影响力进行评价，同时测度结果与各省市自治区信息化水平总指数。此外，还有一些学者同时对多种机构进行了综合评价，得出结论认为，大学和研究机构的网络影响因子是评价其网络影响力的一个有用指标，通过影响因子比较，可以确定这些机构在某一特定领域的地位，但对电子期刊则不然。

从研究方法上看，主要是将“机构网站的网络指标”与“传统机构评价的结果”进行相关性分析。尽管方法还比较单一，但其重要意义在于：将“以WIF

为代表的网络评价指标”与“以传统手段为主的科学评价结果”相结合，既能够检验 WIF 的有效性，又为传统的科学评价提供了新的思路。

（3）网域评价

除了用于网络拓扑结构的基本单元层次——网站上，WIF 还可以用于域名、国家、地区等更高层次的网域上。层次化的体系结构是网络的基本特性之一，从不同的角度可以将网络划分为不同的层次。其中，代表网络主机逻辑地址的域名（domain name）可以被划分为顶级域名（top level domain，TLD）、二级域名、三级域名等不同的层次，还可以根据后缀不同区分不同的国家和地区。这就给研究者们在深度上扩展 WIF 的应用创造了条件，使得研究对象在层次选取上更加灵活。例如，在 Ingwersen 最初的研究中，不仅对 6 个学术机构网站的 WIF 进行了测量，还利用搜索引擎 Altavista 的高级检索功能，对 7 个国家级域名（挪威、英国、法国、丹麦、瑞典、芬兰和日本）和 4 个顶级域名（gov、org、com、edu）的 WIF 进行了测算，并得到与国家评价和网域评价有关的结论。1999 年，Alastair G Smith 通过对东南亚国家的站点进行网络影响因子研究，确定了三大群域，并认为其研究结果接近反映了国家的整体发展，明显可由 GDP 反映。

4. 网络影响因子的价值

网络影响因子的概念自提出至今，只有短短 10 年时间。但其始终是学术界研究的热点，有关研究已取得了丰富的成果，并迅速向实际应用发展。这充分说明 WIF 具有重要的科学意义和应用价值。而其价值首先就体现在网络信息资源评价上方面。

在传统环境下，JIF 等定量指标在纸质信息资源评价中曾发挥了重要作用。而在网络环境下，原有的信息计量指标和评价方法已不再适用于测度评估网络信息资源了，网络时代的科学评价对原有的定量研究提出了新的迫切的要求。WIF 不仅起源于 JIF，而且与之有着深层次的联系。因此，从理论上讲，WIF“继承”JIF 在科学评价中的特殊地位是有合理性和可行性的。但从实践上看，这一地位的确立过程并非一帆风顺。在早期，许多著名的学者都对 WIF 的评价功能提出过质疑。例如，Alastair G. Smith 认为，尽管 WIF 是评价 Web 站点的有用工具，但使用时需要特别谨慎，并且要与其他评价手段联合使用。Thelwall 也曾指出，WIF 概念在实际应用中还只是一个相对粗浅的提法，因而所得出的结论也存在很多问题。事实上，即使是 WIF 的提出者 Peter Ingwersen 本人也对 WIF 的实际可操作性产生过怀疑。随着相关研究的增多和深入，WIF 的价值逐步得到认可，越来越多的学者开始对 WIF 持肯定态度，Alastair G. Smith、Mike Thelwall、Peter Ingwersen 等学者更是成为 WIF 研究的中坚力量，大量的研究成果充分证明了 WIF 在网络环境下的评价功能。

事实上，WIF 的评价功能绝不仅仅限于网络世界，借助互联网这一迅速发展的新兴媒介，其应用范围已经扩展到机构、国家等极其广泛的评价对象上。例如，目前的绝大多数研究成果都表明，WIF 对于大学等学术机构来说是有效的评价指标。而在中国科学评价研究中心最新发布的我国大学排行榜中，就在重点大学评价指标体系中首次引入了“大学网络影响力”指标来对中国重点大学的社会声誉进行评价。这表明 WIF 等网络指标在科学评价中的意义，已被人们逐渐接受，开始进入实际应用的新阶段。

除了直接应用于科学评价之外，WIF 还有许多其他应用。例如，将 WIF 研究与聚类分析（clustering analysis）、复杂网络埋论（complex network theory）等其他方法相结合，可以用于探索网络的结构模式；利用 WIF 研究的结果，可以测定网络爬虫的重点爬行区域，还可以改进搜索引擎的结果排序，从而有效地提高网络信息检索的效率；WIF 的评价功能有助于改进网站组织结构、网页结构等。

总之，从最初被提出时的欣喜，到被质疑甚至被否定，再到被逐步接受，短短 10 年间，WIF 走过了一条并不平坦的发展之路。而这一发展过程清楚地表明，WIF 是一个有价值的网络指标，必将在新时期的科学评价、信息检索、网络信息资源管理等领域发挥重要的作用。

第3章 网络信息资源采集

网络信息采集是一个连续性的工作，它需要信息采集人员在一个较长的周期内对相关主题的信息进行全程性的观察和采集。本章重点讨论了网络信息资源采集的程序及技术、网络信息资源采集方法与主要采集工具，最后介绍了网络环境下社会调查的重要作用，并以实例辅以说明。

3.1 网络信息资源采集概述

3.1.1 网络信息资源采集的原则

信息的采集，是指对事物运动过程中所产生出来的信息、已加工存储的信息等，通过一定的渠道，按照一定的程序，采用科学的方法，对真实、有价值的信息进行有组织、有计划、有目的采集的全过程。

网络信息采集的原则，是网络信息采集的总体指导思想。它是由网络信息自身的特征决定的。网络信息采集可以参考传统信息采集的一般原则，同时它也有一些不同于传统信息采集的新特点。

（1）全程性原则

网络信息采集是一个连续性的工作，它需要信息采集人员在一个较长的周期内对相关主题的信息进行全程性的观察和采集。首先，在网络环境下，信息更新频率快，事物的发展变幻莫测，这导致最初采集的网络信息存在着不新、不全的问题。其次，网络信息采集的过程中影响因素较多，各种硬件和软件的故障都将影响最后的信息质量，导致信息不准确。最后，信息用户的需求也是不断变化的，当用户产生新的需求时，最初采集的信息就存在不能完全满足用户需求的缺点。总结以上三点，网络信息采集只有遵循全程性原则，才能保持信息采集的时效性、完整性、准确性，才能实现满足用户信息需求的目的。

（2）针对性原则

网络信息采集归根到底是为特定的信息用户服务的活动，所以要先了解和分析用户的需求，进而有目的、有方向、讲方法地进行网络采集工作。理解网络信息采集的针对性原则要从两方面考虑：一方面，网络信息的数量庞大，种类繁多，形式多样，发展速度惊人，如果不采取针对性的信息采集原则，那正如大海捞针，网络信息采集工作无法展开；另一方面，用户对信息的需求也根据其所从事职业的性质、所处的社会地位、信息利用的目的的不同而不尽相同，所以采集的网络信息是否能满足用户的信息需求是衡量网络信息采集工作成功与否的关键因素。

1）体现网络信息采集的方向。这就要求把握用户对网络信息的需求。要根据用户所从事职业的性质、所处的社会地位、所在的国家或地区等，结合用户的信息利用目的，深入了解和分析用户的信息需求，从而实现网络信息采集的准确性、方向性和目的性，最终采集到用户需求的、有价值的信息。

2）体现网络信息采集的重点。用户的信息需求是有层次的，信息采集人员在采集网络信息时，应注意把握用户信息需求的重点。重点是指用户信息需求的主要方面，不同的用户信息需求的侧重点是有区别的。决策者需要能反映市场动态、把握大局的信息，而工人则关注与生活息息相关的具体信息。就是同一个信息用户，其信息需求的重点也随环境条件和时间的变化而处于不断的变动中。因此，在网络信息采集时，只有准确把握用户信息需求的重点，并且根据用户信息需求重点的变化而改变网络信息采集的重点，采集工作才能达到事半功倍的效果。

3）体现网络信息采集的价值。网络信息具有隐含性、联系性的特征。它的价值往往不易被识别，因而信息工作者要有强烈的信息意识，有去疵识玉的本领，善于识别与用户信息需求相关的、有价值的信息，要能展开联想、推导、归纳、辐射，开发采集到有针对性的、价值大的网络信息。

（3）及时性原则

网络信息采集应针对用户的信息需求，灵敏而迅速地去采集反映事物最新情况、最新水平及正确发展趋势的网络信息。网络信息本身的时效性、非保存性以及惊人的更新速度决定了网络信息采集的及时性原则。在信息化社会中，网络信息的更替速度和传递速度都是惊人的，因而在网络信息采集的过程中，时间就是金钱，效率就是关键。

要体现网络信息采集的及时性原则，就应做到以下几方面。

1）观察敏锐。信息人员应具备敏锐的观察能力和明智的头脑，随时注意观察与目标事物相关的发展动向，透彻地分析出它的价值，以便采集。

2）采集及时。信息人员在观察了解过程中，一旦发现有价值的征兆信息，就应及时采取行动，以免耽误最好的信息采集时机。

3）精心设计。网络信息采集的方法较多，渠道广泛，信息人员在采集信息时，事先要精心设计，做到渠道畅通，步骤短少，方法科学。

4）手段先进。对网络信息的采集应运用简洁有效的方式，采取科学专业的采集技术，以网络调查、信息采集工具等高效率信息采集方式展开网络信息采集工作。

5）内容新颖。网络信息价值的大小，往往与内容的新颖度成正比。新颖度越大，价值越高，否则相反。因此信息人员在采集网络信息时，要注意考虑信息发布或产生的时间和内容的先进性，以提高网络信息的利用价值。

（4）完整性原则

对网络信息采集的完整性原则的理解，要从两方面思考：一是从用户需求的网络信息内容来看，既要对过去、现在及未来的相关信息进行采集，也要对其他专题或学科与主题交叉相关的信息进行采集；二是从某条信息的基本组成部分来看，需要包含完整的要素，如时间、地点、场合、事件经过、现象与本质等。

网络信息的采集之所以要坚持完整性原则，其理由有以下几点：一是由客观事物本身的特征决定的。世界上的事物既是相互独立、各具特色的，又是相互联系、相互制约的，基于此，对网络信息的采集应该采用联系的观点，注重事物之间的联系规律。二是网络信息的空间分布是广泛的，信息可能来自论坛、网络用户调查问卷、门户网站或搜索引擎等。进行网络信息采集的时候，要注重各个信息源的资料收集。三是由科学决策的需要决定的。信息是科学决策的前提、条件与基础。只有采集输入的信息完整、系统，做出的决策才是科学的，否则就是不科学的，会带来极大的经济损失。

要做到网络信息采集的完整性，就需要注意以下几点。

1）全面地了解用户的信息需求。信息的采集要做到具有针对性，就要全面地了解用户的信息需求。其中包括用户的重点需求、一般需求、相关需求分别是什么。

2）大范围地进行采集。网络信息信息源的分布是相当广泛的，因此，信息人员在采集信息时，应注重采集方式的多样性，通过不同的方式对不同渠道和形式的网络信息进行采集，提高网络信息采集的广泛性和全面性。

3）连续一贯地进行采集。这反映在两个方面：一方面，就采集到的网络信息的内容而言，不仅要采集过去与现在的信息，而且要采集对发展趋向、走势等有分析作用的未来信息。这样才能反映事物发生与发展的全过程。另一方面，信息人员在进行网络信息采集的时候，要保持连续一贯性，做到密切关注采集事物变化发展的最新信息，以满足用户的需求。

（5）主动性原则

网络信息采集时，应针对用户的信息需要，发挥信息人员的主观能动性，主动地为用户采集并发掘一切有实用价值的信息。网络信息繁多而无规律，其中还充斥着毫无价值的“垃圾信息”，所以在信息采集的过程中要充分发挥信息人员的主观能动性，利用人的智慧，采用科学专业的采集技术和工具，发掘出一切有价值的信息。同时主动性原则还体现在信息人员从已有的信息中找出联系和规律，从而发掘出新的有价值的信息来。这就要求信息人员有较强的信息意识和专业素养，敏锐的观察力和丰富的想象力等。

执行主动性原则，就要做到“五熟”、“四搜”。

1）“五熟”。就是熟悉需求、信息源、范围、特征与方法。

2）“四搜”。包括：“会搜”，即信息人员应掌握一定的搜索技能，善于抓住一定的信息线索，依据不同的对象与条件，以各种不同的方式采集用户适用的有价值的网络信息，如利用信息网络采集工具软件查询所需的信息等；“广搜”，即网络信息搜集的范围宜广不宜窄，不但要搜集不同信息源的网络信息，而且要系统地采集不同学科、不同知识点的各种信息；“勤搜”，即网络信息的搜集，要系统、连贯、不间断，以形成特色，探索规律。否则就会片面，给信息需求者带来损失；“追搜”，即对于价值大的、适用的网络信息，要主动追踪，不断搜集（张安珍等，2002）。

（6）计划性原则

网络信息采集应针对用户的需求，有目的、按要求、分步骤地进行采集。网络信息采集是一项工作量大、耗资较多的工作，因此，只有有计划、有步骤地进行采集，才能提高网络信息采集质量，保证信息的完整性，才能避免信息采集的片面性，克服其盲目性与间断性。

要做到有计划地采集网络信息，就要注意以下几点：

1）明确目的。网络信息采集过程中，要了解用户的信息需求，明确采集目的，做好调研工作。只有如此，才能制订出切实可行的计划来，进而提高网络信息采集的效率。

2）制订计划。采集计划的制订，要详细周密，应包含网络信息采集的目的、内容、范围、信息源、方法和技术、数据表设计、人员与日程的具体安排。

3）修订计划。在网络信息采集过程中，又要根据客观情况、市场环境、用户需求的变化等，不断地修订、完善其计划，使所制订的计划符合客观变化的实际。

（7）效益性原则

网络信息采集的目的是为用户采集价值大、效果与利益好的信息。其中的效益既包括经济效益也包括社会效益。新的、有价值的网络信息的采集能有效地支持用户的决策或研究，是企业发展或学术研究的前提和基础。

贯彻网络信息采集的效益性原则，就要注意以下两点。

1）处理好社会效益与经济效益的关系。良好的信息传播氛围有助于社会的和谐与发展，所以在采集网络信息时，应注重信息的质量、合法性和道德性，应坚持社会效益第一、经济效益第二的原则。

2）谋求信息的真实性。真实的信息才有价值，有价值的信息才能产生正面的社会经济效益。一条虚假的信息不仅会危害到信息用户，更可能危害到人民大众，给国家和社会造成不可挽回的损失。因此要提高网络信息的社会效益和经济效益，就必须谋求信息的真实性。

（8）互补性原则

网络信息采集是信息采集方式的一种，是对其他信息采集方式采集结果的补充，特别是当要采集通过正常途径获取成本比较高而目前又比较缺乏的某种信息资源的时候，网络信息采集就是一种有效的信息搜集补充形式，随着网络信息量的不断扩大，网络信息采集将成为信息采集工作中举足轻重的一部分，从而与其他传统信息采集工作一起形成布局合理、结构优化、功能强大的信息资源保障体系。

3.1.2 网络信息资源采集的程序

当今世界，网络信息铺天盖地，想要在浩如烟海的网络信息中采集到满足用户需求的特定信息，就必须有目的、有计划、有步骤地进行网络信息采集工作。网络信息采集的程序大致可以分为以下四部分。

1. 明确信息用户及其信息需求

（1）明确信息用户

信息用户有团体用户与个体用户之分。不同的信息用户，由于其性质、环境、任务的不同，对信息的需求是不同的。

（2）了解用户的需求

用户的需求是多种多样的、有重点的、变化的。为此就要了解以下信息。

1）了解用户需要解决的问题。不同的用户因所从事的职业性质、所处的社会环境以及利用信息的目的不同对网络信息的需求也不同。在科技攻关、经济建设、社会生活、人才培养等活动中，需要解决的问题是不同的，因而对信息的需求是不一样的。经济战线上的领导者在某段时间需要解决经济发展战略决策问题，就需采集国内外宏观政治、经济信息、经济预测信息、本战线信息等；有的企业决策者在某段时间需要解决产品打入国际市场、扩大产品销路问题，就需要采集国际市场行情信息以及竞争对手产品质量、市场占有率、人才、设备、资金实力等信息；有的工程技术人员在某段时间需要解决技术攻关难题，就需要提供国内外相关技术信息，关键数据信息、市场信息等；有的教师在订教材时，需要解决优选教材问题，就需要提供国内外教材的内容提要、特色、适用对象与范围选等信息。

2）了解用户不同阶段与时间的需要。用户需要解决的问题，不是一成不变的，是不断变化着的，一个问题解决了，新的问题又产生了；新的问题解决了，一个更新的问题又摆在面前需要解决，一直到问题彻底解决，才会暂时告一段落，因此在这个过程中，用户对信息的需求呈现出阶段性来。不同的阶段，即使同一用户，对信息的需求也是有变化的。不仅如此，在不同的时间，用户对信息的需求也是有差别的。概括起来，有周期性变化需求、经常性需求、随机性需求等。

3）了解用户不同层次的信息需求。用户由于各自所处的社会地位、职权、责任不同，因而呈现出分层的特点。不同层次的用户对信息的需求是不同的。

4）了解用户不同方面的信息需求。用户要解决工作中的难题，对信息的需求往往是多方面的。他们既需要宏观信息，也需要微观信息；既需要内部信息，也需要外部信息；既需要本行业的信息，也需要相关行业的信息；既需要国内信息，也需要国外的信息等。

5）了解用户需求的重点与范围。用户对信息需求范围较广，有国家、地区、文种、时间等范围，要加以详细了解。在了解其范围的基础上，要了解用户的重点需求是什么。

2. 明确分工，设置信息人员

（1）明确分工

网络信息的采集是一项工作量大，耗资较多的工作，这就必然要求多人合作，共同完成。要提高网络信息采集的工作效率，就要进行分工。

网络信息采集人员的分工，可分为以下两类。

1）根据信息源的不同，安排不同的信息人员分别进行信息采集工作。例如，对搜索引擎和网络调查安排不同的信息人员进行采集工作。

2）根据网络采集技术的不同，安排不同的信息人员进行信息采集工作。根据不同信息人员的专业或专长安排其进行不同的网络信息采集工作。

（2）设置信息人员

信息人员需具备扎实的专业知识、较强的信息意识、敏锐的观察能力、丰富的想象力和熟练的搜索能力等。在设置信息人员时，要考虑到信息人员的专长和特质，为其安排合适的网络信息采集任务，以提高网络信息采集的效率，更好地满足用户的需求。

3. 处理关系，制订计划

（1）处理好关系

信息人员在网络信息采集过程中，为了迅速达到信息采集的目的，取得好的信息采集效果，就要处理好下列几种关系。

1）重点与一般的关系。重点是用户在工作中需要解决的主要矛盾，一般是需要解决的次要矛盾。主要矛盾解决了，次要矛盾便迎刃而解。因而信息机构在制订网络信息采集计划、信息人员在采集网络信息时，就要围绕用户需要马上解决的主要矛盾问题，重点考虑采集所需要的主要信息，兼顾一般需要的信息。例如，用户在科学研究之始，最重要的是选题问题。选题应属于前人、他人未研究过的问题，或虽已研究过但未彻底解决尚需进一步探索的问题。因而就需首先进行文献信息普查，为用户采集有关某选题研究现状与趋向的信息。只有如此，才能为进一步进行科学研究创造条件。但是重点并不是固定不变的，一个问题解决了，此问题会退为次要矛盾，另一问题会突显出来，转化为主要矛盾。

2）质量与数量的关系。事物的质量是事物根本、固有属性的规定性，是事物内部特殊矛盾的体现。事物的数量是指事物存在和发展的规模、程度、组成部分的排列等，它也是事物本身所固有的一种规定性。质量和数量是对立的统一，因此信息机构在制订信息采集计划、信息人员采集网络信息时，要坚持质量第一、数量第二的原则。也就是在确保有价值信息采集的前提下，保证一定数量的信息需求。否则，就会造成信息污染，价值信息缺失的情况。

3）当前与长远的关系。用户当前的信息需求是长远信息需求的条件与基础，长远需求又是当前需求的延伸与发展，因而信息机构制订计划、信息人员采集网络信息时，要兼顾当前的需要与长远的需要，以当前需要为主，但又决不能只顾当前的需要，而舍弃长远的需要，要有战略的眼光，要有发展的观点。

4）国内与国外的关系。国内信息与国外信息是空间分布上同属一个主体，但内容与表达方式上有所不同的信息。因此信息机构在制订计划、信息人员采集网络信息时，要坚持国内信息为主，又要考虑采集国外信息，以扩大视野、开阔思路，否则会形成一孔之见，出现偏差。国内与国外信息的采集比重可视用户的外文水平，有所侧重。

5）内部与外部的关系。内部与外部是相对的，无论是国家、地区，还是单位的负责人在解决重大问题或做出决策时，既要考虑内部的因素，也要考虑外部的因素。因为一个国家或一个地区，乃至一个单位的变化发展，是内部矛盾运动、外部环境的影响与推动综合作用的结果，因此信息机构考虑信息采集计划，采集网络信息时，不但要采集内部人、财、物的信息，而且要采集外部政治环境、经济环境、社会文化环境、地理自然环境、科技环境、交通通信环境等信息。只有如此，才能获得完整全面的信息。

6）继承与发展的关系。这要从两方面理解，一方面信息制订新计划时，既要继承、借鉴过去制订的采集计划，吸收一些好的经验与构思，又要依据用户的需要开拓新的局面，制订出有创新性的新计划来；另一方面用户在创造发明、做出决策、解决问题时，既需要过去和现在的有关信息，又需要相关趋向性信息。只有如此，才能从中找到事物变化发展的规律。因此，信息机构制订计划、信息人员采集网络信息时，不但要考虑采集过去和现在的有关信息，又要考虑采集有关发展趋向的信息，以便继往开来，不断前进。

（2）制订好计划

要提高网络信息采集的效率，取得好的采集效果，就要有计划性，避免盲目性。网络信息采集计划的编制，应注意以下几点。

1）采集目的。要确定网络信息采集的目的，就要了解信息用户欲利用网络信息解决什么问题，是辅助决策，还是辅助研究。要解决的问题清楚了，采集的目的自然就明白了。

2）计划内容。

3）信息源。就是要明确到哪里去采集所需要的信息。一般而言，可以到一些专业网站或专业门户网站、搜索引擎和网络检索工具、论坛、电子邮件以及网络调查网站等中采集。

4）时间。网络信息的时效性强，要获取有价值的网络信息就应该注重网络信息采集计划中的时间安排，信息人员在进行信息采集时，要把握网络信息的变化规律，密切关注所关注事物的发展动态，合理地划出时间界限，尽量使最后采集的信息既满足用户的需求又与社会现实密切相关。

5）主题范围。就是在了解和分析用户信息需求的基础上，确定网络信息采集的主题是什么。围绕这一主题可采集不同信息源、不同语言以及不同时间的有价值信息，同时采取的信息中还可包括与主题相关联的其他学科或研究的信息。

6）数据库或表格设计。数据的采集是网络信息采集工作至关重要的一个环节，因为数据是事物特征符号的表征，掌握了数据，就掌握了信息内容的关键。对采集到的数据，要依据其内容，通过数据库或者表格的形式进行存储，表明它的数据结构，数据库和表格的设计既要科学专业，又要合情合理；既要便于日后对数据进行加工处理又要能包含所采集到的所有信息。

7）采集技术和方法。网络信息采集的优点是它能运用先进科学的信息采集关键技术和信息采集工具等来提高信息采集的效率。但运用什么技术或方法来采集网络信息，要依据采集的目的、人员、经费、设备等来决定。网络信息采集的方法很多，比如可以利用网络调查方法，进行重点调查、典型调查、抽样调查等；或利用各种搜索引擎或检索工具，采集最新的网络信息；或利用其他网络信息源，用电子邮件（E-mail）、文件传输协议（FTP）、远程登录（Telnet）、网络新闻等方法采集网络信息。网络信息采集的关键技术也很丰富多样，比如网络信息集成技术、网络信息过滤技术、网络信息转译技术、网络信息挖掘、网络信息推送技术等。至于选用什么样的采集技术和方法要根据具体情况具体分析。

8）信息采集人员。信息采集人员是网络信息采集工作展开和改进的关键力量，人员素质的好坏直接影响最后采集到的网络信息的质量。因此，在制订网络信息采集计划时，要充分考虑到每个人的专业水平以及优劣势，做到工作任务的要求与信息人员的长处相适应，使信息人员各尽所能，从而提高网络信息采集工作的效率。

9）采集费用。经费是网络信息采集工作的动力源之一。有必要的经费作保障，才能顺利地开展好采集工作。因此，在制订采集计划时，要做好经费预算，做到有计划的开支，切不可随意开支而造成浪费。网络信息采集工作是一项低成本的信息采集工作，它的经费主要用于一些软硬件设备的购置、信息人员工资的支出以及一些日常的消耗支出。

4. 落实计划，实施采集

网络信息采集计划制定之后，便可以开始实际展开采集工作了。具体可分为以下几个阶段。

（1）做好准备

做好准备主要是指落实网络信息采集工作所需的软硬件环境和信息人员等，另外对于要涉及信息源用户（如网络调查）或信息采集工具收费问题的网络信息采集方法，在实施之前应事先做好宣传、组织和联络工作，以便网络采集工作顺利进行。

（2）计划搜集

计划搜集就要按事先制订的计划，带着明确的目的，围绕一定的主题范围，选择多样的信息源，采用科学专业的信息采集技术和方法，在一段时间跨度内广泛地进行搜集。在采集信息的过程中，首先应讲究一定的策略与方法。例如，网络调查不应给网络用户带来不便的感觉，应注重问卷的设计以及网络用户兴趣的培养。另外应该边采集、边分析、边整理，这样做可以防止信息采集的遗漏与重复，可以把信息采集工作逐步引向深入。

(3) 补充或拓展搜集

在按计划采集的过程中，由于客观环境或用户信息需求的变化或新需求的产生，需要在计划之外对信息进行补充搜集或拓展搜集。特别是当新情况、新问题出现的时候，要能够分析原因，展开联想，预测趋势，从而获得拓展的有价值的信息。

(4) 追踪搜集

网络信息采集工作结束后，如果有对主题影响较大的新信息出现或者发现采集结果存在问题，应进行追踪搜集。

5. 提供信息，满足需求

提供信息，满足需求，是网络信息采集工作的最后阶段。此阶段的进行可分为下列几个步骤。

(1) 提供信息

经过上面程序采集到的信息，不能立即提供给用户，还需要对信息进行筛选、鉴别、分析开发等一系列加工过程，以去粗取精，去伪存真，从而将真实可靠、有价值的信息提供给信息用户，初步满足用户的需求。

(2) 反馈信息

将信息提供给用户后，网络信息采集过程还未结束，还应收集用户使用信息后的意见、建议与评价等反馈信息，从而完善与调节网络信息采集的质量与过程，已达到提高网络信息采集效益的目的。

(3) 逐步深化

网络信息采集的过程是一个变化、提高的动态过程。经过第一轮“采集—加工—提供—反馈”过程后，用户又会产生新的信息需求，这时信息采集人员就要根据用户新的信息需求和新的社会环境因素等再次进行信息采集工作，于是新一轮的“采集—加工—提供—反馈”活动又开始，只有这样循环往复，研究的主题才能不断地深化，网络信息采集的水平才能不断地提高。

3.1.3 网络信息资源采集的效率指标

要评价网络信息采集的效率，就要考虑到网络信息采集的时效性、信息采集的全面性、采集到的信息的可用性和网络信息的经济效益等多方面的因素。

1. 时效性指标

网络信息采集的时效性指标是就网络信息采集的及时性原则而言的。时效性要求信息采集人员针对用户的信息需求，灵敏而迅速地采集到反映事物最新情况、最高水平及正确的趋势信息。在如今信息技术不断发展和社会竞争日益激烈的形势下，对于网络信息的采集，时间就是金钱，效率就是关键。

网络信息采集的时效性指标可以通过以下公式测算出：

$$网络信息采集的时效性指标=\frac{对调查结果有时间效益和具有创新性的网络信息量}{网络信息采集总量}$$

通过网络信息采集的时效性指标的测算，可以评估网络信息的采集效率，并且评价通过网络信息采集而得出的结论的新颖度和现实性。

2. 全面性指标

网络信息采集的全面性指标是就网络信息采集的完整性原则而言的。全面性要求信息采集人员在进行网络信息采集时，要涵盖不同的网络信息源，避免单一简单的采集方式，同时，信息采集人员不仅要采集过去与现在的信息，而且要采集对发展趋向、走势等有分析作用的未来信息，这样才能反映个事物发生与发展的全过程；另外，信息人员对网络信息的采集，要保持连续一贯性，做到适时采集事物变化发展的最新信息，以满足用户的需求。

网络信息采集的全面性指标可以通过以下公式测算出：

$$网络信息采集的全面性指标=\frac{采集到的网络信息量}{全部相关的网络信息量}$$

虽然要测算出全部相关的网络信息量有一定的难度，但全面性指标仍是一个不可忽视的网络采集效率评价和比较指标。要提高网络信息采集的全面性指标，必须通过不断地信息查新和补充。

3. 可用性指标

网络信息采集的可用性指标是就网络信息采集的针对性原则而言的。信息的可用性是指采集到的网络信息对用户来说是有价值的，这就要求信息采集人员了解用户的信息需求，抓准用户信息需求中的重点，并且具备强烈的信息意识，善于识别用户需要的、有价值的网络信息。

网络信息采集的可用性指标可以通过以下公式测算出：

$$网络信息采集的可用性指标=\frac{采集结果中有价值的网络信息量}{网络信息采集总量}$$

通过采集到的网络信息的可用性指标的测算，可以评价网络信息采集工作的质量，也是决定一项研究或实践活动好坏的前测型指标。

4. 经济效益指标

网络信息采集的经济效益指标是就网络信息采集的效益性指标而言的。网络信息采集的目的是为用户采集价值大、效果与利益好的网络信息，它的最终目的是为社会带来一定的经济效益。当一项研究或实践活动的成果最终用经济学的方式将其量化，那么网络信息采集的经济效益指标也可以产生很多种不同的计算方式，本书举出一种较为简单的计算方法。

网络信息采集的经济效益指标可以通过以下公式测算出：

$$\text{网络信息采集的经济效益指标} = \frac{\text{研究或实践活动产生的经济效益值}}{\text{网络信息采集总量}}$$

这个经济效益指标反映的是每一条网络信息带来的经济效益，从而可以得出网络信息采集带给研究或实践活动的经济价值量。

3.2 网络信息资源采集技术

3.2.1 网络信息资源采集技术的研究进展

网络信息以其信息来源广泛、信息数量庞大、媒体与格式多样、检查浏览方式快速、易传播共享等特点，越来越受到人们的重视。信息的采集和利用已经成为网络信息共享领域中不可阻挡的用户需求。然而面对急剧膨胀的信息资源，如何才能快速、准确、方便地采集到个人所需要的信息，这是当前数以万计的网上用户感到最棘手的问题。各种信息采集技术日新月异的发展正是为了帮助广大信息用户摆脱大海捞针的困惑。

各类网络信息采集关键技术包括网络信息检索技术、网络信息集成技术、网络信息过滤技术、网络信息挖掘技术和网络信息推送技术等都在朝着更加人性化、智能化的方向发展。

在20世纪40年代以前，信息检索还只有手工检索一种方式。到四五十年代，出现了一些半机械化、机械化的检索操作方式。70年代，随着卫星技术和通信技术的发展，联机检索突破了地域的限制，走向全球化。90年代，网络检索、多媒体检索以惊人的速度崛起，网络检索以极低的费用、海量的信息、快速的存取得到广大信息需求者的喜爱。近年来，智能搜索引擎技术越来越引起人们的关注。智能搜索引擎是结合人工智能技术的新一代搜索引擎，具有智能化、人性化的特征，允许用户用自然语言进行信息的检索，为用户提供更方便、更准确的搜索服务。

信息集成技术已经历了二十几年的发展过程，研究者已提出很多信息集成的体系结构和实现方案，然而这些方法研究的主要集成对象是传统的异构数据库系统。随着网络的飞速发展，如何获取基于网络的有用数据并加以综合利用，即构建网络信息集成系统，成为一个引起广泛关注的研究领域。网络信息集成就是为网络上的数据源提供统一的访问界面，并能满足那些需要从多个网络数据源抽取和合并数据的查询请求，综合所有的查询结果为用户返回完整、正确的答案。

传统的信息检索是根据用户提交的查询关键词来查找信息，这种单纯基于关键词的检索技术不具备智能性。因此，为了满足用户的真正需求，网络信息过滤技术具有非常重要的意义。网络信息过滤是在为用户提供所需信息的同时，着重删除与用户不相关的信息，从而提高用户获取信息的效率，能够节约用户获取信息的时间，从而极大地减轻用户的认知负担。

为了实现个性化的信息服务，网络信息挖掘技术已逐渐成为一个新的研究热点。网络信息挖掘技术沿用了智能、全文检索等网络信息检索中的优秀成果，同时综合运用了人工智能、模式识别、神经网络领域的各种技术。网络信息挖掘系统最大的特点在于它能够获取用户个性化的信息需求，根据目标特征信息在网络上或者信息库中进行有目的的信息搜寻。

在推送技术问世之前，人们往往通过浏览器等工具在网络上搜寻以获取信息。一方面，面对巨大的网络信息源，很多用户花费相当多的时间和费用也难以“拉取”到自己所需要的信息；另一方面，信息的发布者则希望将信息主动、及时地发送到真正需要此类信息的用户计算机中。推送技术的出现，为网络技术的发展提供了一个新的方向。

3.2.2 网络信息资源采集关键技术

网络的快速发展，使得海量的网络信息资源已经成为全球最大的知识宝库，但是网络信息资源纷繁复杂、浩如烟海，我们从网络上查找到所需信息并不是一件容易的事。如何合理、高效地利用这一巨大的信息资源，是信息采集技术的重点所在。下面介绍几种最具发展潜力的信息采集关键技术，包括网络信息集成技术、网络信息过滤技术、网络信息挖掘技术、网络信息推送技术等。

1. 网络信息集成技术

为了能有效地利用网络上的信息资源，使网络真正成为人们随时可用的知识库，人们提出了网络信息集成（Web information integration）的概念。网络信息集成的一个简单定义为：网络信息集成就是为网络上分布的、自治的、异构的数据源提供统一的访问界面，并能满足那些需要从多个网络数据源抽取和合并数据的查询请求。这一定义主要是从网络信息集成所需实现的功能角度考虑的，同时也概括出了网络信息集成技术作用的对象和预期达到的目标。网络信息集成的目标是：屏蔽数据源的一切细节，为用户提供完全透明的、智能的、统一的信息访问接口。在必要的情况下，使用户的查询能够被分解到多个不同的数据源执行，然后综合所有的查询结果为用户返回完整、正确的答案。

网络信息集成技术的作用对象是网络数据源，该数据源具有分布、自治、异构3个重要特点。网络数据源分布在世界上任何网络能够连接的地方，同一领域的相关信息有可能分布在不同的地方。网络上数据源是独立于信息集成系统而存在的，它们的组织、展示，甚至存在与否都不受信息集成系统的任何影响；信息集成系统不能预知其任何变化，即信息集成系统仅仅知道数据源当前的情况而不知其以后的变化。异构性包括系统异构、数据模型异构和逻辑异构。系统异构，指硬件平台、操作系统、并发控制、访问方式和通信能力等的不同；数据模型异构，指采用关系、层次或面向对象等不同的数据模型以及查询语言等方面的差异；逻辑异构包括命名异构、值异构、语义异构和模式异构等。

正是网络数据源独有的特点，使得在网络数据源的集成中，相对于传统的信息集成系统，出现了新的问题需要解决，如网络数据的建模和处理、网络数据源描述方法和访问模型、中间模式的定义和数据映射、知识的获取等。下面将对这些网络信息集成中的关键技术进行详细的论述。

（1）网络数据的建模和处理

网络数据的半结构或非结构化特征，使得已有的、建立在结构化数据模型上的各种传统理论和方法（如数据挖掘、异构数据集成）等无法直接应用到网络环境中，因此人们对于网络数据的研究引起了广泛的兴趣，这些研究主要集中在两个方面：网络数据建模和网络数据查询。

1）网络数据建模。关于网络数据的模型主要有两类。第一类是关于网络结构的表示模型，这种模型采用图表示法，即页面文档是节点，链接是有方向的弧，弧的标记是URL。站点结构的数据模型被广泛应用在搜索引擎中，通过页面之间的链接计算内容的相关性并对页面进行分类。另一类是对HTML页面中的半结构化数据建模。半结构化数据模型通常用带标号的有向图表示，其中较有影响的是OEM（object exchange model）数据模型。

2）网络数据查询。第一代的网络查询语言以页面为单位，将基于内容的查询和基于结构的查询结合起来。这类语言包括W3QL，WebSQL和WebLog。第二代的网络查询语言在第一代语言的基础上增加了访问网络对象内部结构的方法，并且能够为查询结果创建复杂的对象。这类语言的一些代表是WebOQL，基于“超树”数据模型；FLORID，基于框架表示逻辑。随着XML的推广，出现了XML的查询语言，如XML_ QL。

（2）网络数据源描述方法和访问模型

对网络数据源的描述是为了根据这些描述从网络页面中抽取出结构化的数据。描述不仅应包括如何从页面中抽取数据，还应当包括数据源的查询处理能力。对特定种类的网络页面的抽取由专门为其设计包装器（Wrapper）模块实现。下面介绍数据源的描述和信息抽取器 Wrapper。

1）网络数据源的描述。对数据源的描述可以采用一阶谓词的方法，但是由于网络数据的特点，一阶谓词的表示方法可扩展性不够，不能提供丰富的数据模型，而且缺乏过程性的描述。在这方面，基于框架的表示方法更为强大和有效，F-Logic 是应用较多的一种框架逻辑。F-Logic 结合了框架和面向对象的优势，具有丰富的数据类型和表达能力，并能与应用相关的领域知识相结合。因为 WEB 数据源绝大部分是 HTML 文本，所以也可以使用 DOM 对象的方法表示页面中的内容，这种方法将 HTML 看成是树结构沿着指定的路径能够唯一的找到一个元素。

2）网络数据抽取及 Wrapper 的构建。完成对数据源的描述之后，我们就可以根据具体的描述来从数据源中抽取需要的数据。Wrapper 的任务就是负责将 HTML 格式的数据进行抽取并转化为结构化数据。Wrapper 是一组根据特定的抽取规则从特定的网络数据源执行数据抽取的程序。它的核心是抽取规则，抽取规则是用于从特定 HTML 页面中抽取所需信息的一组规则约定。对于 HTML 页面，有两种看待方式：一种是将文档看作字符流；另一种是将文档看作树结构。相应的，抽取规则也可以分为基于分界符的规则和基于树路径的规则。然而，无论对于基于分界符的规则还是基于树路径的规则来说，对不同类型 HTML 文档的抽取就需要使用不同的抽取规则，因而 Wrapper 是与数据源相关的。因此，每类数据源都需要有各自的 Wrapper。如果这些 Wrapper 都由手工编写，则工作量非常巨大，而且当数据源发生变化时的维护代价也很大。

目前在 Wrapper 的生成方法方面有很多的研究。Wrapper 的生成方法主要分为三类：Wrapper 程序语言方法、机器学习的方法和受指导的交互式 Wrapper 生成方法。

1）Wrapper 程序语言方法是用手工编写程序来实现的。抽取过程是基于过程化的程序，但是，抽取结果依赖于文档的结构。通常，手工的 Wrapper 生成方法都很难使用。

2）机器学习的方法是通过机器学习的方式来生成 Wrapper。该方法需要从大量网络页面的正例、反例中学习。机器学习的方法弊端在于 Wrapper 表达能力有限，而且需要大量的例子页面。

3）受指导的交互式 Wrapper 生成方法是采用一种更好的交互方式来完成 Wrapper 的生成。

W4F 使用类 SQL 的查询语言——HEL 来建立 Wrapper，部分查询可以使用可视化的抽取向导来生成，而整个查询需要手工编写。XWrap 使用程序化的规则体系并提供了有限的模式定义表达能力。Lixto 提供了可视化的方式进行 Wrapper 生成，用户可以通过浏览的方式来标记文档。模式导航的 Wrapper 生成方法（SG_WRAP）的主要步骤是：首先，用户使用 DTD 或 XML Schema 定义一个 HTML 文档中所要抽取数据的模式；然后，用户在系统给出的交互界面中通过鼠标将 HTML 页面中的例子数据与模式中的元素关联起来；最后，系统根据用户提供的例子映射关系归纳生成抽取规则并生成 Wrapper。

（3）中间模式的定义和数据映射

当数据从数据源中抽取出来以后，我们需要对数据进行集成，包括过滤、检验、合并、分类、精炼等，从而使数据能够符合使用要求。这部分工作是由中间层来完成的。在设计网络信息集成系统时，首先需要知道从数据源中获取哪些数据、表示哪些关系，这就需要定义中间模式（mediated schema）。网络信息集成系统的中间模式与传统信息集成系统中的中间模式是相似的：都定义了数据的逻辑结构。但是网络信息集成系统的中间模式表示的是数据的网络而不是关系的集合，而传统信息集成系统的中间模式一般用关系模型来表示。

（4）知识的获取

传统数据源中的数据是有严格限制的，每一个字段都有一个预先规定的含义，也就是说每个字段下的数据都是有语义的。然后再在这些具有语义的字段之间建立起各种关系。但是，网络数据源中的 HTML 页面是完全面向显示的，它不提供任何语义方面的信息。其实 HTML 页面就是一个文本文件，与普通文本文件不同的是：第一，里面嵌入了大量的显示控制标记，将内容分隔开来，而且页面中的文本大多不是以完整的句子的形式出现的，很多都是独立的词汇和短语；第二，页面之间的链接对于当前页面的分类能提供有用的信息。数据内容与显示控制标记混在一起，缺乏语义和知识方面的特性，这是第一代也就是当今网络存在的问题。现在正在进行的下一代网络，即“语义网”将解决这些问题，使得未来的网络资源具有良好的语义可知性和知识理解能力。

（5）网络信息集成系统的功能结构

功能分布基本上采用典型的 Mediator/Wrapper 架构的方式。系统的功能分布如图 3-1 所示。

1）用户接口层的主要功能为接受用户提交的查询并在查询结束后将结果展示给用户。该层是系统与用户的唯一交互接口，功能简单，但务必做到界面的友好，方便用户的使用。

2）中间层的主要功能为查询分解、查询规划、查询结果的合并以及后续处理。该层是网络信息集成系统的核心。一个信息集成系统可以具有多级中间层，最上层的中间层负责整个领域，在其下面可以有多个负责子领域的中间层。采用几级中间层由系统的需要而定。

3）Wrapper 的主要功能为直接管理数据源，在其管理的数据源上执行由中间层下达的子查询，完成数据的提取并提交给其上的中间层。网络数据源纷繁复杂，结构复杂，如何从原始数据源中提取所需数据不是一件容易的事。所以，Wrapper 是网络信息集成系统中最难实现的部分。

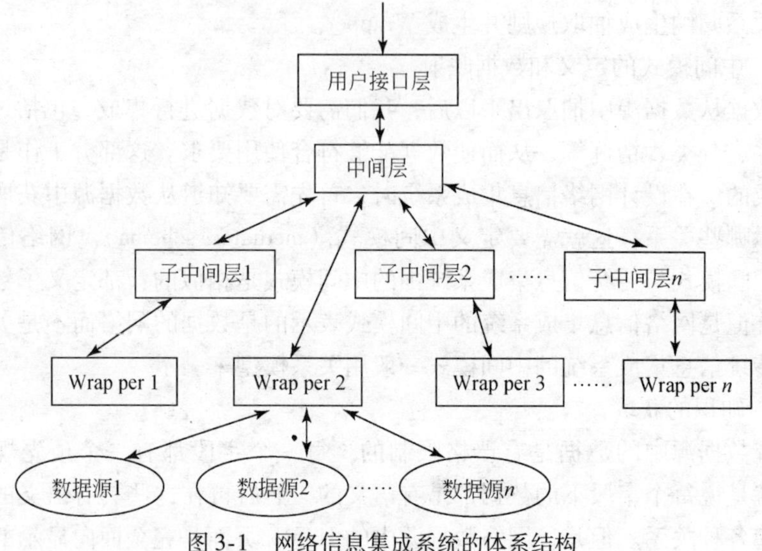

图 3-1　网络信息集成系统的体系结构

2. 网络信息过滤技术

传统的信息检索要求用户提交查询关键词来查找与之匹配的信息，这种单纯基于关键词的检索技术不具备智能性，不能跟踪用户的兴趣，输入相同的关键词只能得到相同的检索结果。因此为了满足用户的真正需求，过滤无用、不良、有害信息具有非常重要的意义。

网络信息过滤有利于减轻用户的认知压力，它在为用户提供所需要信息的同时，着重删除与用户不相关的信息，从而提高用户获取信息的效率；它根据用户信息需求的变化提供稳定的信息服务，能够节约用户获取信息的时间，从而极大地减轻用户的认知负担。目前网络信息过滤的工作概括为两项：一是建立用户需求模型，即用户模板，用于表达用户对于信息的具体需求，建立用户需求模型的主要依据是用户提交的关键词、主题词或示例文本。二是匹配技术，即用户模板与文本的匹配技术。简单地讲，任何信息过滤系统就是根据用户的查询创建用户需求模型，将信息源中的文本有效表示出来，然后根据一定的匹配规则，将信息源中可以满足用户需求的信息返回给用户，并根据一定的反馈机制，不断地调整改进用户需求模型，以期获得更好的过滤结果。本书主要从信息过滤匹配技术对信息过滤进行研究。

（1）构建用户需求模板

用户需求模板反映了一个或一组用户长期的信息需求。对于用户需求模板，关键是如何收集和描述用户的信息。在过滤系统中，获取用户信息需求最常用的方法是要求用户填写表单。这种方法简单直接，容易获取，但用户的信息需求在开始的时候往往是模糊的，有一个逐渐明确的过程。系统也可以通过固定文档提供用户评价或者根据用户提供的示例文档来揭示用户的信息需求。还可以利用用户登录系统时的注册信息来了解用户信息需求。用户需求模板可以用关键词、规则或分类的方法来描述。一般说来，用户需求模板的描述与网络信息文档的描述、匹配算法是紧密联系的。每一个用户需求模板都可以看作是一个信息文档，通过一定的形式组织起来存放在客户端、代理端或者服务器端。

（2）网络信息过滤模型

当用户访问网络信息流时，信息过滤系统会运用相应的匹配算法，比较用户需求模板与网络信息文档从而决定取舍。匹配算法和用户需求模板描述方法、信息的揭示方法是相互关联的，常见的信息匹配算法有布尔模型（Boolean model）、概率模型、向量空间模型（VSM）、潜在语义索引模型等，主要目标是剔除不相关的信息，选取相关信息并按相关性大小提供给用户。

1）布尔模型。

布尔模型是基于集合论和布尔代数的一种简单的过滤方式，用布尔表达式表示用户的检索式，查询串通常以语义精确的布尔表达式的方式输入，通过对文献标识与查询串的逻辑比较获取文献，是一种简单常用的严格匹配模型。在文档型网络信息系统中，布尔模型定义关键词查询只有两种状态：出现或不出现在一篇文档中，这样就导致了关键词权重都表现为二元性，例如 $w_{i,j}=\{0,1\}$。查询串 q 是一个传统的布尔表达式，文档与查询串的相关度定义为

$$\text{Sim}(d_j, q)=\begin{cases}1, & q\in d_j\\ 0, & q\notin d_j\end{cases} \tag{3-1}$$

如果 $\text{Sim}(d_j, q)=1$，布尔模型表示查询串 q 与文档 d_j 相关（但可能不属于查询结果集），否则就表示与文档 d_j 不相关。实际使用中更多的是布尔逻辑模型的扩展 p 范数模型。在 p 范数模型中，假设文档可表示为 $d=(d_1, d_2, d_3, \cdots, d_N)$，用户查询可表示为 $c=(c_1, c_2, c_3, \cdots, c_N)$，其中 d_i 和 c_i 分别表示第 i 个特征词条对文档内容和查询内容的相似程度，定义文档与查询间的相似度的公式可以简化为

$$\text{Sim}(d,c)=1-\left[\frac{\sum_{i=1}^{n} C_i^p(1-d_i)}{\sum_{i=1}^{n} C_i^p}\right]^{\frac{1}{p}} \tag{3-2}$$

其中当$1 \leqslant p \leqslant \infty$时，一般取值为［2，5］。通过选用不同的$d$、$c$和$p$将获得不同的检索结果。特别是当$p$取$\infty$，$d_i$取值为0或1，$c_i$都为1时，$p$范数模型即变为布尔逻辑模型。

在利用布尔模型进行文档匹配的过程中，用户的查询由逻辑符号将用户模板提供的关键词组成，主要看该文档的词条是否满足查询条件。通常来说，使用AND连接的关键词越多，获得文档的数量会越少，并且减少的文档数量也非常明显，有利于提高查准率。

2）概率模型。

信息检索中信息的相关判断的不确定性和查询信息表示的模糊性，导致了人们用概率的方法解决这方面的问题。概率模型是基于概率排序原则的，是一种基于贝叶斯决策理论的自适应模型，其提问不是直接由用户给出的，而是通过某种归类学习过程构造一个决策函数来表示提问。

概率模型主要特点考虑词条、文档之间的内在联系，利用词条之间和词条与文档之间的概率相依性进行信息过滤。对于给定用户查询Q，对所有文本计算概率，从大到小进行排序，概率公式为

$$P(R \mid D,Q)$$

其中,R表示文本D与用户查询Q相关。另外,用R'表示文本D与用户查询Q不相关,有

$$P(R \mid D,Q) + P(R' \mid D,Q) = 1$$

也就是用二值形式判断其相关性。

把文本用特征向量表示为

$$x = (x_1, x_2, x_3, \cdots, x_N)$$

其中,N为特征项的个数,x_i为0或1,分别表示特征项i在文本中出现或不出现。

3）向量空间模型。

向量空间模型是由G. Salton等在20世纪60年代提出的，是近年来被广泛应用且效果较好的一种方法，在信息过滤系统中进行了具体应用。向量空间模型把文本表示成N维欧式空间的向量，并用它们之间的夹角余弦作为相似性的度量。在向量空间模型中，首先要建立文本向量和用户查询的向量，然后对这些向量进行相似性计算（匹配运算），在匹配结果的基础上进行相关反馈，优化用户的查询，提高检索效率。

向量空间模型的基本思路是以向量来表示文档，将文档进行一定的处理后，转化为N维词条空间中的1个向量。要将文档进行分词处理，计算文档向量在每个词条的分量，最终得到文档向量。然后比较两个文档向量之间的夹角即可得出这两篇文档之间的相似性（夹角越小相似性越大）。

4）潜在语义索引模型。

潜在语义索引模型已被广泛地应用到信息检索领域中，它是利用字项与文档对象之间的内在关系形成信息的语义结构。这种语义结构反映了数据间最主要的联系模式，忽略了个体文档对词的不用的使用风格。这是挖掘文档的潜在的语义内容，而不仅仅是使用关键字的匹配，是通过对字项的文档矩阵使用奇异值分解方法来实现的，把小的奇异值去掉，可以使用潜在语义索引技术与使用关键字匹配进行信息过滤的性能进行比较。无论是在潜在语义索引还是在关键字向量匹配方法中，文档都是以多维向量来表示的。关键字向量中的值表示字在文档中出现的频率。潜在语义索引模型向量中的值是通过奇异值分解得到的缩减了的值。潜在语义索引模型是挖掘文档的内在语义信息，也即是对自然语言的处理，它的性能优于其他技术，但还需要进一步提高。因为通常是以用户的该要与文档的语义相近与否，来确认该文档是否满足用户的需要的，即如果用户的该要与文档的语义近度高，就认为该文档满足用户的需要，但有时却并非如此。比如有一些文档只是和用户以前阅读过的文档稍有不同，如果用语义模型的过滤系统来分析，可以得出这些文档的语义和用户的概要相似程度极高，然而用户并不想反复阅读内容如此详尽的文档，但却不断地被供给此类文档，这并不满足用户的需要。对于用户个性兴趣的模型来说，只是考虑到用户阅读过那些文档，而没有考虑其他因素，比如说用户的某一项特殊的任务、用户的心情以及用户的可利用的时间等因素。只有把所有的因素综合考虑进去，才能更好、更全面、更完善地描述用户的概要，这对于提高信息过滤系统的性能将大有益处。

3. 网络信息挖掘技术

网络信息挖掘必须从数据挖掘谈起。数据挖掘，又称为数据采掘、数据开采，根据 W. J. Frawley 和 G. P. Shapiro 等的定义，数据挖掘是指从大型数据库的数据中提取人们感兴趣的知识，而这些知识是隐含的、事先未知的、潜在的有用信息。数据挖掘的提出最初是针对大型数据库的。

从更广义的角度来讲，数据挖掘意味着在一些事实或观察数据的集合中寻找模式的决策支持过程。因此，数据挖掘的对象不仅是数据库，还可以是任何组织在一起的数据集合，如网络信息资源等。目前数据挖掘工具能处理数值型的结构化数据，而文本、图形、数学公式、图像或网络信息资源等半结构、无结构的数据形式是数据挖掘面临的挑战。

为了实现个性化的主动信息服务，网络信息挖掘技术已逐渐成为一个新的研究热点。网络信息挖掘是指在大量样本的基础上，得到数据对象间的内在特性，并以此为依据在网络资源中进行有目的信息提取。

作为第二代网络信息处理技术，网络信息挖掘技术沿用了智能、全文检索等网络信息检索中的优秀成果，同时综合运用了人工智能、模式识别、神经网络领域的各种技术。网络信息挖掘系统与网络信息检索的最大不同在于它能够获取用户个性化的信息需求，根据目标特征信息在网络上或者信息库中进行有目的的信息搜寻。

(1) 网络信息挖掘的方法

网络信息挖掘的常用方法有统计分析、生成序列模式、关联规则发掘、依赖关系的建模以及聚类和分类等。

1）统计分析。通过分析服务器日志文件，可以得到各种统计分析描述，许多网络跟踪分析工具可以定期报告一些统计分析结果，这种分析结果往往在提高系统性能、加强系统安全性、辅助网站设计、提供市场决策等方面有着不可替代的作用。

2）生成序列模式。序列模式可以分为非邻接序列模式和邻近序列模式两种。邻近序列模式要求模式中的页面访问是连续发生的，也就是说访问之间是邻近的；而非邻接序列模式只要求模式中的页面访问是顺序发生的，不考虑访问之间是否邻近。邻近序列模式可以用来描述用户的频繁浏览路径；非邻接序列模式则描述了整个站点中更通用的浏览模式。

3）关联规则发掘。关联规则挖掘技术用于事务中发掘页面与页面之间的非序列关系。绝大多数发掘关联规则的方法都是基于 Apriori 算法。关联规则还可以作为启发式信息用于缓存中的页面预取，减少用户的下载延迟。

4）依赖关系的建模。依赖关系的建模目标是要建立能够描述网络领域中各变量之间有意义的依赖关系的模型。网络使用模式的建模不仅为分析网络用户行为提供了理论框架，而且对提高用户的访问效率，提高网上产品销量，预测未来网络的资源消耗大有用处。

5）聚类。聚类是将具有相似特征的对象聚成一个 cluster。分为用户聚类和页面聚类。用户聚类是要建立具有相似浏览模式的用户 cluster。页面聚类是要发掘具有相关内容的页面 cluster。

6）分类。分类是将数据项按照预先定义的类别进行划分。在网络日志挖掘中，分类分析的输入集是一组记录集合和几种标记，首先为每个记录赋予一个标记，即按标记分类记录，然后检查这些标定的记录，描述出这些记录的特征。

(2) 网络信息挖掘步骤

与传统数据和数据仓库相比，网络上的信息是非结构化或半结构化的、动态的，并且是容易造成混淆的，所以很难直接以网络网页上的数据进行数据挖掘，而必须经过必要的数据处理。

网络信息挖掘系统根据用户所提供的目标样本和系统设置，提取目标的特征信息，根据目标特征自动在网络站点搜集资料，然后对所搜集到的资料进行分类整理，并导入资料库。系统能够自动运行以不断更新用户的资料库，提供个性化的主动信息服务（图3-2）。

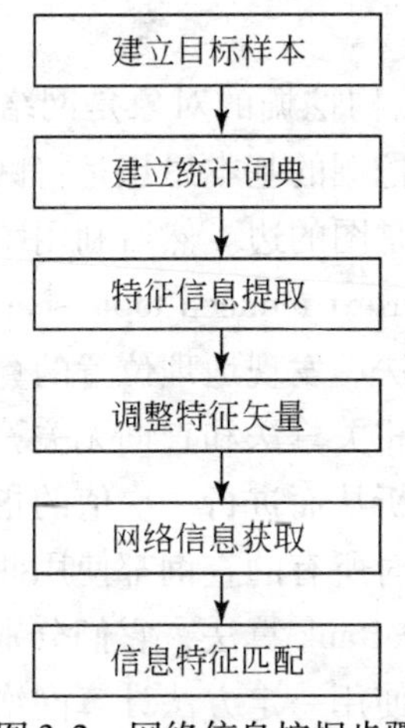

图3-2 网络信息挖掘步骤

1）建立目标样本。由用户选择目标样本，作为提取用户特征信息的依据。

2）建立统计词典。建立用于特征提取和词频统计的主词典和同义词词典、蕴含词词典。

3）特征信息提取。根据目标样本的词频分布，从统计词典中提取挖掘目标的特征向量，并计算出相应的权值。

4）调整特征矢量。根据测试样本的反馈，调整特征项权值和匹配阈值。

5）网络信息获取。先利用搜索引擎站点选择待采集站点，再利用Robot 程序采集静态Web页面，最后获取被访问站点网络数据库中的动态信息。

6）信息特征匹配。提取源信息的特征向量，并与目标样本的特征向量进行匹配，将符合阈值条件的信息提交给用户。

（3）网络信息挖掘类型

根据挖掘的对象不同，网络信息挖掘可以分为网络内容挖掘、网络结构挖掘以及网络访问信息挖掘三类。

1）网络内容挖掘。网络内容挖掘是指从网络的内容、数据和文档中发现有用信息的过程。网络内容挖掘主要包括文本挖掘和多媒体挖掘两类，其对象包括文本、图像、音频、视频、多媒体和其他各种类型的数据。对非结构化文本进行的网络信息挖掘，称为文本数据挖掘或文本挖掘，是网络信息挖掘中比较重要的技术领域。网络信息挖掘中另一个比较重要的技术领域是网络多媒体数据挖掘。网络多媒体数据挖掘从多媒体数据库中提取隐藏的知识、多媒体数据关联，或者是其他没有直接储存在多媒体数据库中的模式。多媒体数据挖掘包括对图像、视频和声音的挖掘。多媒体挖掘首先进行特征提取，然后再应用传统的数据挖掘方法进行进一步的信息挖掘。对网页中的多媒体数据进行特征的提取，应充分利用HTML的标签信息。

2）网络结构挖掘。网络结构挖掘的对象是网络本身的超链接，即对网络文档的结构进行挖掘。网络结构挖掘的基本思想是将网络看作一个有向图，其顶点是网络页面，页面间的超链就是图的边。然后利用图论对网络的拓扑结构进行分析。常见的算法有HITS（hypertext induced topic search）、PageRank、发现虚拟社区的算法、发现相似页面的算法、发现地理位置的算法和页面分类算法。网络结构挖掘的算法一般可分为查询相关算法和查询无关算法两类。查询相关算法需要为每一个查询进行一次超链分析从而进行一次值的指派；而查询独立算法则为每个文档仅进行一次值的指派，对所有的查询都使用此值。在网络结构挖掘领域最著名的算法是HITS算法和PageRank算法，它们分别是查询相关算法和查询独立算法的代表，它们的共同点是使用一定方法计算网络页面之间超链接的质量，从而得到页面的权重。著名的Clever和Google搜索引擎就采用了该类算法。

3）网络访问信息挖掘。网络用法挖掘是指对用户访问网络服务器时的访问记录进行挖掘。挖掘的数据源为网络服务器访问记录、代理服务器日志记录、浏览器日志记录、用户简介、注册信息、用户对话或交易信息、用户提问式等。主要的数据源为网络日志，网络日志也称为点击流数据。对服务器端的点击流数据挖掘可以改善网站的设计和提供的信息服务，发现浏览模式，用于用户聚类。

根据对数据源的不同处理方法，网络用法挖掘可以分为两类：一类是将网络使用记录的数据转换并传递进传统的关系表里，再使用数据挖掘算法对关系表中的数据进行常规挖掘；另一类是将网络使用记录的数据直接预处理再进行挖掘。网络用法挖掘中的一个有趣的问题是在多个用户使用同一个代理服务器的环境下如何标识某个用户，如何识别属于该用户的会话和使用记录，这个问题看起来不大，但却在很大程度上影响着挖掘质量，所以有人专门在这方面进行了研究。通常来讲，经典的数据挖掘算法都可以直接用到网络用法挖掘上来，但为了提高挖掘质量，研究人员在扩展算法上进行了努力，包括复合关联规则算法、改进的序列发现算法等。

（4）网络信息挖掘的应用前景

在国外，数据挖掘技术已经广泛地应用于金融业、零售业、远程通信业、政府管理、制造业、医疗服务以及体育事业中，而它在网络中的应用也正在成为一个热点。网络信息挖掘的应用涉及电子商务、网站设计和搜索引擎服务等众多方面，下面主要从这三个方面介绍其应用。

1）电子商务。电子商务网站是网络信息挖掘的最大受益者。通过分析网站的访问记录，在线交易记录表和登记表，发现、吸引潜在的客户，使网站更有风格，更有吸引力。针对性广告可能是商家最喜欢的，“瞄准技术”把广告发送给固定用户、潜在用户、未知用户，从而使商家节省了大量的广告费，而广告想发给哪些用户群就发给哪些用户群，可以使利益最大化。网络信息挖掘在电子商务网站的使用具有巨大的潜力。

2）网站设计。通过对网站内容的挖掘，主要是对文本内容的挖掘，可以有效地组织网站信息，如采用自动归类技术实现网站信息的层次性（hierarchy）组织；同时可以结合对用户访问日志记录信息的挖掘，把握用户的兴趣，从而有助于开展网站信息推送服务以及个人信息的定制服务。目前个人数字助理，（personal digital assistant，PDA）以及移动电话（cellular phone）都已经可以直接接受网络信息服务。这些设备的显示界面较小，因而网站面向这些设备的设计就应当突出精品化、个性化的特点，而这类特色推送服务就必须采用网络信息挖掘技术。

3）搜索引擎。用搜索引擎进行网络信息挖掘的最大特色体现在它所采用的对网页Links信息的挖掘技术。例如，通过对网页内容挖掘，可以实现对网页的聚类、分类，实现网络信息的分类浏览与检索；通过用户所使用的提问式的历史记录的分析，可以有效地进行提问扩展，提高用户的检索效果；运用网络内容挖掘技术改进关键词加权算法，提高网络信息的标引准确度，从而改善检索效果。Google搜索的最大特色就体现在它所采用的对网页Links信息的挖掘技术上。高精确、高匹配的搜索引擎就成为未来搜索引擎的发展方向。将数据挖掘技术嵌套入搜索引擎，实现对用户搜索行为、目的的分析、挖掘，提供高查准率的搜索引擎，将是网络信息挖掘的主要应用方向之一。

4. 网络信息推送技术

所谓Push技术是指依据一定的技术标准和约定，自动从信息资源中选择信息，并通过一定方式有规律地将信息传递给用户的一种技术，其实质是借助一种特殊的软件系统主动将网上搜索出的符合用户需要的主题信息在适当的时候传递至用户指定的地点。Push技术作为一项新兴的网络技术，提出了一种新的服务模型，在这种模型下的服务具有主动性，可直接把用户感兴趣的信息推送给用户而无须他们自己来取，从而提高信息获取效率；由于服务具有主动性，故可有效地利用网络资源，提高网络吞吐率；此外，Push技术还允许用户与提供信息的服务器之间透明地进行通信，极大地方便了用户的使用。

（1）推送技术的特点

1）无缝连接。无缝连接指客户部件与网络可在无用户交互或最少用户交互的情况下自动建立连接。由于用户与网络的连接方式多种多样，客户部件需要针对不同的连接类型进行相应的连接操作。在复杂的应用中，客户部件还可智能地获取当前配置完成自动连接；对于不止一种连接方式，则可由用户选择连接方式或设定连接优先级。这表明 Push 技术可在网络空闲时启动，有效地利用网络带宽，比较适合于传达大数据量的多媒体信息。

2）灵活的用户设置。用户具有充分的决策权，可设定连接时间、推送内容、本地资源分配等参量。因此 Push 技术在强调主动服务的同时也吸纳了原有 Pull 技术的优点。

3）内容定制文件。用户书写订阅文件，Push 服务器按订阅文件制定传送内容和传送参数。从用户角度看，内容定制文件使得用户可要求 Push 服务器有选择地推送感兴趣的信息；从信息提供商角度看，则可依内容定制文件将信息分类，以适合不同用户的不同需求。

4）持久文件传输。持久文件传输是指断点重传，即当数据传输由于某种原因中断时，可将当前传输状态存于客户部件；当连接恢复时便从断点处继续开始传送。

5）有效利用带宽。客户方通过使用空闲时段传送数据，可以达到最大限度地利用带宽；而服务器方根据组件重用原理将要传送的数据量缩小至最低限度以减少带宽浪费。

6）新旧内容自然衔接。更新的内容可以与已有信息相结合。客户部件能确定获取和替换哪些信息、信息的哪些部分，并确定将信息存放于何处。

7）灵活的通知方式。当新的信息到达时，客户部件通知用户可进行读取。依据传送信息的类型和重要性的不同通告具有多种形式，从简单的对话框到具有音频、视频的动画等。

8）安全性。能够确保推送给用户的内容是安全的，避免对用户的系统造成破坏。

9）应用协议。使用网络所基于的 IP 协议组。

（2）推送技术的应用领域

1）网络应用。Push 技术在网络上的应用打破了传统的信息获取方式，减轻了用户上网搜寻的工作，将个性化的信息直接送给用户，提高了用户获取信息的效率。为用户创立和管理自己的信息或兴趣群组，并提供应用服务，以帮助用户管理这些信息，这就是个性化的信息服务。在传统的网络服务中，信息的传输是按 Pull 的模式进行的，服务器提供的服务是被动的，是用户找信息；而采用 Push 的方式，是信息找用户，用户不必进行任何信息检索，就能方便地获得自己感兴趣的信息。Push 服务器不仅要把信息传送给用户，而且还能够按照用户预先设定的信息频道和发送要求，在满足条件时，及时主动地向用户推送不断更新的动态信息，实现真正的个性化信息服务。个性化服务应该是动态而主动的，用户只要在最初设定好规则之后，系统就能够自动跟踪用户的使用倾向，因此，使用者在初次设定之后，他想要的信息 Push 服务器系统已经自然而然地预先想到了。这样的个性化服务不仅仅限于大众的娱乐或专业性信息的提供，而把用户的许多个人业务处理也加入了服务的范畴。这种新的个性化信息服务方式将会深入到用户个人生活和工作的各个层面。

2）电子商务。越来越多的人看好网络上的商业机会，然而网上的商品越多，在网上搜寻商品就越成为买方的一大负担。同时，卖方商品的推销也有一个对客户实行因人而异的主动服务的问题。因此，采用 Push 技术服务系统，代表买方去网上查看“广告牌”、逛“商店”，寻找商品，代表卖方分析不同用户的消费倾向、购买习惯和消费能力等，并据此向特定的、潜在的用户群主动推送特定商品的价格、功能等信息，使用户可以即时购买到自己需要的、价廉物美的实用商品。

3）远程教育。远程教育是促进教育平等的重要手段，通过网络进行的远程教育是目前最活跃、最有前途的一种真正现代化的教学方式。在网络环境下的远程教育，可以调动多种教学手段，包括讲解、演示、练习、作业批改、实验、考试等过程全部都可以在网络上完成。Push 系统可以作为远程教育的教师、辅导员、实验员、图书管理员等出现在远程教育系统中，增加教学的趣味性和人性化色彩，改善教学效果。

4）数字图书馆。数字图书馆是基于网络的一个跨地区、跨系统的分布式信息服务系统。它不仅具有丰富的信息资源，而且要为用户提供灵活多样的信息服务方式。因此，数字图书馆单纯地利用拉取技术为用户提供被动的信息查询服务，很难满足用户日益提高的信息需求。所以数字图书馆必须利用更多、更先进的技术，如智能代理技术和推送技术等，为用户提供良好的服务。可以预测，利用推送技术为用户提供个性化的主动信息服务将会受到用户的普遍认可。所以，推送技术在数字图书馆中将获得较快的发展。

（3）推送技术的实现方式

根据原有系统的继承和扩充程度的不同，Push 技术的实现可分为 5 种方式：网络服务器扩展 CGI 方式、客户代理方式、Push 服务器方式、频道推送方式，以及 IP 多播技术。CGI 方式、客户代理方式和 Push 服务器方式的实现过程如图 3-3 所示。

1）网络服务器扩展 CGI 方式。这种方式使用服务器扩展——公共网关接口（common gateway interface，CGI）来扩充原有网络服务器的功能，实现信息推送。CGI 命令可设计出能够对用户输入的信息做出响应的交互式网络站点，通常把表单（HTML Form）嵌入网络页面提供给用户，用户在浏览页面时填写并提交表单进行“订阅”；由服务器上的 CGI 命令文件处理后动态地生成所需的 HTML 页

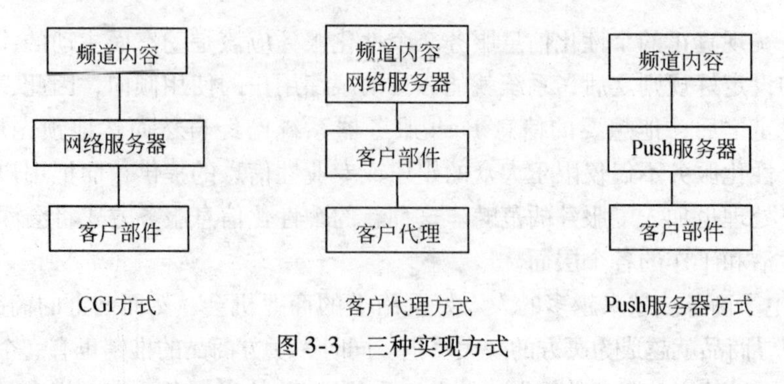

图3-3 三种实现方式

面；最后网络服务器将特定信息送于用户。这种方式实质上仍是要用户去“拉”，只不过拉过来的信息是个人化定制的信息，因此是一种最弱意义上的“推送”。这种方式无需特殊的客户端部件，较易构造应用。

2）客户代理方式。这种方式使用“客户代理”（client agent）定期自动地对预定的网络站点进行搜索，收集更新信息送回用户。客户代理对网络站点的搜索从其根目录开始直至用户指定的页面，当搜索到该页面后便将所有遍历的内容都返回用户。这就存在一些问题：返回给用户的内容重点不突出；站点内容的更新与客户代理的自动查询不易同步；缺少对站点信息的类型划分；用户需要控制搜索深度，使用不方便等。为克服这些不足，网络站点需要提供其资源列表和资源的更新状态等信息以配合客户代理的搜索工作。信息提供商发布信息时，不必改动网络站点原有的组织结构，只需建立相应的频道定义格式（CDF）文件并放于网络服务器上即可。这种实现方式中，主动服务由客户代理提供，因此可将其称之为“智能地拉”；但是从用户角度来看，服务的透明性使得它也可以属于“推送”的范畴，而且很好地继承了原有系统，实现比较简单。

3）Push 服务器方式。这种实现方式对原有系统的改动最大，它提供包括 Push 服务器、客户部件及开发工具等一整套集成应用环境。经过改动后，这些能够从网络上向用户计算机传递信息的网络站点被形象化地称为“频道”，用户接收信息就像收看“专题节目”，而且还可以指定其播放时间。其中，Push 服务器提供主动服务，负责收集信息形成“频道内容”然后推送给用户；专用的客户部件则主要负责接收到来的数据及提交指令，并对数据进行处理。通常 Push 服务器对信息进行分类组织，先将信息量较大的数据推送给用户，若用户需要详细了解某方面的信息则再次获取该专项内容。因此，这种方式减少了传输的数据量，有效地提高了信息获取的效率。与上两种实现方式相比，它是一种“真正的推送”。这种实现方式还可支持私有协议，开发特殊的服务应用。

4）频道推送方式。频道推动是推动技术的主要实现方法之一。频道技术也是目前在网站建设中应用最多的技术。完整的频道推送体系结构有三大功能：接受通知消息、访问频道和把消息推送给用户。根据是否由用户定制消息以及是在客户端定制消息还是在服务端定制消息，信息推送的实现可分为覆盖推送、过滤推送和发行订阅推送等。

频道推送方式是采用频道转换技术，将某些网页定义为浏览器中的频道，教学科研人员可随机切换频道，有选择地收看自己感兴趣的网络信息；读者可以像选择电视频道那样去收看自己感兴趣的、通过网络播送的信息。目前关于“网络频道”还没有统一定义，最常用的频道切换技术标准有两种：一种是Microsoft的频道定义格式CDF；另一种是Netscape的元内容格式MCF。频道式推送技术对于学科带头人和重点科研项目承担者的需求尤为重要，它可以使学科带头人方便地了解学科领域的最新研究动态、学科未来的研究热点，预测学科的发展方向。

5）IP多播技术。目前基于频道的Push技术，在推送的过程中是对每一个用户都传送一遍信息，这样极大地浪费了带宽，使得大容量的信息如视频、音频等不能够使用Push技术，而应用IP多播技术就可以解决这个问题。传统的网络传输是采用点到点的传送方式，而IP多播是以D类IP地址为基础，一个独立的地址指向多个用户或多个成员。在多播系统中，要用到网间网管理协议IGMP，想要接收IP多播会话的主机发送IGMP请求以加入一个组，并被临时分配一个与该会话中其他成员共享的同一IP地址。在Push技术的应用中，当需要相同信息的用户被划为同一组时，信息提供者只需发布一次该信息，该信息在网络中被复制多次，多个组内成员就可得到所需信息。可见利用IP多播技术可以极大地节省带宽，同时实现了数据和信息实时更新。由于网络中的路由器、交换器及NIC（network information center）目前尚不能都满足多播的要求，故实现该技术的大范围应用还有距离。IP多播技术使用UDP（user datagram protocol）上的专用协议，目前已有一些公司开发出了相应的产品。

3.2.3　网络信息资源采集技术的未来

信息采集技术总是以信息技术的发展为基础的，未来信息采集技术的发展将以计算机技术、电子技术、网络技术、多媒体技术的发展为依托，逐步向全球网络化、全自动化、智能化、多功能化、家庭化和个人化的方向发展。随着智能科学研究的进展，模拟人脑认知和思维过程的新概念计算机将会问世，这为信息采集技术的发展指明了方向。

1. 人工智能

（1）人工智能概述

人工智能（artificial intelligence，AI）是计算机科学的一个重要分支，它与空间技术、能源技术并列为当今世界三大尖端技术。人工智能是一门综合了计算机、生理学、哲学的交叉性学科，是一门极富挑战性的学科。人工智能研究的是使机器能够胜任一些复杂工作，人工智能机器人的诞生是人工智能操作的里程碑，是人类经过无数的实验而成功运用人工智能创造的结晶。

1956 年由 McCarthy 和 Minsky 等发起的关于用及其模拟智能的学术会上提出“人工智能”这一术语，标志着人工智能研究的开始。半个世纪以来，先后出现有逻辑学派（符号主义）、控制论学派（联结主义）和仿生学派（行为主义）。符号主义方法以物理符号系统假设和有限合理性原理为基础，联结主义方法以人工神经网络和进化计算为核心，行为主义方法则侧重研究感知和行动之间的关系。

（2）人工智能的应用

随着计算机技术的进步，从 20 世纪 60 年代开始，人工智能技术有了很快的发展，专家系统、智能控制、数据挖掘、智能机器人、智能社区随处可见，并且改变了我们的生活。人工智能在自然语言理解、机器翻译、模式识别、专家系统等方面取得伟大成就，极大地推动了网络信息采集技术的发展。

1）自然语言的理解是利用电子计算机来处理自然语言，使计算机懂得人的语言。其实质就是一个人机对话的过程，输入系统的是自然语言信息，通过理解以后输出自然语言。让信息用户可以用日常语言表达信息需求，而不再受计算机系统命令格式的约束。经过多年艰苦努力，这一领域已获得了大量令人注目的成果。目前该领域的主要课题是：计算机系统如何以主题和对话情境为基础，注重大量的常识——世界知识和期望作用，生成和理解自然语言。使用自然语言进行人机对话查询，是长期以来人类对信息利用的渴望，也是利用信息的发展目标。

2）机器翻译是利用计算机把一种自然语言转变成另一种自然语言的过程，用以完成这一过程的软件系统叫做机器翻译系统。目前，国内的机器翻译软件不下百种，根据这些软件的翻译特点，大致可以分为三大类：词典翻译类、汉化翻译类和专业翻译类。词典类翻译软件代表是“金山词霸”了，堪称是多快好省的电子词典，它可以迅速查询英文单词或词组的词义，并提供单词的发音，为用户了解单词或词组含义提供了极大的便利。汉化翻译软件的典型代表是“东方快车 2000”，它首先提出了“智能汉化”的概念，使翻译软件的辅助翻译作用更加明显。

3）模式识别就是用计算机来识别人手写的各种符号以及人的声音，主要是输入方式的变化，其中光学字符识别、语音识别和指纹识别应用前景很广。随着计算机技术的发展，人类有可能研究复杂的信息处理过程。用计算机实现模式（文字、声音、人物、物体等）的自动识别，是开发智能机器的一个最关键的突破口，也为人类认识自身智能提供线索。计算机识别的显著特点是速度快、准确性和效率高，其识别过程与人类的学习过程相似。

4）专家系统是目前人工智能中最活跃、最有成效的一个研究领域，它是一种具有特定领域内大量知识与经验的程序系统。近年来，在“专家系统”或“知识工程”的研究中已出现了成功和有效应用人工智能技术的趋势。人类专家由于具有丰富的知识，所以才能达到优异的解决问题的能力。那么计算机程序如果能体现和应用这些知识，也应该能解决人类专家所解决的问题，而且能帮助人类专家发现推理过程中出现的差错，现在这一点已被证实。如在矿物勘测、化学分析、规划和医学诊断方面，专家系统已经达到了人类专家的水平。

2. 多媒体技术

多媒体技术是使用计算机交互式综合技术和数字通信网络技术处理多种表示媒体（文本、图形、图像、视频和声音），使多种信息建立逻辑连接，集成为一个交互式系统。借助日益普及的高速信息网，可实现计算机的全球联网和信息资源共享，因此被广泛应用在咨询服务、图书、教育、通信、军事、金融、医疗等诸多行业，并正潜移默化地改变着我们生活的面貌。

多媒体信息检索技术的应用使多媒体信息检索系统、多媒体数据库、可视信息系统、多媒体信息自动获取和索引系统等应用逐渐变为现实。基于内容的图像检索、文本检索系统已成为近年来多媒体信息检索领域中最为活跃的研究课题。

目前，一种被称为基于图像内容检索（CBIR）的多媒体检索技术正在成为国际上研究的热点。所谓基于内容的图像检索是指由软件对图像进行自动分析，提取图像的内容特征（如颜色、形状与纹理等）以及这些特征的组合，作为特征向量存入图像特征库。在进行图像检索时，对一幅给定的检索图像进行图像分析提取特征向量，利用相似性匹配算法计算查询事例图像与特征库中图像特征向量的相似度，根据相似度的大小输出检索结果。CBIR 具有如下特点：其一，直接从图像内容中提取信息线索，无需通过图像的相关文本注释；其二，CBIR 是一种近似匹配，匹配搜索条件的结果可能有很多，需要进一步缩小搜索范围确定最终结果；其三，特征提取和索引建立可由计算机自动实现，大大提高检索的效率；其四，具有很强的交互性，整个检索过程比较透明，即用户应能够参与检索过程，以查询用户所希望获取的图像。其五，能满足多层次的检索要求。CBIR 系统通常包括了图像库、特征库和知识库，可满足多方面的检索要求。如常规的基于客观属性（关键词）的检索、基于内容的检索、对象关联检索以及概念查询检索等。其六，检索效率较高。能从大型分布式数据库中以较快的速度查找到有关图像。它可以不去理解和识别图像中的对象，所关注的是基于内容的、快速地发现信息。

随着计算机技术、多媒体技术以及网络技术的发展，多媒体必将成为信息存在和传播的主要形式，也必将改变人们使用信息的方式。为了能够更加方便地使用视频、图像等多媒体信息，国际标准化组织正在制定各种标准支持多媒体技术的应用，如 MPEG4、MPEG5 等，这些工业标准将进一步加速多媒体技术的广泛应用。

3. 跨语言检索

在网络信息越来越受到人们的重视和使用的同时，网上资源语言的多样性和网民所掌握语言的差异性不可避免地给人们利用网络带来了语言障碍。人们想要广泛地实现网上信息资源共享，对语言自动翻译的需求越发迫切。

为了消除网络资源利用中的语言障碍，跨语言信息检索技术（cross language information retrieval，CLIR）成为当前信息检索领域中重要的研究课题。CLIR，是指用户以自己熟悉的语言来构建和提交检索提问式，系统检索出符合用户需求的包含多个语种的相关信息。用户查询提问式所使用的语言，一般为母语或熟悉的第二外语，称为源语言（source language），而系统检索到的信息所包含的语种，称为目标语种（target language）。如何在实现源语言与目标语言之间建立沟通桥梁，是目前跨语言信息检索研究的核心问题。

(1) 跨语言检索所使用的语言学资源

跨语言信息检索过程中所使用的语言学资源主要有机器可读词典、机器翻译系统以及语料库资源。

1）基于机器可读词典（machine readable dictionary，MRD）。基于词典的方法是最为常用的查询翻译方法其基本思想是自动从一部在线双语词典中选择合适的翻译来替换每一个查询词，在这种方法中，词典是最基本的知识来源，即采用机读词典来做翻译。但这样做面临两个主要问题：一是词典中的每个词基本上都有多重语义为查询词，选择正确的翻译也是一件非常困难的事情，即机器翻译中常见的歧义性问题。为提高查全率，传统的 IR 解决方式是通过构建主题词表来解决，而网络非结构化、巨量的信息资源，研究表明，构建词表模式进行 CLIR 没有取得更多进展。

2）基于机器翻译（machine translation system，MTS）的 CLIRMTS。能够将目标语种的信息翻译成源语种，能够执行深层次的语法分析，利用丰富的上下文信息，解决一词多义、歧义等问题。目前双语互译翻译系统取得了飞速的发展，在特定的领域具有较高的翻译质量。

3）基于语料库（corpus）资源的 CLIR。它从大规模的语料人手，从中抽取所需的信息，自动构建与应用有关的翻译技术。语料库可分为平行语料库（parallel corpus）和比拟（comparable corpus）语料库。平行语料库是指同一篇文献，同时用两种或多种语言描述，并由人工或计算机建立不同语种间信息联系的集合。比拟语料库是指同一主题文献，用两种或多种语言描述。显然，平行语料库相对不容易获得。此外，近年来 CLIR 引人注目的另一项研究为 Ontology 技术的应用。“Ontology”为“本体”之义，用来描述事物的本质。Ontology 的目标是获取相关领域的知识，确定该领域共同认可的词汇，并明确这些词汇及其相互关系，建立良好的概念层次结构，为系统内各个主题提供对该领域知识的共同理解。因此可以有效解决查询请求，以及再从查询语言到检索语言之间转换的过程中出现的语义缺失和曲解等问题。

（2）网上信息跨语言检索的主要方法

1）网上提问式翻译方法。提问式翻译的过程是把源语言的提问式利用机器翻译技术翻译成目标语言提问式，再进行单语言检索。利用提问式翻译的方法进行跨语言检索的实质是把源语言提问式做了适当转换，其基本的过程和技术还是单语言检索，而且检索返回的结果是用目标语言描述的，这增加了用户利用信息的难度。当一个源语言提问词有多个目标语言词与其应时，通常选择第一种或全部释义作为提问式的译法。选择第一种译法自然存在一定的不合理性，选择全部的译法又大大降低了检索的查准率。针对这一问题，Pirkola 等提出了提问式构造法（query structuring），认为主要有三种构造提问式的方法：基于同源词的构造法（syn-based structuring）、基于复合词的构造法（compound-based structuring），n 匹配法（n-gram matching）。提问式构造方法的实质是利用同源词、复合词或 n 元匹配分析提问式中各个词的权重；只有一种或两种释义的词的权重最高，而有多种解释的词用同源词符、复合词符或 n 元匹配符连接以降低其权重。Pirkola 等通过对三种方法，实验、验证了使用提问式构造法会提高跨语言检索的检索性能。

2）网上文献翻译方法。文献翻译方法不对提问式进行翻译，而是把数据库中用目标语言描述的文献翻译成为与提问描述相一致的源语言形式，再通过提问式与信息库的匹配，完成检索过程。运用文献翻译方法进行跨语言检索，返回给用户的结果是用源语言描述的，用户能够方便地选择利用。文献层次的相比与提问层次的翻译，其语境更加宽泛，进行歧义性分析所能利用的线索比较多。但是这种方法所使用的文本自动翻译技术的正确率目前还难以达到实用水平，而且将数据库中全部文献从目标语言翻译到源语言的工作量也是巨大的。文献翻译方法只有在翻译内容有限的情况下才有意义，如对已确定要浏览的某个网页进行翻译。目前采用这种方法的实验系统尚未见报道。

3）网上提问式文献翻译方法。在这一方法中，源语言提问式翻译成目标语言提问式，与目标语言描述的信息库进行匹配，检索出相关信息，然后再把检索结果的全部或部分翻译成源语言描述的信息。检索结果的翻译一般选择部分翻译，因为与全部翻译相比，部分翻译的工作量较少，容易提高翻译的效率和质量。部分翻译一般是对结果文本的前两行、文摘、或文本中重要的词进行翻译。在重要词的翻译中，如何找出确定重要词是决定这种方法效果的关键。目前的研究主要是根据词频并结合禁用词表和功能词表来决定词的重要性。利用提问式文献翻译方法进行检索，返回给用户的结果是用户所熟悉的源语言描述的，用户能够容易地选择利用检索出的信息，因此降低了用户的翻译成本，提高了检索服务的质量。

4）网上中间翻译方法。在跨语言检索中，解决语言障碍的基本方法是两种语言之间的翻译，然而所有的翻译方法都离不开机器翻译、双语词典、语料库等作为翻译的语言基础。但是，在跨语言检索中可能会碰到这种的情形：两种语言直接翻译的语言资源不存在，如在 TREC 中很难找到德语和意大利之间直接对等的语言资源。为此研究人员提出了一种利用中间语言或中枢语言进行翻译的方法，即将源语言翻译成中间语言（可以是一种或多种），然后再将中间语言翻译成目标语言（利用多种中间语言时需要合并）。

5）网上非翻译方法。Deerwester 等 1990 年在单语言检索研究中提出了潜在语义标引法（latent semantic indexing，SI），Dumais 等进一步把这种方法引入跨语言检索中，他们将英语词汇、法语词汇、英法双语文件映射到一个向量空间中，尽管这些术语是不同语言描述的，但是可进行语义上的比较匹配，而无需翻译转换。Berry 等对希腊文-英文、Oard 在西班牙文-英文等不同语言配对上进行了实验，验证了这种方法具有一定的有效性。跨语言检索的目的是解决信息检索中的语言障碍问题，方便不同语言信息的交流，使网络信息资源得到更加广泛的应用。目前，我国和欧美一些国家相比还有一定差距，对于语言翻译歧异性的消解等关键问题研究还较薄弱，跨语言网络信息检索的试验和应用系统还很少。本文希望通过对跨语言信息检索方法的归纳引起我国学者对该领域的重视，激发研究兴趣与热情，促进我国跨语言信息检索方法和相关研究的发展。

（3）跨语言搜索引擎

知名的跨语言搜索引擎有我们熟知的 Google 和 AltaVista。以 Google 为例，在进入它的中文简体主页面之后，其查询框右边有 3 个链接，即高级搜索、使用偏好、语言工具。在高级搜索页面，我们可以指定搜索网页的语言。在使用偏好页面，我们可以设定界面语言和查询语言。而在语言工具页面，除了可以指定搜索用特定语言编写的网页外，还提供了在线翻译的功能，可以在线翻译用户输入的词、句子或者网页。不过，令人遗憾的是，它只能提供欧洲语言的互译，对于中文，没有该项服务功能。Google 目前所支持的语言种类达到了 64 种（包括不同形式的同一语言，如中文的繁简体）。在你要求检索特定语言的网页时，如果你的计算机不支持该语言，它会提示安装相关的软件，以便可以正确显示那些网页。

4. 智能搜索引擎

网络技术的发展使越来越多的数字化信息以各种不同的形式存储在全球各地的计算机中，用户从爆炸性增长的数字信息中迅速有效地获得所需要的信息变得越来越困难，于是，智能搜索引擎技术越来越引起人们的关注。搜索引擎是一种浏览和检索数据集的工具。目前的搜索引擎大多基于关键词的简单匹配技术，返回的信息太多，以至于对用户没有任何意义。展望未来，只有新一代智能搜索引擎才能适应信息时代的要求。

（1）传统搜索引擎面临的挑战

1）网络信息迅猛增加。由于网络信息量增加迅猛，人工无法对它们进行有效分类、索引和利用。网络为实现多种交互和交易提供了电子通信平台。对企业而言，他们需要处理比以往更多的信息，传统处理方式已经不能承受如此重负而使得决策缓慢、效率低下。对普通用户而言，简单的关键词搜索，返回的信息数量之大，往往使其无法承受。

2）网络信息组织的无序性。网络用户面对的是非常多的随机的未组织信息。从如此庞杂的信息海洋中取出对用户最有用的信息是搜索引擎面临的一项挑战，而信息的有序化组织也是搜索引擎高效工作的前提。

3）信息有用性评价困难。一些站点在网页中大量重复某些关键词，使得容易被某些著名的搜索引擎选中，借此提高站点的地位，但很可能没有提供任何对用户有价值的信息。这种现象更加加深了评价信息有用性的难度。

4）网络信息日新月异。人们总是期望挑出最新的信息，然而网络信息时刻变动，实时搜索几乎不可能。就是刚刚浏览过的网页，马上又有更新、过期、删除的可能。好的搜索引擎必须在速度和效率上进行仔细地权衡。

5）信息媒体多样化。迄今为止，搜索对象主要是文本。多媒体技术的发展，对搜索引擎提出了更多的要求。人们期望引擎不仅能挑出自己需要的文章，还能挑出自己所关心的图片、电影、音乐等。

6）带宽等其他因素的制约。搜索引擎的关键问题之一就是如何收集与整理网络信息，也就是如何将网络信息有序化。为此，搜索引擎需要定期不断地访问网络资源。然而，遍历如此庞杂的网络本身就是一件非常困难的事情。目前网络带宽不足，网络速度不够理想，使得搜索引擎搜索网络资源的速度较慢。

（2）智能搜索引擎的特征

智能搜索引擎是结合人工智能技术的新一代搜索引擎。它将信息搜索从现在的基于关键词层面提高到基于知识（概念）层面，对知识有一定的理解和处理能力，能够实现分词技术、同义词技术、概念搜索、短语识别以及机器翻译技术等。智能搜索引擎具有智能化、人性化的特征，允许用户用自然语言进行信息的检索，为用户提供更方便、更准确的搜索服务。

1）网络机器人的智能化。网络机器人通过启发式学习采取最有效的搜索策略，选择最佳时机获取从网络上自动收集、整理的信息。众所周知，信息动态更替无时无刻不在进行，即使在搜索过程中，文档也会被添加、删除、改变。因此，智能引擎有一个网络机器人自动完成在线信息的索引。

搜索引擎能在 Internet 或 Intranet 的任何地方工作，能尽可能地挖掘和获得信息。网络机器人既可收集特定站点的信息，又能遍历整个网络，对整个网络进行索引。为了提高搜索速度，智能搜索引擎可以同时启动多个引擎并行工作，将各个引擎的搜索结果加以整合，作为一个整体存放到数据库中。

此外，智能搜索引擎具有跨平台工作和处理多种混合文档结构的能力。譬如既能处理 HTML 文档，又能处理 SGML、XML 文档以及其他类型的文档，如 Word、WPS 等。

同时，智能搜索引擎还具有很高的召回率和准确率。所谓召回率是指一次搜索结果集中符合用户要求的数目与用户查询相关的总数之比。所谓准确率是指一次搜索结果集中符合用户要求的数目与该次搜索结果总数之比。

最后智能搜索引擎应该可以支持多语言搜索，允许用户用中文输入查询英文或其他语言的信息。

2）搜索引擎人机接口的智能化。智能搜索引擎可以通过自然语言与用户交互。它采取诸如语义网络等智能技术，通过汉语分词、句法分析以及统计理论有效地理解用户的请求，甚至能体会出用户的弦外之音，最大程度地了解用户的需求。每次用户对引擎返回的信息进行评价，智能引擎根据用户的评价调整自己的行为。智能搜索引擎还能对搜索结果做出合理的解释。智能搜索引擎具有主动性，可以在任何特定的时候（如用户最关心的信息发生了某种变化的时候）用各种方法与用户取得联系，这些方法包括电子邮件、电话、传真、寻呼机、移动电话等。搜索引擎还可以根据用户特定时刻的位置信息，选择恰当的方法跟用户通信。

3）更精确的搜索。搜索引擎技术本身一个最重要的发展方向是提供更精确的搜索。要想大幅度地提高搜索引擎的效率和搜索结果准确度，应考虑这样几个方向：智能化搜索、个性化搜索、垂直化搜索、本土化搜索。智能化搜索应建立在对收集信息和搜索请求的理解之上，必须处理语义信息。基于自然语言理解技术的搜索引擎，因为可以同用户使用自然语言交谈，能深刻理解用户的搜索请求，因此查询的结果也更加准确。个性化搜索是将搜索建立在个性化的搜索环境之下，通过对用户的不断了解、分析，使得个性化搜索更符合每个用户的需求。垂直化搜索引擎面向某以特定专业领域，专注于自己的特长和核心技术，保证了对该领域信息的完全收录与及时更新。因此，基于专业领域的垂直搜索引擎开始成为搜索引擎发展的一个新趋势。搜索引擎本土化，是因为世界上著名的搜索引擎都在美国，他们以英语为基础，完全按他们的思维方式和观点搜集和检索资料，这对于全球不同国家的用户来说显然是不适合的。各国文化传统、思维方式和生活习惯不同，在对网站内容的搜索要求上也就存在差异。搜索结果要符合当地用户的要求，搜索引擎就必须本土化。

（3）智能搜索引擎的技术

要想真正实现如上所述的智能搜索引擎功能，还有大量的工作要做。一种比较实际的做法是将智能技术跟传统搜索引擎结合起来，逐步实现智能化。下面就是搜索引擎在向智能化迈进的过程中可以采取的一些技术。

1）汉语分词技术。我们知道，关键词查询的前提是将查询条件分解成若干关键词，同时一些关键词表示文档。对英文而言，一个单词就是一个词。但中文就没有这么简单，主要问题是中文词与词之间没有界定符，需要人为切分。此外汉语中存在大量的歧义现象，对几个字分词可能有好多种结果。简单的分词往往会歪曲查询的真正含义。譬如查询条件为“奥运会”，若不能正确地分词，按“奥运”、“会”、“奥运会”三个关键词去搜索，这样搜索结果的质量就可想而知了。因此，根据语料库进行总结，获得每个词的出现概率以及词与词的关联信息，就有可能有效地排除各种歧义，大幅度地提高分词的准确性，从而准确地表述查询请求和文档信息。

2）短语识别。用短语描述查询请求的情况很常见。譬如查询条件“上海的夏天”，“上海”和“夏天”存在一定的关系，但如果不将“上海”和“夏天”联系起来作为一个短语查询，那么除了选出关于“上海的夏天”的文档之外，还将查出有关“上海”和“夏天”的文档。因此，短语识别也是智能化引擎所关注的一种技术。

3）处理同义词。处理同义词的一种方法是人工构造同义词表。对专用领域的搜索引擎，这种方法是非常有效的。另外一种方法是从语料库中自动取得同义词关系。给出一个查询的关键词，引擎能主动“联想”到与其同义或意思相近的词。

4）概念搜索。很多情况下，用户很难用准确的关键词或关键词串来表达自己真正需要检索的内容。而且对于同一个检索概念。不同的用户可能使用不同的关键词来表达。例如，“自行车”和“单车”是同一个概念，但是利用传统搜索引擎查询出来的结果往往有很大的出入。最根本的原因就是因为传统的搜索引擎是采用全文检索技术的，对于检索的内容仅仅是用机械的关键词匹配技术来实现的。传统搜索引擎无法辨别和处理那些在我们看来非常普通的常识性问题。因此，智能搜索引擎把传统搜索引擎从目前基于关键词层面提高到基于概念（知识）层面，从概念意义层次上来识别和处理用户的检索要求。

3.3 网络信息资源采集方法与工具

3.3.1 网络信息资源采集途径

1. 网络信息采购

20世纪90年代以来，伴随着网络的迅猛发展，国内外主要的学术期刊、学位论文、会议文献、专利文献以及工具类、检索类书刊都已实现数字化，电子图书的品种也在不断增加。电子信息资源已成为教学、科研活动主要的信息来源。网络为多个图书馆的读者同时利用共同选购的电子信息资源提供了便利，使具有使用许可权的校园网（或局域网）用户在任何时间都能够利用本地镜像站点、远程镜像站点或服务器上的信息资源。

近年来，电脑和网络日益普及，购买电子信息资源不再是大型图书馆的专利，各种类型、各种规模的图书馆纷纷加入到电子信息资源购买者的行列。同时，随着经济一体化、贸易全球化的发展，呼唤着政府职能的根本性转变，可是由于经济实力的不同以及数字鸿沟的存在，如何让国家机构参与电子信息资源的采购，保护不同类型、不同领域、不同水平、不同层次、不同文化背景的教学科研人员或公民共享信息化利益，已成为实施电子信息资源国家发展战略的重点所在。

电子信息资源采购是根据机构的性质、任务、特点、读者需求、资源内容和价值等选择订购的一个不断循环的过程。网络信息采购的依据包含以下几个方面。

（1）电子信息资源的内容

电子信息资源的收录内容是和用户的需要直接相关的。在购买某一种电子信息资源之前，要对其收录内容及相关情况进行分析，对于内容总的要求就是在满足用户需要前提下的全、广、新，包括电子信息资源覆盖的学科范围、数据源及收录量、收录的文献类型（题录型、文摘型和全文型，以及全文型资源所占比例）、记录总数、时间跨度、地域范围、语种、更新频率等。

（2）检索系统及功能

经过几年的发展，数据库开始呈现出两种趋势：一方面，同一检索系统上集成了越来越多的数据库；另一方面，同一内容的数据库又可以利用多个检索系统提供服务，这就要求我们在评价数据库内容的基础上要重视检索系统的选择。因为系统与内容是密不可分的，系统的好坏直接影响到对内容的使用。有时，同一种资源会有不同的检索系统，这种情况下就更需要对系统进行评估。

（3）数据来源

例如，参考或全文数据库包含的出版物是否多数来自学术性较强的出版社或学会；事实数据库中包含的统计数据、基因图谱、化学反应式等是否来源于权威机构或专业学会。如果是，则可以确定数据的来源较可靠。

（4）数据库之间的重复情况

相同类型的数据库之间的内容是否有重复，重复程度如何，一般认为重复率不能超过30%。

（5）出版物变更情况

出版物变更情况包括：

1）出版物注销情况。数据库的出版物收录情况往往会发生变化，有些出版物虽然包含在数据库中，但已经停止出版或不再向数据库商提供电子版，也就是说，这些出版物并不包含当前的数据，因而无法满足用户对最新数据的使用需求。因此要注意分析从数据库中注销的出版物的情况，如果过多，则数据库质量就有所下降。

2）出版物更新与滞后情况。数据库的更新频率越高，内容的时效性就越强，通常以日更新或周更新为最佳。但由于目前数据库收录的内容仍以印刷型出版物为主，也就存在着时滞，即出版物被收录进数据库的时间与印刷型出版物的出版时间之间的差。时滞过长，就影响数据库的时效性和质量。

2.　网络调查

调查研究方法是社会科学包括管理学、心理学在内的众多学科研究的重要方法，它在研究问题的描述性数据收集方面起着举足轻重的作用。网络的崛起也使调查和咨询业产生了巨大的变化，利用网络进行调查访问已成为一种新兴的调查方式。调查研究方法应用到网络中，是对调查方法的极大发展，但从目前的运用来看，还有相当大的问题。如果将网络的优势与传统的调查研究方法相结合，相信对方法的进一步应用和科学研究都是大有裨益的。

（1）网络调查方法的优势

网络调查具有传统调查方式不具备的许多优势，主要有以下几个方面。

1）时效性强，可获得实时信息。网上调查利用网络优势快速传输问卷，无需调查者花大量时间分发和收集问卷，数字化的数据可被立即处理成有用的信息，彻底改变了传统调查方式耗费较长周期过录和整理数据的状况，决策者可得到更多实时信息，大大提高了统计数据的质量与时效性。

2）成本低、投入少。网上调查是无纸化调查，且不需入户调查员，可以低成本地接触全球范围内的广大用户，从而节省了人力和物力的投入，降低了成本。

3）不受空间限制。网络调查能够进行跨地域的大规模调查。传统的受众调查受地域制约很大，特别是一些要在全国乃至全球范围内进行的大型调查，需要各个区域的通力配合，操作起来颇有难度。网络调查则可充分利用网络全球覆盖的特性随时进行。

4）网络调查可对敏感性问题及特殊群体进行调查。对于敏感性问题（如考试作弊、吸毒等）调查，如果调查者直接提问被调查者往往会拒绝回答或不提供真实情况，因此，对这一类调查必须采用经过特别设计的调查方法，以消除被调查者的顾虑，使他们能够如实回答问题。

5）更高的应答率和准确性。因网络调查操作的简单方便，同时被调查者在网上能直接和调查发起者进行交流，并弄清调查目的和问题的含义，这就提高了应答率，减少了应答错误、访问偏差等，提高了应答的准确性。

（2）网络调查方法的缺陷

1）资料的虚假程度较高。由于一般的网络调查对被调查者约束和监督很小，网民的身份难以确定，网民不敢在网上透露自己的资料，回答问题的随意性较大，且存在一户多个网址重复作答等问题，所以网络调查资料的真实性较差。

2）样本代表性较差。目前，我国网民总人数与人口总量相比不到3%，并且网民分布很不均匀。从年龄上看，网民中青少年居多；从职业来看，网民集中于计算机相关行业人员和大中学生；从地域看，网民主要集中于发达地区。由于网民分布的不均衡和代表群体有限，直接用网上调查获得的样本资料与总体会有较大偏差，影响了样本代表性。

3）资料安全性较低。网络调查实现了信息资源的共享，但同时也将自身暴露于风险之中，在数据传输和检索中均易泄露所填报的个人隐私和企业秘密，且会遭遇网上黑客的恶意攻击，随意涂改资料，其资料安全性受到威胁。

4）网络拥挤度高。由于网络建设的不完善，网民经常遇到网络拥挤上网难的情况，多次的网络堵塞将使网民失去回答问卷的兴趣，降低问卷回收率，影响调查结果的准确性。

5）调查内容有限。国外研究显示，网上回答问卷的人注意力集中时间较短，一般在回答 25 个左右的问题后失去兴趣，而电话调查一般可持续 30 分钟，回答 40 个左右的问题，故网上调查的内容不易太多，且是能引起网民兴趣的问题。

当然，网络调查毕竟是一种新兴调查方法，尤其在目前网络不够普及的情况下，网络调查要真正成为调查方式的主流，还需一段时间。但是我们相信，随着国际网络在我国城市和企业的不断普及，网络调查将最终取代传统的入户调查和街头随访等调查方式，在网络上实施越来越多的统计调查将是网络经济时代统计调查方法的变革主流。

3. 网络信息检索方法

(1) 网络信息检索概述

所谓信息检索（information retrieval），广义地说，是指将信息按照一定的方式组织和存储起来，并能根据信息用户的需要指出其中相关信息的过程，因此它的全称叫“信息存储与检索”（information storage and retrieval）。狭义的信息检索则仅指该过程的后半部分，即主要是如何从存储的信息集合中找出所需要的信息的过程，相当于人们通常所说的信息查询（information search）。

进入20世纪90年代以后，网络的发展风起云涌，人类社会的信息化、网络化进程大大加快。与之相适应的信息检索的交流平台也迅速转移到以WWW为核心的网络应用环境中，信息检索步入网络化时代，网络信息检索已基本取代了手工检索。

以网络为平台的计算机检索被称为网络信息检索。与其他检索方式相比，网络信息检索的特点是：信息检索范围宽，信息量大，信息检索的时效性强，但是处理的信息类型繁杂而载体形式多样。

网络信息检索系统是由网络站点、网页浏览器和搜索引擎以及网络支撑组成的，其核心是搜索引擎。在网络发展初期，浏览器和功能单一的搜索引擎就可帮助人们检索所需的文献信息。浏览器相当于提供了一个信息总目，为用户提供直接点击、浏览网页的工具，通过超文本链接实现跳转获得自己所需的信息。浏览虽然方法简易、直接，但随机性强，耗时较多，更有效的方法是借助搜索引擎。搜索引擎是网络信息检索的有效工具，它能帮助用户快速搜索所需信息及其相关资料。搜索引擎是因特网上的一种特殊类型的站点，通过用户输入所需信息的关键词，经由检索服务器处理内部数据库匹配相关资料并整理后输出，通过网络传给用户使用。

(2) 网络信息检索的发展方向

网络信息资源的快速增长以及人们对网络信息查准、查全率和高质量的苛刻要求，进一步推动了网络信息检索理论和技术的快速发展。怎样为网络用户提供高质量、高效率的检索方式是网络信息检索研究者的努力方向。

在网络信息检索的发展过程中，网络用户的信息检索需求始终是推动网络信息检索理论和技术发展的重要动力。未来网络信息检索发展方向展望如下。

1）基于语义的信息检索。基于语义的信息检索又称为概念检索，概念检索不是传统的基于关键词字面匹配，而是从词所表达的概念意义层次上来认识和处理用户的检索请求。语义检索立足于对原文信息进行语义层次上的分析和理解，提取各种概念信息，并由此形成一个知识库，然后根据对用户提问的理解来检索知识库中相关的信息以提供直接的问答。

2）智能化信息检索。智能化信息检索将是未来网络信息检索的主要发展方向之一。智能化信息检索是基于自然语言处理的检索形式。检索工具对用户提供的以自然语言表达的检索要求进行分析，而后形成检索策略进行检索。用户只需告诉网络检索工具想要查找什么，而无需考虑繁琐的检索规则、句法等，从而使检索过程变得轻松、随意。

3）多种语言信息检索。多语种信息检索将依然是未来网络信息检索的研究热点。网络的迅速发展，使得整个世界变成了地球村，世界各地上网人数的不断增多，语言障碍越来越明显。据 Global Reach 统计，截至2004年底，全球非英语用户已达6.8亿，而非英语的网页也占了31.6%，非英语用户对其他语种信息检索的需求已经越来越显著。许多主要搜索引擎已认识到此问题，正在研发多语种引擎以减轻语言不同所带来的障碍，对不同语种的用户提供本语种检索入口。

4）个性化信息检索。个性化信息检索将是未来面向用户信息检索的一个发展方向。个性化主要体现在两个方面：一方面是允许网络用户的个性化定制，网络用户基本的定制包括自己喜欢的检索界面，检索结果的显示方式，检索结果的语言等，而高级定制包括网络用户自己选择检索信息来源，对检索结果进行信息过滤、检索结果去重等；另一方面是基于数据挖掘技术对网络用户的检索行为进行分析，挖掘出网络用户的检索需求，利用推送技术主动向用户推送所需的网络信息。

5）可视化信息检索。可视化信息检索将是未来信息检索的一个研究热点。可视化信息检索包括两个方面：一方面是检索过程可视化；另一方面是检索结果可视化。检索过程可视化是指用户在检索过程中各检索对象之间的关系以可视化的形式展现在用户面前，用户顺着可视化的检索画面一步一步地发现检索结果。检索结果可视化是指用户通过提交检索词后获得的检索结果不仅仅是现在主要信息检索工具提供的列表这样的一维形式，而且是基于检索结果分析后形成了二维或三维的形式来展示检索结果之间的语义关系。

6）一站式信息检索。一站式（one stop）信息检索是指用户通过一个检索工具能满足自己所有的信息检索需求。一站式信息检索将是网络信息检索服务的一种发展模式。一站式检索服务是人性化服务的重要体现，它将大量节约用户的检索时间。

7）专业化信息检索。专业化信息检索是指面向某一特定专业或学科领域，提供高质量的专业信息的检索。随着网络的迅猛膨胀，检索工具无法做到面面俱到，它不可能收齐每个学科的信息；另外，每个学科都有自己独特的词汇及用语，同一术语在不同的学科中具有不同的定义，通过综合性的检索工具检索到的信息在准确度和专指度方面是难以保证的，于是，一些专业化的网络检索工具应运而生。

8）本地化信息检索。本地化信息检索是指随着非英语网络用户数量的不断增长，世界上主要网络信息检索服务提供商开始在世界各地提供本地化的服务。它主要体现在各主要搜索引擎纷纷在其他国家设立本地站点，通过增加服务器，分流用户，提高本地用户网络信息检索的速度。

9）多媒体信息检索。多媒体检索包括基于描述的多媒体检索和基于内容的多媒体检索。而各大主要搜索引擎支持的多媒体检索主要还是基于描述的，用户通过提交一个或多个描述所需查找的多媒体信息的关键词，然后搜索引擎再基于关键词来查找，其实质依然是基于关键词的检索。近年来，基于内容的多媒体信息检索是多媒体信息系统研究领域中最为关注的问题。这项技术有较好的应用前景。基于内容的多媒体信息检索是对多媒体对象内容特征分析的基础上，提取多媒体对象的语义信息，构成多媒体语义信息单元数据库，再对用户提交的多媒体样例进行匹配检索。

10）基于网格的信息检索。网格（grid）被称为是下一代的网络。其主要特点是把整个网络集成为一台巨大的超级计算机，以实现全球范围的计算资源、存储资源、数据资源、信息资源、知识资源、专家资源、设备资源的全面共享。随着网络信息资源的快速增长和网络资源的类型越来越多样化，网格技术研究也在世界各地兴起，基于网格的信息检索技术将成为未来的一个发展方向。

3.3.2 网络信息资源采集工具

1. 主要的信息采集与搜索工具

网络信息挖掘与搜索工具种类繁多，本书主要推荐介绍搜索引擎、元搜索引擎、主题目录和专题数据库（不可见网）4种主要的信息检索工具。

(1) 搜索引擎

搜索引擎是网络上最重要，也是最实用、最流行的一种信息检索工具，其使用量仅次于电子邮件。工作原理是通过一个“网络机器人”，爬行于网络之上，自动搜索网络服务器上的信息，根据所定标准自行或人工筛选信息，标引后存入数据库以备检索。搜索引擎的数据库通常比较庞大，如 Google 就有 1 5000 多台服务器负责管理运行和维护数据库。当用户检索时，只要键入主题词，搜索引擎就会进行搜索比较库内标引词语，把匹配的搜索结果（网页、网址和网页链接）按照一定顺序排列，通过网页呈现出来，用户通过浏览阅读，选择索取所需信息。

搜索引擎按检索方式可分为主题目录式和全文检索式。查询时，主题目录式搜索引擎是以逐次分项的方式，一层一层地筛选，用户可在相应类目下找到所要信息，如 Google、Yahoo！等；全文检索式引擎，通过提供查询条件窗口，键入关键词或一组关键词来设定查询条件进行检索，这样往往会搜索到成千上万的关联结果，一般连接度较高的排在靠前的位置，以确保使用者查询的有效性，如 InfoSeek、Inktomi 等。目前，网上约有千种以上搜索引擎，搜索技术日益更新，呈长江后浪推前浪之势。

（2）元搜索引擎

元搜索引擎是通过一个操作平台，聚集并可调用一批独立搜索引擎同时进行搜索的检索工具。其工作原理是，当用户把检索词键入检索框搜索时，元搜索引擎就会把它传送到选用的多个或一批独立的搜索引擎的网页索引数据库中，待查找到相匹配内容，并把检索结果返回元搜索引擎，经过剔除重复和排列顺序以网页的形式提交给用户，有些元搜索引擎能根据用户所需进行多种形式的排序，如网页连接相关度、日期和文件大小等。

（3）主题目录

主题目录通常是由相关主题专家浏览众多的网站和网页后，根据学科门类和各科专题含义，经过精心筛选出来的精品，并多带有评注，每类或主题之下，还可进一步细分，并按一定规则编排在一起以供浏览或检索。对于那些不知道具体检索词的用户，感觉使用搜索引擎无从下手的情况下，通过主题分类检索更为方便。在知道了检索词时，也可把搜索范围限制在主题目录提供的主题内进行搜索。主题目录一般分布在搜索引擎的主页上，或者其他信息服务机构的网页上。不同的主题目录都有各自的特色，适用于不同的用户，并深受通过主题途径搜索用户的偏爱。

（4）专题数据库

专题数据库（不可见网）是在你的搜索结果中不能检索（看见）的网页及其他类型搜索工具包含的链接。专题数据库包括：①可检性数据库。大多数不可见网，都是由你通过网络搜索的、成千上万的专用于搜索的数据库组成的。许多来自于数据库的搜索结果，要通过你所检索的网页传送给你。通常这样的网页什么地方也不储存。搜索引擎不查找，也不编制此类网页。②拒绝收录的网页。有许多类型的网页是搜索引擎公司根据政策排斥在外的网页。有的是因为技术原因他们没有收入的网页。因为，数据库库存过于庞大，或运作成本昂贵，或需要降低生产者的收录。因此，对于此类内容，就要访问内容所在网页，也可用独立搜索引擎搜索。如果能找到所需数据库，效果可能最好。但各种专题数据库都是为了不同的目的而编制的，如社会、学术、科学、研究、法律、商业或其他原因，这就需进行广泛综合性研究，反反复复地进行推敲，寻找合适的专题数据库。

2. 几种典型的网络信息采集工具

(1) 功能强大的综合型搜索引擎——Alta Vista

Alta Vista 是网络上最著名的搜索引擎之一，由美国 DEC（Digital Equipment Corporation）公司经营，在 1995 年 12 月开始提供网上服务。检索范围广泛是Alta Vista 最突出的特点，堪称网络上检索最全面的检索工具。Alta Vista 的网络索引数据库十分巨大，而且运算速度非常快，对于大多数的查询，仅需 1～2 秒钟的响应时间。

Alta Vista 提供了简单检索和高级检索两个检索界面。简单检索是 Alta Vista 推荐使用的首选方法，支持自然语言检索（包括单词和词组检索）、截词检索、字段限制检索。这是一种最简单的检索方法，直接输入自然语言的提问词即可进入搜索状态，而且搜索范围最为全面，但其结果往往太大而难以获得令人满意的效果。高级检索支持包含各种逻辑关系符号和多层次括号的检索式，例如利用 AND、OR、NOT、NEAR、通配符和（）组配而成的检索式，对检索要求进行明确的控制，在检索的全面性与准确性之间掌握平衡，能满足更复杂精确的检索要求，检索效率相对较高。

此外，Alta Vista 的多语言检索功能一直是它的重要武器，它支持多达 32 种语言的检索与查询，并且对每种语言的每个词做了索引，而且按一定的规则对索引词给出了权重，并综合考虑了语种翻译的选项，以便用户选择自己熟悉的语种查询并显示检索结果。

Alta Vista 以完善的关键词检索功能而著称，为了增强检索功能，又新推出了“按主题浏览”的查询方式，单击其主页文本输入框之上的“Browse by Subject”，即可使用这种不需输入任何检索词的主题目录查询方式。

(2) 中文综合搜索引擎的佼佼者——新浪

新浪网搜索引擎是面向全球华人的综合型中文搜索引擎。信息资源丰富，索引数据库规范，同时遵循中文用户习惯，辅之细致的主题分类目录，是网络上最大规模的中文搜索引擎之一。

新浪搜索引擎也具备主题目录浏览的功能，但其关键词检索功能在中文信息检索工具中独领风骚，能全部支持布尔逻辑运算，功能相对完善。它用空格、逗号“,”、加号“+”或“&”表示多个关键词之间“逻辑与”的关系；用减号“-”表示“逻辑非”的关系；用字符“|”表示“逻辑或”的关系。以上逻辑符号可以同时使用，以表达一个复杂的检索提问，并允许用“()”表示表达式中的一个整体单元。例如，要查询有关中山大学校园网或者图书馆建设方面的信息，可以输入以下检索式：中山大学+（校园网建设|图书馆管理）。新浪搜索较健全的布尔逻辑检索功能，使用户可以通过拟定切题的检索提问式，获取到较精确的结果。这是目前中文检索工具中普遍欠缺的能力。

新浪搜索的另一特色服务是对检索结果进行技术上的处理，力图为用户提供最有价值的信息，避免数量过多且重复的检索结果影响用户的使用。新浪搜索同时采用两种技术方案：一是站点类聚，是指在检索结果中，如果来自同一站点的网页多于一篇，则除了最相关的一篇外，其余均被隐藏起来，同时会为这个站点提供一个链接，用户需要此站点上更多的信息，可点击“此站点上的更多结果”来获得这个站点上其他的相关网页信息；二是内容类聚，是指在检索结果中，如果某几个结果的网页内容相同，则只保留一篇，其余被隐藏起来。

新浪搜索引擎的这两大优势使其在短时间内备受广大中文网民的喜爱，堪称网络中文信息检索的最佳选择之一。

（3）主题目录型检索工具的最佳代表——Yahoo!

Yahoo!是由斯坦福大学的两位电子工程学博士研究生于1994年4月创建的，1995年正式创立Yahoo!公司，并成为全球第一家提供网络导航服务的网站。Yahoo!包含120多万个网页内容，每天访问者达几百万人次，其用户浏览量在搜索引擎中居于领先地位。

Yahoo!具有详尽的主题分类目录，包括14个宽泛的类目，每个类目下都设有若干子类，通过各子类链接更加细化的下一级类目。用户可以选择主题目录中的相关主题，再通过一级一级的类目细分，最后得到一个与检索课题相关的实际网页的列表，列表中类目名称旁边的数字表示该类目下链接的网页数量。尽管用户需要经过多层的深入才能得到一个相关网页的列表，但Yahoo!的超文本主题分类体系及强大的浏览功能保证了检索结果的相关程度常常要高于其他同类功能的检索工具，这也正是Yahoo!备受关注的重要原因。

Yahoo!虽以主题分类目录而著称，但它在主题分类目录的上方也设置了文本框，支持关键词检索。用户可以键入一个或多个以空格分隔的关键词，Yahoo!将在目录、网页、当前事件索引和最新新闻四个数据库中进行自动搜索，如果没有满足条件的类目或页面，Yahoo！会自动把检索式传送给 AltaVista，并返回相应结果。

3.4 网络调查

3.4.1 网络环境下的社会调查

社会调查是在一定的理论指导下，有目的、有计划、有组织地运用特定的方法和手段，系统、直接地搜集有关社会现象的信息资料，进而加以分析、综合，做出描述和解释，阐明社会现象的本质及其发展规律的一种自觉的社会认识活动。

1. 社会调查的特点

社会调查具有区别于其他活动的一些特点。

（1）活动的科学性

从本质上讲社会调查属于科学研究活动，它有一定的理论指导，有系统的搜集资料和分析资料的方法和技术，有严密的调查研究的程序，调查研究的始终都贯穿着追求认识客观世界的目的，它对事物的认识不只停留在经验性和表象之上，而是要求通过表象认识进而对社会现象做出解释、预测和对策性的研究，掌握事物的本质和规律。

（2）行为的现实性

社会调查的课题选择来自于现实社会，调查资料搜集源于现实社会的第一手资料，调查成果也是应用服务于现实社会，直接解决某类现实的社会问题。

（3）对象的社会性

社会调查的对象是许多人共同参与和发生的活动，是群体性的普遍现象，它着眼于认识社会中个人与个人之间、群体与群体之间的共同行为及其相互关系。

（4）态度的客观性

社会调查必须遵循价值中立的原则，持客观公正的研究态度。它强调忠实于客观的社会事实，要求遵循从客观现实中搜集资料、对客观真理加以检验的原则，而不能主观臆断，不能用想象代替事实。

（5）研究的综合性

研究的综合性一是分析角度的综合性。社会调查研究社会现象，总是从不同角度对该现象进行较深入的多层次分析，注重从该现象与其他现象的相互关系中去把握它、认识它。二是认识方式的综合性。社会调查包括感性认识方式和经验认识方式，也包括理性认识方式和逻辑思维方式。借助于感觉、直觉、表象等感性认识方式和观察、实验、访问等经验认识方式，社会调查得以搜集社会现象的信息和资料；借助于概念、判断、推理等理性认识方式和归纳演绎、分析综合、抽象具体等思维逻辑方式，社会调查得以分析和研究社会现象的信息和资料。三是学科运用的综合性。社会调查需要运用到哲学、政治学、社会学、经济学、社会心理学、逻辑学、统计学、写作学、计算机学等多学科、多领域的知识。四是研究方法的综合性。社会调查往往是多种调查方法和手段的综合运用。

2. 社会调查认识社会的基本任务

调查者根据调查目的和要求，在调查过程中必须完成的对调查对象的认识和研究被称作社会调查认识社会的基本任务。由于社会调查的具体目的不同，其具体任务也有所侧重，大致可分为：

1）及时搜集社会现象的真实资料；

2）客观描述社会现象的现实状况；

3）正确解释社会现象的本质属性；

4）科学预测社会现象的发展趋势；

5）提出改进社会的对策方略。

3. 社会调查的程序

社会调查是人们认识社会现象的一种自觉活动。按照人的认识规律，社会调查应是调查—研究—再调查—再研究不断循环往复的辩证运动过程。但就一项特定的社会调查的具体程序来说，则可大致分为4个主要阶段，即准备阶段、调查阶段、研究阶段、总结阶段。

（1）准备阶段

准备阶段的主要任务是选择调查课题，进行初步探索，提出研究假设，确定社会指标，设计调查方案，组织调查队伍。

（2）调查阶段

调查阶段是社会调查方案的执行阶段，其主要任务是根据调查方案中确定的调查方法，以及调查设计的具体要求，进入调查现场搜集各方面的资料。

（3）研究阶段

研究阶段即资料分析阶段。这一阶段的主要任务是，审核、整理资料、进行统计分析和开展理论研究。从现实社会中所得到的众多信息和资料需要经过研究的各种“加工”和处理才能最终变成研究的结果和理论。

（4）总结阶段

总结阶段是一项特定的社会调查的最后阶段。这一阶段的主要任务是撰写调查报告，总结调查工作，评估调查结果，交流研究成果。

4. 社会调查的类型和方法

社会调查的基本类型有普查、抽样调查、典型调查和个案调查。社会调查搜集资料的方法很多，主要有文献法、观察法、访谈法和问卷法。

5. 网络调查的新特点

随着网络技术的发展，一种新兴的信息调查方式——网络调查应运而生。网络调查又称网上调查或网络调研，是指在网络环境下，以互联网为信息传递工具进行调查设计、资料收集、分析咨询等活动。网络调查既基于传统的社会调查理论，又注入了现代计算机和通信技术的新鲜血液，既具有传统调查的一般性，又具有现代网络的特殊性。

网络调查区别于传统社会调查的新特点主要表现为以下几个方面。

（1）经济性

网络调查在信息采集过程中，不需要派出调查人员，不受天气和距离的影响，不需要印制调查问卷。信息采集和录入工作通过分布在网上的众多用户的终端完成，信息检验和信息处理由计算机自动完成，这大大减少了调查的人力和物力耗费，降低了成本，因此网络调查具有经济性。

（2）无时空限制

网络调查可以将分散在不同地域范围内的被调查者汇聚在一起，而且可以24小时无间断地进行调查，不受时间和地域的限制，减少了传统社会调查中空间、时间、天气等因素对调查的影响，使调查范围更广，调查组织更简单、快速。由于网络调查不受时空的限制，可以实施大范围大样本的调查。

（3）时效性

网络调查通过网络进行信息传输，能够通过网络迅速地获取信息、传递信息和自动处理信息，因而可以大大缩短调查周期，提高调查的时效性。

（4）客观性

传统社会调查中，被调查者是被动参与其中的，调查者易受各方面的影响，不愿回答或不能真实回答某些问题，从而导致调查结果存在较大的主观性。而网络调查的被调查者是主动参与的，调查者是否愿意提供信息的反馈取决于调查者的兴趣，同时，被调查者是在完全独立思考的环境下填写调查问卷，不会受到调查员和其他外在因素的误导和干扰，从而最大限度地保证了调查结果的客观性。

（5）应用多媒体技术

利用多媒体技术，网络调查能够设计声音、图像、文字并茂的生动、形象、直观、丰富的调查问卷，增加被调查者的兴趣，同时，还可以通过视听技术、远程技术等实现网络调查员与网民的自由交谈，具有较强的互动性。

（6）可靠性

网络调查的信息质量的可靠性首先表现在网络信息的全面性和准确性上。与传统的社会调查相比，网络调查的查找范围更广，信息获取更全面，它除了可以利用网络调查问卷的形式采集信息，还可以利用搜索引擎、相关数据库、网络专题工具等获取相关信息。另外，网络调查可以采用科学的方法和技术，对调查的偏差进行及时准确的控制，从而保证了信息的准确性与及时性。

网络调查的信息质量的可靠性还表现在：一是可以在网络调查问卷上附加全面、规范或者声图文并茂的项目解释，有利于消除传统社会调查中由于被调查者对项目理解不清或调查人员解释口径不一致而造成的误差；二是问卷的复核检验以及信息的反馈采集都是由计算机依据设定的检验条件和控制措施自动实施的，可以有效地保证问卷检验的全面性、客观性和公正性；三是通过被调查者身份验证技术，可以有效地防止信息采集过程中的虚假行为。

（7）便于开展跟踪调查

网络技术的发展，为网上固定样本调查提供了基础和方便，对于一些需要跟踪调查从而分析预测事物的变化发展趋势的调查问题，可以通过跟踪被调查者的上网习惯、行为和态度等来进行纵向的跟踪调查，从而解决了传统的社会调查因为时间地域等方面的限制而难于开展跟踪调查的问题。

总之，网络调查与传统社会调查相比，超越了时空的限制，采用了多媒体技术，能提供更准确、更可靠、更客观、范围更广的信息，同时降低了调查成本，并且便于跟踪调查的开展。网络调查必将具有良好的发展前景。

3.4.2 网络调查的方法与程序

1. 网络调查的方法

网络调查大致可分为定量调查和定性调查两种。通过定量调查，获取的是易组织、汇总和统计的数据，而通过定性调查获取的是分散的、不易统计的信息。

网络调查中的定量调查方法以下几种。

（1）网页法

网页法是将设计好的调查问卷的 HTML 文件附加到一个或几个网站的网页上，浏览这些站点的网上用户根据自己的意愿选择是否参与调查。此类调查问卷通常采用单页长问卷或多页单问题的形式，问卷的设计要注重对网络用户兴趣的激发和保持，同时要通过一定的网络技术（如用户名和密码以及唯一的URL地址等）来避免同一网络用户重复参与一项网络调查。网页法是目前网络调查的基本方法，它既可在企业网站或一些公开网站进行，也可在专业的网络调查网站进行。

（2）电子邮件法

类似于传统社会调查中的邮寄问卷法，电子邮件法是指将调查问卷以电子邮件的形式发送给特定的网上用户，由用户填写好后反馈给调查者的网络调查方法。与传统邮寄问卷法相比，电子邮件的方式大大提高了问卷发放和回收的时效性，扩大了问卷的调查范围。

（3）拦截式调查法

拦截式调查法是指对访问网站的网上用户，按等距抽样的方法，每隔N个网络用户邀请一位参与调查。为了避免同一人多次填写问卷，调查采用cookie技术加以控制。拦截式调查法经常采用弹出式窗口的形式，在用户浏览网站的过程中，弹出式窗口将询问其是否愿意参与某项网络调查，如果用户选择是，页面将转至调查问卷的新窗口。

（4）可下载调查方法

可下载调查问卷是一种被调查者事先在PC上安装软件，然后下载调查问卷的网络调查方法。因为已事先安装了软件，所以下载的文件大小很小。问卷效果与固定格式的网页调查问卷相似。运行时会生成一个数据文件，当PC下一次联网时，数据文件就会上传，完成数据回收。但由于离线填写问卷和再次上网都会延长调查周期，可能造成问卷流失，所以可下载调查方法适用于已有样本库或事先已招募被访者的调查项目。

网络调查中的定性调查方法有以下几种。

（1）视频会议法

视频会议法利用计算机辅助访问（CAWI）技术，将分散在不同地域的被调查者通过互联网视频会议功能虚拟地组织起来，在主持人的引导下讨论所要调查的问题。这种调查方法与传统社会调查中的专家调查法相似，但它没有地域的限制，参与调查的专家不必实际地聚集在一起就能进行问题的讨论，节省了调查的成本，提高了调查的效率。

（2）在线访谈法

在线访谈法是指调查人员利用网上聊天室或BBS等网上工具与不相识的网友进行交谈，从而获取有关的信息。在线访谈法与传统社会调查中的访问调查法相似，不同之处在于在线调查法中调查者与被调查者无需见面，同时被调查者可以采用"网名"这种匿名的形式，消除了被调查人员的顾虑，使其畅所欲言，自由地发表自己个人的意见。所以在线访谈法能真实反映被调查者的心理，提高调查结果中信息的真实性。

（3）网上观察法

网上观察法是指调查人员不直接从被调查者处搜集相关的信息，而是通过隐蔽式的观察，从门户网站、博客网站、社区网站、BBS 等各种网络信息传播渠道中获取相关信息。网上观察法适用于网络用户语言特征、网络用户行为习惯、社会现象的产生和发展等方面的研究以及对某件事件或某个话题的跟踪观察。

（4）搜索引擎

网络调查法不仅可用于搜集原始资料，也可用于搜集现成的资料。利用网络搜索引擎或者网站所提供的搜索功能，键入关键词，调查人员可迅速地检索出大量的相关资料。随着搜索引擎功能的不断丰富，它能满足调查人员各种各样的搜索需求，如 Google 的图书搜索、地图搜索等。

2. 网络调查的程序

网络调查的程序随调查课题的难易度不同而有所不同，但就总体而言，其一般程序如下（图 3-4）。

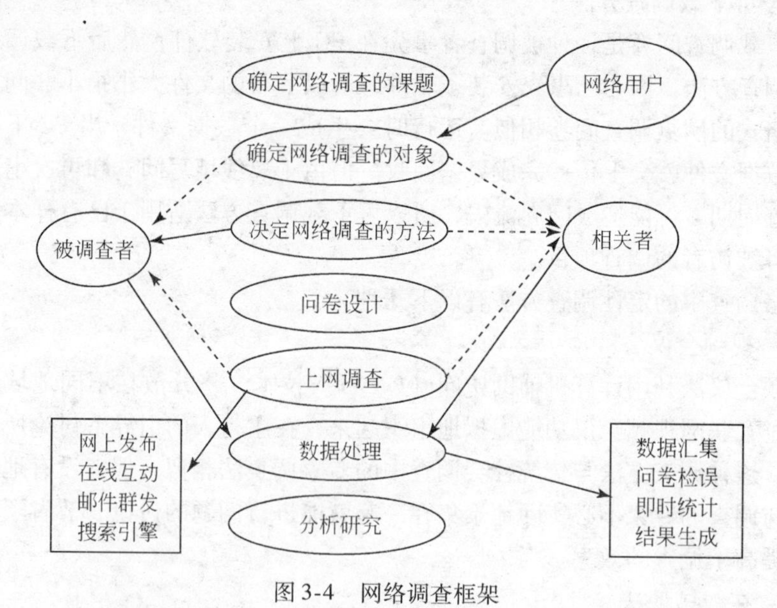

图 3-4　网络调查框架

（1）确定网络调查的课题

网络调查既可以为企业战略决策服务，也可以为学术研究提供数据来源，明确网络调查的课题，即明确网络调查是为谁解决什么问题，对调查的对象和数据等有什么要求，应搜集哪些信息（原始资料和现成资料）才能满足用户的信息需求等。

（2）确定网络调查的对象

当网络调查是用来辅助企业决策时，网络调查的对象一般有产品消费者、企业的竞争者与合作者、行业管理者和政府机构（宏观调控者）；而当网络调查是为学术研究提供数据来源时，网络调查的对象一般为符合某项特征的网络用户。应根据决策的信息需求，确定向谁做网络调查。此外，还应根据网络调查课题的要求，明确网络调查的样本量，以便控制受访者的数量。

（3）决定网络调查的方法

决定网络调查的方法即根据调查的目的要求和调查对象的特点决定网络调查的具体方法及其组合运用。例如，对产品消费调查可采用站点法或电子邮件法、在线访谈等方法搜集资料，对竞争者、行业管理者等可采用搜索引擎搜集有关的现成资料。

（4）问卷设计

问卷或调查表是网络调查的重要载体，网页问卷设计对网络调查的质量有着十分重要的影响。一份网络问卷设计的好坏将直接影响受访者是否愿意参加此次网络调查。因此，在设计网络调查问卷时，应充分考虑问卷内容、问卷措辞、问卷篇幅、页面显示方式、填答方式、视觉要素等方面的设计，平衡好问卷的难易度，从而提高受访者参与调查的兴趣度和满意度，提高网络调查的应答率。

（5）上网调查

问卷设计之后，则可上网发布或以电子邮件方式将问卷传至受访者，或将问卷置于网站中供受访者自行填写传回。在网上问卷调查的同时，网络调查员亦可同时利用搜索引擎搜集与课题相关的其他资料信息，有效地补充网络调查的内容。

（6）数据处理

数据处理一般包括被调查者身份验证、问卷的复核检验、数据的分类与汇总、统计表图的生成等。在网络调查中，这些操作一般可由计算机根据设定的软件程序和控制条件自动完成。因此，数据处理应注意开发或利用有关的统计软件，同时应注意只有当样本量达到预先设定的要求后，方可结束调查，进行数据处理。

（7）分析研究

分析研究是对网络调查获得的数据和相关资料进行对比研究，通过统计分析，得出调查结论和有重要价值的启示，从而制定出可行性方案或做出发展预测等，辅助信息用户的决策或研究。

3.4.3 网络调查网站

网络调查网站是专注于为客户提供网络调研发布平台，为网络用户提供通过网络调查而收益的渠道的专业网站。随着网络调查形式的不断普及，国内外都出现了不少专门的网络调查网站。在国内，较有影响力的有第一调查网、调查积分网、新秦调查网、中智库玛、题客调查网、腾讯教育新闻网络调查站等；在国外，有影响力的有 globaltestmarket. com、freeonlinesurvey. com、surveybounty. com 等。本节将以第一调查网和 globaltestmarket. com 为代表，对国内外的网络调查平台进行分析和评价（图 3-5 ~ 图 3-8）。

1. 第一调查网

第一调查网（www. 1diaocha. com）是一个为用户提供在线发布调查问卷表以及为所有会员提供参与调查、发表意见并获得收益的平台。该网站的注册会员既可以是调查的发布者，也可以是调查的参与者。以下将从调查的发布、调查的参与、网站的营运模式、网站的特色服务和网站的赢利模式几方面对第一调查网进行评价（图 3-5）。

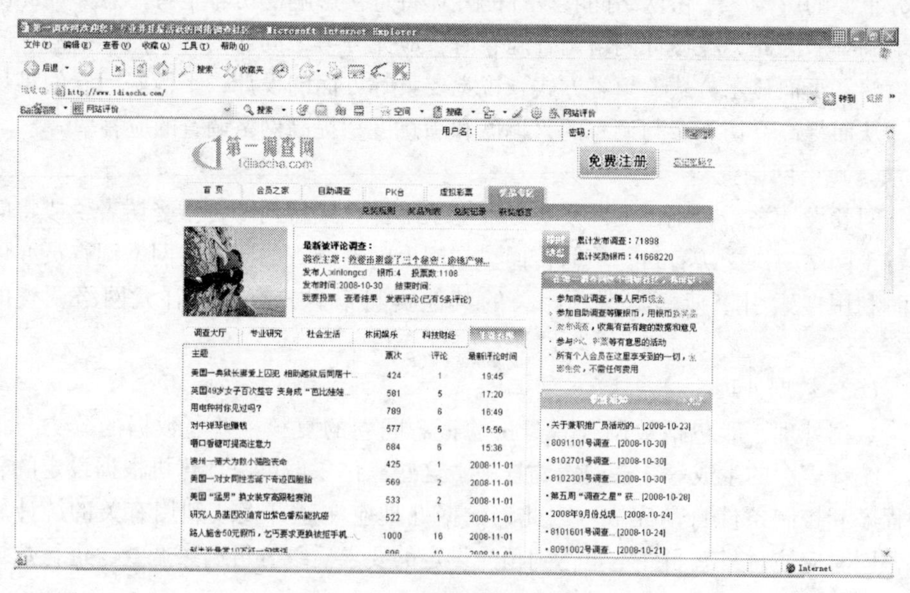

图 3-5　第一调查网首页

(1) 调查的发布

第一调查网的所有会员都可以免费发布在线调查，网站称其为发布自助调查。自助调查的类型包括专业研究、社会生活、休闲娱乐、科技财经等，其中专业研究类自助调查可以发布10个问题，而其他几种类型只能发布一个问题。当然，只有高级会员才能发布专业研究类自助调查。其中的高级会员是指信息填写详细完整者，如真实姓名、移动电话、个人工作情况等。

发布自助调查的方式相当简单，点击"发布调查"后，进入问卷设计页面，输入"问卷标题"、"调查说明"，选择分类，同时发布者还可以限制票数及调查终止的时间，如图3-6所示。

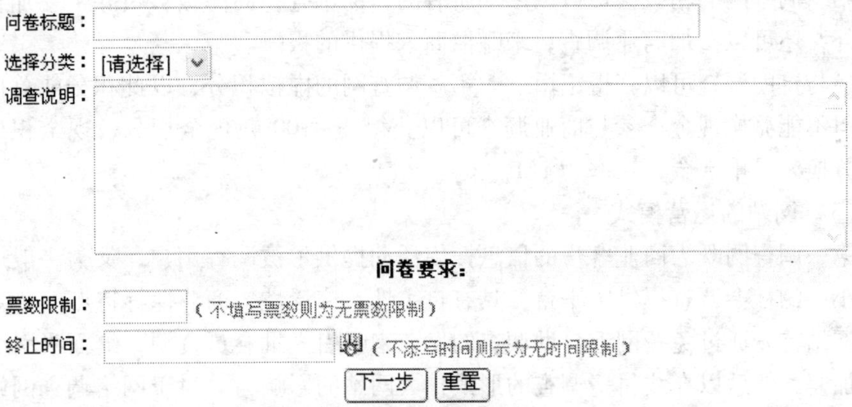

问卷标题：

选择分类：[请选择]

调查说明：

问卷要求：

票数限制：（不填写票数则为无票数限制）

终止时间：（不添写时间则示为无时间限制）

下一步　重置

图3-6　调查问卷设计界面

填写好初步信息后，选择"下一步"，就可以进一步为调查表添加问题，输入"问题标题"、"调查选项"，选择"问题题型"，最后点击"确定添加"即可，如图3-7所示。

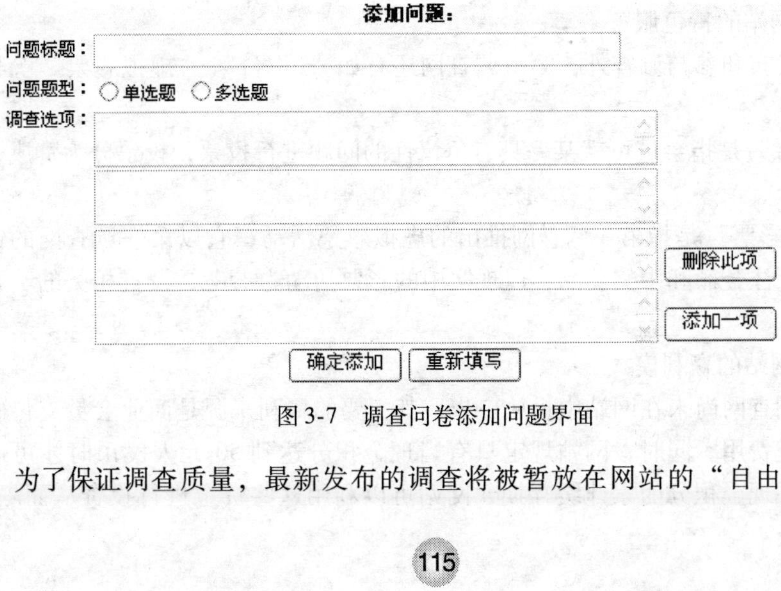

添加问题：

问题标题：

问题题型：单选题　多选题

调查选项：

删除此项

添加一项

确定添加　重新填写

图3-7　调查问卷添加问题界面

为了保证调查质量，最新发布的调查将被暂放在网站的"自由市场"中，经网站审核推荐后才可进入网站的“调查大厅”，让更多人参与。

调查发布后，在调查结束之前，任何人都可查看当前时间下的问卷结果以及用户评论，结果以图表的形式表示。发布者可以跟踪观察调查的结果变化情况。

第一调查网除了可以发布自助调查之外，还可以发布商业调查。商业调查是指商业客户出于新产品调研或其他战略目的，在支付一定费用的前提下在网上进行的调查活动。商业调查不能在网上直接发布，需要同网站有关工作人员联系。

（2）调查的参与

第一调查网的初级会员可以参加所有的自助调查，而高级会员除了参加自助调查外，还可以参加商业调查，来赚取商家提供的报酬。

参与自助调查可以获得银币——第一调查网的虚拟积分，以此积分能兑换奖品，但不能兑换现金；参与商业调查可以获得 2 ~ 100 元现金积分，现金积分可用于兑换人民币现金，比率为 1∶1。

（3）网站的运营模式

第一调查网既为商业客户的信息搜集活动提供了被调查用户，又为一般用户进行小型的社会调查提供了平台，具有自主性、广泛性、商业性等特点。

网站首先通过免费网上自助调查的发布来吸引大批会员资源，继而吸引商业会员加盟，然后以在线付费调查的形式扩大网站的影响力。对于网络调查网站而言，会员是它最宝贵的资源，然而怎样合理运用这种资源，提升商业调查报告的价值和有效率是此类网站需要考虑的一个问题。第一调查网选用的方式是对会员进行分类，当网站有新的商业调查的时候，他将对会员进行筛选，邀请对调查有价值的会员来参加调查，这里我们暂且把此类会员称为“有效会员”。这样做的好处显而易见，商家能得到最准确最有价值的调查报告。

（4）网站的特色服务

除了发布和参与调查外，第一调查网还有如“PK 台”、“虚拟彩票”等特色服务。

“PK 台”是指会员可就某一具有争议性的问题进行投票，投票分为赞成、中立和反对。

“虚拟彩票”是指第一调查网推出的虚拟彩票活动，它以第一调查网的银币积分作为下注金额和中奖奖品，以现实中的彩票活动为参考，设置相关的奖励规则和奖项。

（5）网站的赢利模式

第一调查网尚未在网站中投放广告，其主要的赢利来源是商业会员支付的会员费及调查费用。同时，网站规定只有当现金积分达到 50 元人民币时才可以申请提现，在现金积分的累计缓存期，网站可以利用这些资金进行投资从而赢利。

随着网站规模的扩大，其赢利来源也存在多样性的可能。

2. Globaltestmarket. com

GlobalTestMarket（图3-8）是全球领先市场调查提供商GMI（Global Market Insite）旗下公司。GMI为全球范围内60多个国家的1400多个客户提供服务，为那些希望跨越多个国家实施在线消费者调查的公司提供一种全球解决方案。GlobalTestMarket为网站会员提供参与新产品开发和服务的在线调查并获得奖金的平台。该网站的注册会员不能发布调查，只能参加在线调查。以下将从调查的参与、网站的运营模式、网站的特色服务和网站的赢利模式几方面来对GlobalTest-Market进行评价。

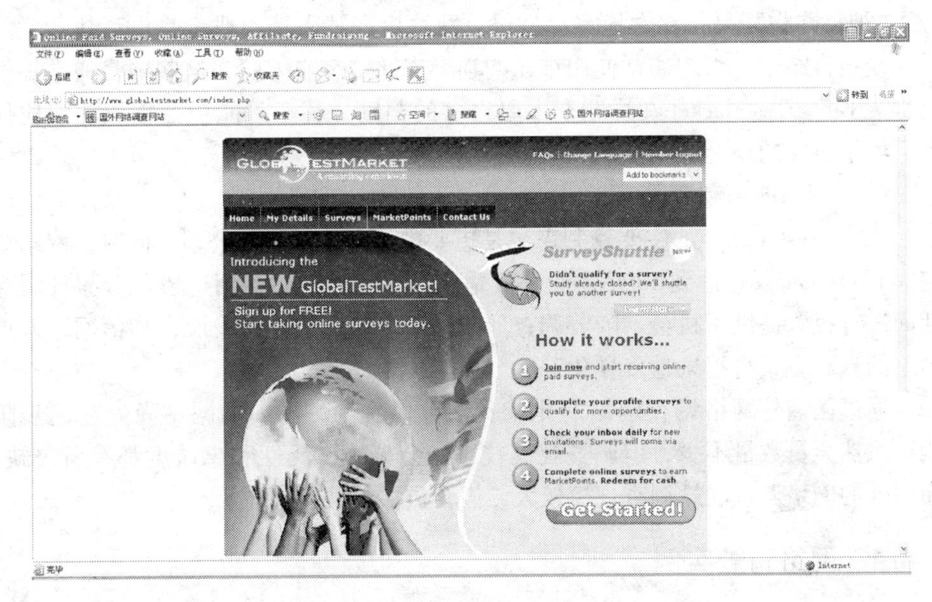

图3-8　Global Test Market主页界面

（1）调查的参与

GlobalTestMarket的调查是以电子邮件的形式发出的，与第一调查网相似的是，它也采用根据调查内容选择“有效会员”并向其发送邮件的方式。平均来说，完成一份调查需要15分钟。

参与调查后可获得网站提供的MarketPoints。每个MarketPoint值5美分。每份邀请都会告诉您完成或参加该在线调查会获得多少MarketPoints，或者没有参与资格的人参与该调查会获得多少MarketPoints。点数的变化取决于两个因素：①在线调查的紧急程度——越紧急的调查获得的奖励越多；②调查的长度，需要会员耗时越长的调查得到的MarketPoints越多。

（2）网站的运营模式

GlobalTestMarket 利用其本身的市场资源优势，提供全世界范围内顶级公司的在线调查研究，从而吸引一定数量的世界范围内的高素质会员。网站发送电子邮件的在线调查方式增强了会员对网站的信任度和忠诚度，增加了网站的固定会员数量，同时提高了调查的质量和广泛性。

（3）网站的特色服务

GlobalTestMarket 提供的特色服务有“SurveyShuttle”和“神秘购物”等。

“SurveyShuttle”是指如果会员完成了一个在线调查并且想参加另一个调查，或者当他发现由于他不适合或者调查已关闭而不能参加某项调查时，网站将立即搜索适合他参加的新的在线调查，这样就增加了会员赚取 MarketPoints 的机会。

“神秘购物”是指在本地零售公司、网站执行某一事项或者打电话执行，然后在线报告结果。组织通常使用神秘购物者来评估客户体验，这些项目通常提供比常规 GlobalTestMarket 在线调查丰厚得多的奖励，甚至可能包括在成功完成任务后给予直接的现金报酬。

（4）网站的赢利模式

GlobalTestMarket 的主要赢利来源是想要进行全球调研的公司。同时，网站规定 MarketPoint 只有达到1000 才能进行兑换，这也为网站利用这段积分累计缓存期而进行投资提供了机会。随着调查形式和网络环境的不断发展，相信网络调查网站的赢利方式将越来越多样化。

通过国内外网络调查网站的比较我们可以看到，国内的网站尚处在起步阶段，虽然会员数量不少，但调查规模较小，会员的广泛性和忠诚度都有所欠缺。而国外的网络调查网站调查规模较大，但会员主动性不高。

3.4.4 网络调查实例

本节选取了一个利用网络调查方法来研究“网络用户信息获取语言使用行为”的实例来说明网络调查方法的实际应用，并探讨其过程中应注意的问题。

（1）确定网络调研的课题

用户网络搜索中的语言使用行为研究是针对搜索行为中的语言问题而展开的。该研究是以系统了解国内外相关研究现状为基础，以语言问题为突破口，以用户搜索行为为研究对象的系列研究。搜索行为中的检索语言研究与传统的文本研究有着非常明显的区别。该研究主要针对搜索过程中切实发生的语言现象，所使用的研究方法都是处理切实发生并存在于网络搜索的语言和语言现象。这对于认识现实生活中用户搜索所使用的词汇特征、用户搜索时使用词汇的行为特征等问题有着较高的理论和实践价值。本网络调查是针对用户获取信息的行为进行研究。包括对Web2.0中的标签使用与标记行为、浏览过程中的分类语言及其显示方式、搜索词汇的来源与类型、系统提示的相关词的利用行为和认知水平等。为完成这一研究，笔者设计了《用户浏览和搜索过程中词语使用情况调查》问卷，通过网络问卷调查的方法进行定量介入研究。

（2）确定网络调研的对象

问卷发放工作通过艾瑞集团的网调系统实施。艾瑞集团是目前国内较好的互联网调查机构之一。其样本可以覆盖主要的互联网用户类型，与CNNIC报告中中国网民的类型分布近似，因此具有较好的代表性，这样使用较少的样本就能得到良好的结果。此次问卷调查，合同样本量为800。

在CNNIC第20次调查中学历选择次少的学历比例4.8%（初中及以下），选择女性的网民比例45.1%，选择41～50岁的网民比例7.2%，按配额计算模型计算得到网络问卷调查所需最低样本量$N=642$，因此，800的样本量满足实际研究需求。

（3）决定网络调查的方法

本研究主要运用站点法以及Email法。

（4）问卷设计

初步划分范围，拟定问卷的初稿。问卷初稿包括七部分（一级指标）：用户背景调查、句法、封闭词法、相似反馈、反馈行为、浏览行为、Web2.0。进而通过合并递进题目和删除不必要的一级指标两种手段，划定问卷第二稿的范围：用户背景调查、相关反馈和反馈行为、用户浏览行为、Web2.0。同时，加入网络搜索中的词汇特征作为第五部分。

在设计最终问卷时考虑以下两点：纳入情境因素，为使用户更容易地回答题目，问卷设计了一个搜索过程的情境，循序渐进地提问；将术语改成口语，方便用户回答。最终问卷设计过程中，做小范围的问卷测试，修改部分题目的陈述。并按照情境顺序将整个题目分为四组：用户的自然社会属性、搜索使用词汇特征与用户搜索行为、浏览与分类语言、Web2.0中的标签。

为使用户更有效地回答问卷，问卷设计过程中充分发挥指导语的作用，将指导语打散到各个题目；同时对难以解释的概念，使用插图指导语示例说明。回收问卷后的数据清理过程证明，问卷的设计比较成功，选项基本覆盖问题的主要方面，样本具有代表性。

在问卷问题的设计方面，主要考虑到了以下问题。

1）用户的自然、社会属性。这一部分题目包括性别、年龄、学历和职业。这4个要素是可能影响用户搜索行为和用词习惯的自然、社会属性。这里没有包括专业，因为调查问卷面向的是普通用户。纳入用户的自然、社会属性的研究另文详述。

2）搜索使用词汇与用户行为。这组问题是问卷中分量最重的部分，包括6个题目。第一题测试需求，所提供选项是知识、导航和常识3种基本需求的具体表述，此外增加开放选项。第二题测试词汇来源，分为用户自然想到、术语或工具书中查到和系统提示（提供）3种情形。第三题测试词汇类型，分为厂商名称、其他专有名词、新兴名词和专业名词4种类型。需要说明的是，尽管厂商名称是专有名词的一类，但是由于其在网络搜索中占有相当大的比重，因此专门列为一类进行问卷调查。这两个问题没有设计开放选项，这与数据分析有关，同时这样的选项能够覆盖大部分可能情形。第四题和第五题的基本设计思路同上，分别测试用户的认知和行为，以期得到认知和行为之间的关系。同时，第五题设计为量表类型，可以计算样本平均数并作统计检验。最后一个题目主要关注通用组配词，设计为量表题目。

3）浏览行为与分类语言这组问题包括3个题目：对分类语言的认同程度，以频道为实例，设计成量表题目；分类语言的宏观表现方式，列举主要类型和可能性，提供给受调用户判断；网络符号系统（包括文字、图片等）的使用情况，即浏览中的要素，列举主要可能类型，这些类型在测试的时候，经由测试用户建议，修改过表述。

4）Web2.0的标签利用情况。这组题目原本设计为两道题目，在问卷上线的过程中，由于操作因素改为3道题目，但是提问内容没有改变。这些题目涉及用户使用标签的习惯（何时使用标签?）和目前对标签的研究中的两个最基本问题，即标签数目和来源。

以下是本次调查所设计的调查问卷。

用户浏览和搜索过程中词语使用情况调查

尊敬的受访者：

您好，首先感谢您花费时间回答我们的问卷。这里是北京大学信息管理系、国家信息资源管理北京研究基地、百度在线网络技术（北京）有限公司和艾瑞咨询集团联合推出的《用户浏览和搜索过程中词语使用情况调查》问卷。该调查以互联网用户在搜索和浏览过程中用户使用的词语特征为调查目标。其结果将用于北京大学信息管理系和百度在线网络技术（北京）有限公司联合成立的“中国人搜索行为实验室”的科学研究之用。本研究由北京大学信息管理系、国家信息资源管理北京研究基地负责问卷设计，由百度在线网络技术（北京）有限公司提供资金支持，由艾瑞咨询集团提供网络调查支持。

中国人搜索行为实验室2007年度计划项目课题组

在回答问题之前，请允许我们了解您的自然情况，这有助于我们对用户群体细化和研究的深入。请您放心，您的任何自然信息和整份问卷的调研结果都会由调查方负责保密。

1. 性别

2. 学历

3. 行业

4. 年龄

首先热身一下，这是一道不定项选题，您可以选一个，也可以选几个。我们只是想知道您为什么要使用搜索引擎。

5. 您使用搜索引擎的目的是（ ）。

A. 找 个词的解释，或者一种产品的介绍，或者相关事物的动态

B. 寻找下载链接，如 MP3 下载、论文、讲义的下载等

C. 寻找一些常识性的内容，如“如何坐公交车到天安门”，“今天的升旗时间”等

D. 其他：________________

现在试想一下您在搜索一个词，那么请问这些词是从哪里来的？自己想出来，还是从别的地方找来的？

6. 您在搜索时所用的词汇（ ）。

A. 自己想到的就用了

B. 自己熟知的术语或者查阅工具书得到的词语

C. 先进行 A 或者 B，然后使用系统提示的词语，导航和标签等

D. 其他：________________

那么哪些词汇更容易帮助您找到相关的内容呢？仔细想一想。

7. 您认为下面哪些词更容易找到所要的内容（ ）。

A. 人名、机构名、国家、地区名等

B. 一些新兴的词语，如“超女”、“快男”等。

C. 一些自己领域的专业词汇。

D. 商品的名称，厂家的名称等。

当然，搜索引擎（还有各种数据库啦）都会给您提示一些词语的，这些词语您是否利用过呢？又是怎样利用的？请您回答下面的问题。

8. 您在输入搜索词的时候（ ）。

A. 会事先借助分类导航或者提示的相关词，它有助于表达我的想法

B. 在不是很明确搜索词的正确写法的时候，会使用提示的相关词

C. 无论检索结果如何，我都会看看提示的词，因为这些词很有用

D. 还是自己想到的词汇更容易找到东西，第一次搜索结果不理想的时候会借助分类导航或者提示的词

E. 找不到想要的东西就算了，不会使用什么提示的词

您又感觉这些提示的词语如何呢？

9. 您认为搜索引擎（如百度）和数据库（如期刊网）提示的词（　）。

A. 在使用搜索引擎的时候有用

B. 在使用数据库的时候有用

C. 无论搜索引擎还是数据库都很有用

D. 只有找不到东西的时候才会使用

E. 基本不用提示的词

下面这样一些词汇您会使用么？

10. 您认为“下载”、“地图”、“MTV”这类词汇（　）。

A. 很有用，它有助于我表达我的想法并容易找到东西

B. 有用，尤其当我要表达我的想法的时候；但是对于搜到的结果的改善不大

C. 基本没有用，用和不用效果差不多

D. 从来没用过

休息一下，我们来看两张图（图3-9）。图3-9（a）是新浪网的截图，图3-9（b）是中知网（期刊网）的截图，我们截取的是其中的“分类导航”部分。相信您都用过的，即使没用过也知道大概了。

从下面的题目开始，您将不再搜索一个词，而是浏览各种网页了。

11. 门户的频道（　）。

A. 没有用，我只看首页

B. 只看特定的频道

C. 很有用，尤其是当我查找一些东西的时候

D. 对不起，请问什么是频道？

那么，什么样的频道布局您更喜欢呢？

12. 对于频道的布局（　）。

A. 像新浪一样的“导航条+页面布局”的布局就很好

B. 还是像期刊网一样的分类导航好

C. 不同情况不一样啦，对于门户而言，页面布局好；对于数据库而言，还是分类导航好

D. 如果把导航条、页面布局和分类导航结合起来就好了

E. 我还有更好的方式＿＿＿＿＿＿＿＿

说实在的，其实我们更想知道您为什么会看某些网页，而另外一些都不曾打

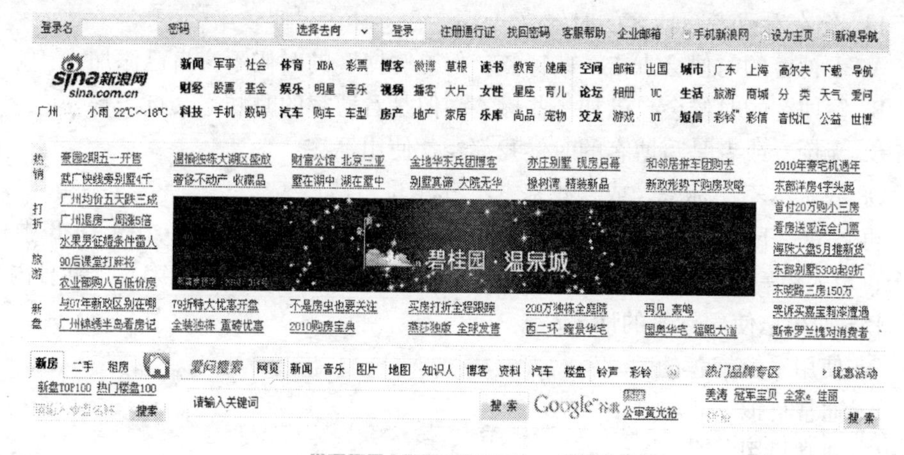

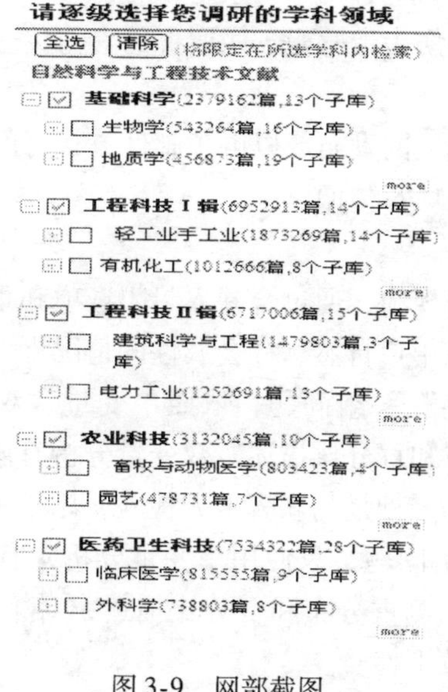

图3-9 网部截图

（a）新浪网截图；（b）中知网截图

开过。

13. （ ）更能吸引你继续浏览网页。

A. 漂亮的图片或者照片，明星的写真或者风景等

B. 感兴趣的话题，通常被某个标题所吸引

C. 通常顺序浏览，而不管标题内容或者图片

D. 说不清楚

咱再时髦一点，搜索完了，也看完网页了，再去博一下。

14. 您在看或者写博客的时候（ ）。

A. 看博客的时候会点击一些标签，但是写博客的时候不会自己添加

B. 写博客的时候会自己加一些标签，但是看博客的时候不会点击它

C. 无论看或者是写博客的时候我都经常使用标签

D. 我基本不用标签，或，我基本不看（写）博客

再坚持一下，最后一个问题了。这是一道双选题目；从第一组 A 和 B 中选一个，填入第一个括号内；再从第二组 A 和 B 之中选一个，填入第二个括号内。

15. 如果您使用标签的话（ ）。

A. 使用系统推荐的

B. 通常自拟

C. 通常只用一个

D. 通常不止一个

最后，请允许我们对您表示感谢。谢谢您的参与！

（5）上网调查

将设计好的调查问卷上网发布或以电子邮件方式将问卷传至受访者，或将其置于网站中供受访者自行填写传回。

（6）数据处理

对开放选项进行数据规约，通过合并入封闭选项和重新编码的方式，将开放问题去除，然后在不考虑用户自然、社会属性的情况下做统计分析：

1）“Web2.0 与标签”一组问题，依照单变量、双变量顺序进行分析。其中，单变量分析侧重分布和百分比描述。双变量分析有两种：一种是百分比表格分析，用于测定倾向性；一种是列联表卡方检验，用于测定相关性。

2）“分类语言”一组问题，只使用单变量分析，有两种手段。与“Web2.0 与标签”一组问题相同，侧重分布和百分比描述；对第 11 题给定量表分值，计算样本平均数并对期望做 T 检验。

3）“检索语言与行为”一组问题，依照单变量、双变量顺序进行分析。在后续研究中，研究者使用实验方法对搜索引擎提示的相关词进行深入研究，将列出其结论与本网络问卷调查结果做比较分析。

（7）分析研究

通过单变量分析、双变量百分比表格分析、双变量列联表卡方检验等不同分析方法以及对各种分析结果的对比，得出了一定结论。

1）标签和标记行为已经在 Web2.0 用户中产生了很大的影响。标签的来源和数量与个人的标签使用习惯有着密切的关系，体现出较高的个体性差异。这种统计结果与 Web2.0 所追求的用户到用户的信息交互相一致，同时由于用户更多

地使用来自系统的标签，Web2.0平台站点的质量对交互有着非常强烈的影响。

2）用户在浏览过程中大量的依靠各种分类语言工具。并且，恰当的显示方式对于用户的浏览和判断有着非常重要的影响。目前，网络用户浏览中仍然主要受到语言文字的影响，这也是目前门户网站中“标题党”盛行的主要原因。

3）用户在搜索中使用词汇的来源与类型无关，两者具有较高的独立性。同时，深入分析的结果也表明权威的和专指的查询式在网络搜索中有着不俗的表现，能够更好地帮助用户找到其需要的信息资源。由于这类查询式的构造需要一定的基础训练，因此用户的教育培训和服务商的推介工作在网络搜索引擎中亦有其必要性。

4）对于系统提供的相关词而言，普通用户对其满意度很高，但是利用度较低。用户对系统提示的相关词的认知水平和利用程度强烈相关，此二者的密切关系有助于今后的研究中简化研究模型。在本书的研究中没有纳入用户的自然、社会属性，而这也是笔者关心的问题。.在本研究的后续论文中将深入讨论这个问题。对于问卷的问题而言，在现阶段研究中每个问题所覆盖的研究对象都比较初步，均可以有进一步的研究目标以深化现有研究结果。如果可行，还可将对中文用户的研究结果与对西文用户的研究结果作平行比较，这样能够得到总体社会文化的差异对搜索行为的影响。此外，对于问卷设计、发放和分析本身亦有很多可改进之处。

第4章　网络信息资源组织

信息化浪潮下，网络信息资源如何更有效的组织成为人们日益关注的问题。本章以网络信息组织为研究对象，研究网络信息资源组织行为体系，讨论从哪些方面作为切入点深入探讨网络信息资源组织的方法和规律，并重点介绍了网络信息构建这种新兴的信息资源组织方式及其构建过程。

4.1　网络信息资源组织概述

4.1.1　信息组织的基本原理

信息组织是利用一定的规则、方法和技术对信息的外部特征和内容特征进行揭示和描述，并按给定的参数和序列公式排列，使信息从无序集合转换为有序集合的过程。其中信息的外部特征是指信息的物理载体直接反映的信息对象，构成信息的外在的、形式的特征，如信息载体的物理形态、题名、作者、出版或发表日期、流通或传播的标记等方面的特征。信息的内容特征就是信息包含的内容，它可以由关键词、主题词或者其他知识单元表达。信息组织的基本对象就是信息的外部特征和内容特征。全面了解信息组织的含义需要把握信息组织的内容、类型、特征、理论基础和基本方法等多个方面。

1. 信息组织的基本内容

信息组织的基本内容包括信息选择、信息分析、信息描述与揭示、信息存储。

(1) 信息选择

信息组织是信息活动的必然要求，其起源在于信息本身的自然无序状态。序是事物的一种结构形式，是指事物或系统的各个结构要素之间的相互关系以及这种关系在时间和空间中的表现，即事物发展中的时间序列及排列组合、聚类状态、结构层次等空间序列。当事物结构要素具有某种约束性，且在时间序列和空间序列呈现某种规律性时，这一事物就处于有序状态。反之，则处于无序状态。

（2）信息分析

信息分析是按照一定的逻辑关系从语义、语用和语法上对选择过的信息内、外表特征进行细化、挖掘、加工整理并归类的信息活动。它是信息描述与揭示的前提和基础，直接影响着信息组织的质量。

（3）信息描述与揭示

信息描述，亦称信息资源描述，是指根据信息组织和检索的需要，对信息资源的主题内容、形式特征、物质形态等进行分析、选择、记录的活动。信息描述与揭示主要分为著录和标引两种类型。著录主要描述文献信息的形式特征。标引主要揭示文献信息的内容特征。

（4）信息存储

信息存储是将经过加工整理序化后的信息按照一定的格式与顺序存储在特定的载体中的一种信息活动。其目的是为了便于信息管理者和信息用户快速、准确地识别、定位和检索信息。信息存储于各种检索工具中意味着信息组织过程的终结，也即意味着信息检索的开始。

2. 信息组织的类型

人们在科研活动、生产经营活动和其他一切活动中所产生的成果和各种原始记录，以及对这些成果和原始记录加工整理得到的成品都是借以获得信息的源泉，简称信息源。信息源是我们进行信息组织的对象，信息组织的类型可以基于信息或信息源的分类。常见的信息组织分类有以下几种。

（1）按信息表现形式划分

按信息表现形式划分为文字信息组织、图像信息组织、声音信息组织和视频信息组织。

（2）按信息加工的程度划分

按信息加工的程度划分为一次信息组织、二次信息组织和三次信息组织。

（3）按信息的传播载体划分

按信息的传播载体划分为文献信息源组织、非文献信息源组织和网络信息源组织。

3. 信息组织的特性

从共性看，信息组织都是为了便于信息的传播、存储、检索和利用而进行的有意识的信息加工和控制活动。从差异看，它们各自关注的是同一问题的不同侧面，而且应用了不同的技术方法，功能也各有所长。具体说来，信息组织具有信息组织的渗透性、信息组织的依附性、信息组织的增效性。

信息组织的渗透性指信息组织存在于各种信息揭示、存储和检索活动之中。信息组织的依附性指信息组织无法独立存在，它要以信息的识别、揭示等活动为前提。信息组织方法的实施与显示，都离不开具体的信息揭示、传播、存储、检索过程，同时，也无法与各种信息记录和信息实体相互分离。信息组织的增效性是指信息组织可以增加信息传播、检索、利用的效率，是其他信息加工活动和利用信息的保障。

4. 信息组织的理论基础

与信息组织最相关的理论基础有语言学、逻辑学、分类学和其他一些学科。

(1) 语言学基础

语言是人类最重要的交流符号系统，是信息的载体。语言是不依赖于其他任何交流工具独立存在的交流工具，它的服务领域非常广阔。非语言的表述通信一定要有相应的转换过程，人们才能得以交流。语言不但是交流工具，而且是思维工具。语言研究不仅是对信息及其相互沟通的研究，同时也是对思维及其对象的探索。要把庞杂分散的信息组织成有序优化的整体，就必须建立符号系统。有了这种符号系统，信息系统的有序特征才能体现，信息单元的个体特征才能被揭示出来，各种信息单元才能对号入座，纳入到这种符号系统的框架之中，形成一个便于检索的序化信息集合。各种信息组织符号系统都和自然语言一样，有着共同特征：有语词、有词汇、有语法。

(2) 逻辑学基础

逻辑学是关于思维规律的科学。思维有形象思维和抽象思维两种形式，而人们的认识发展过程是由形象思维到抽象思维，由感性认识到理性认识的过程。信息组织属于抽象思维的范围，是在各种概念的基础上进行的，因而，它必须遵循科学的思维方法。进行信息组织工作必然用到形式逻辑的一些方法，如演绎推理和归纳推理、比较、分析与综合等。信息组织的行为只有符合逻辑思维规律，才能保证信息组织的优化、序化。

(3) 分类学基础

信息组织的直接目的是建立信息检索语言，各种信息检索语言都建立在概念逻辑和科学分类基础之上。体系分类法是应用概念划分与分类的典型。将事物概念纳入知识分类体系，是对千差万别的事物作系统研究的重要方法，是对各种事物之间的区别和联系从本质上、原理上进行揭示的重要手段，对信息的系统化具有重大价值。知识分类是一门研究知识体系结构的学问。信息的主体是知识，信息组织活动必须建立在人们对知识体系认识的基础之上。

（4）其他学科基础

信息组织的最终成果是建立不同类型的信息系统，因此系统论、耗散结构理论和自组织理论等也被广泛地应用于信息组织。系统论认为在信息组织中，人们要将大量的、分散的、杂乱的信息组织成一个系统，建立起内在的关联性，使得信息系统的整体功能大于各个信息单元的功能之总和。耗散结构理论认为信息系统是一个开放系统，系统不断与外界进行物质和能量的交换，熵趋于最小值，能量远离平衡，混乱度最小，从原来无序结构转为一种时间、空间和功能上的有序结构。

4.1.2　网络信息资源组织的模式与原则

到目前为止，尽管网络信息组织模式说法不一，但归纳起来基本的网络信息组织模式主要有四种：文件组织模式、主题树组织模式、数据库组织模式、超媒体组织模式。

（1）文件组织模式

文件组织模式以文件系统组织和管理信息资源，以单个文件为单位共享和传输信息，通过文件存储图形、图像、图表、音频、视频等非结构化信息。这是最早存储信息、共享信息资源的组织模式，但对于结构化信息则难以实现有效的控制和管理。

文件组织模式的优点是简单方便。存储图形、图像、图表、声音、音频、视频等非结构化信息特别方便，容易处理。计算机查询、加工、处理、传输文件的技术和方法也很成熟，因特网提供了诸如FTP一类的协议来帮助用户利用以文件形式保存和组织的信息资源。

文件组织模式的缺点是占用存储空间大，共享性差，管理和组织困难，文件独立性强，文件之间信息项的联系涉及很少，只可能涉及简单的逻辑结构，对于信息项之间的内在关系紧密、结构复杂的结构化信息组织则难以实现有效的控制和管理，容易导致网络负载不均衡。因为文件大小与存储的信息量成正比，这就导致有的文件很小，有的文件占用空间巨大，文件传输导致网上负载不均衡。文件组织的局限性决定它只能是网络信息组织的辅助形式。

（2）主题树组织模式

主题树组织模式就是将所含确定范畴的所有获得的信息资源按照某种事先确定的概念体系，分门别类地逐层加以组织，用户通过浏览的方式逐层加以选择，层层遍历，直至找到所需的信息线索（即相关站点链接），再通过信息线索连接到相应的网络信息资源。很多专业网站都是采用此组织模式，如Yahoo!、Gopher、InfoSeek、搜狐等。

主题树组织模式的优点有以下几点：

1）简单易用。像阅读书报那样查找信息，与复杂的网络信息系统脱钩。

2）界面友好。它提供了一种基于树型浏览方式网络信息浏览界面，用户在主题目录的引导下，根据自己所找的信息加以归类，逐层引导直到找到所需要的信息。

3）目的性强，查准率高。这种组织模式只要求信息检索按照一定的体系结构逐次查看。

4）扩充性强，系统规范。这种组织模式是开放结构，组织信息资源方法也已规范好，根据具体的规范去组织信息资源即可。

主题树组织模式的缺点有以下几点：

1）体系的结构过于复杂，每一类目下的信息索引条目过多，降低信息的使用效率，浪费用户的时间，从而大大降低了其所能容纳的网络信息资源的数量。

2）事先需建立一套完整的体系结构，很难包含所有的信息资源，尤其是难以处理分类变化的未来新学科的信息资源与现有的组织形式发生的冲突。

主题树组织模式适用于体系结构明确、专业化的、不太复杂的信息资源组织模式，如小型的虚拟图书馆、专业化网站。

(3）数据库组织模式

所谓数据库组织模式，就是将所有已获得网络信息资源以固定的记录格式存储。用户通过关键词及其组配查询，就可以找到所需要的信息线索（即相关站点链接)，并通过信息线索直接连接到相应的网络信息资源。它有处理海量信息的能力，是到目前为止组织网络环境中巨量信息资源的重要工具，比较著名的有Archie、WAIS、Lycos、AltaVista、OpenText 等。

数据库组织模式的优点是它是当前普遍使用的网络信息组织模式，效率高，有成熟的理论支持，占用存储空间小，共享性好，适宜对大数据量的处理，利用信息项之间的联系进行信息的重组和查询，增强了信息操作的灵活性。信息加工的灵活性大大降低了网络传输的负载。

数据库组织模式的缺点是缺乏灵活易用的界面机制，专业性强，对信息资源有规范要求，数据库自动扩充是个难题，表述信息单元的知识内容之间的语义关联难。这种组织模式应该解决的问题是：在数据库服务端，如何自动利用数据模型对信息进行规范化处理；如何进行数据库的自动扩充，对用户提供灵活易用的界面；如何利用信息项之间的联系揭示了信息单元之间的知识内容的关联机制。

（4）超媒体组织模式

超媒体组织模式就是将超文本与多媒体技术结合起来。它将文字、表格、声音、图像、视频等多媒体信息以超文本方式组织起来。使人们可以通过高度链接的网络结构在各种信息库自由航行，找到所需要的信息。它是因特网上占主流地位的信息组织模式，它通过高度链接的网络结构，使用户在各种信息库中自由航行。因为在此模式下，网络信息存取的基本单元是节点，节点间以链路（是一种非线性的网状结构组织）相连，形成一种非线性网状结构，可以跳跃式地沿着交叉链在信息网络中根据需要获取信息。

这种组织模式优点有以下几点：

1）它以符合人们跳跃性思维习惯的非线性方式组织信息，节点作为网络信息存取的基本单元，可以跳跃式在交叉链上获取所需信息，检索效率大大提高，尤其在复杂信息网络资源中体现其优越性。

2）网络信息的基本单元组成了非线性的网状结构，基本单元结构可随意改造和扩充，其内容也可随时调整和更新，即网络信息单元具有动态特性，具有良好的包容性和可扩充性。

3）可以方便地描述和建立各种媒体信息之间的语义关联，超越了媒体类型对信息组织与检索的限制。

4）以链路（link）链接或分割各节点信息，有助于动态地实现网络信息的整体控制和分片制。

目前，这种组织模式面临的问题是当采用浏览的方式进行信息搜寻，如超媒体网络庞大时，很难迅速、准确定位所需信息，而且很难保存浏览过程中所有的历史记录，这就是常说的“迷航”现象。这种模式是网络信息资源组织的主流模式。

上述四种基本组织模式中任何一种组织模式都不能完全满足人们对瞬息万变的网络信息的需求。只有这四种基本的信息组织模式的组合并融入其他新技术，才能发挥各自的优势，尤其是数据库模式与超媒体模式的结合，已形成网络信息组织的一个重要发展方向。其结合的方式有以下三种。

（1）数据库作为超媒体模式组织的一个节点

数据库作为超媒体模式组织的一个节点，这种模式实际上就是借鉴 Web 技术与数据库技术的成功结合，并把它应用到网络信息资源的组织管理上，也就是信息资源组织使用基于 Web 的数据库应用系统，并把该系统作为超媒体模式组织的一个节点。因为基于 Web 的数据库应用系统就是将数据库技术和 Web 技术的结合，通过浏览器访问数据库并可实现动态的因特网信息服务系统。利用动态 HTML、CGI、ISAPI、ASP、Active X、JDBC 等方法将数据库组织与超媒体组织结合起来，在超媒体组织内提供访问和修改数据库的接口，这样用户就能把数据库作为一个节点去查询、修改和交流信息。

（2）在数据库上附加链服务

在数据库上附加链服务，这种模式是在数据库系统基础上附加一层专为超媒体系统设计的链服务。通过链接服务，使数据库系统与超媒体系统在体系结构上统一起来。这种模式从逻辑上讲思路与前面介绍的四种模式相同，但更加深化，实现起来难度更大。因为该模式将数据库中的单元数据要在逻辑上被重新组合成虚拟节点，然后根据数据间的内在联系建立节点间的链接。这样，超媒体系统就可以在不需要上述接口技术的前提下与数据库中的数据建立链接。这是一种值得研究的网络信息组织模式，首先要解决虚拟节点的链接技术问题。

这种模式的好处是避开了数据库系统的复杂性，只需用鼠标点击虚拟节点即可访问数据库中的内容。但不足之处是，在复杂的数据库内部建立虚拟节点之间的链接很困难。

(3) 基于超媒体结构的数据库系统

基于超媒体结构的数据库系统是一种基于信息资源扩展的必然要求，该组织模式以超媒体模型代替关系模型或面向对象模型来构造数据库管理系统。

超媒体模型是用超文本技术组织多媒体信息的数据模型，常见的有 Dexter、02HTS、OOHMDBS 模型等。以此模型为基础构建数据库系统，可充分体现各种类型媒体数据之间的自然联系，便于信息资源归类、组织，从根本上解决了超媒体系统和数据库系统在体系结构上和功能上的障碍，使两者融为一体。这种组织模式必定是未来发展的方向。其优点有以下几点：

1）超媒体系统与数据库系统之间是真正的无缝链接。

2）在数据库管理系统层上支持超文本链，使链的实现更高级、更方便、更适合超文本的特点。

3）在超文本系统中更加有效地进行并发控制、安全性控制、版本控制、事务处理等管理工作。

4）既可进行过程式查询，也可进行导航式查询，满足不同应用的需要。

5）从 DBMS 层次支持多媒体信息之间的内在联系，提供建模和管理功能，从而增强了对多媒体信息的表达和存储能力。

但先天不足的是超媒体数据模型的理论还很不成熟，只是探索阶段。因此，还有很多课题值得研究。随着 Web 应用的发展，网络信息资源如何分类及组织是一个重大的研究课题，如何能够在安全机制保证下，使因特网系统、办公自动化系统、信息管理系统结合起来，形成有机的整体，最大程度上满足各种信息组织管理的需求；在信息资源组织内如何以知识结构代替数据结构，这些都是未来亟待解决的难题。

4.1.3 网络信息资源组织的层次与内容

事物的结构与功能往往是对立统一的，事务的结构决定着事物的功能。网络信息组织的方式方法体系决定着其功能，而其功能往往又是预先设定的，因而往往又要求其以相应的结构予以保证。网络信息组织方式方法体系由其功能设定，它由层次要素依一定方式构成。网络信息组织的功能与方式方法体系由下列层次构成。

(1) 描述报道层次

描述是一种网络信息符号编码活动，它是多层次的。一次网络信息的描述是使用语言文字符号或图表动画符号，运用逻辑顺序方法进行编码性组织，描述记录成为文件、文本、文档、数据库。二次网络信息的描述是对信息载体的外部特征和内容特征加以描述纪录，运用著录方式方法或索引方式方法进行编码性组织，成为各种目录、索引。

网络信息组织通过目录和元数据著录的方式对信息载体的形式特征（题名、责任、版本、出版发行、载体形态、丛编、附注、信息载体标准编号及有关记载描述）和内容特征（排检项、分类、主体的描述）加以描述，集中报道相关、相同或相近学科、专业、主题的网络信息，及时准确地报道给用户，方便用户利用。目录和元数据材料又称为线索型信息，其功能是描述报道网络信息资源，为人们利用网络资源提供线索和指导服务。这种网络信息的组织方式以超文本方式为核心，包括各种目录、网址目录、主题菜单栏目、元数据等。

(2) 序化控制层次

序化是把杂乱无序的事务整理为有序的活动，也就是利用标识码（类目、类号、主题词、关键词、题名、责任者、出版者、时间、位置等）代替网络信息载体，通过标识码的编排（分类、主题词、年代、地区、字顺编排法）组织成为网络信息系统，把无序信息变成有序信息，方便用户以标识码查找利用，序化控制网络信息流向。

网络信息序化控制组织方式包括：搜索引擎（类目、关键词方式）和标识码的编排（分类、主题词、关键词、年代、地区、字顺编排法）方式。

搜索引擎信息组织方式：关键词搜索引擎方式，主体分类引擎方式，元搜索引擎。其他序化组织方法有：题名组织法，著者组织法，时序组织法，地序组织法，引文组织法。

(3) 揭示开发层次

揭示是运用各种方法（著录、分类、索引、文摘、评论、注释、综述等）将载体的外部信息与内部信息挖掘出来，报道给用户，以便用户能迅速地获取有关网络信息载体的信息，从而为准确地选择所需网络信息载体提供条件。

广义的开发有多个层次，包括信息序化开发、主题指示开发、知识浓缩开发、知识重组开发。

网络信息揭示开发的方式有超文本方式，指引库、导航库方式与虚拟图书馆方式，索引方式，数据方式，网站信息组织方式。这些方式主要运用信息技术，使网络信息组织的重要技术手段。

（4）浓缩增值层次

浓缩是将多余的、可要可不要的、可以省去的冗余信息去掉，使信息内容集中、专深，信息符号量减少，信息编码简洁、清晰，从而提高信息的密集度。信息的密集度又称浓缩度，是相对于信息用户而言的。以目录索引著录事项、元数据浓缩网络信息载体的外部特征和内容特征，提供用户查找网络信息载体的线索，是一种描述性浓缩。文摘省去冗余信息，提供比原文浓缩多倍的高密集度信息。综述、述评则往往是30篇原文的高度浓缩。

浓缩增值是通过选择、摘述、浓缩、归纳、总结等方法手段对信息资源进行加工整理，将网络信息中主要的、最新的信息内容揭示给信息用户，其信息产品是各种提要和文摘。

（5）聚焦重组层次

网络零次信息单元，数据依逻辑方法再现，重组网络信息单元联系成一、二次信息，一、三次信息依逻辑方法再现，重组网络信息单元联系，序化增值优化，这就是逐字句（全文）索引、文摘、书评、综述、述评对网络信息单元联系的再现、聚焦重组功能。

网络信息聚焦重组方式主要包括文件方式、自由文本方式、主页方式和网络三次信息组织方式。

4.1.4 网络信息资源组织的语言工具

网络信息组织有了更多新的特点，主要有对象多样化，信息组织的对象从各种类型的数据发展到更加丰富多彩的信息、信息链，甚至知识；信息组织的范围从文献内外部特征深入到信息单元、知识单元；信息组织的结果从静态的文本格式发展到动态的多模式的链接；信息组织的形式从数据结构发展到知识表示，即要求信息组织的透明化、易用性；信息组织的技术从手工单一发展到半自动化、自动化、智能化，即要求信息组织的标准化、兼容化。因此，人们给出了对应的语言工具。

（1）通用置标语言标准SGML

1978年，美国国家标准局（ANSI）将20世纪60年代IBM研究的通用标记语言GML（generalized markup language）规范成SGML（standard generalized markup language）标准。

1986年，国际标准化组织（ISO）发布了SGML的正式文本——SGML ISO8879：1986，使SGML成为通用的描述各种电子文件的结构及内容的国际标准，为创建结构化、可交换的电子文件提供了依据。

SGML是一种元语言，是用来描述置标语言的语言，适用于电子文档交换、文档管理和文档发布。SGML从结构和内容两个层次来描述文献，其核心是文档类型定义DTD（document type definition）。

SGML的优点是一种通用的文档结构描述置标语言，为语法置标提供了异常强大的工具，同时具有极好的扩展性，因此在数据分类和索引中非常有用。其不足之处包括复杂度太高、不适合网络的日常应用、开发成本高、不被主流浏览器所支持。

（2）超文本置标语言HTML

HTML在文件中加入标签，使其可以显示各种各样的字体、图形及闪烁效果，还增加了结构的标记，如头元素、列表和段落等，并且提供了到其他文档的超级链接。

HTML是Web上的通用语言，可以方便地制作网页、建立链接，使数据信息由线性组织转化成网状组织。

HTML可以出版在线的文档，包含标题、文本、表格、列表以及照片等内容；通过超链接检索在线的信息；为获取远程服务而设计表单；在文档中直接包含电子表格、视频剪辑、声音剪辑以及其他的一些应用。但HTML具有扩展性差、交互性差及语义性差等缺点。

（3）可扩展的置标语言XML

XML是由W3C于1998年2月发布的一种标准。它同样是SGML的一个简化子集，它将SGML的丰富功能与HTML的易用性结合到Web的应用中，以一种开放的自我描述方式定义了数据结构，在描述数据内容的同时能突出对结构的描述，从而体现出数据之间的关系。

XML文档是纯文本，可用从文本编辑器到可视化开发环境的任何工具创建和编辑，这使得程序可以更简单，它是基于内容的数据标识。XML可格式化，有了XML以后，数据和显示是分离的，可以为同一数据指定不同的样式表用于不同输出。XML具有很强的链接能力，可以定义双向链接、多目标链接、扩展链接和两个文档间的链接。XML易于处理，XML对格式的定义更为严格，并具有层次结构，处理起来更加容易。

4.1.5　网络信息资源组织的未来

未来网络信息资源组织还会有很多新的发展。目前来看“知识组织”会成为下一阶段的一个热点。

早在1929年英国著名的分类法专家布利斯就曾使用过这个概念。知识组织是对文献中所含内容进行分析，找到人们创造与思考的相互影响及联系的结点，像地图一样把它们标记出来，以展示知识的有机结构，为人们直接提供创造时所需要的知识。塞恩则建议按所谓“思想基因进化图谱”进行知识组织，结果是构造知识基本单元联系及影响的图。这与布鲁克斯的“知识地图”本质上保持一致，即“找出知识生产和创造过程的关键数据（知识单元），然后用图来标示其联系与结构，实现知识的有序化”。王知津等认为有广义和狭义之分。狭义的知识组织是指文献的分类、标引、编目、文摘、索引等一系列整序。广义的知识组织是针对知识的两要素进行的，是知识因子的有序化和知识关联的网络化。蒋永福认为，“知识组织是指为促进或实现主观知识客观化和客观知识主观化而对知识客体所进行的诸如整理、加工、引导、揭示、控制等一系列组织化过程及其方法。”

知识组织具有自动化、集成化、智能化的特点。在现代技术日益先进、信息与日俱增的时代，手工批处理海量信息的方式已被逐渐淘汰，采用自动化的方法组织信息、知识已成为事实；在知识组织中一个很重要的工具——数据仓库发挥了很大的作用。数据仓库是将整个机构内的数据以统一形式集成存储在一起，便于针对一定主题的、集成的、时变的、非破坏性的数据进行集中分析；在线分析手段（on line analytical processing，OLAP）是一种友好而灵活的工具，它允许用户以交互方式浏览数据仓库，对其中的数据进行多维分析，及时地从变化和不太完整的数据中提出与企业经营活动有关的信息。

1. 知识的表示

（1）主观知识的表示

主观知识存储于人脑中，对它的表示表现为复杂的人脑神经生理与心理过程。目前的科学发展尚未完全探明人脑主观知识表示的内在机制。

人工智能的专家系统对人脑的知识表示机制进行模拟研究。专家系统的核心是知识库系统，知识库中的知识存储方式及其推理输出规则，即为专家系统的知识表示方法。专家系统对专家知识的表示主要采取以下五种方式：

1）逻辑表示法。这种方法运用命题演算、谓词演算等逻辑手段来描述一些事实的性质、状况、关系等知识。它利用命题逻辑中的连接词符号建立演绎逻辑系统，可进行事实推理、定理证明等运算。

2）产生式规则表示法。这是一种前因后果式的知识表示模型，它由两部分构成：前一部分称为条件，用来表示状况、前提、原因等；后一部分称为结果，用来表示结论、后果等。其规则是：“IF（前件）THEN（后果）”，其意义是：如果IF（前件）满足，则THEN（后果）系统执行动作（或得出结论）。在一个专家系统中，专家知识、用户知识和背景知识，一般用产生式规则表示。如在文献检索专家系统中，用“IF…THEN…”规则能很方便地表达诸如标引规则、聚类规则、检索反馈策略等专家经验和思想。

3）语义网络表示法。知识的语义网络表现为某一领域知识概念之间关系的网式图。它由节点和弧构成：节点表示知识的基本概念，弧表示节点间的联系。语义网络表示法能够把知识因子和知识关联同时生成和表示，并以图的形式直观地显示出来。这种表示方法符合人类联想记忆的思维模式，因此在专家系统建设中得到广泛应用。

4）框架表示法。它的基本思想是根据人们以往的经验和背景知识，来推理当前事物的相关知识。一个框架由多个槽（slot）组成，每个槽又由一个或多个侧面（facet）描述，若干个槽共同描述框架所代表的事物的属性及其各方面表现。框架表示法能够深入全面地揭示事物的内部属性，适用于知识的深层表达。

5）面向对象的知识表示。面向对象的知识库管理系统通过类、对象、方法和属性等面向对象的概念来描述各种复杂对象及其行为知识，解决传统的知识库管理系统无法解决的问题，从而很好地表示了各种复杂的具有动态和静态知识的对象。它不仅能把各种不同类型的知识用统一的对象形式加以表示，并且利用对象的数据封装机制、继承机制等特性，较好地实现知识的独立性、隐藏性以及重用性。

（2）客观知识的表示

客观知识存在于各种类型的文献之中，具有确定的知识因子和知识关联结构。客观知识表示的任务就是把文献中的知识因子和知识关联用一定方式表示出来即可。对文献知识的表示，目前普遍采用分类标引法和主题标引法。其基本方法是先编制标引用词典，然后把文献知识特征与词典中的标引词汇进行相符性比较，最后把相符的词汇用其代号表示出来。

分类标引法是语法组织和语义组织的综合，基本上属于族性组织体例；主题标引法是以语法组织为主、语义组织为辅的综合组织，基本上属于特性组织体例；词族索引和范畴索引由于展现了主题词之间的等级关系和学科关系，因而基本属于语义组织体例，而附表和语种对照索引则属于语法组织体例。

2. 知识组织的工具

分类法和主题法是客观知识组织的基本工具。一方面，分类法和主题法是信息组织的基本方法；另一方面，由上述对客观知识进行表示的分析毫无疑问，分类法和主题法自然而然地成为客观知识组织的基本工具。

对于主观知识来说，其基本的组织工具是数据仓库。W. H. Inmon 是业界公认的数据仓库概念的创始人。20 世纪 90 年代初，他对数据仓库的定义是“面向主题的、集成的、稳定的、不同时间的数据集合，用以支持经营管理中的决策制订过程”。数据仓库是一个作为决策支持系统和联机分析应用数据源的结构化数据环境。数据仓库研究和解决从数据库中获取信息的问题。

4.2 网络信息资源组织的分类与主题体系

分类法和主题法是广泛使用的两种信息组织方法。分类法的基本特征是知识的系统性，主题法的基本特征是知识的特指性。分类法根据科学领域划分门类，归类的标准是知识的科学性质。由于同一对象可以从不同的科学角度去研究它，因而关于同一对象的资料便分入不同的学科、不同的类。主题法归类的标准是知识对象的本身，而不是知识的科学性质，这样就集中了不同观点、不同方法去研究同一对象的资料。

分类法和主题法的差异形成了各自的特点，显示出两者互有长短、各有千秋。但它们并不是互不联系，而是在发展中互相渗透、互相结合、互相取长补短。

分类法以概念划分和概括的原理为其理论与方法基础，形成按学科分类的信息组织体系，而主题法则经概念分析与综合原理为其理论与方法基础，形成按字顺的信息组织体系。它们的出发点是相同的，都是从信息集合的主题出发。分类法的类目和主题法的标题某种意义上都可以说是主题。两者彼此关联、相辅相成，从构成原理、系统组织和效率等方面都具有共同的特点和不同的区别。

其主要共同点表现在以下几个方面。

(1) 逻辑原理相同

分类法和主题法均是表达概念，以学科分类为基础，采用概念划分与概括的逻辑原理，对概念从总到分，形成上、下级概念隶属关系和同级概念并列关系——概念的学科等级体系结构。对主题词的分类组成的主题词概念的学科等级体系结构，对类目的分类组成类目概念的学科等级体系结构。在揭示、描述内容时均用相同的逻辑概念与知识分类的原理和检索文献的基本方法建立的体系结构。

(2) 性质作用相同

分类法和主题法都是人们为了收集文献、储存文献和检索文献而创立起来的人工语言，用于揭示文献主题内容，集中相同的文献、把不同的文献区别开来，对大量、无序的文献资料进行有序化组织、整理的总体功能。

(3) 相同的工作程序

分类法把主题内容通过分类法转换成分类语言号码标识，建立分类检索系统。主题法将主题内容转换成标题词语达到直接揭示文献内容的目的，建立主题检索系统。二者首先要对主题内容进行分析、概括从而确定概念，再以题名页、版权页、内容、提要及正文等作为信息源，然后在分类表或主题词表中选择与之相应的标识符号。

分类法和主题法既有相同的共性方面，又有各异的特性方面。分类法和主题法相互区别的特性来说，主要表现在以下几个方面。

（1）体系结构不同

分类体系结构的主体是逻辑次序，以概念划分与概括的原理为其理论与方法。这种体系结构充分揭示事物之间的关系，按学科体系逻辑关系展开的等级系统，按知识分类层次划分与设置的类目，遵循从总到分，从一般到特殊，从低级到高级的逻辑次序。主题法体系结构的主体是字顺系统，以主题词的字顺系统及相互关系直接显示文献主题内容检索系统——以字顺组织为主体结构。这种体系结构是为了满足事物进行专指性检索的需要，以人为的范畴分类、词族划分等辅助工具，对照的索引与复合标题的轮排索引等，用以揭示概念之间的关系。

（2）所揭示文献的角度不同

分类法是按学科体系揭示文献内容所属学科专业，着眼事物的学科性质，揭示事物属于什么学科门类。文献内容之间的联系是通过序级性的标识符号而表达出来，为人们从知识的角度利用文献提供方便。主题法是按文献所论述的主题对象、持定事物揭示文献，主题法着眼于特定事物，具体问题和对象。其参照系统及范畴索引、词族索引等也按一定的族系揭示文献。它不注重学科之间的逻辑关系，只是对特定事物及其他各部方面的问题进行探讨和研究。

（3）对信息的集中与分散方面的不同

分类法由于受到学科体系的制约，这就必然将同一事物或同一主题的文献分散在各个不同的学科门类之下，但把同一学科性质的图书资料集中。主题法是具有按事物集中文献的特点将相同主题的文献由于标有相同的词语标识而聚集在一起，但把同一学科领域的文献分散。

（4）显示语义关系的方法不同

分类法类目之间的语义关系，用类目之间的等级层次来显示上下位置的从属关系，有从属关系、并列关系、交替关系、相关关系。主题法经主题词概念之间的属分、同义及相关语义关系是通过主题词款目的参照项表示出来的。主要有同义关系、属分关系、相关关系三种。

4.2.1　网络信息资源组织的分类体系

20世纪90年代以来，伴随着信息资源网络化、数字化的发展，网络信息资源从数量到内容都有了突破性的增长。网络信息资源的内容和形式都十分丰富，是集文字、图像、声音视频于一体的多媒体信息。为充分开发网络信息资源，网络信息的生产者与提供者必须采用符合人们思维方式的、科学合理的方法来组织信息。网络信息分布广泛而分散，超文本组织方式使数据难以规范和结构化，网络信息的内容特征抽取变得复杂，用户对应用界面的要求也提高了。目前，除根据信息外表属性组织信息之外，更多的情况是按照网络信息内容特征来组织，基本形成了分类与主题两种组织方法。

1. 网络信息分类法与传统分类法比较

网络信息资源分类与传统分类都是对信息载体进行分类。但网络信息资源分类与图书分类有着明显的区别，主要表现在以下几个方面。

(1) 内容范围

传统分类法以文献收藏部门为使用对象，门类的资源较少。文献的出版是受控制的、内容是经过一定筛选的，分类体系具有稳定性。网络信息分类法以搜索引擎或大型网站为使用对象，网络信息总体上是不受控制的，几乎包含了人类一切知识领域，要求其具有高度的灵活性和适应网络信息的动态性。网络资源中的新闻室、聊天室、多媒体、BBS等多种资源类型，在内容分布上新兴科学技术、商业、娱乐性的资源数量较多。

(2) 分类对象

传统分类法以物理的、实体的文献，如印刷型文献、磁带、光盘等古今中外图书资料等各种知识载体为主要处理对象，对文献的内容进行标引和整序。网络信息分类法以数百万计服务器上的信息资源为处理对象，对它们进行组织筛选，信息数字式、多媒体、动态、虚拟的。网络信息资源非常丰富，往往属于多主题，学科的分类不是很清晰，交叉学科、边缘学科比比皆是。而图书的内容主题相对单一，学科分类相对清晰。

(3) 分类依据与目的

网络分类体系一方面要以科学分类为基础，另一方面要体现网络信息资源的各种特点，许多类目的设置与排列有着适应人们有效利用网络资源的特殊性。它表现为一个结构化的从大类到小类的目录清单，一般不需要一套标记符号。传统分类体系一方面以科学分类为基础，另一方面需体现图书资料的各种特点。其表现形式是各种类目采取线性排列的形式，由一套标记符号来表示各种类目及其相互之间的关系。

(4) 功能与作用

传统分类法通过对全部文献标引，编制分类检索工具，组织分类排架，分类标引基本是手工的。网络分类的任务是揭示网络资源的特征，把具有某种或某些相同属性特征的资源地址聚集起来，使成千上万的资源地址形成一个符合人们检索习惯的体系。网络分类法通过对网络信息的标引，建立网络信息分类导航系统，提供浏览式检索手段，分类导航系统的建立和维护主要是手工式的，也有人机结合。其作用主要是为组织资源地址与编制网络工具提供先决条件。

2. 网络分类体系设置

网络信息分类导航系统中查询界面、类目体系、各级类目及其链接的网络信息是它的分类法部分。

基本大类的设置在整个分类体系中占有十分重要的地位。它是分类体系的一级类目，是分类法基本框架的体现，也是所含信息内容范围的划定。基本大类的设置与检索工具的性质、学科发展水平及信息资源的数量密切联系，通常应做到类目划分均衡、涵盖面广。传统的文献分类法一般以学科为中心设置基本大类，从学科角度来展开类目。早期的文献分类法，如杜威法，由于当时学科门类不多，基本大类只设置了10个，比较概略。尔后编制的分类法逐渐增加了大类数目，一般以传统学科领域为基础，基本大类保持在20个左右。如《国会法》的基本大类有21个，《布立斯书目分类法》的基本大类有22个，《中图法》的基本大类有22个，《科图法》的基本大类有25个。与传统分类法不同的是大多数网络分类工具的大类设置放弃了以学科为中心来确定类目结构的传统，而采用以主题为中心或主题学科相结合的设类方式，形成与传统分类法不同的直接性、通用性相结合的类目设置方式。大类的数量一般保持在14～18个。另外，这些分类法还着重考虑信息量、信息内容的重要性及使用频率。表4-1给出了6个国内外比较典型的分类搜索引擎的大类体系。从表大类体系的划分情况看，国内外网络分类目录在大类设置方面有以下特点。

表4-1　有代表性的搜索引擎的大类体系

Yahoo!	Hotbot	Magellan	搜狐	新浪	网易
娱乐	艺术与娱乐	汽车	娱乐休闲	娱乐休闲	经济金融
艺术与人文	商业与货币	商业	电脑网络	求职与招聘	公司企业
休闲与生活	计算机与互联网	商业	卫生健康	艺术	电脑网络
电脑与因特网	游戏	计算机	工商经济	生活服务	社会文化
商业与经济	健康	教育	教育培训	文学	新闻出版
区域	家庭	娱乐	生活服务	计算机与互联网	教育学习
健康与医药	新闻媒体	游戏	公司企业	教育就业	娱乐休闲
科学	参考	健康	艺术	体育健身	体育竞技
新闻与媒体	地区	家庭	社会文化	医疗健康	艺术

续表

Yahoo!	Hotbot	Magellan	搜狐	新浪	网易
社会与文化	科学与技术	星相	文学	社会文化	文学
参考资料	购物	生活方式	新闻媒体	科学技术	科学技术
教育	社会	新闻	政治/法律/军事	社会科学	医药健康
政府与政治	运动	聊天在线	体育健身	政法军事	政法军事
社会科学	旅游娱乐	参考	科学技术	新闻媒体	旅游自然
		关系	社会科学	参考资料	生活资讯
		购物	国家地区	个人主页	少儿乐园
		运动		商业经济	情感绿洲
		旅游		少儿搜索	个人主页
					时尚搜索

（1）采用以主题为中心或主题与学科相结合的两种设类方式

以主题为中心或主题与学科相结合的两种设类方式直接性和包容性好，使用十分普遍。从表4-1中可以看出，除Magellan的大类基本上以主题、对象为中心设置外，其他搜索引擎在不同程度上采用了主题对象与学科相结合的设类方式。

（2）突出热门类目

将那些重要的、信息量大的、用户感兴趣的、访问频率高的类目设为一级类目，突出其类目级位，方便用户检索。例如，搜狐主页将“新闻媒体”、“卫生健康”、“社会文化”、“娱乐休闲”等设为一级类目，与“社会科学”并列。相反的，大类的设置弱化了科学技术、学术性类目的设置。

（3）提供多维检索入口

除按主题、学科设类外，一般还从地区、资源类型、机构等角度设类，便于用户从不同角度检索，如Yahoo!、Hotbot、搜狐等都提供从地区和资源类型检索的入口，网易还直接将个人主页、公司企业等设为一级类目（表4-1）。

4.2.2 网络信息资源组织的主题体系

主题法在网络信息组织中也是非常重要的。这主要表现在关键词表、主题词表和标题词表的应用。

由于关键词法具备很多优点，如在标引时不必查表，选词、标引速度快，成本低；不依赖专职标引人员，可由作者或机器自动标引；不存在人为性或滞后性，能及时应用最新的提法以及最新词汇等。因而，目前由搜索引擎软件自动建立的网络信息资源索引数据库所支持的就是关键词检索。但是，由于关键词法未进行同义词及反义词控制，未能揭示词间关系，这种关键词检索的致命缺点就是检准率太低。人们提出网络信息检索应导入受控语言机制，使用后控词表即“标引不控制-检索控制”模式是改进关键词法性能的比较有效的措施之一。

少数搜索引擎中提供主题词检索方式，在用户界面上，可直接浏览主题词表，从中选中主题词，作为搜索引擎的检索提问。用户可以在检索界面中修改检索提问，也可返回到主题词表界面重新选择主题词。其共同的特征是词表内超文本导航。

标题词表在网络信息组织中的应用可以分为两种情况：检索前使用，即通过标题词表规范用户的检索表达式。用户可以首先在网络信息组织工具提供的词表中检索到标准标题词及相关联的词汇。以该词作为检索词，点击表中超链接即可得到检索结果；检索后使用，即在给出用户所用检索表达式，得出检索结果的同时，提供相关词作为用户进一步检索的线索，用户可自由进行扩检和缩检，从而提高检索效率。

（1）主题法在网络信息组织中的运用

主题法在网络信息组织中的使用主要表现为两种方式：一是使用现有词表（叙词表、标题表）组织网络信息。目前，使用现有词表组织网络信息的还不多，主要是美国《国会图书馆标题法》（LCSH）和《医学标题表》（MeSH）被一些网络信息检索系统采用。采用LCSH的系统有Cyber Hound Expert Search、Electronic Journal Subject Index等。采用MeSH的系统有Clini Web Browse、Alphabetical List of NLM Sections等。二是广泛采用关键词法。关键词法是将信息原来所用的能描述其主题概念的关键词抽出，不加规范或只作极少量的规范化处理，按字顺排列，以提供检索途径的方法。由于关键词法具有种种优点，关键词的抽取可以完全自动化，因此关键词检索在网络中的应用相当广泛。目前，大部分搜索引擎的索引数据库几乎都采用关键词法进行信息组织，如AltaVista是关键词型搜索引擎的典型代表。

主题法包括标题法、单元词法、叙词法和关键词法。鉴于关键词法的广泛使用，本节将重点讨论关键词法在网络信息组织中的应用。关键词法是直接使用自然语言的一种方法，关键词法的优点概述如下：①关键词是信息中使用的自然语词，依事物聚类，表达主题直观、专指，便于特性检索，可以保证有较高的检准率。②关键词具有较强的组配性。搜索引擎的布尔逻辑检索就是通过布尔逻辑算符把一些具有简单概念的关键词组配成为一个具有复杂概念的检索式，用以表达用户的检索需求。③采用关键词法，不存在词汇滞后问题。④在联机网络环境下，关键词语言具有广泛的用户基础，它的检索习惯和技巧容易被用户所接受。⑤关键词的抽取可以完全自动化，用它来组织揭示信息速度快、成本低。以上优点是关键词法在网络信息组织中得到广泛应用的主要原因。

主题法在网络信息组织中存在的缺陷。关键词属于自然语言，不作词汇规范和词间关系显示是它的最大特点亦是它最大的缺陷。由于概念与语词不能一一对应，容易造成检索内容的分散，由于不能显示概念间的关系，难以进行族性检索。在网络环境下，采用简单的关键词检索，检索效率都很低，普遍存在着检索结果过多尤其是不相关内容过多的问题。

（2）主题法在网络信息组织中发展

关键词固有的缺陷，使关键词检索方法在网络信息检索中难以得到令人满意的检索效果。虽然大多数搜索引擎都采用了增强关键词检索功能的基本措施，如布尔逻辑检索、搜寻范围限定检索、二次检索、检索结果相关度排序等，但这些措施还不可能彻底消除关键词检索的缺陷。要提高关键词的检索效率，就必须介入人工语言的因素，在保留自然语言易用性优点的基础上，充分发挥人工语言对信息进行系统组织和对自然语言进行规范控制的作用。目前，较一致的看法是采用后控词表的方法。

使用后控词表是改善关键词法性能的有效措施之一。后控词表采取的是“标引不控制-检索控制”的模式。张琪玉教授指出，后控词表中的控制词并非直接用于标引，而是对作为信息检索标识的自然语言进行控制，建立等级、等同、相关关系。因此，在后控词表中，标引-检索用词是自然语言，非标引-检索用词却是人工语言。后控词表作为一种用户接口，它成功地实现了自然语言与人工语言的转换，克服自然语言由于不规范和缺乏语义关联性而对检索不利的问题。随着机读词表的进一步发展及语言处理技术的突破，实现对关键词的后控制是完全可能的。

（3）网络信息组织的发展方向——分类主题一体化

分类法与主题法是网络信息组织的两种基本方法，但分类检索与主题检索是完全独立的两个系统，两者没有内在的联系。单纯使用分类和语词的方法组织信息，都满足不了网上用户的查询需求，面对因特网上浩如烟海的信息，用户更需要多种多样的检索方法、功能更完备的检索方法和更加智能化的检索方法。

分类法的族性检索与主题法的特性检索反映了人类思维的两个不同侧面，分类主题一体化是网络信息组织的发展趋势，是自然语言与人工语言的一体化，两者的结合是功能上的互补与增强，它能克服分类法单纯以学科聚类，主题法单纯以事物聚类的局限性。分类主题一体化的实质是在类名、主题词、关键词之间建立对应关系，以便互相转换、互相控制，从而为用户提供分类的、主题的、分类主题的信息检索功能。分类主题一体化的信息组织模式在优化检索性能上的作用可归纳为：①分类与主题组配检索。把对某主题、某事物的关键词检索限定在某一类目范围内进行，以排除无用信息，提高检准率；或在类目范围内进行关键词检索，把检索范围控制在一定的知识领域内，达到精确检索的目的。②实现系统的扩检、缩检功能。例如通过关键词与主题词的对应，将关键词转换成主题词，再转换成多个同义关键词进行扩检，从而提高检全率。或通过分类与主题的对应，实现系统的缩检功能。

（4）网络信息组织的分类——主题一体化模式

模式一：大类-主题词-自然语言。

在模式一中，大类基本采用传统的分类体系。这是因为传统分类法从学科专业出发，对事物进行分类，符合事物的客观规律；经过数十年甚至上百年的不断修订，一方面为大家所广泛接收，另一方面类目相对固定，体系结构的稳定性好。而且通常分类法的大类不多，如UDC仅有9个大类，DDC有10个大类，LCC有21个大类，中图法的类目相对较多，但是也只有22个大类。这些类目的划分科学、简洁，类目数量适合屏幕浏览。为了适应网络资源的特点，可以对这些类目进行适当的改造，比如增加新的大类，合并内容较少的类目等等。可以在三个方面着手进行改造：建立自动分类工具，补充术语，修订原有标题。

模式二中，二级类目及更细小的类目主要是从主题的角度划分。主题或者事物的角度有利于查准率，同时也适应网络信息的实际情况，符合普通用户的语言习惯。

从检索角度，在每个大类下面提供基于关键词的搜索入口。同时配备后控词表等机制，支持概念检索。自动添加相关词（同义词、近义词及其他相关词）或者提供相关词列表，由用户自己选择是否添加。这些功能在现有的搜索引擎中已经有所体现。

由于是在大类划分的基础上进行后控词表的管理，容易形成高质量的后控词表，一定程度上减少了词义模糊、一次多义等情况。

这种方式的优点在于，用大类限制了关键词的查找范围，大大减少了搜索结果的数量，提供了查准率。如果用户检索医学上的“内固定”，就不会出现“……市内固定电话……”的结果了。

模式二：较详细的分类，同时编制各个网站分类方法的统一转换接口。

模式二相当于针对分类方式建立元搜索引擎，完全采用的是浏览的方式组织网络资源。大类的设置还是以现有分类法为基础，二级及以下的类目的聚类标准是事物和主题。建立一种对应机制，或者说是一种转换表。这种转换词表可以称为标准网络分类表。每个自建的网络分类体系都与其有一个对应关系。用户对一种分类方式浏览的结果实际上得到了多个网络分类系统的结果，类似元搜索引擎，入口是一个引擎后台调用了多个浏览式搜索引擎。同时，由系统对来自多个网站的检索结果进行整合输出。

在纯粹的浏览式分类体系中，每个网络可以就某些热点问题单独放置在显著位置，相当于推荐阅读的作用，这部分内容是动态的，借以弥补固定分类体系的不足。同时对于某些交叉内容，应该多重列类，使得用户可以从多角度进行搜索。

模式三：基于关键词检索的优化策略。

鼓励用户采用更多的检索条件，尽量避免使用单一检索词。有统计表明，超过半数的用户仅仅使用一个关键词进行检索，这样往往导致检索结果数量过大，给用户的信息过滤带来不便。那么基于关键词的搜索引擎是否可以改变界面，让用户能够容易的想到使用多关键词呢？高级检索往往涉及很多专业知识，比如布尔逻辑。

高级检索包括布尔检索、精确查询、概念查询、截词查询、位置查询、字段查询、限制查询、管道查询、区分大小写、自然语言查询等。对于布尔检索，最常见的就是“与”、“或”、“非”。通常的搜索引擎都能提供这三种运算，但是能充分利用这些功能的用户不多，尤其是“非”运算是非常有用的。比如查找“申花”企业的消息，那么就需要用“非”来排除“申花”足球队的信息。字段查询在一些搜索引擎中已经使用，Google 可以在指定网域内进行检索新闻，比如“site：www. google. com”仅仅在 Google 的网站范围内查找。限制查询实现的更多，比如在百度中，用户可以选择查找新闻、网页、mp3、图片、网站、Flash 等，甚至可以嵌套限制，比如在 mp3 中还可以选择是歌词、全部音乐或者 rm、wma 等音乐格式。管道查询是指二次查询，即在查询结果中再进行查询，在主要的搜索引擎中都有这项功能，比如百度、Google 等。提供自然语言检索的网站有 Ask Jeeves、GoTo、InQuizit 和 LexiQuest，笔者对 Ask 进行试验，输入“show me a map of China”，结果输出了 4 幅不同形式的中国地图。

因为网络用户非常广泛，绝大部分属于非专业人员，服务对象多为一般用户。所以搜索引擎首先要考虑易用性。假设搜索引擎可以提供极其丰富的检索功能，但是使用它很困难，那么它的用户可能只有少数的专业人员会使用，尽管它的检索效果是最佳的。所以搜索引擎的易用性是前提，然后考虑如何实现更高层次的检索功能。就上面提到的高级检索而言，笔者认为布尔检索、管道查询、限制查询和概念查询是重要的，也是容易实现的。可以采用填表的形式，让用户完成检索提问。

4.3 元 数 据

4.3.1 元数据的含义

“元数据”（metadata）作为一个统一概念的提出首先起因于对电子资源管理

的需要。因特网的爆炸式的发展，使人们一时难以准确地找到自己所需的信息，人们就试图模仿图书馆对图书进行管理的方式，对网页进行编目。

"书目"作为元数据的一种形式在以图书为资源存在形式的相关行业应用了千百年，其他许多行业也都有自己的元数据格式，如名册、账本、药典等。传统的书目数据、产品目录、人事档案等都是元数据。元数据可以为各种形态的信息资源提供规范、普遍的描述方法和检索工具，为分布的、由多种资源组成的信息体系（如数字图书馆）提供整合的工具与纽带。离开元数据的数字图书馆将是一盘散沙，无法提供有效的检索和处理。

元数据可以成为下一代万维网——"语义万维网"（Semantic Web）的基石，通过表达语义的元数据，以及表达结构、关系和逻辑的等形式化描述，计算机能够对于数据所负载的语义进行理解和处理，从而赋予因特网以全球的智慧和惊人的能力。

元数据最本质、最抽象的定义为"关于数据的数据"（data about data）。它是一种广泛存在的现象，在许多领域有其具体的定义和应用。

目前元数据的一些常见定义有：数据的数据（data about data）；结构化数据（structured data about data）；用于描述数据的内容（what）、覆盖范围（where，when）、质量、管理方式、数据的所有者（who）、数据的提供方式（how）等信息，是数据与数据用户之间的桥梁；资源的信息（information about a resource）；编目信息（cataloguing information）；管理、控制信息（administrative information）；是一组独立的关于资源的说明（metadata is a set of independent assertions about a resource）；定义和描述其他数据的数据（data that defines and describes other data）（ISO/IEC 11179-3：2003（E））。

元数据是关于数据的数据，关于信息的信息（information about information），或描述数据的数据（data that describes data）。元数据也是数据，其本身也可以作为被描述的对象。元数据描述的对象包括各种不同资源类型，它们可以是图书、期刊、磁带、录像带、缩微品，也可以是其中的论文、科技报告以及各种形式的网络信息资源等；元数据描述的成分通常是从信息资源中抽取出来的用于说明其特征、内容的数据，如题名、版本、出版数据、相关说明等。

在图书馆与信息界，元数据被看成提供关于信息资源或数据的一种结构化的数据，是对信息资源的结构化的描述。其作用为：描述信息资源或数据本身的特征和属性，规定数字化信息的组织，具有定位、发现、证明、评估、选择等功能。

在信息系统中一般把数据看成是独立的信息单元，不管这里的"数据"是一本书、一个网页、或者一个虚拟的 URL 地址。元数据可以出现在数据内部、独立于数据、伴随着数据或与数据包裹在一起。

在数据仓库领域中，元数据被定义为：描述数据及其环境的数据。一般来说，它有两方面的用途。一方面，元数据能提供基于用户的信息，如记录数据项的业务描述信息的元数据能帮助用户使用数据。另一方面，元数据能支持系统对数据的管理和维护，如关于数据项存储方法的元数据能支持系统以最有效的方式访问数据。

在软件构造领域，元数据被定义为：在程序中不是被加工的对象，而是通过其值的改变来改变程序的行为的数据。它在运行过程中起着以解释方式控制程序行为的作用。在程序的不同位置配置不同值的元数据，就可以得到与原来等价的程序行为。

此外，元数据在地理界，生命科学界等领域也有其相应的定义和应用。

4.3.2 元数据的类型与特征

对于元数据的种类有不同的分类方法，按照不同的角度，元数据也有不同的类型。常见的元数据分类方法有按用途分类，数字图书馆使用的分类，按照元数据格式分类等。

(1) 按用途对元数据分类

元数据是描述数据的结构和建立方法的数据。按照其用途的不同可以分为技术元数据和商业元数据两类。

技术元数据是设计和管理人员用于开发和日常管理信息系统时使用的元数据。包括数据源信息、数据转换的描述、数据库内对象和数据结构的定义、数据清理和数据更新时用的规则、源数据到目的数据的映射、用户访问权限、数据备份历史记录、数据导入历史记录、信息发布历史记录等。

商业元数据从商业业务的角度描述了数据库中的数据，主要有业务主题的描述，包含的数据、查询、报表等。

元数据为访问数据库提供了一个信息目录，这个目录全面描述了数据库中都有什么数据、这些数据怎么得到的、和怎么访问这些数据。是数据库运行和维护的中心，数据库服务器利用他来存储和更新数据，用户通过他来了解和访问数据。

(2) 数字图书馆中使用的分类

在数字图书馆中，元数据常被分为描述型元数据、结构型元数据、保存型元数据和评价型元数据。

描述型元数据用来描述、发现和鉴别数字化信息对象，主要描述信息资源的主题和内容特征。如 MARC、都柏林核心元数据等。

结构型元数据描述数字化信息资源的内部结构，如书目的目录、章节、段落的特征。相对描述型元数据而言，结构型元数据更侧重于数字化信息资源的内在的形式特征。

保存型元数据也称为存取控制型元数据，是指用来描述数字化信息资源能够被利用的基本条件和期限，以及指示这些资源的知识产权特征和使用权限。

评价型元数据描述和管理数据在信息评价体系中的位置。

在数字图书馆中可有一种常见的元数据分类方法是将他们分为管理型、描述型、保存型、技术型和使用型元数据，如表4-2所示。

表4-2　一种元数据分类方法

类型	定义	使用实例
管理	用于管理与控制信息资源的元数据	采购信息 版权及复制记录 获取权利控制（密级） 馆藏信息 数字化选择标准 版本控制
描述	用于描述与标识信息资源的元数据，一般为手工制作的元数据	目录记录 专门索引 资源之间的超链接 用户所做的注解
保存	与信息资源的保存管理相关的元数据	资源的物理状态描述文档 有关保存资源物理或数字化版本的文档，如数据的更新与迁移
技术	与系统功能相关的数据或元数据行为模式	硬件及软件文档 数字化信息，例如格式、压缩比及缩放比 系统响应时间的记录 许可及安全数据，如密码及加密密钥
使用	与用户级别与类型相关的有关信息资源的元数据	展出记录 用户及利用记录 内容重用及多版本信息

对于一种更简单的编程模型来说，元数据是关键，该模型不再需要接口定义语言（IDL）文件、头文件或任何外部组件引用方法。元数据允许.NET语言自动以非特定语言的方式对其自身进行描述，而这是开发人员和用户都无法看见的。另外，通过使用属性，可以对元数据进行扩展。元数据具有以下主要优点。

1）自描述文件。公共语言运行库模块和程序集是自描述的。模块的元数据包含与另一个模块进行交互所需的全部信息。元数据自动提供COM中IDL的功能，允许将一个文件同时用于定义和实现。运行库模块和程序集甚至不需要向操作系统注册。运行库使用的说明始终反映编译文件中的实际代码，从而提高应用程序的可靠性。

2）语言互用性和更简单的基于组件的设计。元数据提供所有必需的有关已编译代码的信息，以供您从用不同语言编写的 PE 文件中继承类。您可以创建用任何托管语言（任何面向公共语言运行库的语言）编写的任何类的实例，而不用担心显式封送处理或使用自定义的互用代码。

(3）按照元数据格式分类

艺术作品描述，描述艺术作品的结构化工具，主要应用于艺术作品，珍善本和其他三维作品，它的描述重点在于“可动”的对象及其图像。它有 27 个数据单元，每一单元还包括若干子单元，包括主题、记录、管理等项目。

编码文档，主要用于描述档案和手稿资源，并利用网络检索和获取档案手稿类信息资源。其高层元素主要有头标、前面事项、档案描述。每一高层元素又包括多个小项以及若干细项。它能适应任何长度的目录和记录，并能描述在各种媒介上的所有类型的档案。EAD 体系由三部分组成：数据模型、SGML 文件类型定义和档案目录。

VRA 核心类目，最初是为在网络环境下对艺术、建筑等艺术类视觉资料的著录而起草，以后逐渐扩大应用到非艺术类顶域，目前 VRA 核心类目格式由两部分组成。作品著录类目用于任何一种作品实体或某种视觉文献所记载的原始作品（多为三维作品）的著录，包括作品类型、尺寸、主题等 19 个数据单元；视觉文献著录类目用于记载某种作品实体的视觉文献的著录，包括视觉文献类型、视觉文献格式等 9 个数据单元。

机读目录，广泛用于图书馆书目记录数据，是目前图书馆描述、存储、交换、处理以及检索信息的基础。MARC 记录的总体结构有以下特点：可变格式可变长字段的记录格式，采用目次方式，每条 MARC 记录分 3 个区（头标区，目次区，数据区）。

MARC 格式遵循 ISO27091981 规定，由以下几个部分组成，如图 4-1 所示。

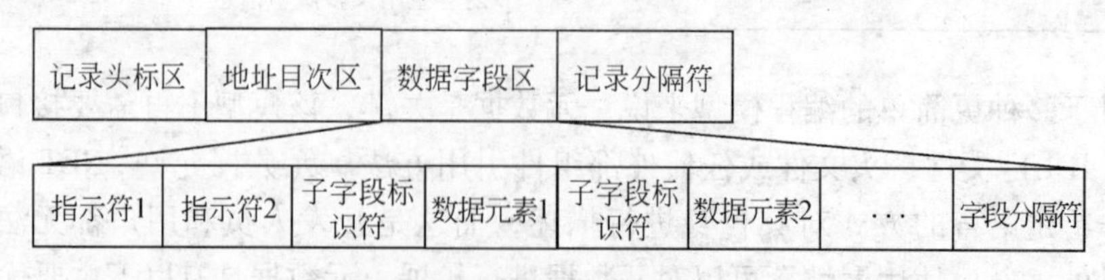

图 4-1　MARC 数据格式

MARC 为适应网络发展的需要，已经在原有的基础上增加 538 字段（系统需求和存取注释)、516字段（计算机文件类型或数据注释)、256字段（计算机文件特征）以及856字段（电子地址和存取)。同时，为了促进MARC在网络环境中得到进一步的应用，美国国会图书馆正在研究制定MARC的DTD（文献类型定义)，使得基于国际标准ISO2709格式的数据能自动转换到基于ISO8879的SGML格式上，适用于各类网络软件和浏览器。

都柏林核心集（DC)，DC元数据是在充分吸纳了图书情报界所具有编目、分类、文摘等经验，同时在利用计算机、网络的自动搜索、编目、索引、检索等研究成果的基础上发展起来的。它是描述、支持、发现、管理和检索网络资源的信息组织方式，其最大特点是数据结构简单，信息提供者可直接编码。DC有简单DC和复杂DC之分。简单DC指的是DC的15个核心元素：题名、主题等。与复杂的MARC格式相比，DC只有15个基本元素，较为简单，而且根据DC的可选择原则，可以简化著录项目，只要确保最低限度的7个元素（题名、出版者、形式、类型、标记符、日期和主题）就可以了。复杂DC是在简单DC的基础上引进修饰词的概念，如体系修饰词（scheme)，语种修饰词（lang)，子元素修饰词（subelement)，进一步明确元数据的特性。特别是通过体系修饰词，把MARC的优点和各种已有的分类法、主题词表等控制语言吸收进去。DC可以使用HTML语言的META标签（tag）的“NAME”和“CONTENT”属性进行描述，同时将每个单元都加了著录标记（label)，著录时既可以使用HTML语言为输出结果的网络产品形式，也保留了自己的著录标识和系统。但是由于HTML文档本身的结构不强，扩展能力差，描述内容的能力也较弱，因此不太可能成为今后数字化项目应用中主要的内容管理工具。在应用中将会更多地采用基于RDF的应用方法。

4.3.3　元数据的应用

1. 应用元数据的目的与作用

信息描述的结果，是获得描述记录亦即元数据，用作信息资源的代替物组织检索系统。一个元数据款目构成一个信息资源的基本数据，是检索系统的基本构成单元，它可以代表信息资源用来组织目录、索引、数据库、搜索引擎等检索系统。信息描述的目的，就是以元数据为中介，对信息资源进行各种操作。具体来说有以下几个目的。

1）确认和检索（discovery identification)，主要致力于如何帮助人们检索和确认所需要的资源，数据元素往往限于作者、标题、主题、位置等简单信息，Dublin Core是其典型代表。

2）著录描述（cataloging），用于对数据单元进行详细、全面的著录描述，数据元素囊括内容、载体、位置与获取方式、制作与利用方法，甚至相关数据单元方面等，数据元素数量往往较多，MARC、GILS 和 FGDC/CSDGM 是这类 Metadata 的典型代表。

3）资源管理（resource administration），支持资源的存储和使用管理，数据元素除比较全面的著录描述信息外，还往往包括权利管理（rights/privacy management）、电子签名（digital signature）、资源评鉴（seal of approval/rating）、使用管理（access management）、支付审计（payment and accounting）等方面的信息。

4）资源保护与长期保存（preservation and archiving），支持对资源进行长期保存，数据元素除对资源进行描述和确认外，往往包括详细的格式信息、制作信息、保护条件、转换方式（migration methods）、保存责任等内容。

元数据描述的作用一般分为以下几点。

1）识别，即确认并对要进行组织的信息资源进行个别化描述，使用户能识别被组织的资源对象。

2）定位，提供信息资源位置的信息，以便用户访问时使用。它可以是传统文献集合中信息资源的排列位置，也可以是数据库中的位置。在网络环境下，则主要为信息资源在网络中的地址，从而可以方便用户访问资源。

3）检索，通过在描述数据中提供检索点，便于用户对资源的检索和利用。传统检索系统一般需要在描述记录的基础上确定检索点，组织相应的检索工具，提供各种基本的检索途径：在电子检索系统中，一般可以利用描述数据，同时利用各种特征进行检索。

4）选择，通过记录信息资源的特征，诸如主题、作者、类型、物理形式、层次和日期等，供用户对信息资源的使用价值进行判断，决定是否使用该资源。

2. 元数据应用领域与程度

元数据在不同领域的应用需要根据不同领域的数据特点和应用需要，20 世纪 90 年代以来，许多元数据格式在各个不同领域出现，例如，

网络资源：Dublin Core、IAFA Template、CDF、Web Collections

文献资料：MARC（with 856 Field），Dublin Core

人文科学：TEI Header

社会科学数据集：ICPSR SGML Codebook

博物馆与艺术作品：CIMI、CDWA、RLG REACH Element Set、VRA Core

政府信息：GILS

地理空间信息：FGDC/CSDGM

数字图像：MOA2 metadata、CDL metadata、Open Archives Format、VRA Core、NISO/CLIR/RLG Technical Metadata for Images

档案库与资源集合：EAD

技术报告：RFC 1807

连续图像：MPEG-7

在元数据格式上不同领域的元数据处于不同的标准化阶段：

1）在网络资源描述方面，Dublin Core 经过多年国际性努力，已经成为一个广为接受和应用的事实标准；

2）在政府信息方面，由于美国政府大力推动和有关法律、标准的实行，GILS 已经成为政府信息描述标准，并在世界若干国家得到相当程度的应用，与此类似的还有地理空间信息处理的 FGDC/CSDGM；

3）但在某些领域，由于技术的迅速发展变化，仍然存在多个方案竞争，典型的是数字图像的元数据，现在提出的许多标准都处于实验和完善的阶段。

在元数据格式“标准化”程度上元数据开发应用经验表明，很难有一个统一的元数据格式来满足所有领域的数据描述需要；即使在同一个领域，也可能为了不同目的而需要不同的但可相互转换的元数据格式。同时，统一的集中计划式的元数据格式标准也不适合网络化环境，不利于充分利用市场机制和各方面力量。但在同一领域，应争取“标准化”，在不同领域，应妥善解决不同格式的互操作问题。

4.3.4　都柏林核心元数据

1995 年 3 月，都柏林核心元数据由 OCLC 与国家超级计算应用中心联合发起，52 位来自图书馆界、电脑网络界专家共同研究产生，目的是希望建立一套描述网络电子文献的方法，以便网上信息检索。后来形成“都柏林核心元数据”（Dublin core metadata，DC）标准，其基本方案是包括 15 个“核心元素”的集合，由 DCMI 负责维护。

都柏林核心元数据发展简史随着 WWW 的不断发展，网络上信息资源正呈不断增多的趋势。但随之而来的问题是，人们发现在海量的信息环境中，信息的查找和检索变得越来越困难。网络上充斥着各种各样的信息，但人们却不知道究竟该怎样才能找到自己所需要的信息。为了有效地解决查找网络资源这一问题，元数据这一概念被提了出来。元数据也被称为是关于数据的数据，它是专门用来描述数据的特征和属性的。由于电子文件所具备的多种多样的格式和控制方法，它们可能不能被每个人直接使用。因为也许人们不熟悉或不了解它的格式；也许它的内容被加密了；或者它只有在交费后才能被接受；也或者这个资源太大，存取起来既困难又费时。在这些情况下，元数据能支持用户决策过程。它包含的数据元素集就是用来描述一个信息对象的内容和位置，以便能在网络中方便的查找和检索。从元数据提供者的角度来看，元数据能改进文件的检索能力（非凡是搜索的精确性）以及对藏品的控制和治理问题。

1995年3月在都柏林召开的第一届元数据研讨会上，经过与会代表的商讨和辩论，终于产生了一个精简的元数据集——都柏林核心元素集（Dublin core element set），简称为都柏林核心（DC）。由于它的简练、易于理解、可扩展，及能与其他元数据形式进行桥接等特性，使它成为一个良好的网络资源描述元数据集。这次会议之后又召开了五次元数据研讨会，每次会议都对DC进行了一定的补充和修订，使DC在结构和功能上逐渐的完善起来。DC能较好地解决网络资源的发现、控制和治理问题，因此对于现在的数字图书馆研究很有意义。现在研究及采纳DC的各种项目已遍及美洲、欧洲、大洋洲、亚洲等地，DC已被翻译成了二十多种语言。1998年9月，因特网工程专题组（IETF）也正式接受了DC这一网络资源的描述方式，将其作为一个正式标准予以发布（RFC2413）。

1. DC1

1995年3月1～3日，第一届元数据研讨会在美国俄亥俄州的Dublin召开。会议由联机图书馆中心和美国超级计算应用中心主持。与会代表包括来自图书馆界、档案界、人文学界和地理学界，以及来自Z39.50和通用标记语言标准（SGML）集团的代表。

大会的目的旨在确定所研究的问题的范围，即是否只要一个简单的元数据元素集就能对网上的各种主题资源进行描述，会议为进一步发展描述电子资源的元数据元素的定义打下基础。

由于资源描述的广泛性以及复杂性使商讨的范围受到了限制。现在网络上的绝大部分信息对象都被看做是“文件”，而元数据记录是用来直接帮助发现因特网上的资源的，因此提出的一套元数据元素集旨在描述支持电子文件资源的发现的基本特性。而其他涉及成本核算或档案的信息，都不在商谈之内。

在这次会议中，专题组的目的主要是为了培养对当前问题的一般性的熟悉，以及主要涉及者可能会采取的解决方法，并提出一个核心元数据元素集来描述网络上的电子资源。会议目标主要是为了定义一个能被全球所理解接受的小的元数据元素集，它能答应作者和信息提供者自己来描述自己的工作，并能方便资源发现工具之间的互操作性。但是核心元素并不能满足非凡用户团体需要的对象描述。

这届研讨会最主要的成果是设定了一个包含13个元素的都柏林核心元素集，

或简称为都柏林核心DC。都柏林核心是在网络环境如因特网中，帮助发现文件类对象所需要的最小元数据元素集。而它的结构句法问题则作为一个执行细节没有进行具体说明。

DC1所定义的13个元素如下：

Subject：主题

Title：题名

Author：作者

Publisher：出版者

Other Agent：相关责任者

Date：出版日期

Object Type：对象类型

Form：格式

Identifier：标识

Relation：关联

Source：来源

Language：语种

Coverage：覆盖范围

2. DC2

第二届元数据研讨会是由UKOLN和OCLC组织的，它于1996年4月1～3日在英国的Warwick召开。

它旨在扩大第一届OCLC/NCSA元数据研讨会的影响。第一届会议主要围绕一个简单的资源描述记录的产生展开了讨论，即广为人知的都柏林核心元素集DC，并最终达成了共识。它可作为一个统一各种网络资源描述模型的基础。在Warwick召开的会议上，出席的人员有计算机专家，文本标识人员和图书馆专家。还有美国数字图书馆倡议项目的代表，英国JISC电子图书馆项目，以及欧洲和澳大利亚图书馆方面的代表。另外还有如MARC这样的标准制定团体及一些公司的代表。

第二届研讨会的目的主要是“确认能满足两个目的的执行策略：促进各学科和语言间的语意协作能力；定义一种可扩展的机制来支持对其他描述模型的更具体的描述和连接”。但研讨会的重点很快就转移到了可扩展性问题上，其他问题基本未被触及。主题组还讨论了句法（syntax）、国际化（internationalisation）、非凡符号集（character sets in particular）、对象描述与它们的集合间的间隔（the granularity level of object descriptions and their aggregation），及必要的用户指导

（necessary user guidelines）与促进工作（promotion work）等问题。

研讨会最主要的成果是提议了一个元数据的容器结构（container），它可以包含 DC 以及其他一些不同类型的元数据。DC 的 13 个元素则没有改变。这次会议产生的元数据结构的概念基础，被称为 Warwick 框架。这个框架和 Meta Content 框架，成为资源描述框架 RDF（resource description framework）发展的核心。

Warwick 框架具有两个方面的重要性。首先，它提供了一个广阔的定义和使用各类元数据的结构框架。其次，把 Warwick 框架作为一个环境，它能答应有特定目的的元数据集开发者对自己的工作进行限制和集中，使其他对元数据感爱好的团体能独立的在满足自己特定需要上取得进展。RDF 是在 W3C 的主持下开发的，它是对结构化的元数据进行编码、交换和再运用的一个基础结构。RDF 能答应在一定的语义、句法和结构中进行元数据之间的交互性操作。RDF 为基于网络的元数据，包括超出在资源内嵌入描述性的元数据的各种元数据联合模型提供了一个灵活的句法结构基础。随着内含元数据越来越受重视，DC 和 Warwick 框架需要在浏览器和搜索服务提供者间得到提倡。1996 年由 W3C 赞助的“分布式索引和搜寻研讨会”，其中一个议题就是从计划资源收集和出版元数据的标准。例如，是否应将 DC 元数据说明加入 HTML 来改进 HTML 文件的可搜索性。

3. DC3

1996 年 9 月 24 ~ 25 日，由网络信息联盟（CNI）和 OCLC 在美国的俄亥俄州的 Dublin 组织了第三届元数据研讨会。

会议专门围绕在网络环境中描述图像和图像数据库的问题进行了讨论。参加的专家包括来自计算机学、图书馆学、联机信息服务、地理信息系统、博物馆和档案馆的控制，医学图像和其他领域的专家来探讨网络图像资源的描述问题。其目的在于促进描述、发现和组织网络图像和图像数据库资源的标准和协议的发展。

本次研讨会主要集中讨论了静止的图像，如图片、幻灯片和图解。而动态的图像，如电影、录像之类都不在考虑之列；另外也不包括文本对象的图像，如传真页面等。DC 将确定符合所有学科的对图像和图像基地的普遍需要，如艺术、建筑、机械工程、医学、生命及社会学。

第三次的研讨会达成了一种共识，认为 DC 在 Warwick 框架中，可作为一个在网络环境中用于图像发现的简单的资源描述模型基础。

在第三次元数据会议中对 DC 的几个元素进行了修改，以使它们不至于过分以文本为中心。另外还在原来 13 个元素的基础上又新增加了两个元素：Description（描述）和 Rights（权限）。Description 与 Subject 现在成为两个独立的元素，因为图像专家认为它们对于图像来说是两个截然不同的概念。这样，Subject 将包括要害字，控制词条和正式分类指定标准。而 Description 则用于图像方面的描述性文字或内容描述，并包括文本文件下的摘要。权限治理字段（Rights Management）被认为是一个核心描述记录的必要组成部分。它对于图像描述极其重要，因此假如不包括这一元素将阻碍 DC 在图像领域的广泛应用。

4. DC4

1997 年 3 月 3 ~5 日，第四届元数据会议在澳大利亚首都堪培拉召开。本次会议的主持者是 OCLC、DSTC（the Distributed Systems Technology Centre）和 NLA（the National Library of Australia）。

本次会议最直接的结果就是产生了两大学派：最小主义学派和结构语言学派。

最小主义学派指出 DC 的最主要特征是它的简约性。这种简约性对创造元数据（如由对编目技术不很熟悉的作者）和利用工具（如对细节的限定词或编码策略起的作用不大的索引引擎）来使用元数据是非常重要的。只有当一个简单的核心元素在各种情况下所蕴涵的意义都相同，才能达到在各团体间的语义互操作性这一目的。附加的限定词能指定、修正并具体说明元素的含义。由于这些将在不同的时间由不同的集团以不同的方式来完成，因此在元素的语义方面也许会出现变化，这在一定程度上会影响语义互操作性。

结构语言学派也意识到了在更灵活的正式的扩展和限定元素交换方面会出现元素语义变化的危险，但却认为最重要的是元数据内容的限定能力。

DC4 正式确定了附加的 DC 限定词（堪培拉限定词），它们是 Scheme（模式体系）、Lang（语言描述）和 Type（属性类型）。

Scheme 限定词用来确定给定元素的遵从的已有的或正在讨论中的一个体系结构中的合法值，如分类表、专题词或各类代码表。如一个 Subject 字段可以是一个体系限定为 LCSH（Library of Congress Subject Heading）的数据。Scheme 限定词对应用软件或应用人能提供一个处理线索，以使被限定元素能更好地使用。然而在其他情况下 Scheme 标识符对字段的使用、日期的翻译都非常重要。

Lang 这一限定词指定了元素值的描述字段的语言，而不是资源本身的语言。由于网络上的多种语种问题越来越突出，这个限定词也变得越来越重要。迄今为止，英语被假定为是网络上的语言，但这一现象正在改变，确定资源本身和资源描述的语言问题变得极为重要。

Type（Sub-element Name）属性类型（子元素名）这个限定词指定了给定字

段的一个方面。它的用途是缩小字段的语义范围。它同样可被看成是一个子元素名，Type 限定词改正的是元素的名称，而不是元素字段的内容。Type 是 DC 限定词中争论最大的词。在明确定义可接受的类型以及怎样定义上有一些逻辑困难。在某种意义上，它不是一个限定词，而是元素名本身的一个子集。

5. DC5

1997 年 10 月，在芬兰首都赫尔辛基召开了第五次元数据会议。

赫尔辛基会议最直接的工作是 DC 的 15 个未限定元素的定义的讨论尘埃落定。一直以来 DC 的大多数元素都得到了广泛的无争议的接受，但是其中仍有几个元素在含义和使用上存在着分歧。这几个元素是 Date（日期）、Coverage（覆盖范围）和 Relation（关联）。

Date（日期）这个元素在 DC 倡议的一开始就有问题。在资源的生命周期中有很多重要的日期。经过讨论后，代表们认为日期的原始含义应该是：一个与资源创造或可获取性有关的日期。尽管很多人认为这个概念仍很模糊，但是限定的 DC 元素应用中的各种日期类型的具体说明，也许会起到一点安慰作用。

Coverage 元素在 DC 开始讨论时也是存在问题的。该元素所包含的内容在第一次会议上就展开了激烈的辩论。最后它可被理解为资源知识内容的时空特征，其范围所包括的资源可以是从以图像显示的地理参考（geographically-referenced）数据到天文测量数据集。关于覆盖范围元素的应用目的最后也达成了共识，即为了支持资源的空间参考（spatially-referenced）。用覆盖范围来确定一个时间段也是被答应的，但这与 DC 中的 Date 元素是不同的。另外，将来在覆盖范围中将加入更复杂的限定体系方案。可以想象如一些邮政代码体系、人体基因体系或一个天体物理体系等，每一种都是按不同团体的需要而设定的。

关联元素和 1∶1 原则（relation and the 1∶1 principle）即使是在传统的参考书目中，相关文献间的复杂关系也很难进行一致的说明。在电子领域，由于它其中充斥着更多的变量和翻译，因此使这个问题变得更严重了。对于那些从别的资源中抽取出的本身也有自己的元数据的资源来说，要提供一个连贯一致的元数据就更困难了。而这对于图书馆和博物馆来说却是一个基本要求。这个问题在赫尔辛基也成了一个讨论的重点。讨论的结果是最后得出一个 1∶1 原则——每个资源都要有一个分立的（discrete）元数据描述，而每一个元数据描述所包含的元素必须与一个单独的资源有关联。

6. DC6

第六次元数据会议于 1998 年 11 月 2～4 日，在美国的华盛顿特区举行。会议的主要议题将是DC与其他资源描述方案之间的互操作性。

目前可以通过现在国际上有关Dublin Core的研究已进行得如火如荼，越来越多的项目都采用了DC，有关各个DC执行项目的情况可从http://purl. oclc. org/docs/core/projects网页上获得（表4-3）。

表4-3　DC年会基本情况

DC年会	时间	地点	组织者	主要成果
DC1	1995. 3	美国俄亥俄州都柏林	OCLC/NCSA	提出13个元素的核心集
DC2	1996. 4	美国沃维克	UKOLN/OCLC	提出Warwich Framework
DC3	1996. 9	美国俄乡俄州都柏林	CNI/OCLC	核心集编程15个元素
DC4	1997. 3	澳大利亚堪培拉	CLA/DSTC/OCLC	修饰词/HTML置标
DC5	1998. 2	芬兰赫尔辛基	OCLC/NIF	完成简单DC方案
DC6	1998. 11	美国华盛顿特区	LOC/OCLC	提出向上兼容原则
DC7	1999. 10	德国法兰克福	DDB/OCLC	DCMI可持续发展
DC8	2000. 10	加拿大渥太华	NLC/OCLC/IFLA	提出并讨论应用纲要AP
DC2001	2001. 10	日本东京	DCMI/JST/CRL/ULIS	第一届国际DC元数据研讨会
DC2002	2002. 10	意大利佛罗伦萨	DCMI/AIB/BNCF	第二届国际DC元数据研讨会
DC2003	2003. 10	美国西雅图	ISUW/DCMI/UWL	DC抽象模型
DC2004	2004. 10	中国上海	SL/DCMI/LCAS/NSTL	

4.4　网络信息构建

4.4.1　信息构建的含义

1. 信息构建的含义

信息构建（information architecture，IA）是19世纪70年代中期兴起、90年代末期得到广泛推崇和快速发展的一种信息组织和管理的理论。自90年代末期以来受到了各方瞩目，发展势头迅猛，甚至其理论的创始者沃尔曼（Richard Saul Wurman）先生对它似乎在一夜之间风靡世界的情形也始料不及。

信息构建是美国建筑师沃尔曼先生在1975年创造出的一个新词汇。非常难得的是，作为建筑师的沃尔曼注意到了其他建筑师同行无暇顾及的现象，他以自己独特的视角和非凡的抽象概括能力关注信息的收集、组织和表示问题，并在满足使用者需求这一相同点上，将信息的收集、组织和表示与建造建筑物所要解决的问题相比较，认为客观知识空间的有序化与建筑物设计时的物理空间的有序化之间有着共同之处，因此他将信息的序化问题视为一种服务于特定目标的建筑设计工作，创造性地提出了IA这个词汇和相应的研究领域。

IA的提法及相关的认识在其创建之初并没有引起社会的广泛认同，但是近年来随着计算机网络应用的普及化和网络空间的扩大化，随着信息生态环境问题的日益严峻，关于IA的提法逐渐在西方国家风行。美国信息科学技术协会（ASIST）自2000年以来连续7年召开专门的IA峰会，对IA的研究从最初的含义理解和探讨逐步深入到对IA实践的理论指导，学会还成立的专门的IA兴趣小组，会刊也出版了IA专集。

IA的理论和实践问题也逐渐引起了情报学界的极大关注。信息构建是一个崭新的研究领域，目前还没有非常完备的理论提炼，信息构建活动作为一个客观实在，有着其实质和内涵。基本含义是组织信息和设计信息环境、信息空间或信息体系结构，以满足需求者的信息需求、实现他们与信息交互的目标的一门艺术和科学。它包括调查、分析、设计和执行过程，涉及组织、标识、导航和搜索系统的设计，目的是帮助人们成功地发现和管理信息。

目前学术界还难以对IA做一个权威性的界定，关于其定义还没有完全达成一致的看法。参照美国情报科学与技术协会2000年峰会的定义及沃尔曼和其他一些学者的看法，可以将IA定义为组织信息和设计信息环境、信息空间和信息体系结构，以满足需求者的信息需求，实现他们目标的一门艺术和科学，包括调查、分析、设计和实施过程，涉及组织、标识、导航和搜索系统的设计。

2. 信息构建原理

根据信息构建活动中信息状态的特点，可以总结出信息构建过程中体现出来的四条基本原理。

信息片段集成原理，信息片段集成原理指信息构建过程是从信息片段的采集开始，对采集的信息进行内容和谐的、各种媒介和手段兼容的、综合的、多方面的集成的过程。集成过程最重要的问题有3个：一是和谐地集成信息资源；二是有效使用不同的交流媒介或工具并使他们能够彼此兼容；三是实现小屏幕大集成的功能。

信息集合序化原理，信息集合的序化原理是指信息构建过程中对信息集合中信息内容的组织和信息形式的表达实质上是增强有效信息含量，自觉控制信息结构体系中的熵值，形成有条理、合逻辑、主题鲜明、主次关系清晰的信息结构体系。

信息结构展示原理，信息结构的展示原理指信息建筑师为序化后的信息设计一个协调一致的、功能化的信息构架，实质上是通过信息界面表达它们，有效地展示自己的内容、风格和特色，让用户能感知信息结构中所存在的信息，可以方便地、心情愉悦地从中获得信息，满足自己的信息需求和实现自己的目标。

信息空间优化原理，信息空间优化原理指信息构建过程通过一系列手段和措施，在复杂的庞大的信息空间中帮助人们缓解信息环境造成的心理上的迷惑或行动上的困境，减轻人们认知负担，加强人们信息感知和信息捕捉能力，促进信息接受和利用。信息空间优化原理有宏观和微观两方面的表现形式。

4.4.2　信息构建的作用与意义

信息构建的理论与方法应该适合于所有的信息集合。众多的信息片段聚集在一起，形成了信息集合，当需要从复杂的、巨量的信息集合中有效地提取信息，我们就需要调动人的智能去组织信息内容，精心设计信息结构，建造一个优化的信息空间，让信息变得清晰、易理解、易获取和易使用。

1. 信息构建的作用

Louis Rosenfeld 和 Peter Morville 认为，信息构建的核心构成要素为网站的信息组织系统、标识系统、导航系统和搜索系统这四大系统。

（1）组织系统

组织系统负责信息的分类，由它确定信息的组织方案和组织结构，对信息进行逻辑分组，并确定各组之间的关系。组织系统涉及多种问题，如信息分块的标准、以用户为中心的设计、分类的模式问题等等。组织系统目的是生成一个良好的信息体系结构，将信息的内容块组成一个完美、和谐、统一、有机的整体。例如以主题分类法为主，辅助借鉴分面分类的优点对网站的主要内容进行了划分若干一级类目，每个一级类目下面设置了相应的二级类目。

网络信息组织模式说法不一，在信息构建中常采用主题树组织模式、数据库组织模式和超媒体组织模式。该部分参见本章第一节。

（2）标识系统

标识系统负责信息内容的表述，为内容确定名称、标签或描述。标识系统要给每个确定的类一个合适的名称，这个名称符合人们的使用习惯，又能够囊括和包含在该类下的所有项目的内容，能区分其他类的所有项目，也能够让人估计到点击后的结果。标引名称可以来源于控制词表或词库、专家或用户、已有的标识实践等。

标识系统要求类目名称的命名准确，语意表达清楚，无歧义。为提高质量，有时可以运用图标标识的方式来对重要内容进行突出标识。一些常见问题经常出现在一些网站中，如使用不规范的词汇；标识不具备表达性；含义模糊，难于理解；使用长句子作为标识；随意使用省略号，不能让用户做出判定；该省略的不省略，冗长的句子不能吸引注意力等。

（3）导航系统

导航系统负责信息的浏览和在信息之间移动，通过各种标志和路径的显示，让用户能够知道自己看到过的信息、自己的现在位置和自己可以进一步获得的信息内容。导航界面主要回答用户的三个问题：我在哪里，我去过哪里，我可以去哪里。

对于导航，每个有上网经历的人都不陌生，如Tab式导航、网站地图、软件中的菜单等。导航看上去简单，主要是页面上放置一些链接，通过这些链接用户可浏览和使用整个网站。网站的导航是网站内容架构的体现，网站导航是否合理是网站易用性评价和用户体验的重要指标之一。为了更好地提升用户体验，更好地对用户进行引导和消费转化，导航设计的科学性成为网站框架构成的重要部分。为了用户能方便地浏览网站内容，网站导航根据清晰、易用的要求，导航要清晰、全面并形成系统。因此导航设计是非常复杂和严谨的。

网站的导航机制一般包括全局导航、局部导航、辅助导航、上下文导航、友好导航和远程导航等。通过他们，网站体现对用户进行引导的因素。正确的网站导航要做到便于用户的理解和使用，让用户对网站形成正确的空间感和方向感，不管来到网站的哪一页，都很清楚自己所在的位置。

全局导航，又称主导航。它是出现在网站的每一个页面上一组通用的导航元素，以一致的外观出现在网站的每一页，扮演着对用户最基本的访问方向性指引。从网站的最终页面到达其他页面的一组关键点，无论你想去哪里，都可以在全局导航中最终到达。

辅助导航，又被称作层级菜单。体现为内页的“当前位置”提示。提供了全局导航和局部导航不能快速到达的相关内容的快捷途径。用户转移浏览方向，而不需要从头开始。辅助导航的作用是无论用户身处站内何处，均不会迷路，尤其当网站的栏目层次较多的时候，正确的辅助导航的设置尤为重要。它从另一个层面反映了网站的结构层次，是对全局导航的有效补充。设计辅助导航一般要求位置在全局导航之下、正文内容之上的过渡空间；正确体现层级关系，用户通过当前页面可以依次返回上一页、直至首页，不出现缺链、错链的情况；形式采用文本链接，而不是图片。

局部导航提供了一个页面的父、兄、子级别的通路，是用户在网站信息空间中到附近地点的通路。局部导航的设计好坏会直接影响到整个导航系统的质量(图4-2)。

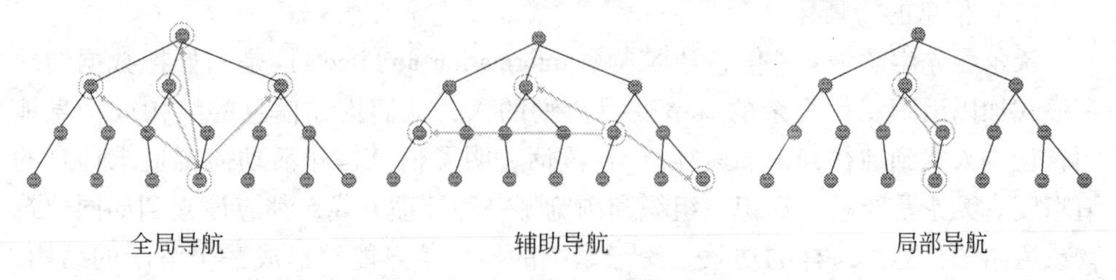

图4-2　全局导航、辅助导航、局部导航原理对照图

远程导航是独立方式存在的导航。网站地图（Site Map）是该类方式中最常见的形式。网站地图又称站点地图，它是一个页面，将网站内深层次的链接关系用一个扁平简明的页面展示出来，让用户对网站的内容与结构全局快速了解。在用户被其他导航搞得晕头转向时，很多时候他会将网站地图作为一种补救措施。就如大卖场指示图一样让我们对各个卖场的区域划分具体位置有个初步的了解。结构合理的网站地图，不但能让浏览者对整个网站的结构内容有个初步印象，同时也是搜索引擎友好的表现。

上下文导航。用户在阅读文本的时候，恰恰是他们需要上下文辅助信息的时候。准确的理解用户的需求，在他们阅读的时候提供一些链接（如文字链接），要比用户使用搜索和全局导航更高效。上下文导航的示意图与辅助导航类似，这里就不再用图显示了。

友好导航。一些用户通常不会使用的链接，确实需要时又能快速有效的帮助用户。例如，联系信息、反馈表单和法律声明等。

（4）搜索系统

搜索系统负责帮用户搜索信息，通过提供搜索引擎，根据用户的提问式，按照一定的检索算法对网站内容进行搜索，并提交给用户搜索的结果。目前，许多网站内容检索方面，设置了站内搜索，用户可通过关键词检索、全文检索等多种方式对信息进行查询。

2. 信息构建的意义

信息构建的意义可以从两个方面看：达到信息的清晰化和信息可理解。因为社会的大多数人，在今天已经感受到巨量信息的压力，他们迫切需要减轻巨量信息造成的认知负担，他们欢迎清晰化、可理解的信息。信息构建的最终目的是帮助人们快速高效地找到所需信息，并获得良好的用户体验。而用户体验建立在可用性基础之上。信息构建的主要内容诸如建立信息组织结构、创建标识系统，设计导航系统等直接影响着网站整体的可用性。具体来说可以分为四个方面的意义。

(1) 信息的清晰化

沃尔曼先生认为："信息建筑师（information architects）是一群把数据的内在模式加以组织，使复杂的事情变得清晰的人，他们构建信息的结构或信息地图，让别人找到通往知识的途径。"这段话表明了信息构建活动需要追求信息的清晰度。无论是导航、标识、组织和浏览哪一种处理方式，都应该起到如同建筑物或道路的标志牌一样的功效，纷纭繁杂的异质信息能够形成一个清晰的结构、有清晰的呈现方式，能清晰的指引到达信息的路径。

(2) 信息可理解

人的大脑要接受和利用信息，首先就要理解这个信息，即对信息进行解释和表征。信息的接收者通过接触到信息的传输载体以及与信息界面的交互，需要对信息的符号、含义和结构等进行解释和理解。为了保证良好的信息接收效果，信息发送者需要对这种解释和理解的方式、特征和规律事先进行调查、分析和研究，在此基础上，将信息的内容集成，并发布到信息的传输载体和信息界面上。因此，信息的理解和解释的内容和方式是一个影响到信息发送者的行为和信息接收效果的至关重要的问题。而在以前，常见的情况是，信息发送者自顾自地发送信息，不顾信息接收方面理解和解释的困难。这样的现象在信息稀缺时代，人们为了必须的信息利用目的，而不得不去克服困难；但是这样的现象在我们这个信息富集时代，从"最省力法则"的规律来看，人们会转而求助于其他的信息渠道，自然地会避开理解和解释的困难。

(3) 信息的有用性、可用性强

有用性指信息内容具有潜在的能满足用户需求的功能，可用性指通过提供的操作手段能够让用户实现他们查询、购物、学习、娱乐等方面的需要。按照国际标准化组织 ISO9241 的定义，可用性是指"特定用户对所用产品在某一特定使用范畴内有效、高效和满意地实现预期目标的程度。"可用性专家 Nielsen 认为站点的可用性是由 5 个因素决定的：①可学习性；②可记忆性；③使用时的效率；④使用时的可靠程度；⑤用户的满意程度。理想的信息体系结构应该功能明确、专注于内容、易于学习、易于认知、使用效率高。信息建筑师应该为达到这样的目标来构建信息体系结构。

(4) 良好的用户体验

用户体验是指帮助用户快速和容易地在网站上完成他们任务的活动。用户体验决定了用户如何行动和选择的情况被具体表现在系统中，系统的活动情况被表达和提交给用户。Elaine G. Toms 在谈到网站信息构建的信息交互问题时认为，用户体验包括系统的和美学的两种方法生成表述形式以支持任务的完成。网站不仅仅是一个单一的控制内容的单程渠道，而是在多重生态条件下丰富体验的编制物。信息构建的目的在于使信息的使用者拥有愉快的用户体验。

4.4.3 网络信息构建过程

信息构建是一个多学科的交叉领域，万维网的信息构建更是涉及一些复杂的过程和众多的方法。

(1) 万维网信息构建的一般过程

信息构建过程是设计网站时最先要开展的工作。网站的信息构建的第一步是定义网站的目标、收集客户或协作伙伴的看法并将它们按照协调性和重要性次序集合在一起；第二步是在弄清你的观众是谁之后，开始组织你的未来网站需要有的内容和功能页；第三步是富有创造性的，形成一个架构、选择你的隐喻，制定导航系统、生成规划图、设计框架和模型并开始建造。

从信息的使用和用户的理解角度，可以将信息构建的内容归结为以下几个基本过程。

1)“概念设计阶段”的主要任务是定义机构的目标、定义用户和用户体验、识别环境、确定规划和制定策略；

2)“组织信息内容”阶段是根据上一阶段掌握的信息构建目标，收集信息、筛选信息、标识信息、分组信息和确定信息内容，形成定义信息结构的文档；

3)“生成信息结构”阶段就是建立一个逻辑清晰的结构，来形成背景知识，能够让观众循着这个结构联想或学习，进而找到他们所需要的信息的所在地；

4)“设计信息界面”阶段主要是生成美观、简洁、功能明确、操作方便、风格一致的界面，成为信息内容之间以及人与信息之间联结的桥梁；

5)“提供信息导航”阶段主要是尽可能为用户提供多类型的导航工具和导航帮助，让信息内容可访问、让用户明确自己的位置、知道前行的方向和路线、能够准确地到达信息所在地；

6)“信息展示和发布”阶段主要考虑信息对象元素如何在信息空间显示和展示的问题，需要根据信息内容的属性、用户的属性、可用性元素等确定信息的表达形式，需要借助信息技术，还需要借助于艺术的手段，去组织信息的显示方式让其易于阅读和看起来令人愉快，即在功能和艺术上实现表达、展示信息的目的。

(2) 自顶向下和自底向上的IA方法

自顶向下方法从宏观的角度对信息进行组织，基于上层信息分类系统来收集信息资源，确定信息内容所属的领域，它建立在内容语境和对用户需求理解的基础之上，需要完成下列工作：确定网站的范围、蓝图设计，再具体考虑内容区的分组和标识系统设计问题。

自底向上方法从微观的角度组织信息，是一种基于底层信息来构建网站信息空间的方式，它建立在对内容和所用工具的理解基础上，需要深入到繁杂的内容层面，需要完成下列工作：创建内容板块、建造数据库（包括标引、内容分组等）。

（3）信息建筑师在实践中采用的方法

在美国信息科学技术学会2000年IA峰会后，为了给IA的研究增添一些面向实践的内容，弄清诸如“谁是信息建筑师?”、“他们做些什么?”、“怎样做的?”这类问题，通过电子邮件对五位著名的信息建筑师进行访谈，五位信息建筑师包括《万维网的信息构建》一书的作者之一Lou Rosenfeld、微软公司的Vivian Bliss、Modem Media/vivid Studios公司的Gayle Curtis、ZEFER公司的Seth Gordon、Sapient公司的Steven Ritchey。《美国信息科学技术学会通报》在2000年的第6期分别刊登了对各位建筑师访谈的结果，其中的一个结果就是信息建筑师们对使用的具体方法和方法论体系和工具的回答。

第一类方法应用于了解雇主的情况，包括访谈、观察、背景调查、工作会议、交互回馈等等，主要目的是理解雇主的事业特点、雇主的目标和任务，以便进一步设计雇主满意的信息系统、网站或内联网。

第二类方法应用于了解用户的情况，包括访谈、在线调查、人种学、用户体验、可用性测试、用户参与式设计会议等一切用户发现技术，主要目的是理解最终用户的信息需求、信息行为和对信息内容、结构的评价，以便信息构建的结果达到最大的用户满意。

第三类方法应用于对信息内容的分析和组织，包括卡片分类法、笔纸记录、信息导航、标引、组织等方法，主要目的是确定信息集之间的关系、规定主要的内容目标类型、标识信息集，以便形成一个满足各方面要求的、易于更新修改的、清晰的信息结构模型。

第四类方法应用于对IA的工作全过程进行规划，主要包括工作流程图、开发标准和进度安排以及其他一些项目管理所使用的方法，主要目的是保证信息构建的活动能按照计划、时间进度、预算的要求高质量地完成。

（4）重要的工具和手段

关于IA所使用的工具和手段的有两个方面的，一个是从IA所涉及的技术角度；一个是从信息建筑师从事的IA工作的过程中涉及的角度。

从IA所涉及的技术而言，信息构建过程所需要的手段、工具主要包括以下内容：叙词表管理工具、自动标引软件、自动分类软件、搜索引擎技术、协作性过滤工具、门户解决方案、内容管理工具、分析软件、数据库管理工具等。由于这些技术工具在很多的情况下被使用着，而且在现有的文献中已经有比较多的论述，对它们笔者就不再赘言。

从IA的工作过程看，信息构建所直接使用的工具和方法有网站路径概略图、主题图、自由列表、卡片、内容映射和内容建模、分类法、元数据方案、网站地图、可用性测试等。

（5）设计导航系统

全局导航是导航系统最重要的部分，如果只设计一个导航方式，必然是全局导航方式。全局导航部分一般安排在页面的最上部，有时可能会根据需要位置有所变化。但在一个网站的不同页面中它总会出现在同一位置，也会总是以同样的方式为您服务。让全局导航在每一页以一致的外观出现在同样的位置，会让你立即确认自己仍然在这个网站上。主页承担着一些不同的任务，遵循一些不同的承诺，这就意味着在主页内不必使用持久导航；在需要填写表单的页面，持久导航也可能会成为不必要的干扰，可以仅放置站点Logo、返回主页的链接以及有助于填写表单的实用工具即可。

全局导航可以分为5个部分，如图4-3所示，这5个部分是大部分网站一直需要的。一般企业的全局导航必须包括3个基本设计要素：站点Logo、回首页方式和主导航栏目。对于大型电子商务网站来说，全局导航还应当包括搜索与工具两大要素，以方便用户在任意页面均能执行产品搜索和与顾客转化有关的活动，如加入购物车。

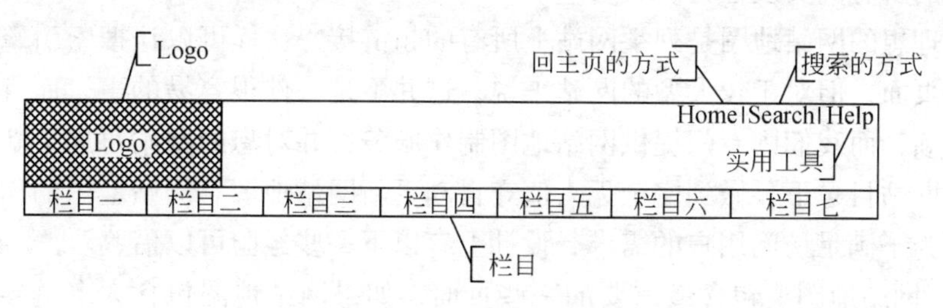

图4-3　全局导航示意图

1）Logo，一般出现在页面的左上角，至少是靠近左上角。Logo可以是一种独特的字体，一个可以识别的图形等。Logo还可以加上回首页的链接。

2）回主页的方式，让返回主页的按钮始终可见，无论在网站怎么迷路，都可以一下子回到首页重新开始，就像“重启”一样。每个全局导航条左边位置同样出现回首页的提示及链接。

3）主导航栏目，即主导航条，到达站点主要栏目的链接。在一些时候，持久导航也包括二级导航的显示位置。

4）搜索，一个输入框，一个按钮，加上“搜索”两个字是一般网站每个页面都应该提供的功能，因为喜欢搜索的用户比喜欢浏览的用户可能更多。“搜索”避免使用花哨的用词；避免在输入框给出“请输入关键词”这样的提示文字，除非真的需要；缩小范围搜索选项要慎重使用。

5）常用工具，到达网站中不属于内容层次的重要元素的链接。实用工具要么帮主用户使用站点（如帮助、站点地图或购物车），要么提供信息发布者的信息（如关于我们、联系我们）。对于不同类型的网站，实用工具有所不同。通常全局导航上只能放置4～5个实用工具，用户用得最多的几个，其余的工具可以进行分组并放置在主页上。

在全局导航上一些常见的导航设计错误有以下几种：

1）使用移动的图片因为不容易找到可点击的区域，移动的图片常会使浏览者产生挫折感。

2）采用“很酷”的表现技巧，如把导航藏起来，只有当鼠标停留在相应位置才会出现，这样仿佛很酷，但是人们更喜欢可以直接看到的选择。

3）导航没有文字提示，使用图片或Flash来构筑站点的导航，从视觉角度上讲这样做显得更别致更醒目一些，但是它对提高网站易用性没有好处。

网站地图是常用导航方式，网站地图应该要包括网站的主要网页的内容链接或者栏目链接。根据网站的规模大小，页面数量的多少，它可以链接部分主要的或者你所有的栏目页面。这意味着一旦到了网站地图页面，就可以访问站点地图上提供的所有网页及栏目。

最理想的网站地图是列举网站上所有的超链接，这样可以让搜索引擎访问到所有的页面，但对于较大型的网站来说，这并不是一件很容易的事，而且更新维护很麻烦，而我们则专门提供网站地图制作服务，并对您的网站每周更新且上传到您的网站目录下，做到完全无人值守自动更新网站地图。网站地图的作用非常重要，为了满足访问用户的需求，设计上有以下一些经验可以借鉴。

1）网站地图要包含最重要的一些页面，如果网站地图包含太多链接，人们浏览的时候就会迷失。因此如果网站页面总数超过了100个的话，就需要挑选出最重要的页面。这些页面有访问量最大的前10个页面、站内搜索引擎出发点击次数最高的那些页面、FAQ和帮助页面、转化路径上的所有关键页面、主要产品页面、产品分类页面。如图4-4所示，易趣网网站地图就可帮助用户迅速找到所需物品分类及买卖信息等。

2）网站地图布局一定要简洁，所有的链接都是标准的HTML文本，链接中要包括尽可能多的目标关键字，尽量不使用图片来做网站地图里的链接。过多的图片还影响快速加载页面的速度。

3）尽量在站点地图上增加文本说明，增加文本会给蜘蛛提供更加有索引价值的内容，以及有关内容的更多线索。

图4-4 易趣网的网站地图

4）在每个页面里面放置网站地图的链接，用户一般会期望每个页面的底部都有一个指向网站地图的链接，你可以充分利用人们的这一习惯。如果网站有一个搜索栏的话，那么可以在这个搜索栏的附近增加一个指向网站地图的链接，甚至可以在搜索结果页面的某个固定位置放置网站地图的链接。

5）确保网站地图里的每一个链接都是正确、有效的，如果在网站地图里出现的链接是坏链和死链，对搜索引擎的影响是非常不好的。如果链接比较少，你可以把所有的链接都点一遍，以确保每一个链接是有效的。如果链接比较多，可以使用一些链接检查工具来检测。

6）注意层次感，而不是密密麻麻堆砌链接。一次呈现的层次不宜过多，也不宜过少，一般呈现到主导航下的二级菜单。

第5章　网络信息资源检索

网络信息资源检索是信息爆炸时代的必然需求，如何有效地检索所需信息是信息工作者应该掌握的基本技能。Web上的检索系统是目前检索网络信息资源的最主要工具。本章主要探讨网络检索系统的组成、检索方法与技术、搜索引擎的相关内容及其未来发展趋势、网络环境下的联机检索系统及几种有代表性的检索系统实例。

5.1　网络信息资源检索概述

人类文明发展至今，所累积的知识与史料可以说是不计其数。对于信息使用者而言，要从如此浩瀚的知识宝库中寻找特定范围的数据是一件相当艰难的工作。清朝乾隆皇帝喜欢在文章中引用艰涩的典故以显示其博学多识，大臣们往往在经典中查找数日尚无法得知典故的由来。在大量文本中进行信息检索的难度，由此可见一斑。而在信息爆炸的今天，随着因特网的迅速发展，网上信息主题愈来愈多，牵涉的学科层面也愈来愈广，信息量与清朝的典籍相比更是不可同日而语，越来越多的人利用网络与世界各地的人进行交流。人们在网上过滤与选择信息时，不可能再按照传统的方式只凭人力逐个浏览、查阅。即使是在传统图书馆的目录、索引、分类号等工具移植到因特网之后，用户仍然需要更有效率的工具以协助信息检索工作的进行。

目前，因特网上多种多样的检索工具已经被网络用户所惯用。因特网是一个开放型的巨大的信息资源库，由于网络上的资源包罗万象、类型繁多，又随时变动，若不能好好利用各种网络信息检索工具，寻找资源将有如大海捞针般地困难。可见，因特网检索已成为实际上最普及、最受关注、最常涉及的信息检索领域。如何利用因特网获取有价值的信息，已成为科研人员必备的一项基本技能。

5.1.1　信息检索的基本原理

1. 信息检索的含义

信息检索，是指信息用户为处理解决各种问题而查找、识别、获取相关的事实、数据、文献的活动及过程。作为人类社会活动不可分割的一部分，信息检索有着悠久的历史。近现代社会以来，科学技术的飞速发展和信息的爆炸式增长，使得信息检索成为一个需要研究解决的问题，人们越来越关注如何从浩如烟海的信息源中迅速而准确地查找到学习和研究所需要的资料。

20世纪中叶以前，信息存储和传播主要以纸质介质为载体，信息检索活动也围绕着文献的获取和控制展开，这一时期一般称为“文献检索”。50年代以后，随着计算机技术的诞生和广泛应用，出现了数据库、光盘等新的信息存储介质，对信息的查找与获取也开始突破“载体”层面，进入到信息内容层面，于是开始广泛使用“情报检索”一词。90年代以来，互联网的出现极大地改变了人类的生活，对信息的查找、利用不再局限于图书情报专业人员和少数科技工作者，而是逐渐步入寻常百姓家。由于汉语中“信息”一词较“情报”的含义更为宽泛，同时英文“information”本身可以理解为“信息”或“情报”，近年来人们越来越倾向于将情报检索和文献检索归为“信息检索”这一更加平民化和更具兼容性的概念。

2. 信息检索的技术原理

信息检索与信息组织是相对应的一个概念。只有先将信息资源按照一定的规则进行有序化的存储和组织、排列，然后才能实现有效的检索、利用。而将这两者统一和联系起来的有序化规则，就是情报检索语言或标引语言，包括人工语言和自然语言，人工语言就是指传统的分类法和主题法。

从根本上说，信息检索的过程是将信息特征标识与检索提问标识进行匹配的过程。信息检索的原理是“相符性比较”和匹配运算，即对分散、无序的信息加以搜集、整理；用检索语言来进行标引，描述每一条信息记录的外在特征和内容特征；以有序化方式组织和存储，建立各种检索系统，即形成有序的信息集合，如手工检索工具、计算机检索的数据库与搜索引擎等。用户根据检索课题的需要，将信息需求再用检索语言转换成系统所能识别的检索式，再与检索系统中表征信息资源特征的标识进行逐一的相符性匹配与比较，两者完全一致或部分一致时即为命中信息。

信息检索的技术原理可以简单用图5-1表示。

3. 信息检索的类型

从不同的角度，信息检索可以分为许多不同的类型。

(1) 按技术手段和工具来划分

1) 手工检索（manual retrieval）。利用各类书本式目录、文摘、索引，卡片

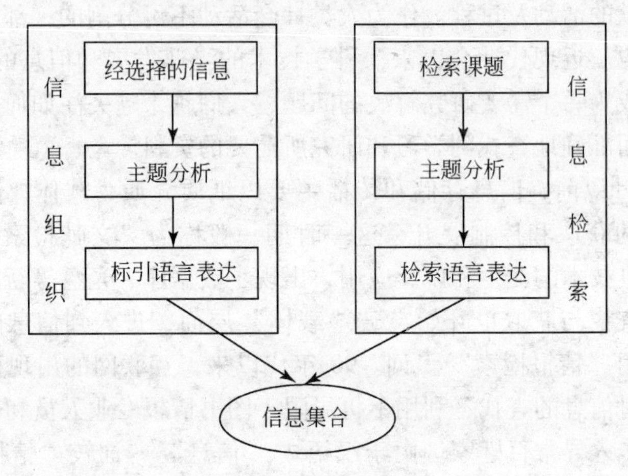

图 5-1　信息检索原理

目录等查找信息的活动，其检索的对象是具体的期刊论文、专著、会议论文、专利文献等，其检索结果可能是文献线索（如题名、著者等），也可能是文献原文。人们一般把手工检索系统称为检索工具。

2）计算机检索（computer-based retrieval）。从广义上讲，凡是用计算机来查询特定信息的均称为计算机信息检索，包括光盘检索、联机检索、因特网信息检索等。

（2）按检索系统的工作方式划分

1）脱机检索（off-line retrieval）。早期的计算机检索没有终端设备，存储介质主要是顺序存储的磁带，输入数据或命令均用穿孔卡片或纸带，在这种环境下，计算机信息检索是一种批处理式的脱机检索。检索人员将一定数量的用户提问单按要求一次输入到计算机进行检索，并把检索结果整理出来分发给用户。这种方式适用于大量检索而不必立即获得检索结果的用户。

2）联机检索（on-line retrieval）。大量文献进行标引后存放在主机数据库中，世界各地的用户都可以使用计算机终端设备和通信线路直接与主机远程对话，输入提问表达式并可随时修改检索式，直到得到满意的结果。早期的 DIALOG、MEDLINE 等都是这一类系统。

3）光盘检索（CD-ROM retrieval）。光盘检索操作方便，不受通信线路影响，用户直接使用带有光盘驱动器的计算机检索光盘上所记录与存储的信息资源。

4）互联网信息检索（internet retrieval）。互联网上汇集了世界各地数量巨大的电子化信息资源，包括各类网站、网页、网络日志、新闻组、网络数据库、电子期刊、电子图书、电子公告等。早期的因特网检索工具有 Archie（针对 FTP 资源）、Veronica（针对 Gopher 资源）、WAIS（网上文本信息资源）。当前主要是针对 Web 资源的各类搜索引擎，如 Google、百度、Altavista、Excite、Hotbot、Infoseek、Open Text 等。

（3）按查询信息的特征划分

1）书目检索（bibliographic retrieval）。是利用文献检索系统，从一个特定的书目集合中查找特定用户所需的特定主题、特定区域、特定时间文献的程序与方法，属于“二次文献检索”的范围。如欲查“2001 年英国关于环境保护研究方面的论文”即为书目信息检索课题。

2）数据检索（data retrieval）。是以查询各类物质与材料的特性、参数、常数、价格、统计数据等数值为主要对象的信息检索，包括有关物理参数、化合物分子式、银行账目等。这是一种信息确定性检索。

3）事实检索（fact retrieval）。这是一种以客观事实为对象的检索活动，这类检索的范围十分广泛，其检索结果主要是关于某客观事件的说明或阐述，或者是根据事实而提出的数据，如“核酸在人体代谢中的功能如何?”、“哪些食物的核酸含量高?”等。

4）全文检索（full text retrieval）。与传统的目录、文摘、索引数据库不同，全文检索是指用计算机和数据库存储文献全文文本，以便于用户以任意字、词、句、段落等为存取点查询全文信息的活动。在该方式下，用户采用自然语言即可检索未经标引的一次文献。

5）多媒体信息检索（multimedia data retrieval）。纯文本之外的图像、声音、影像等信息如何组织标引和检索一直是个难题。目前多媒体信息检索分为基于文本方式的多媒体信息检索和基于内容特征的多媒体信息检索两种形式。前者是传统处理方式，首先要对多媒体进行人工分析和抽取表征该多媒体外在特征和内容特征的关键词，建立索引并存入数据库，提供按关键词检索多媒体的途径。20 世纪 90 年代以来，出现了基于内容的图像检索（Content-Based Image Retrieval, CBIR）等多媒体信息检索技术，可以从图像的颜色、形状、纹理结构，声音的频宽、音色、节奏，影像的对象运动特征、颜色、光线的变化等特征出发，来进行检索，但目前还处于探索阶段。

（4）依检索策略划分

1）布尔逻辑检索（logical operator retrieval）。采用布尔代数中的逻辑“与”、“或”、“非”等算符，来指定检索词中必须存在或不能出现的条件。

2）截词检索（truncation retrieval）。用户检索可以不必输入完整的检索词，仅按需要输入所选用的检索词词干，再加上截断符号，系统在进行匹配时可以考虑词首、词中或词尾变化的各有关索引词。使用这种方法可以提高检全率。

3）位置逻辑检索（proximate operator retrieval）。在检索词之间使用位置算符

（或称邻近算符）规定算符两边的词出现在信息中的位置。

4）限定检索（range retrieval）。将输入的检索词与索引文档中的索引词的类比与匹配限定在一定的字段中进行。在 DIALOG 系统中有基本索引字段限定检索和辅助索引字段限定检索两种类型。

5）加权检索（weighting retrieval）。在检索中采用数值来区别信息资源涉及的不同主题词的重要程度。

（5）按检索工具类型划分

1）目录与题录检索（catalog and title searching）。著录一批相关文献，并按照一定次序编排而成的检索工具称为目录。传统的目录工具常以整部图书或期刊为记录单位，著录项目包括文献的内外特征，有些还对文献的内容、作者等情况作简单介绍。题录是在目录的基础上发展起来的检索工具，两者的区别在于题录揭示的是整部图书或期刊中的单篇论文，而且只报道其外表特征，如篇名、作者等。

2）文摘检索（abstract searching）。文摘型检索工具是在题录型检索工具的基础上发展起来的，其特点是以提供文献内容梗概为检索目的。根据编制目的与用途可以划分为报道性文摘、指示性文摘、评论性文摘等。世界著名的文摘型检索工具有 CA（美国化学文摘）、BA（生物学文摘）、SA（英国科学文摘）等。

3）索引检索（index searching）。索引是记录一批或一种文献中具有检索意义的事物名称或事物特征（如著名、主题、人名、地名、名词术语、引用文献、刊名、篇名、分子式等），并按一定的排检方法组织起来，以便于用户查检特征信息出处的检索工具。文本式索引工具通常单独成册，也可附于文献与检索工具之后。

4）字典型检索（dictionary searching）。字典型检索工具的使用在我国具有悠久的历史，分为语言性和知识性参考工具两大类，如字典、词典、百科全书、各类名录、手册等。其特点是将某领域有关词语、名称的信息单元进行汇集、浓缩使之条理化，并按条目字顺组织系统。和文献型检索工具不同，字典型检索工具不提供文献线索，而是为解决有关名词术语、事实和数据方面的疑难问题，提供确定性查询。目前，因特网通用的字典型检索工具有 White Pages Directory、Internet Yellow Pages、Whois、Netfind、Whowhere、DejaNews、FAQ Archive 等，便于用户查询网上用户名、Email、URL、服务器地址等信息。

5）交互式检索（alternately searching）。是“人机对话式”，允许用户输入一条检索指令（或检索式），获得检索结果之后再选择新的命令或检索式，不断调整检索策略，直到获得满意的结果为止。

4. 信息检索的一般过程

信息检索通常按以下几个步骤进行。

（1）分析检索课题和明确检索要求

分析课题、明确需求是实施检索中最重要的一步，也是影响检索效果和效率的关键因素。课题分析是一项较为专深的逻辑推理过程，既需要有与课题相关的专业知识，又需要熟练掌握检索工具的特点，还必须具备一定的综合能力。在课题分析中，要明确以下几个问题：

1）找出课题所涉及的主要内容和相关内容，从而形成主要概念和次要概念。

2）尽可能多地列出表达检索概念的自然语言词语的同义词和近义词。

3）多了解与检索有关的背景情况，如该主题内容在学科中的发展状况等。

4）明确课题需要的文献类型、语种、出版年代等方面的要求。

5）了解课题对查全、查准、查新方面有无具体要求。

（2）选择检索工具或检索系统

明确了课题的检索范围和要求后，就要据此来选择检索工具或检索系统。首先，根据检索要求、检索工具或系统的收录范围、报道内容及倾向等，初步选择一些符合要求的检索工具或系统。然后，再根据这些检索工具或系统的质量、性能、检索人员以往使用的经验、熟悉程度等，选定一个或几个合适的检索工具或系统。

（3）确定检索途径、检索方法

检索途径是开始查找的入口点。常用的有分类检索途径、主题检索途径、著者检索途径、题名检索途径等。采取哪种检索途径，要从课题检索要求出发。如果课题检索要求泛指性强，所需文献范围较广，则最好选择分类途径；如果课题检索要求专指性强，所需文献比较专深，则最好选择主题途径；如果事先知道文献著者、题名、分子式等条件，则可利用著者途径、题名途径、分子式途径等进行检索为好。

同时根据用户检索的目的，期望的文献数量以及有关主题在学科中的发展状况，选用适当合理的检索方法。

（4）查找和阅读文献线索

根据确定的检索途径，查找某种索引或把检索式输入检索系统中自动进行查找，按所查找索引的使用方法，查找出文献的文摘号，再根据文摘号查出文献的篇名、来源等资料线索和内容提要或浏览结果。应仔细阅读各条线索，了解有关文献的内容，并以此决定对原始文献的取舍。

(5) 索取原始文献

利用检索工具或系统，确定所需原文的详细出处（如期刊刊名、出版年、卷、期、起讫页码等)，通过各种馆藏目录、联合目录等查找所需文献的收藏单位，联系借阅或复制；或者通过国内终端直接向国际大型联机检索系统订购原文。目前，在一些光盘检索系统中，可以直接得到原文。

(6) 检索策略的调整

在实际检索时，除按上述5个步骤进行外，往往还需要在检索过程中不断核准或校正检索策略，以求满意的效果。比如，可利用检索词的词族，或上位词、同位词、同义词，甚至截词符进行检索，以达到较高的检全率。此外，为获得较高的检全效果，也可以多采用逻辑“或”（OR）组配式，少用逻辑“与”（AND）组配式。

又如，为了提高检准率，可将检索词限定在某一字段或某一子字段中，如限定在篇名或叙词字段中；或者采用“非”（NOT）算符排除无关的术语和词组；或把增加的概念用“AND”算符连接起来；或利用时间限定、语种限定把检索结果限定在某一时间范围或某语种出版物之中。有时也可以采用检索词的下位词和利用文献外表特征进行特指性检索，还可用加权叙词来限定检索结果。

5. 检索途径及其选择

文献信息的检索，必须依赖于检索前已经掌握的线索，以及现有检索工具的情况，有针对性地选择合适的检索途径。通常可依据文献的特征，将信息检索途径分为内容特征检索途径和外部特征检索途径。

(1) 内容特征检索途径

1）分类途径。利用分类语言，检索文献信息的途径。分类检索的实施，需要使用各种分类目录或分类索引。首先分析提问的主题概念，选择能够表达这些概念的分类类目（包括类名和类号)。然后按照分类类目的类号或字顺，从分类目录或索引中进行查找。分类途径一般是以学科体系为中心排检文献的，较能体现学科的系统性，使同一学科有关文献集中在一起，使相邻学科的文献相对集中，所以能较好地满足族性检索的需要，查全率较高。

2）主题途径。利用主题语言，检索文献信息。主题检索的实施，需要使用各种主题词索引，如主题索引、关键词索引、叙词索引等。首先分析提问的主题概念，选择能够表达这些概念的主题词。然后按照主题词的字顺，从主题词索引中进行查找。主题途径以词语作为检索标识，表达概念直接、准确、灵活，所以适合于检索主题概念复杂、专深的或较具体的文献资料。

3）分类主题途径。是分类途径与主题途径的结合，所用的工具如《中国分类主题词表》等。

（2）外部特征检索途径

文献的外部特征，是指文献载体的外表上标记的可见特征，如责任者、题名、序号等。按照所采用的外部特征的不同，可分为多种具体的检索途径。

1）责任者途径。文献的责任者包括个人责任者、团体责任者、编者、专利权人等。利用责任者途径检索文献，需要利用各种著者索引、团体著者索引、机构索引、专利权人索引等，这种索引按责任者姓名或名称字顺编排。责任者途径的特点是：由于研究人员的研究方面相对稳定，同一著者名称下往往集中了学科内容相近或有内在联系的文献，所以这种途径在一定程度上可以满足族性检索的要求，但不能获得某一课题全面的资料。责任者途径是极为常用的途径。

2）题名途径。文献题名主要是指书名、篇名、刊名等。题名检索的实施，需要利用各种题名目录或索引。这种索引款目按标识字顺排列，利用它可以检索出一篇特指的文献，还可以集中一种著作的全部版本、译本等。题名途径一般较多用于查找图书、期刊、单篇文献。

3）序号途径。有些文献具有独特的编序号码或标识号码，如专利、报告、标准等文献类型。其实施需要利用各种序号索引，如专利号索引、报告号索引、标准号索引等。在已知文献特定序号的前提下，利用序号途径检索文献非常简便、快捷，但局限性很大。

（3）引文途径

利用文献引文进行信息检索，可以采用两种操作方法：一得利用成套的检索工具，如美国《科学引文索引》等，通过被引用文献入手，查找引用文献；二是通过引用文献即来源文献入手，直接利用文献结尾所附的参考文献，查找被引用文献。

在上述检索途径中，分类途径和主题途径是文献检索的常用途径；前者以学科体系为基础，适合族性检索；后者直接用文字表达主题，适合于特性检索。责任者途径、题名途径、序号途径等外部特征途径，其最大优点是排列与检索方法以字顺或数字为准，比较机械、不易错检或漏检，可用来判断该文献的有无。

6. 信息检索的一般方法

信息检索的方法、技巧有多种，用户可以根据课题的性质、研究的目的及检索工具的编排体系选择恰当的检索方法。

（1）常规法

常规法就是利用检索工具查找信息的方法，因在信息检索中经常使用而得名。又分为顺查法、倒查法及抽查法三种。

1）顺查法。利用检索工具、根据课题研究的起始年代由远及近逐年查找信息的方法。比如要检索因特网方面的信息，首先要明确因特网产生的时间，然后从这一年代开始查起，一直检索到当前因特网的信息为止。顺查法比较费时间，但由于是逐年查找，因而有较高的查全率。

2）倒查法。与顺查法相反，它是利用选定的检索工具由近及远、逐年逐卷地进行查找信息的方法。当检索者的要求是获取近期文献时，最好是采用倒查法。倒查法的查准率较高，查全率比顺查法低。

3）抽查法。是针对课题研究所处的发展高峰阶段进行的信息检索，它往往用来解决要求快速检索的课题。抽查法有较高的检索效率，但使用该方法的前提是必须事先了解该研究课题的历史背景。

（2）追溯法

追溯法又称引文法，主要有以下两类。

1）传统追溯法。它是利用一次信息所附的参考文献进行追溯查找的方法。检索时可以先查找出几篇与课题有关的专著或述评（这类文献往往附有大量的参考文献，多时可达几百篇），以此作为起点进行检索。即通过专著或述评的参考文献查找出一批一次信息，然后再利用这些一次信息的参考文献再查找出另外一批一次信息，步步回溯。该方法不需要利用检索工具，查找方法简单，能追溯到相关学科的部分代表作品。缺点是检索效率不高，费时费工，漏检率大，且回溯检索使获得的信息越来越陈旧。

2）引文追溯法。这是一种由远及近的检索方法，即找到一篇与课题有关的论文后进一步查找该论文被哪些文献引用过、是否有人对该领域做过进一步研究、实践结果如何、最新的进展怎样等。由远及近地追寻，信息愈来愈新，研究也就越深入。这种方法主要依靠专门的引文索引，如 SCI、SSCI 等。

（3）交替法

交替法就是以追溯法和常规法交替使用来查找信息的方法，又称分段法或综合法。即先利用检索工具查出一批相关信息，然后利用这些信息所附的参考文献进行追溯，扩大线索，由此获得更多信息。当检索工具缺期或缺卷时，使用该方法也能连续获得所需所限以内的信息。

5.1.2 网络信息资源检索的含义与特征

1. 网络信息资源检索的含义

（1）网络信息检索的概念内涵

从广义上讲，以网络为平台的计算机信息检索都可以称为网络信息检索，包括通过局域网进行的光盘联机检索和商业联机数据库检索。但就目前的实际而言，其狭义含义一般是指对因特网信息资源的检索，又称因特网信息检索、互联网信息检索，是伴随着因特网及WWW技术而发展起来的一种信息资源检索途径。在因特网及WWW发展成熟之前，一些商业联机数据库早已存在，如DIALOG、MEDLINE等，但一般只能通过数据专线接入服务，并不通过因特网提供访问，其工作方式仍然是局域网模式，因此只能称为联机检索，而不能称作网络信息检索。但时至今日，大多数商业联机数据库服务商都提供基于因特网的访问，因此目前“网络信息检索”主要是指两个方面：一是对WWW信息资源，包括各类静态和动态网页及其中所包含的图片、声音、视频等多媒体信息的检索，以搜索引擎为主要检索工具；二是通过因特网可访问的商业联机数据库的检索，一般需要事先向联机服务商购买许可才能拥有访问权限。

（2）网络信息检索与信息检索的关系

网络信息检索是信息检索的一种。在前述信息检索类型的分类中，信息检索按检索系统工作方式可以分为脱机检索、联机检索、光盘检索和互联网信息检索四种类型，所谓网络信息检索就是其中的第四种。在当代社会，因特网与Web飞速发展，应用日益普及，基于因特网的网络信息检索已成为人们获取利用信息的重要渠道。

2. 网络信息检索的新特点

网络信息资源既数量巨大、开放、便捷，又良莠不齐、庞杂无序。网络信息检索工具既充分发挥计算机技术、网络技术的优势，又存在机器标引和检索的固有局限。因此网络信息检索具有与传统信息检索不同的一些新特点。

（1）信息检索空间的拓宽

网络信息检索的检索空间比之传统的情报检索是大大地拓宽了，它可以检索因特网上的各类资源，而检索者不必预先知道某种资源的具体地址。其检索范围覆盖了整个因特网这一全球性网络之网络，为访问和获取广泛分布在世界各地的，成千上万台服务器和主机上的大量信息提供了可能。这一优势是任何其他信息检索方式所不具备的，如国际商用联机检索也只能是检索某一台、某几台主机或某一局域网内的若干数据库。

（2）交互式作业方式

所有的网络信息检索工具都具有交互式作业的特点，能够从用户命令中获取指令，即时响应用户的要求，执行相应操作，并具有良好的信息反馈功能。用户可以在检索过程中及时调整检索策略以获得良好的检索结果，并能就所遇到的问题获得联机帮助和指导。

(3) 用户界面友好且操作方便

网络信息检索对用户屏蔽了各局部网络间的物理差异，包括各主机的硬件平台，操作系统等软件上的差异，客户程序和服务程序版本上的差异，信息的存储方式以及各种不同的网络通信协议的差异等，使用户在使用这些服务感到明显的系统透明度。检索者使用信息所熟悉的检索界面和命令输入查询提问，就可实现对各种异构系统数据库的访问和检索。

(4) 信息冗余大

因特网信息纷乱繁杂，其中许多信息是半正式的或非正式性的，其准确性、完整性和权威性难以保证；而且网络是不断变化和发展的，网上信息有一定的时效性。因此，在用网络信息检索工具检索信息时，会发现找到的信息量很大，而其中有许多是无用的，过时的，甚至是垃圾信息。而另一方面，检索反馈的信息太多，也容易使用户产生迷航现象，即在海量信息中迷失检索方向。这就需要用户掌握熟练的检索技巧，熟悉各种专门的检索工具，才能找到最佳的信息源。

(5) 用户自主检索方式

在传统的信息检索和服务模式中，用户仅提出信息需求，而对需求的分析、标引以及检索操作的执行主要是由专业的信息人员来进行。但自 Web 诞生以来，其界面友好易用；搜索引擎也秉承了 Web 的友好、简洁界面与易用性，普通用户都能很轻松地上网，通过门户网站了解世界各地的最新消息，借助搜索引擎查询自己需要的信息。这一方面使信息检索变得轻松简单；另一方面普通用户往往缺乏专业化的信息检索知识技巧，同时对自己的究竟需要什么信息概念比较模糊，因此经常会遇到一些障碍。

(6) 检索功能强大

以搜索引擎为代表的网络检索工具，往往是对网页等文献全文进行逐字标引，因此可以使用自然语言中的字、词、句对文献全文进行任意检索。在充分依托计算机技术的基础上，往往还会开发出一些先进的、新奇的检索功能，如“相似网页”的检索，相似检索词的推荐，二次检索，多媒体检索，指定文件格式的检索，指定语种信息的检索，指定主机范围内的检索，对网页链接的跟踪检索与统计分析等。这些功能往往是传统检索工具所望尘莫及的。

5.1.3 网络信息资源检索的方法与工具

对于用户而言，在因特网上查找利用所需信息的途径主要有顺超链接浏览、访问网络资源目录、求助搜索引擎等三种方法。一般来说，人们最主要的还是采取两种方式实现对网络信息资源的检索：一种是基于浏览的方式，另一种是基于关键词的方式。

采用分类主题目录形式，即先设计一个分类目录体系，再对收选的网站资源进行分类并将其组织进该树状分类目录，所链接的网站必须至少归属于其中一个类别，形成类似图书馆目录一样的网络资源分类目录，用户通过逐级浏览这些目录来找寻自己需要的内容，采用这种检索方式的搜索引擎有以前的Yahoo!、Sohu等，由于采用了资源专家进行归纳和分类，为信息导航带来了极大的方便，但这种方式在分类和目录整理中需要大量的人力。

使用关键词匹配方式，基处理对象主要是文本，它能够对大量文档建立由字（词）到文档的索引库，在此基础上，用户使用关键词对网页进行搜索时，系统将会显示含有该检索用词的所有网站、网页和新闻等匹配信息。关键词检索能解决对网页细节的检索问题，只要用户输入关键词，系统通过Robot、Spider等自动程序在选定的范围内进行检索，并将所检索到的信息自动标引、导入索引数据库中，匹配所检范围中的网页，就能得到检索结果。

1. 网络信息检索的一般方法

要在网上获取所需信息，用户要找到提供该信息源的服务器。所以，首先以找到各个服务器在网上的地址（URL）为目标，然后通过该地址去访问服务器提供的信息。一般检索方法可以有以下几种。

（1）浏览

浏览一般是指基于超文本文件结构的信息浏览，即用户在阅读超文本文档时，利用文档中的超链接从一网页转向另一相关网页。在顺“链”而行的过程中发现、搜索信息的方法，国外称其为冲浪（surfing）。这是在因特网上发现、检索信息的原始方法，在日常的网络阅读、漫游中，人们都有过在随意的上网阅读时意外发现有用信息的体验。这种方式的目的性不是很强，其结果具有偶然性、不可预见性，可能很有收获，也可能一无所获。而追踪某个网页的相关链接有些类似于传统文献中的“追溯检索”，即根据文献后所附的参考文献（references）追溯相关文献，一轮一轮地不断扩大检索范围。这种方式可以在很短的时间内获得大量相关信息，但也有可能在“顺链而行”中偏离了检索目标，或迷失于庞大无序的网络信息空间中。基于浏览获得的检索在很大程度上取决于网页所提供的链接，因此搜索的结果可能带有某种偶然性和片面性。

个人用户在网络浏览的过程中常常通过创建书签（bookmark）或热链表（hotlink、hotlist），来将一些常用的、优秀的站点地址记录下来，组织成目录以备今后之需。但这种做法只能满足个别、一时之需，相对于整个网络信息的发展，其检索功能似乎是微不足道的。

(2) 目录型网络资源导航系统、资源指南

为了对因特网这个无序的信息世界加以组织和管理，使大量有价值的信息纳入一个有序的组织体系，便于用户全面地掌握网络资源的分布，专业人员做了许多努力和开发。也就是基于专业人员对网络信息资源的产生、传递与利用机制的广泛了解，和对网络信息资源分布状况的熟悉，以及对各种网络信息资源的采集、组织、评价、过滤、控制、检索等手段的全面把握，而开发出的可供浏览和检索的网络资源主题指南。综合性的主题分类树体系的网络资源指南，如Yahoo！等已是广为人知；还有WWW Virtual Library、The Argus Clearinghouse等也有广泛影响，受到普遍欢迎。其主要特点是根据网络信息的主题内容进行分类，并以等级目录的形式组织和表现。而专业性的网络资源指南就更多了，几乎每一个学科专业、重要课题、研究领域的网络资源指南都可在因特网上找到。这类网络资源指南类似于传统的文献检索工具——书目之书目（Bibliography of Bibliographies），或专题书目。目前国外有学者称之为Web of Webs或Webliography；其任务就是方便对因特网信息资源的智能性获取。它们通常由专业人员对网络信息资源进行鉴别、选择、评价、组织的基础上编制而成，对于有目的的网络信息发现具有重要的指导和导引作用。其局限性在于：由于管理、维护跟不上网络信息的增长速度，导致其收录范围不够全面，新颖性、及时性可能不够强；且用户要受标引者分类思想的控制。

(3) 搜索引擎

搜索引擎是较为常规、普遍的网络信息检索方式。搜索引擎是提供给用户进行关键词、词组或自然语言检索的工具。用户提出检索要求，搜索引擎代替用户在数据库中进行检索，并将检索结果提供用户。它一般支持布尔检索、词组检索、截词检索、字段检索等功能。利用搜索引擎进行检索的优点是：省时省力，简单方便，检索速度快，范围广，能及时获取新增信息。其缺点在于：由于采用计算机软件自动进行信息的加工、处理，且检索软件的智能性不是很高，造成检索的准确性不是很理想，与人们的检索需求及对检索效率的期望有一定差距。

2. 网络信息检索工具

因特网的迅猛发展使其所含的信息数量激增，在这样一个无限、无序、浩瀚无边的信息空间里，快速查找并获取所需要的信息已成为人们最迫切的需求。"我们被信息淹没，但却渴求着知识。"——《大趋势》作者约翰·奈比斯特当年所预言的已应验在于网络时代人们的身上。为了帮助人们从网络信息的汪洋大海之中将自己有价值的部分搜寻和挑选出来，网络信息检索工具便应运而生了。

网络信息检索工具是指在因特网上提供信息检索服务的计算机系统，其检索

的对象是存在于因特网空间中各种类型的网络信息资源。如稍早的查询 Usenet 新闻组资源的 WAIS、搜寻 FTP 资源的 Archie、检索 Gopher 网站资源的 Veronica 和 Jughead 等。近年来广为流行的 Yahoo!、Google 等 Web 检索工具更为人们所熟悉。网络检索工具的基本类型包括五种：搜索引擎、主题目录、可检索的数据库内容或“隐蔽的网络”、元搜索引擎和门户网站（于云江，2004）。

（1）搜索引擎

搜索引擎是目前最为常见的网络检索工具，具有以下特点：①利用计算机 Robot 程序构建，非人工选择；②不根据主题分类进行组织，所有的网页都由计算机的运算法则排序；③包含所链接的网页全文，通过词语匹配找到所需网页；④容量巨大并通常能检索出许多信息，如果要进行复杂检索，应选择那些允许在结果中进行进一步检索的搜索引擎；⑤通常未经过评价，反馈结果良莠不齐，需要用户自己选择。

目前互联网上的搜索引擎数量众多，这里仅选择其中著名的几种向读者推荐，并进行横向比较（表 5-1）。

表 5-1　主要搜索引擎比较

搜索引擎	Google www. google. com	Yahoo! Search Search. yahoo. com	Teoma www. teoma. com
规模与类型	巨大，30 多亿网页。声称有 40 多亿但是有 10 多亿未完全索引。如果你的搜索能够匹配未索引的网页题目，或匹配链接到其上的其他网页，可以检索到未索引的网页	巨大，30 多亿完全索引的，可搜索的网页	很大，声称有 10 亿多完全索引的，可检索的网页，还有 10 亿多部分索引的网页。致力于在规模上成为第一
特点和限制	利用 PageRankTM 的流行性排序。每个检索限制使用 10 个词，不包括 OR. 索引网页的前 101kb，以及 PDF 的前 120kb	Shortcuts 可提供字典，同义词，专利，交通，股票，百科全书的快速入口	基于主题的流行度 TM 排序，在结果中推荐检索词以优化检索。在带有众多链接的结果中推荐网页
短语检索	可以，使用“”； 可用“停用词”来检索一般的停用词短语	可以，使用“”；	可以，使用“”；可用“停用词”来检索一般的停用词短语

续表

搜索引擎	Google www. google. com	Yahoo！Search Search. yahoo. com	Teoma www. teoma. com
布尔逻辑	部分，词语之间默认为 AND、OR 需要大写；“-”为不包括； 不支持（）或叠套检索（nesting）； 在高级检索中，可由部分的布尔检索	接受 AND，OR，NOT 或 AND NOT，以及（）。必须大写	部分，词语之间默认为 ANDOR 需要大写；“-”为不包括； 不支持（）或叠套检索（nesting）
+ 必须/-排除	-排除 +允许你检索“停用词”（如+in）	-排除 +允许你检索常见的“停用词”（如+in truth）	-排除 +允许你检索“停用词”（如+in）
次级检索（sub-searching）	在一定程度上。在结果的下部，点击“在结果内检索”，键入更多词汇。添加词汇	添加词汇	在一定程度上。添加词汇。REFINE 可在结果内建议次级主题
结果排序	基于链接到该网页的其他网页数量。如果链接到该网页的其他网页数量多，则排序位置较高。也使用了 Fuzzy AND；基于已“缓存”的网页进行匹配和排序，缓存的网页可能不是最近的版本	自动“Fuzzy AND”	基于特定主题流行度，链接到相关的网页
字段限制	Link： Site： Allintitle： Intitle： Allinurl： Inurl： 多数可在高级检索中使用。对美国联邦网页提供 Uncle Sam，并提供其他的专门检索	Link： Site： Intitle： Inurl： Url： Hostname：	Intitle： Inurl： Site： Geoloe：
截词检索	无，需要分别检索不同的词尾和同义词，以 OR（大写）连接：airline OR airlines	无，就像 Google 一样使用 OR 进行检索	无，就像 Google 一样使用 OR 进行检索
大小写敏感度	无	无	无

续表

搜索引擎	Google www. google. com	Yahoo！Search Search. yahoo. com	Teoma www. teoma. com
语言	有，在高级检索中可检索主要的罗马和非罗马语言	有，可检索主要的罗马和非罗马语言	有，可检索主要的罗马语言。使用 lang
限制文件的日期	在高级检索中	在高级检索中	在高级检索中
翻译	有，一些网页下的“翻译该页”。从主要的欧洲语言翻译到英语	无	无

Google 具有世界上最大的网页数据库之一，包括许多其他的网络文件（如 PDF，Word、Excel、Powerpoint）。尽管 Blog 和 Newgroups 存在许多广告和混乱，Google 的流行评级使值得一看的网页出现在搜索结果的最前部。但 Google 并不包含所有网页。可检索的网页中不到一半的数量可在 Google 中完全检索到。交叉研究表明，任何搜索引擎数据库中网页的大约一半只存在于那个数据库中。因此获得第二种意见或建议通常就很有价值，对于如何获得第二种意见，推荐使用 Teoma、Vivisimo（直接搜索三大搜索引擎数据库的元搜索引擎）或 Yahoo！Search。

（2）主题目录

主题目录特点：①人工选择建立——不是计算机或 Robot 程序；②主题目录形式，每页都按照主题分类进行组织——根据每个主题目录的范围，主题并不是标准的，并处于变化之中；③从不包括所链接的网页全文——你只能搜索那些你看到的东西（题目，描述，主题目录等）；④较小并且专业，比搜索引擎的内容少；⑤通常经过仔细评价和注释（并不一定总是如此！）（表 5-2）。

表 5-2　主题目录推荐与比较

主题目录	Librarians'Index www. lii. org	Infomine infomine. ucr. edu	Academic In fo www. academicinfo. net	About. com www. about. com	Yahoo！ dir. yahoo. com
规模与类型	由提供信息的商业公共图书馆员编辑 13000 多个最高质量的网址，具有极好的，可靠的注释	115 000 多个网页，由大学和学员级的加州大学学术图书馆员编辑，具有极好的，可靠的注释	约 25 000 个网页，选择作为“大学和研究水平的因特网资源”，目标为“本科或更高水平”。具有简单的注释	100 多万网页。注释较好	约 200 万网页。描述和注释不充分。比较有用，特别对流行和商业主题有用。列有许多其他的主题目录和搜索引擎，很有用

续表

主题目录	Librarians'Index www. lii. org	Infomine infomine. ucr. edu	Academic In fo www. academicinfo. net	About. com www. about. com	Yahoo! dir. yahoo. com
短语检索	有，利用“”有。使用“”［词汇 词汇］要求精确匹配	无，“”将使检索失败	有，使用“”	有，使用“”	无
布尔逻辑	词汇间默认AND，但是也接受OR和NOT，以及()	词汇间默认AND，也接受OR	词汇间默认OR，接受AND，OR，NOT和()。建议在多数检索情况下在词汇之间加上AND	无	无
截词检索	使用*，在高级检索中可以关闭截词检索	自动扩展词汇。可将stemming关掉。使用“”精确检索词汇	无	使用*，并不始终如一地接受	无
字段限制	高级检索允许在主题内，题目，描述，部分URL和更多字段中使用布尔检索	在检索框下选择限制KW（关键词）SU（主题），TI（题目），AU（作者），AN（注释）	无	无	t：要求词汇出现在题目字段u：要求词汇出现在URL

（3）可检索的数据库内容或“隐蔽网”

“隐蔽的网络”指搜索引擎找不到的并且很少包括在主题目录中的网页。“可见网”则指的是利用这些工具可以看见的。“隐蔽网”包括的网页是“可见网”的两到三倍。隐蔽网一词最早是由吉尔·埃尔斯沃思博士（Dr. Jill Ellsworth）于1994年提出来的。

为什么会存在隐蔽网？WWW网上有许多专业的检索数据库，可以从网页上的检索框进入。例如，UCB图书馆的目录Pathfinder，或其他的图书馆目录，或一些网上可检索的统计数据库。检索中所使用的词语被送到专业的数据库，并在另一个网页返回动态产生的结果。检索后该结果自动删除不再保存。搜索引擎不能获取这些动态产生的网页，因为计算机的Robots或Spiders不能自己键入产生这些网页的检索式。Spider 通过访问它们所知道的网页上的所有链接来发现网页。除非某个地方存在能被 Spiders 用来重新进行专业数据库检索的链接。数据库的内容对于搜索引擎来说是不可及的，需要密码的网页对搜索引擎也是关闭的，因为 Spider 不能打字。（还有一些其他类型的搜索引擎无法包括的网页，例如某些文件格式：FLASH，流媒体文件，实时数据，股票价格，天气预报等）。目录中很少包括这些网页的内容，但是，因为目录是由人工建立的（可以打字），对目录来说并不存在不能包括这些链接的理由，如果点击这些链接，就会在每次点击时所动态产生的数据库中进行检索。

推荐利用以下两个网站来查找网络上可检索的数据库内容或“隐蔽网”：

1）TheInvisibleWebDirectory（www. invisible-web. net）。由 Gary Price 和 Chris Sherman 建立，经所收录的隐蔽网页进行整理，以主题目录的形式提供。

2）DirectSearch（www. freepint. com/gary/direct. htm）。罗列并描述了许多学术主题的检索数据库，由学术研究馆员 GaryPrice 创建。

（4）元搜索引擎

元搜索引擎目前还难有一个明确的定义，其工作原理可以描述为：在元搜索引擎的检索框中输入关键词后，元搜索引擎会将检索信息同时传递到多个搜索引擎和他们的网页数据库中进行结果查找，几秒钟后，各个数据库的结果就可以集中提供给检索者。显然，元搜索引擎并不拥有自己的网页数据库。有些元搜索引擎提供有价值的限定条件，例如限制检索的能力，定制对哪些搜索引擎或目录进行检索，花在每个工具上的时间等。这种限制类似一站式的采购，这个观念很具吸引力；但实施的结果限制了你决定在哪里“采购”的能力。这些元搜索引擎很快，但不彻底，多数漏掉了 Google（最好的搜索引擎），也经常漏掉 NorthernLight（对学术研究非常有帮助），并且不能利用每个搜索引擎的高级特点。而且，在如何传送复杂检索方面也是不可预测的，通常你预先不会知道它们会搜索出什么样的结果。有些元搜索引擎需要下载安装，多数不需要。

一款理想的元搜索引擎应该具备以下特点和功能：第一，涵盖较多的搜索资源，可随意选择和调用元搜索引擎；其次，具备尽可能多的可选择功能，如资源类型（网站、网页、新闻、软件、FTP、MP3、图像等）选择、返回结果数量控制、结果时段选择、过滤功能选择等；第三，强大的检索请求处理功能（如支持逻辑匹配检索、短语检索、自然语言检索等）和不同搜索引擎间检索语法规则、字符的转换功能（如对不支持“NEAR”算符的搜索引擎，可自动实现由“NEAR”向“AND”算符的转换等）；第四，详尽全面的检索结果信息描述（如网页名称、URL、文摘、源搜索引擎、结果与用户检索需求的相关度等）；第五，支持多种语言检索。

目前有两类智能元搜索引擎（smartermeta-searchengines）：

1）第一类只搜索那些较好的数据库，接受复杂检索，结果集成较好，消除重复，提供附加特征。例如在检索结果中按照主题聚类的元搜索引擎（表5-3）。

2）第二类对许多资源进行挖掘的工具，功能强大，可帮助用户在检索结果中找到所需要的内容。适用于对某个主题进行深度探究的研究人员（表5-4）。

表5-3 聚类元搜索引擎

元搜索工具	搜索内容	复杂的搜索能力	结果显示
Vivisimo www. vivisimo. com	目前搜索 Netscape（google），Lycos（较快，与 allTheWeb 类似），MSN 检索（Inktomi），lii. org，以及其他。可在高级检索框中定制	接受带有布尔检索符及字段限制的复杂检索，并对其进行“翻译”	基于检索结果中的词汇进行主题分类，通常给出主要的主题。点击这些主题可在每一主题的结果内进行检索。可在底部对题目，URL，和描述中进行检索
Metacrawler & Dogpile Metacrawler. com Dogpile. com	检索 Google. Yahoo，Altavista，Ask Jeeves，About，Looksmart，Overture，FindWha	接受布尔逻辑检索，特别在高级检索模式	使用 Vivisimo 聚类技术，在每一检索结果内提供主题聚类。Dogpile 允许分别浏览每个搜索引擎的结果

表5-4 用于严格深度挖掘的元搜索引擎

元搜索工具	搜索内容	复杂的搜索能力	结果显示
SurfWax www. surfwas. com	点击 My Search Sets，从列表中选择搜索引擎，包括：AllTheWeb，AltaVista，AOL，Excite，Google，Hotbot，MSN，NBCi，OpenDirectory，Yahoo！可混合教育，美国政府工具，和新闻，或许多其他目录。免费级别可检索3个类目和来自500个资源中的10个。付费可检索更多	接受“”，+/-。词间默认为 AND。建议进行简单检索，让 SurfWax 的 SiteSnaps 和其他的特性帮助你对结果进行深度挖掘。加入 free 或 Higher leve 后可以在 My Preferences 中定制。可在 InfoCubby 中保存结果	结果可以按照相关度、题目的 A-Z 顺序或来源进行排序。点击来源链接可看到完整的检索结果。点击“放大镜”，可看到从右侧网址中提取的“SiteSnapTM”。每个网页的 FocusWords 代表其内容
Copernic Agent www. copernic. com	在高级检索框中点击 Properties 按钮，选择搜索引擎	短语，ANY，ALL。在 Refine（作用强大）下在结果内进行布尔检索。Help 菜单下帮助内容详细。与 Internet Explorer 集成（不是 Netscape）	必须下载安装，但初级版本免费。具有许多高级属性，可改变结果显示，跟踪以前的检索

（5）主题门户

主题门户与搜索引擎不同，主题门户对信息的揭示更专业、更深入；而搜索引擎相对广泛、肤浅。某些“隐藏网络”、“深网”或“门控网络”区域内的信息，只有主题门户能够揭示，不能通过搜索引擎直接检索到。

DESIRE（欧洲研究教育信息服务开发）项目开始于1998年7月，结束于2000年6月，由欧盟资助，集中于10个公共机构内的项目合作伙伴间的合作，以改善现有的欧洲信息网络。项目开发了用于建设信息门户的图书馆与其他组织的手册。“信息门户”（gateway）有很多种定义，但是DESIRE手册的定义是：信息门户是控制质量的信息服务，它提供与其他网站或文件相连的链接；在预先定义的集合内通过人工处理，选择资源；人工产生的内容描述；最好是用关键词或可控术语；用于浏览的人工创建的结构；对个性化的资源半手工化地创建元数据。这种类型的信息门户目的是帮助用户群快速有效地发现高质量的、相关的、基于网络的信息，是用于网络发现的更加高效的一种检索工具。

门户网站可以分为水平和垂直门户。水平门户的一个例子是Yahoo！——来源极其广泛，而检索者可以用来找到他们在网上所要的东西的内容却很浅。大学或图书馆更可能建设垂直门户，集中于专门的用户群，并对群体内的不同类群进行个性化服务，像某个学科内的学生或学者群。UCLA的人类学网络门户就是一个例子。另一个垂直门户的例子是国家科学基金资助的国家科学数字图书馆项目。

主题门户应该属于垂直门户。Imesh Toolkit项目给出了下面的定义：“主题门户是围绕特定主题对在线资源提供搜索和浏览入口的网站。主题门户的资源描述通常是手工创建的，而不是通过自动的程序产生。因为资源的款目由手工产生，通常优于那些从传统的网络搜索引擎获得的款目。”

Traugott Koch提出的质量控制主题门户应该是目前门户发展的方向。所谓的质量控制门户是使用一整套质量控制机制来支持系统资源发现的因特网服务。使用相当多地人工来确保所选资源满足质量标准，并利用标准元数据对这些资源进行详细描述。进行定期的检查与更新来确保较好的资源集合管理。主要的目标是通过使用可控词对资源进行索引，以及对高级搜索和浏览提供深度的分类结构，来提供一个高质量的主题入口。

目前，国外已经有了各种主题的门户，甚至还出现了门户的门户，如Heriot Watt的PINAKES（主题导航簿）门户列表（http：//www. hw. ac. uk/libWWW/irn/pinakes/pinakes. html），以及clearinghouse（http：//www. clearinghouse. net），我国的“国家科学数字图书馆”目前也正在建设我国的学科主题门户。

主题门户强调的是特定的主题领域，这就将主题门户的资源限制到一个较小的特定目标组，同时也正是这一点将主题门户与主题目录区分开来。

5.1.4 网络信息资源检索的未来

随着计算机技术和通信技术等现代化信息技术的飞速发展，网络信息检索的软硬件环境有了很大发展，加之人们对检索功能的不断完善，网络信息检索出现了一些新的发展动态，包括新技术、新服务和新变化。其发展主要体现在进一步改进、完善检索工具和检索技术，以提高检索服务的质量，改善网络信息检索的不尽如人意之处。

一方面，网络信息检索技术不断发展，基于内容的多媒体信息检索继续为业界所关注。主题聚类、智能检索、可视化等信息技术也开始逐渐在检索工具、检索系统中得以实践应用，在改善检索界面、优化检索结果方面显示出巨大潜力。同时，P2P 检索一枝独秀，凭借其大范围的共享和搜索优势，短时间内获得广大网民的青睐。近几年语义检索也越来越成为热门词汇。

另一方面，在以用户为中心的思想指导下，网络信息检索服务呈现出个性化、多样化的特点，不论是数据库的汇聚整合，抑或是检索工具的综合化专业化，检索服务提供商们的目标都只有一个：提供真正适合用户需要的产品，网络信息检索日益商业化。

总体来看，当前网络信息检索具有如下发展趋势。

（1）多媒体信息检索

多媒体检索包括基于描述的多媒体检索和基于内容的多媒体检索，各大主要检索引擎支持的多媒体检索主要还是基于描述的，用户通过提交一个和多个描述所需查找的多媒体信息的关键词，然后搜索引擎再基于关键词来查找，其实质依然是基于关键词检索。而基于内容的多媒体信息检索是现在信息检索研究的热点，也会是未来信息检索研究的一个方向。基于内容的多媒体信息检索是在对多媒体对象内容特征分析的基础上，提取多媒体对象的语义信息，构成多媒体语义信息单元数据库，再对用户提交的多媒体样例进行匹配检索。而多媒体信息检索中的图像检索、视频检索和音频检索会分别成为独立的研究对象。

（2）多语种信息检索

多语种信息检索将依然是未来网络信息检索的研究热点，现在对多语种信息检索的支持主要体现在预先设定检索语言，其检索结果也限制在预先设定的语言中。而使用某一种语言直接进行多语种检索，并提供多语种的匹配结果将是多语种信息检索的下一个方向。这种单一检索界面的检索将在后台有一个多语种词库，对用户提交某一语种的检索词自动在词库中查找对应其他语种的检索词，再提交给搜索引擎，以多语种检索结果输出给用户。这种多语种、多信息检索需要机器翻译技术的支持，并且需要对多语种检索得出的输出结果相关度或重要性排序进行研究。

(3) 个性化信息检索

个性化信息检索将是未来面向用户信息检索的一个发展方向。个性化主要体现在两个方面：一个是允许网络用户的个性化定制，网络用户基本的定制包括自己喜欢的检索界面，检索结果的显示方式，检索结果的语言等，而高级定制包括网络用户自己选择检索信息来源，对检索结果进行信息过滤、检索结果去重等；另一个方面是基于数据挖掘技术对网络用户的检索行为进行分析，挖掘出网络用户的检索需求，利用推送技术主动向用户推送所需的网络信息。

(4) 专业化信息检索

专业化信息检索是指面向某一特定专业或学科领域，提供高质量的专业信息的检索。专业化信息检索需求的出现主要是因为网络信息资源越来越丰富，而查找专业信息却越来越困难。综合性的检索工具往往不能检索到高质量的专业信息。发展专业化检索将是未来的一个研究热点。国际上著名的PubMed就是美国国家医学图书馆开发的医学专业信息的检索工具。世界范围内学科信息门户的兴起也是专业化信息检索的一种体现。中国国家科学数字图书馆已建成包括物理和数学在内的六大学科信息门户，提供每一个学科领域内专业化的信息资源。

(5) 可视化信息检索

可视化信息检索将是未来信息检索的一个研究热点。可视化信息检索包括两个方面：一个是检索过程可视化，另一个是检索结果可视化。检索过程可视化是指用户在检索过程中各检索对象之间的关系以可视化的形式展现在用户面前，用户顺着可视化的检索画面一步一步地发现检索结果。检索结果可视化是指用户通过提交检索词后获得的检索结果不仅仅是现在主要信息检索工具提供的列表这样的一维形式，而且是基于检索结果分析后形成了二维或三维的形式来展示检索结果之间的语义关系。

(6) 智能化信息检索

智能化信息检索是基于自然语言处理的检索形式。检索工具是对用户提供的以自然语言表达的检索要求进行分析，从而形成检索策略进行检索。检索工具智能化的内涵在于检索工具具有学习、分析、辨别和推理的能力。近年来，因特网上不断涌现的人工智能产品，如智能搜索引擎、智能浏览器、智能代理等，它们将提高网络信息检索的智能化程度，促进智能信息检索的发展。

(7) 基于语义的信息检索

基于语义的信息检索又称概念检索，概念检索不是传统的基于关键词的字面匹配，而是从词所表达的概念意义层次上来认识和处理用户的信息检索请求。概念检索的主要内容包括两个方面：同义扩展检索和相关概念联想。同义扩展检索是指在检索某一关键词时，还能同时对它的同义词、近义词进行检索。相关概念联想又分为两个方面，一个是对概念的上位概念进行联想，称为语义外延扩展。另一个是对下位概念的联想，称为语义蕴涵扩展。

（8）基于网格的信息检索

网格（grid）被称为下一代网络，它是在由个人、机构和资源所构成的动态集合中支持灵活、安全和协调地共享资源的一个基础结构。网格的目标是实现用户以透明的方式获取资源，用户无需考虑资源的位置和获取时间，网格的最终目标是实现用户对资源获取的一站式服务。随着网格技术研究在世界各地的兴起，基于网格的信息检索技术将成为未来的一个发展方向。

5.2 搜索引擎

5.2.1 搜索引擎概述

搜索引擎是指根据一定的策略、运用特定的计算机程序搜集互联网上的信息，在对信息进行组织和处理后，为用户提供检索服务的系统。从使用者的角度看，搜索引擎提供一个包含搜索框的页面，在搜索框输入词语，通过浏览器提交给搜索引擎后，搜索引擎就会返回跟用户输入的内容相关的信息列表。

互联网发展早期，以雅虎为代表的网站分类目录查询非常流行。网站分类目录由人工整理维护，精选互联网上的优秀网站，并简要描述，分类放置到不同目录下。用户查询时，通过一层层的点击来查找自己想找的网站。也有人把这种基于目录的检索服务网站称为搜索引擎，但从严格意义上讲，它并不是搜索引擎。

搜索引擎是伴随因特网的发展及网络信息资源激增而诞生和发展起来的。1994 年 Lycos 和 Yahoo！的出现，标志着真正意义上的基于 WWW 的搜索引擎的诞生。随后搜索引擎得到长足发展，在十年之间，搜索引擎经历了从无到有、从少到多、从一元到多元、功能不断完善和扩展的过程，其发展速度和规模是任何其他现有的因特网检索工具所无法比拟的，目前几乎成为网络信息检索工具的代名词，是人们获取网络信息的主要途径。

1. 搜索引擎的历史

在互联网发展初期，网站相对较少，信息查找比较容易。然而伴随互联网爆炸性的发展，普通网络用户想找到所需的资料简直如同大海捞针，这时为满足大众信息检索需求的专业搜索网站便应运而生了。现代意义上的搜索引擎的祖先，是1990年由蒙特利尔大学学生Alan Emtage发明的Archie。虽然当时World Wide Web还未出现，但网络中文件传输还是相当频繁的，而且由于大量的文件散布在各个分散的FTP主机中，查询起来非常不便，因此Alan Emtage想到了开发一个可以以文件名查找文件的系统，于是便有了Archie。

Archie工作原理与现在的搜索引擎已经很接近，它依靠脚本程序自动搜索网上的文件，然后对有关信息进行索引，供使用者以一定的表达式查询。由于Archie深受用户欢迎，受其启发，美国内华达System Computing Services大学于1993年开发了另一个与之非常相似的搜索工具，不过此时的搜索工具除了索引文件外，已能检索网页。

当时，“机器人”一词在编程者中十分流行。电脑“机器人”（computer robot）是指某个能以人类无法达到的速度不间断地执行某项任务的软件程序。由于专门用于检索信息的“机器人”程序像蜘蛛一样在网络间爬来爬去，因此，搜索引擎的“机器人”程序就被称为“蜘蛛”程序。世界上第一个用于监测互联网发展规模的“机器人”程序是Matthew Gray开发的World wide Web Wanderer。刚开始它只用来统计互联网上的服务器数量，后来则发展为能够检索网站域名。与Wanderer相对应，Martin Koster于1993年10月创建了ALIWEB，它是Archie的HTTP版本。ALIWEB不使用“机器人”程序，而是靠网站主动提交信息来建立自己的链接索引，类似于现在我们熟知的Yahoo!。

随着互联网的迅速发展，使得检索所有新出现的网页变得越来越困难，因此，在Matthew Gray的Wanderer基础上，一些编程者将传统的“蜘蛛”程序工作原理作了些改进。其设想是，既然所有网页都可能有连向其他网站的链接，那么从跟踪一个网站的链接开始，就有可能检索整个互联网。到1993年底，一些基于此原理的搜索引擎开始纷纷涌现，其中以JumpStation、The World Wide Web Worm（Goto的前身，也就是今天Overture），和Repository-Based Software Engineering（RBSE）spider最负盛名。然而JumpStation和WWW Worm只是以搜索工具在数据库中找到匹配信息的先后次序排列搜索结果，因此毫无信息关联度可言。而RBSE是第一个在搜索结果排列中引入关键字串匹配程度概念的引擎。

最早现代意义上的搜索引擎出现于1994年7月。当时Michael Mauldin将John Leavitt的蜘蛛程序接入到其索引程序中，创建了大家现在熟知的Lycos。同年4月，斯坦福大学的两名博士生，David Filo和美籍华人杨致远（Gerry Yang）共同创办了超级目录索引Yahoo!，并成功地使搜索引擎的概念深入人心。从此搜索引擎进入了高速发展时期。目前，互联网上有名有姓的搜索引擎已达数百家，其检索的信息量也与从前不可同日而语。比如最近风头正劲的Google，其数据库中存放的网页已达30亿之巨！

随着互联网规模的急剧膨胀，一家搜索引擎光靠自己单打独斗已无法适应目前的市场状况，因此现在搜索引擎之间开始出现了分工协作，并有了专业的搜索引擎技术和搜索数据库服务提供商。像国外的Inktomi（已被Yahoo！收购），它本身并不是直接面向用户的搜索引擎，但像包括Overture（原GoTo，已被Yahoo！收购）、LookSmart、MSN、HotBot等在内的其他搜索引擎提供全文网页搜索服务。

2. 搜索引擎的主要类型

目前在网上各种各样的搜索引擎很多，与印刷型检索工具一样，我们可以按照检索工具的检索机制、检索内容范围、包含检索工具的数量、检索资源类型等，将他们划分为以下类型。

（1）按检索机制划分

1）分类目录型（directory）。检索工具提供按类别编排的因特网站目录，其检索方法为分类目录浏览检索。它将各站点按主题内容组织成等级结构，检索者依照这个等级目录逐层深入，直至找到所需信息。在各个类别下面，排列着这一类别网站的站名和网址链接，有些检索工具还提供各个网站的内容简介，但并不将网站上的所有文章和信息都收录进去。用户在用这种检索工具查询时，也可以直接在文本输入框输入关键词进行检索，用户所输入的关键词，系统自动在网站的简介中搜索。分类目录型检索工具的优点是将信息分门别类，用户可以清晰方便地浏览某一大类信息，尤其适合那些仅希望了解某一方面、某个范围内信息的用户。分类目录型检索工具的缺点是由于它的综述和标引工作一般靠专业人员完成，数据库更新频率较慢，加之它对各站点的描述具有一定的局限性，且较笼统，没有文献的全文，只能检索到主题目录和一些简单的描述信息。它的数据库比搜索引擎型检索工具的要小，它的查全率较低，但查准率较高。该类检索工具的典型站点有Yahoo！、Galaxy等。

2）全文搜索引擎（full-text search engine）。搜索引擎型检索工具提供按关键词查询网站及网页信息的方法，其检索方法为关键词查询检索。搜索引擎型检索工具看起来与分类目录型检索工具的网站查询非常相似，虽然也提供一个文本输入框和搜索按钮，使用方法相同，而且有些搜索引擎也提供分类目录，但是两者却有本质上的区别。

在分类目录型检索工具的数据库中，保存的是因特网上各个网站的站名、网址和内容提要；而在搜索引擎的数据库中，保存的则是因特网上各网站的每一个网页的全部内容，涉及范围要大得多。因此，搜索引擎所查到的结果不仅仅是站名、网址和内容提要，而是与输入的关键词相关的一个个具体网页的地址和该页的全文。

有些搜索引擎也提供分类目录，但这种目录不是网站的分类目录，而是网页的分类目录。也就是说，在其各类目下排列的不是网站站名、地址，而是大量的属于这一类别的网页地址。由于网页数目非常庞大，所以这种目录几乎无法起到分类浏览的作用。它的主要功能只是让使用者能够进入某一大类别，因而能够限定在这一类别中全文检索某个关键词。

全文搜索引擎的优点是数据库大、内容新、查询全面而充分，能提供给用户最全面而广泛的搜索信息。搜索引擎的数据库会将涉及的每一个网站上所有网页都保留下来。当用户查询的关键字在数据库的主页中出现过，该主页就会作为一项搜索结果返回到搜索结果的页面上。搜索引擎型检索工具查到的信息太多，使查准率降低。该类检索工具的代表站点有 Google、Ask、百度等。

3）混合型检索工具。混合型检索工具包括元搜索引擎（meta search engine）和集成搜索引擎（all-in-one searchpage）。

①集成搜索引擎。亦称为“多引擎同步检索系统”，是在一个 WWW 页面上链接若干独立的搜索引擎，检索时需点选或指定搜索引擎，一次检索输入，多引擎同时搜索，搜索结果由各搜索引擎分别以不同页面提交，其实质是利用网站链接技术形成的搜索引擎集合，而并非真正意义上的搜索引擎。集成搜索引擎无自建数据库，不需研发支持技术，当然也不能控制和优化检索结果。但集成搜索引擎制作与维护技术简单，可随时对所链接的搜索引擎进行增删调整和及时更新，尤其大规模专业（如 FLASH、MP3 等）搜索引擎集成链接，深受特定用户群欢迎。在搜索引擎发展进程中，集成搜索引擎只是元搜索引擎的初级形态，以其方便、实用在网络搜索工具家族中占据一席之地。

②元搜索引擎。元搜索引擎是一种调用其他独立搜索引擎的引擎，亦称“搜索引擎之母”（the mother of search engines）。在这里，“元”（meta）为“总的”、“超越”之意，元搜索引擎就是对多个独立搜索引擎的整合、调用、控制和优化利用。相对元搜索引擎，可被利用的独立搜索引擎称为“源搜索引擎”（source engine），或“搜索资源”（searching resources），整合、调用、控制和优化利用源搜索引擎的技术，称为“元搜索技术”（meta-searching technique），元搜索技术是元搜索引擎的核心。

（2）按检索内容划分

按检索内容划分有综合型、专题型和特殊型检索工具。

1）综合型检索工具在采集标引信息资源时不限制资源的主题范围和数据类型，又称为通用型检索工具，人们可利用它们检索几乎任何方面的资源。前面列举的 AltaVista、Excite、Yahoo！等均属综合型检索工具。

2）专题型检索工具专门采集某一主题范围的信息资源，并用更为详细和专业的方法对信息资源进行标引描述，且往往在检索机制中设计利用与该专业领域密切相关的方法技术。这类工具常被称为专业检索工具。典型的医学专业检索工具有 Healthatoz、Medical Worldsearh、Medical Matrix 等。

3）特殊型检索工具指那些专门用来检索某一类型信息或数据的检索工具，如查找电话号码、找人、找机构的 Switchboard，查询地图的 MapBlast，查询图像的 WebSeek，检索 FTP 文件的 Archie 和 FileZ，检索 LISTSERV 的 Liszt，检索新闻组的 Deja News 等。

（3）按检索资源的媒体类型划分

按所收信息资源的媒体类型可以将搜索引擎划分为文本型和多媒体型搜索引擎。

1）文本型搜索引擎。文本型搜索引擎只提供纯文本信息的检索，也就是说这些搜索引擎把网页当作纯文本文件，或者只对网页中的纯文本内容进行分析，建立索引数据库。检索时，按照用户提供的检索词进行匹配，包含有检索词的页面就是符合条件的检索结果。目前绝大多数搜索引擎都是基于文本的，并没有充分反映网页所包含的所有信息，因此对网络上越来越多的多媒体信息的检索显得无能为力，检索结果单一，有时无法达到形象直观的效果。

2）多媒体型搜索引擎。多媒体型搜索引擎提供集文本、图像、图形、声音、视频、动画于一体的信息检索。随着动画、图像、音频和视频信息的增长，多媒体信息的查找成为搜索引擎的研究重点。目前多媒体型搜索引擎可分为基于文本描述的多媒体搜索引擎和基于内容的多媒体搜索引擎。

①基于文本描述的多媒体搜索引擎。这种搜索引擎是通过对含有多媒体信息的网站和网页进行分析，对多媒体信息的物理特征和内容特征进行著录和标引，把它们转换成文本信息或者添加文本说明，建立数据库，检索时主要在此数据库中进行精确匹配。一般来说，这些用于检索的信息包括：文件扩展名、文件标题及其文字描述、人工对多媒体信息的内容（如物体、背景、构成、颜色特征等）进行描述而给出的文本标引词。

②基于内容的多媒体搜索引擎。这种搜索引擎直接对媒体自身的内容特征和上下文语义环境进行分析，由计算机自动提取多媒体信息的各种特征，如图像的颜色、纹理、形状等，声音的响度、频度和音色等，影像的视频特征、运动特征等，建立索引数据库。它和基于文本描述的多媒体搜索引擎的一个重要区别，就是以相似匹配来代替精确匹配。检索时，只需将所需信息的大致特征描述出来，就可以找出与检索提问具有相近特征的多媒体信息。

3. 搜索引擎的性能评价指标

根据对搜索引擎基本结构、基本原理和主要功能的分析，我们把搜索引擎评价指标定义为五类：结构、检索功能、检索效果、显示结果和用户交互性。

（1）索引库结构指标

索引数据库的构成是搜索引擎性能优劣的基础，搜索引擎索引库的性能可由四个指标来反映。

1）索引标引数量。反映了索引数据库的容量。

2）标引的文件种类。主要指 FTP、WWW、Newsgroup、Usenet 等文件和全文的标引构成，每标引一项，标引范围加 1。

3）标引深度。用来反映有无全文索引，是否考虑超文本的不同标记所表示的不同含义，页面中超链接的收集情况。

4）更新频率。主要反映搜索引擎信息检索返回内容的新颖程度。

（2）检索功能指标

搜索引擎检索功能的评价指标可分为基本检索和高级检索两种。

1）基本检索（种）。包含布尔检索、截词检索、邻近词检索和字段检索、区分大小写检索。搜索引擎若有上述功能的一种，则基本检索值加 1。

2）高级检索。由加权检索、模糊检索、相关信息反馈检索、概念检索、自然语言检索组成。搜索引擎若有上述功能中的一种，则高级检索值加 1。

（3）检索效果指标

搜索引擎检索效果指标由查全率、查准率和检索时间三部分组成，这 3 个指标反映出搜索引擎的检索效果。

1）查全率。是系统在进行某一检索时，检出的相关文献量与系统文献库中相关文献总量的比率，查全率越高得分越高。

2）查准率。是指所检出的相关文献占所有检出文献的比率，查准率越高得分越高。

3）检索响应时间。即完成一个检索要求所用的时间，响应时间越短得分越高。

（4）显示结果

1）显示内容（种）。检索显示内容包括三项：文件标题、URL、文件摘要，每显示一项显示内容加 1。

2）显示结果数限制。若搜索引擎允许用户选择和调整每次网络终端的显示结果数，则显示结果。

（5）用户交互指标

1）用户界面。用户界面是否友好、简洁明了、易用，检索中与用户的交互情况，查询界面的“个性化”。

2）帮助信息。检索说明是否讲解得全面透彻、易于理解。有无格式转换、交叉语言检索与翻译等功能。

3）信息过滤功能。是否可以进行信息过滤、信息挖掘、信息推送、学习功能等技术的运用。

5.2.2 现代搜索引擎的技术原理

1. 搜索引擎的组成

一个搜索引擎由搜索器（searcher）、索引器（indexer）和用户检索界面（interface）3个部分组成。

（1）搜索器

20世纪90年代，“机器人”一词在计算机编程者中十分流行，用于特指某种能以人类无法达到的速度不间断地执行某项任务的软件程序。由于专门用于检索Web信息的“机器人”程序像蜘蛛一样在网络间爬来爬去，因此，作为Web搜索器的“机器人”就被称为“网络蜘蛛”。“网络蜘蛛”的功能就是在互联网中不断漫游，发现和搜集信息。作为一个计算机程序，搜索器日夜不停地运行，尽可能多、尽可能快地搜集各种类型的新信息，并定期更新已经搜集过的旧信息，以避免出现死链接和无效链接。

（2）索引器

索引器的功能是理解搜索器所搜索的信息，从中抽取出索引项，并生成文档库的索引表。索引项有客观索引项和内容索引项两种：客观索引项与文档的语意内容无关，如作者名、URL、更新时间、编码、长度、链接流行度（link popularity）等；内容索引项则是用来反映文档内容的，如关键词及其权重、短语、单字等等。内容索引项又可分为单索引项和多索引项（或称短语索引项）两种。单索引项对于英文来讲是英语单词，比较容易提取，因为单词之间有天然的分隔符（空格）；对于中文等连续书写的语言，过去的常规技术是先进行词语的切分，而先进的智能技术则可采用概念处理（包括对多索引项的处理）。

（3）用户检索界面

用户检索界面是搜索引擎呈现在用户面前的形象，其作用是接受用户输入的查询、显示查询结果、提供用户相关性反馈。为使用户方便、高效地使用搜索引擎，从搜索引擎中检索到有效、及时的信息，用户检索界面的设计和实现采用人机交互的理论和方法，以充分适应人类的思维习惯。

用户检索界面包括简单界面和高级界面两类。简单界面只提供用户输入查询串的文本框；高级界面提供用户按照检索模型查询的机制，常用的检索模型有集合理论模型、布尔代数模型、概率模型和混合模型等，具体体现为逻辑运算（与、或、非；＋、－）、相近关系（相邻、NEAR）、域名范围（如.edu、.com）、位置限定（如标题、内容）等。

2. 搜索引擎的运作

按照以上技术原理，搜索引擎的工作流程由三个过程组成，如图 5-2 所示。

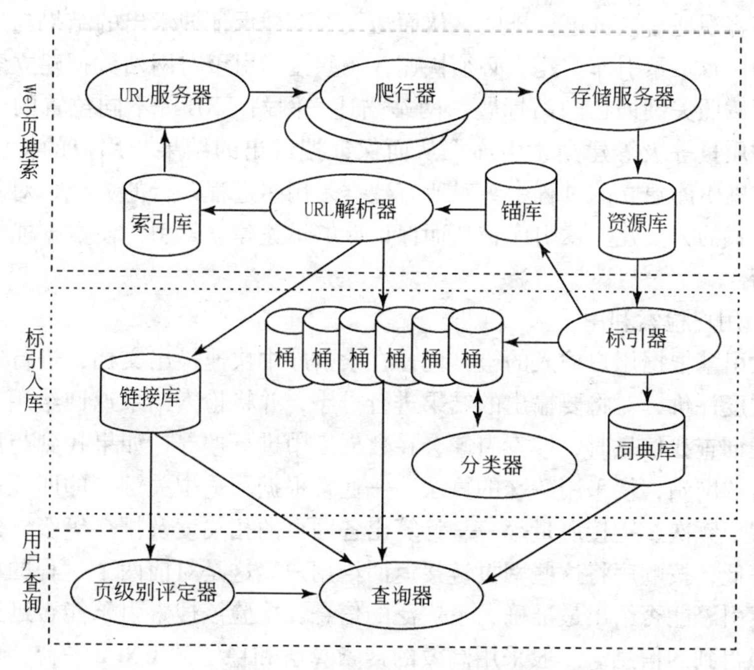

图 5-2　搜索引擎的工作流程

(1) 发现并搜集网页信息

搜索引擎通过高性能的“网络蜘蛛”程序自动地在互联网中搜索信息。一个典型的网络蜘蛛工作的方式是通过查看一个页面，从中找到与检索内容相关的信息，然后再从该页面的所有链接中继续寻找相关的信息，以此类推，直至穷尽。“网络蜘蛛”为实现快速浏览整个互联网，通常在技术上采用抢先式多线程技术实现在网上聚集信息。通过抢先式多线程的使用，能索引一个基于 URL 链接的 Web 页面，启动一个新的线程跟随每个新的 URL 链接并索引一个新的 URL 起点。当然在服务器上所开的线程也不能无限膨胀，需要在服务器的正常运转和快速收集网页之间找一个平衡点。在算法上各个搜索引擎技术公司可能不尽相同，但目的都是快速浏览 Web 页并与后续检索过程相配合。一些搜索引擎技术公司设计的“网络蜘蛛”采用了可定制、高扩展性的调度算法，使得搜索引擎能在极短的时间内收集到最大数量的互联网信息，并把所获得的信息保存下来以备建立索引库和用户检索。

(2) 对信息进行提取并建立索引库

索引库的建立关系到用户能否最迅速地找到最准确、最广泛的信息。索引器对“网络蜘蛛”抓来的网页信息极快地建立索引，以保证信息的及时性。建索引时对网页采用基于网页内容分析和基于超链分析相结合的方法进行相关度评价，能够客观地对网页进行排序，从而最大限度地保证搜索出的结果与用户的检索提问相一致。索引库的建立必须快速，一些搜索引擎对网站数据建立索引的过程采取了按照关键词在网站标题、网站描述、网站 URL 等不同位置的出现情况或网站的质量等级等建立索引库，从而保证搜索出的结果与用户的检索要求一致，并在索引库建立的过程中，对所有数据采用多进程并行的方式，对新的信息采取增量式的方法建立索引库，从而保证能够迅速建立索引，使数据能够得到及时的更新。

(3) 用户检索利用

搜索引擎根据用户输入的检索词，在索引库中快速检出文档，进行文档与检索的相关度评价，对将要输出的结果进行排序，并将检索结果返回给用户。当用户以关键词查找信息时，搜索引擎会在数据库中进行搜寻，如果找到与用户要求内容相符的网站，便采用特殊的算法——通常根据网页中关键词的匹配程度、出现的位置、频次、链接质量等——计算出各网页的相关度及排名等级，然后根据关联度高低，按顺序将这些网页链接返回给用户。这是对前两个过程的检验：检验该搜索引擎能否给出最准确、最广泛的信息，检验该搜索引擎能否迅速地给出用户最想得到的信息。一般采用高效的搜索算法和稳定的 UNIX 平台，可大大缩短对用户搜索请求的响应时间。

此外，有的搜索引擎建有目录索引，如 Yahoo!，就是将网站分门别类地存放在相应的目录中，这样，用户在查询信息时，可直接按分类目录逐层查找。但也有人认为目录索引不是技术意义上的搜索引擎，故未得到足够重视。实际上，目前搜索引擎与目录索引有相互融合渗透的趋势：一些纯粹的全文搜索引擎现在也提供目录搜索，如 Google 就借用 Open Directory 目录提供分类查询；而 Yahoo! 等则通过与 Google、OpenText 等搜索引擎的合作扩大搜索范围，而且在默认搜索模式下，其目录中匹配的网站永远排在搜索引擎的网页查询结果之前，这样就可以提高搜索引擎的检索效率和查准率。

5.2.3 搜索引擎的未来

搜索引擎经过几年的发展和摸索，越来越贴近人们的需求，搜索引擎的技术也得到了很大的发展。搜索引擎的最新技术发展包括以下几个方面。

1. 对用户检索提问的理解

为了提高搜索引擎对用户检索提问的理解，就必须有一个好的检索提问语言，为了克服关键词检索和目录查询的缺点，现在已经出现了自然语言智能答询。用户可以输入简单的疑问句，比如“how can kill virus of computer?”，搜索引擎在对提问进行结构和内容的分析之后，或直接给出提问的答案，或引导用户从几个可选择的问题中进行再选择。自然语言的优势在于，一是使网络交流更加人性化，二是使查询变得更加方便、直接、有效。就以上面的例子来讲，如果用关键词查询，多半人会用“virus”这个词来检索，结果中必然会包括各类病毒的介绍、病毒是怎样产生的等等许多无效信息，而用“how can kill virus of computer?”，搜索引擎会将怎样杀病毒的信息提供给用户，提高了检索效率。

2. 对检索结果进行处理

（1）基于链接评价的搜索引擎

基于链接评价的搜索引擎的优秀代表是Google，它独创的“链接评价体系”是基于这样一种认识，一个网页的重要性取决于它被其他网页链接的数量，特别是一些已经被认定是“重要”的网页的链接数量。这种评价体制与《科技引文索引》的思路非常相似，但是由于互联网是在一个商业化的环境中发展起来的，一个网站的被链接数量还与它的商业推广有着密切的联系，因此这种评价体制在某种程度上缺乏客观性。

（2）基于访问大众性的搜索引擎

基于访问大众性的搜索引擎的代表是direct hit，它的基本理念是多数人选择访问的网站就是最重要的网站，即根据以前成千上万的网络用户在检索结果中实际所挑选并访问的网站和他们在这些网站上花费的时间来统计确定有关网站的重要性排名，并以此来确定哪些网站最符合用户的检索要求。因此具有典型的趋众性特点。这种评价体制与基于链接评价的搜索引擎有着同样的缺点。

（3）去掉检索结果中附加的多余信息

有调查指出，过多的附加信息加重了用户的信息负担，为了去掉这些过多的附加信息，可以采用用户定制、内容过滤等检索技术。

3. 搜索引擎辅助技术

一些网络搜索没有自己独立的索引库，而是将搜索引擎的技术开发重点放在对检索结果的处理上，提供更优化的检索结果。

（1）纯净搜索引擎

纯净搜索引擎没有自己的信息采集系统，利用别人现有的索引数据库，主要关注检索的理念、技术和机制等。

（2）元搜索引擎

现在出现了许多的搜索引擎，其收集信息的范围、搜索机制、算法等都不同，用户不得不去学习多个搜索引擎的用法。每个搜索引擎平均只能涉及整个WWW资源的30%～50%，这样导致同一个搜索请求在不同搜索引擎中获得的查询结果的重复率不足34%，而每一个搜索引擎的查准率不到45%。元搜索引擎是将用户提交的检索请求到多个独立的搜索引擎上去搜索，并将检索结果集中统一处理，以统一的格式提供给用户，因此有搜索引擎之上的搜索引擎之称。它的主要精力放在提高搜索速度、智能化处理搜索结果、个性搜索功能的设置和用户检索界面的友好性上，查全率和查准率都比较高。目前比较成功的元搜索引擎有MetaCrawler、Dogpile等。

（3）集成搜索引擎

集成搜索引擎（all-in-one search page），亦称为“多引擎同步检索系统”，是在一个WWW页面上链接若干种独立的搜索引擎，检索时需点选或指定搜索引擎，一次检索输入，多引擎同时搜索，用起来相当方便。集成搜索引擎无自建数据库，不需研发支持技术，当然也不能控制和优化检索结果。但集成搜索引擎制作与维护技术简单，可随时对所链接的搜索引擎进行增删调整和及时更新，尤其大规模专业（如FLASH、MP3等）搜索引擎集成链接，深受特定用户群欢迎。

4. 垂直搜索引擎

网上的信息浩如烟海，网络资源以十倍速的增长，一个搜索引擎很难收集全所有主题的网络信息，即使信息主题收集得比较全面，由于主题范围太宽，很难将各主题都做得既精确又专业，使得检索结果垃圾太多。这样一来，垂直主题的搜索引擎以其高度的目标化和专业化在各类搜索引擎中占据了一席之地，比如像股票、天气、新闻等类的搜索引擎，具有很高的针对性，用户对查询结果的满意度较高。垂直搜索引擎是相对通用搜索引擎的信息量大、查询不准确、深度不够等提出来的新的搜索引擎服务模式，通过针对某一特定领域、某一特定人群或某一特定需求提供的有一定价值的信息和相关服务。其特点就是“专、精、深”，且具有行业色彩，相比较通用搜索引擎的海量信息无序化，垂直搜索引擎则显得更加专注、具体和深入，在未来有着极大的发展空间。

垂直搜索引擎不同于Google、百度等通用搜索引擎的四大关键技术。

（1）聚焦、实时和可管理的网页采集技术

一般互联网搜索面向全网信息，采集的范围广、数量大，但往往由于更新周期的要求，采集的深度或说层级比较浅，采集动态网页优先级比较低，因而被称为水平搜索，水平搜索以被动方式为主，搜索引擎和被采集的网页没有约定的、标准的格式。而垂直搜索带有专业性或行业性的需求和目标，所以只对局部来源的网页进行采集，采集的网页数量适中。但其要求采集的网页全面，必须达到更深的层级，采集动态网页的优先级也相对较高。在实际应用中，垂直搜索的网页采集技术能够按需控制采集目标和范围、按需支持深度采集及按需支持复杂的动态网页采集，即采集技术要能达到更加聚焦、纵深和可管控的需求，并且网页信息更新周期也更短，获取信息更及时。垂直搜索采用被动和主动相结合的方式，通过主动方式，有效采集网页中标引的元数据，整合上下游网页资源或者商业数据库，提供更加准确的搜索服务。

（2）从非结构化内容到结构化数据的网页解析技术

水平搜索引擎仅能对网页的标题和正文进行解析和提取，但不提供其时间、来源、作者及其他元数据的解析和提取。由于垂直搜索引擎服务的特殊性，往往要求按需提供时间、来源、作者及其他元数据解析，包括对网页中特定内容的提取。比如在论坛搜索、生活服务、订票服务、求职服务、风险信用、竞争情报、行业供需、产品比较等特定垂直搜索服务中，要求对于作者、主题、地区、机构名称、产品名称以及RESEARCHES IN LIBRARY SCIENCE 69特定行业用语进行提取，才能进一步提供更有价值的搜索服务。

（3）精、准、全的全文索引和联合检索技术

水平搜索引擎并不能提供精确和完整的检索结果，只是给出预估的数量和排在前面部分的结果信息，但响应速度是水平搜索引擎所追求的最重要因素；在文本索引方面，它也仅对部分网页中特定位置的文本而不是精确的网页正文全文进行索引，因而其最终检索结果是不完全的。

垂直搜索由于在信息的专业性和使用价值方面有更高的要求，因此能够支持全文检索和精确检索，并按需提供多种结果排序方式，比如按内容相关度排序（与水平检索的PageRank不同）或按时间、来源排序。另外，一些垂直搜索引擎还要求按需支持结构化和非结构化数据联合检索，比如结合作者、内容、分类进行组合检索等。

（4）高度智能化的文本挖掘技术

垂直搜索与水平搜索的最大区别是它对网页信息进行了结构化信息抽取加工，也就是将网页的非结构化数据抽取成特定的结构化信息数据，好比网页搜索是以网页为最小单位，基于视觉的网页块分析是以网页块为最小单位，而垂直搜索是以结构化数据为最小单位。基于结构化数据和全文数据的结合，垂直搜索才能为用户提供更加到位、更有价值的服务。整个结构化信息提取贯穿从网页解析到网页加工处理的过程。同时面对上述要求，垂直搜索还能够按需提供智能化处理功能，比如自动分类、自动聚类、自动标引、自动排重、文本挖掘等等。这部分是垂直搜索乃至信息处理的前沿技术，虽然尚不够成熟，但有很大的发展潜力和空间，并且目前在一些海量信息处理的场合已经能够起到很好的应用效果。

5. “深网”搜索

互联网网页按存在方式可分为“表层网”（surface web）和“深层网”（deep web，也称 invisible web，hidden web，隐形网络），如图 5-3 和图 5-4 所示。surface web 指传统网页搜索引擎可以索引的页面，以超链接可以到达的静态网页为主构成的 Web 页面。Deep Web 是指那些存储在网络数据库中，不能通过超链接访问而通过动态网页技术访问的资源集合。它最初由 Dr. Jill Ellsworth 于 1994 年提出，定义为那些由普通搜索引擎难以发现其信息内容的 Web 页面。

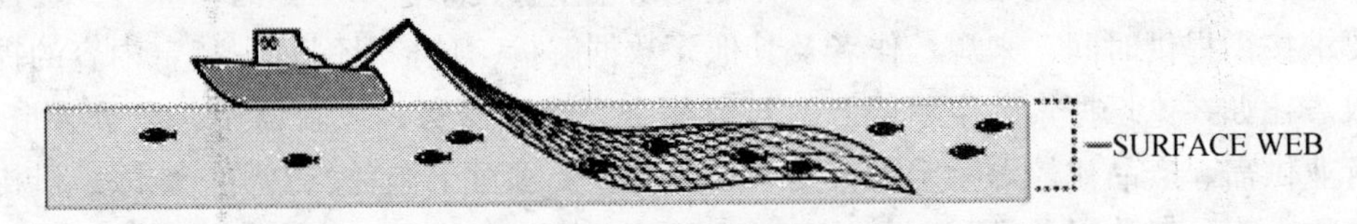

图 5-3　表层网络

广义上来说，Deep Web 包含四个方面：①通过填写表单形成对后台再现数据库查询得到的动态页面；②由于缺乏被指向的超链接而没有被索引到的页面；③需要注册或其他限制访问的页面；④可访问的非网页文件。

因为担心爬虫会陷入海量动态网页库而浪费网络带宽和存储资源，而且目前的技术还无法发现潜藏在网络数据库中的信息，所以传统搜索引擎，比如 AltaVista、Yahoo!、Google 等，一般只索引 Surface Web 中静态网页、文件等资源，却不索引或很少索引 Deep Web 中的资源。

现有的 Deep Web 爬虫技术大部分是基于表单填写，按表单填写方法可分为三类。

（1）基于领域知识的表单填写

基于领域知识的表单填写一般都有一个本体库，通过语义分析来选取合适的

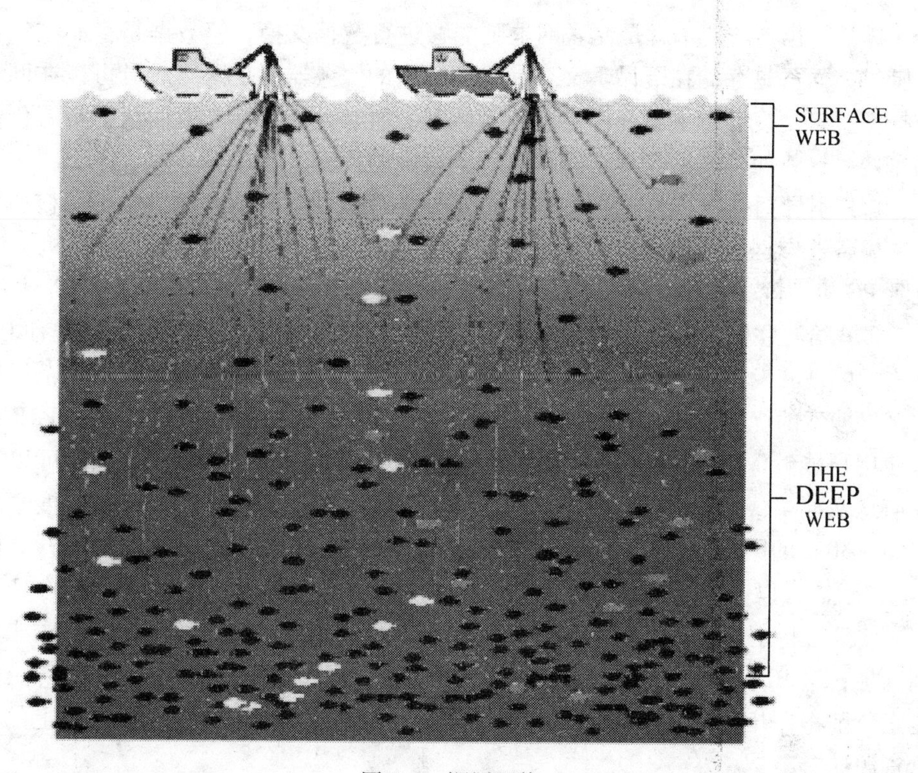

图5-4　深层网络

关键词组合填写表单。

（2）基于网页结构分析的表单填写

基于网页结构分析的表单填写一般无领域知识或者仅有有限的领域知识，将网页表单构建成DOM树，在DOM树中提取表单各字段值。

（3）基于脚本语言分析的表单填写

目前基于脚本语言的爬虫技术，通用的方法是用脚本分析引擎来模拟浏览器动作，执行脚本代码。

6. P2P搜索

引发P2P革命的当推美国的Napster，2000年7月份的一场官司将Napster的声望推到顶点，用户数也在短短一年内激增至4000万，成为互联网史上一大奇迹。P2P是peer-to-peer的缩写，意为对等网络。其在加强网络上人的交流、文件交换、分布计算等方面大有前途。P2P被认为是因特网实现下一次飞跃的关键，但它将如何浮出水面仍然是个谜。长久以来，人们习惯的互联网是以服务器为中心，人们向服务器发送请求，然后浏览服务器回应的信息。

P2P 所包含的技术就是使联网电脑能够进行数据交换，但数据是存储在每台电脑里，而不是存储在既昂贵又容易受到攻击的服务器里。网络成员可以在网络数据库里自由搜索、更新、回答和传送数据。所有人都共享了他们认为最有价值的东西，这将使互联网上信息的价值得到极大的提升。

P2P 引导网络计算模式从集中式向分布式偏移，也就是说网络应用的核心从中央服务器向网络边缘的终端设备扩散：服务器到服务器、服务器到 PC 机、PC 机到 PC 机，PC 机到 WAP 手机……所有网络节点上的设备都可以建立 P2P 对话。

P2P 给互联网的分布、共享精神带来了无限的遐想，有观点认为至少有 100 种应用能被开发出来，但从目前的应用来看，P2P 的威力还主要体现在大范围的共享、搜索的优势上。P2P 技术的一个优势是开发出强大的搜索工具。P2P 技术使用户能够深度搜索文档，而且这种搜索无需通过 Web 服务器，也可以不受信息文档格式和宿主设备的限制，可达到传统目录式搜索引擎（只能搜索到 20% ~30% 的网络资源）无可比拟的深度（理论上将包括网络上的所有开放的信息资源）。以 P2P 技术发展先锋 Gnutella 进行的搜索为例，一台 PC 上的 Gnutella 软件可将用户的搜索请求同时发给网络上另外 10 台 PC，如果搜索请求未得到满足，这 10 台 PC 中的每一台都会把该搜索请求转发给另外 10 台 PC，这样，搜索范围将在几秒钟内以几何级数增长，几分钟内就可搜遍几百万台 PC 上的信息资源。

基于 P2P 对等搜索理念的搜索技术会为互联网的信息搜索提供全新的解决之道。它使人们在因特网上的共享行为被提到了一个更高的层次，使人们以更主动深刻的方式参与到网络中去。

7. 第三代搜索引擎——基于概念的检索

从 1994 年出现 Robot、Spider 等自动采集软件至今，搜索引擎的发展日新月异，无论是数量还是质量都发生了很大的变化。1995 年前后，以 Yahoo!、AltaVista 为代表的第一代搜索引擎采取的是基于关键词的检索，强调内容的相关性；1998 年，以 Google 为代表的第二代搜索引擎采取的是基于链接的检索，强调的是网页的重要性；正处在发展阶段的第三代搜索引擎则呈现智能化的特点，基于语义的概念检索是下一代搜索引擎的重要发展方向。

第一代搜索引擎是基于关键词的检索，是利用关键词索引来获取文档，即整个文档的内容通过这些关键词进行表示，同样，用户的检索提问式也用一组关键词来表示。然后利用关键词将文档与提问式进行匹配，计算文档与提问式的相关程度。使用的主要有 3 种经典的检索模型：布尔模型、向量空间模型、概率模型。

第三代搜索引擎是基于概念的检索。与第一、二代搜索引擎基于语法匹配和外在链接特征分析不同，概念检索是通过对文档原文进行语义上的自然语言处理，析取出各种概念信息，形成一个知识库，从概念意义层次上来处理用户的检索提问式，不仅能检索出包含提问式中的关键词的结果，还能检索出包含那些与该词同属一类概念的词汇的结果。概念检索是能够利用信息的语义知识，“理解”用户的检索需求，通过知识学习，分析理解和推理归纳来实现检索的“智能化”，突破了关键词匹配局限于表面形式的缺陷。其特点有以下几方面。

1）具有分析和理解自然语言的能力。概念检索对文档内容和用户检索提问式运用自然语言处理技术进行语义层次上的分析和理解，从中析出概念信息和范畴信息。

2）具有记忆能力。概念检索通过记忆机制，将析出的概念信息和范畴信息存储到知识库中，并能自动补充与更新，还能进行必要的逻辑推理。

3）具有知识库。在概念检索中，文档内容和提问式都以概念和范畴等知识形式存储在知识库中，用以匹配用户的提问及推理出满足用户需求的新信息。

4）人机接口。概念检索能根据文档内容和用户提问式构造检索要点来输入，输出的是按用户要求进行加工的结果，以自然语言的形式提供给用户。

5.3　网络环境下的联机检索系统

5.3.1　联机检索系统概述

1. 国外联机检索概述

20世纪90年代，以计算机网络通信技术为基础，光缆为骨干的大容量高速度电子数据传输系统——“信息高速公路”首次在美国提出（1991年由美国国会议员阿尔·戈尔提出，现为美国副总统），它又叫“国家信息基础设施”。来自数据库的各种信息，经过光缆主线，通过光缆支线和多媒体终端，以声音、图像、文字、数据等形式被用户接收。由于信息在经济发展中具有“倍增器”的作用，克林顿政府非常注重这一领域的建设，并根据变化的形势，中止了超级对撞机的研究，从总体上停止了星球大战计划的继续实施，低调维持国际空间站研究计划，把资金投向信息工程技术，试图建立起世界上最先进、最庞大、最发达的“信息高速公路”，使计算机检索达到新的境界。在目前世界具有的200个左右联机检索系统中，较大的约100个，著名的不足10个，前三名的检索系统是：DIALOG系统、ORBIT系统和ESA-IRS系统。

（1）DIALOG 系统

DIALOG 系统是美国洛克希德导弹宇航公司创建的，它的总部在加利福尼亚 Palo Alto，是当前世界上最大的联机情报检索系统。它装备了总运算能力达 1400 万条指令的大型计算机；拥有 207 个数据库，储存信息占全世界机存总量的 1/2 以上；文献存储量为 8000 万篇以上，占全世界总文献量的 50% 左右；它几乎收集了全球的公开出版物，包含 40 多种语言；拥有一个名叫 SSIE 的数据库，存储了当今世界近两年内完成的发现与发明课题和正在研究的课题；它与美国 Tymnet 和 Telenet 两大卫星通信网络相连，用户遍及全球 70 多个国家和地区的 200 多个城市。

（2）ORBIT 系统

ORBIT 系统由美国系统发展公司经营，是世界上第二大文献检索系统，总部在加利福尼亚的 Santa Monica。1960 年系统发展公司开始研制“文献目录信息的联机分时检索软件”，成功后便以此名作为系统的名字。1974 年与 TYMNET 和 TELENET 相连，对美国、加拿大、欧洲和亚洲开展联机检索服务。1987 年脱离系统发展公司与 INFOLINE 合并，总部设在弗吉尼亚。它拥有 120 个文档、0.6 亿篇文献，约占全球 1/4，每月更新 20 万篇；有 80 多个数据库，以化学、石油、生物化学、环境科学、安全科学等方面的信息齐全而出名；约有 20 个文档与 DIALOG 系统相重。该系统提供全天服务。

（3）ESA-IRS 系统

ESA-IRS 系统创建于 1965 年，由欧洲航天局情报检索服务中心运营，是欧洲最大、世界排名第三的国际联机情报检索系统，总部设在意大利罗马附近的 Fracasti。系统拥有两台 SIMENS-7865 Ⅱ 型大计算机，与 ESANET、TYMNET、EURONET 信息网相连；有数据库 90 多个，存储文献为 0.5 亿篇，以独家经营“法国科学文摘”和“原材料价格”数据库为特色；两套检索软件，分别用 CLL 语言和 ESA-QUEST 语言与欧洲共同体成员国和世界各国联机。

2. 国内联机检索概述

我国计算机检索的起步较迟，但发展较为迅速，特别是十一届三中全会以来，我国政府非常重视这方面的建设。1980 年中国建筑科学研究院情报研究所等部门与香港中国海外建筑公司装备了 DTC-382 型检索终端，通过香港大东电报局与国际通信卫星 TYMNET、TEIENET 网络相连，与美国 DIALOG 系统、ORBIT 系统和 ESA-IRS 系统联机，迈出了我国与国际联机检索的第一步。

1983 年初，中国科学技术情报研究所与意大利的有关部门达成协议，开展中意远程数据通信业务。同年 9 月正式与 ESA-IRS 系统联机，开展检索工作。

1989 年，与瑞士的 PATASTAR 系统联通。以后又与美国 BRS 系统，德国

STN 系统相连。在短短的 12 年中已有国际联机终端 130 多个，分布于全国 50 多个城市，引进国外联机系统 120 个，可使用的数据库约 800 个，文献量超过 2 亿篇，为发现与发明者提供了有效的检索服务。

目前，国内已经建成了一大批较有影响的文献全文数据库和索引库、题录库。比较流行的文献数据库主要有中国知网 CNKI、重庆维普中文期刊网、万方数据库、超星数字图书馆、中宏数据库、国研网、中国生物医学文献数据库等。

5.3.2 网络联机检索系统与搜索引擎的比较

联机检索与搜索引擎在标引和检索方面都存在着很大的区别，主要体现在以下方面。

1. 标引方面的区别

(1) 标引客体（对象）不同

标引客体（对象）不同可从各自数据库收录范围看出。传统联机检索系统收录的是相对集中、静态和有序增长的信息。主要是针对特定用户群的信息需求。对经正式出版和发布的内容进行标引和存储，包括学术资料、规章制度、行业报告、市场分析、时事通信、统计数据等。其形式随着技术的发展而发展，有最初的书目数据库、数值数据库、事实数据库和后来的全文数据库、多媒体数据库。

而除元搜索引擎外，大部分的搜索引擎则都带有自己独立的数据库。数据来源主要依靠“蜘蛛”自动采集，或者主页制作者向搜索引擎递交自己主页地址。收录范围包括网上有的各种文本、图像、音频、视频、动画、数据、软件等信息。由于网络信息处于动态变化中，网站或网页随时都有可能增加或删除，对此，要求数据库能及时反映出来。对于搜索引擎的质量很重要一点就是看其数据库的更新频率和程度如何。

(2) 标引主体不同

联机检索系统是在 20 世纪 60 年代出现的，最初目的是为了利用计算机来代替人进行信息查找。从整个情报检索的发展历程看，联机检索的出现是一次革命性的进步，然而在数据库内部对信息资源的标引。仍遵循原有的标引规则，只在技术的支持下以人工方式丰富和完善了标引内容。直到计算机步入标引领域，人工标引才开始让位于自动标引。但目前由于技术尚不够完善，人工标引仍为主流，以此来保证标引的准确度和精确性。

搜索引擎则不同。网络资源向来都是用“浩如烟海”这样的词语来形容，搜索引擎的覆盖面一直只及整个网络资源的 30%。每个好的大型搜索引擎抑 Altavista、Excite 等，其数据库中网页内容的增加是以每日数以百万计，这种情况下要靠人来实现对信息的标引是不太现实和经济的，为追求速度只能靠自动标引。

(3) 标引依据和标引内容不同

传统联机检索系统一般依据规范化的受控词表、分类表和标准代码等来完成对信息内容的标引和组织。这些词表是图书情报专家多年探索和经验的结晶，反映了人类对知识和信息产品的整体组织与管理。然而传统的分类法和主题词表等却不擅长标引和组织动态增长的网络信息，静态的它们无法涵盖网络信息的类型和主题。加上现有分类法和主题词表体系庞大，类目等级和层次多，复分复杂，搜索引擎难以直接利用它们来对网络信息进行标引和组织。

由于超文本结构的特殊性，搜索引擎标引内容与传统联机系统的数据库也是不相同的。后者以文献数据库为例，其标引内容主要包括标题、作者、机构、刊物名称、年卷号、出版日期、SNIB、主题词、关键词、文摘、分类号以及全文等，而搜索引擎则是对网页的全文、URL、文件名、标题、行、文件大小、发布时间、链接、加权词等进行标引。

(4) 标引效果不同

网络信息因增长迅速决定了其标引过程无法完全由人控制，为追求速度而只能交由计算机处理：通过计算机程序读取网页上的 Metatag 描述信息或网页全文来实现自动标引。由于目前人工智能技术尚不能让计算机很好地模拟人的智能和经验，所以标引的效果不可与人工标引相提并论，在准确度和精确性上存在较大的误差。

比如文摘的撰写。文摘对用户快速判断文章是否相关很有帮助，其内容和质量是评价检索系统的一个重要指标。传统联机数据库中的文摘大多由文章作者撰写，小部分由专门从事信息加工的专家撰写，准确度高。而搜索引擎对内容摘要的处理却是：或直接摘取网页内容的头几行，或利用自动文摘技术撰写文摘。文章的头几行并不一定能说明文章的内容，而自动文摘技术目前尚未达到准确揭示正文内容的水平。文摘不完整和不准确导致的结果是用户无法凭借文摘来确定是否需要链接原文。标引的准确性过低将直接导致检索结果不尽如人意。

2. 检索方面的区别

(1) 服务对象不同

传统的联机检索系统检索指令繁多且不易掌握，所以过去尽管联机服务的对象是每一位用户，但真正上机操作的常常是接受过专门培训的人员，如图书馆员和情报人员，由他们来代普通用户进行检索。如果说传统的联机检索是专家从事的领域，那么搜索引擎则是面向大众。它以简单易用的图形界面为每一位可以进入因特网的终端用户提供检索人口，用户只需键入几个关键词甚至是自然语句，便可以轻松实现对网络信息的检索。当然检索返回的结果无法像联机检索那样令人满意。

（2）检索功能不同

传统联机检索是20世纪60年代发展起来的，从最初的布尔检索发展到现在的全文检索，其功能已非常完善，包括布尔逻辑检索、近端检索、自然语言检索、截词检索、加权检索、字段检索、引文检索、相关检索等，而其所提供的可检字段非常丰富。

搜索引擎虽然总体上有沿用了传统联机检索系统检索功能的趋势，但发展并不充分。各个搜索引擎功能设置也不尽相同。像布尔检索，尽管很多搜索引擎已采用，但“and”和“or”的关系不明，系统的默认值时而为“and”时而为“or”，而“not”运算有的则根本没有；截词检索，大多搜索引擎采用了选种功能，但有时却是自动截词，不在用户控制之下；加权检索和字段检索有的搜索引擎有，有的没有。

（3）检索效果不同

传统衡量情报检索系统检索效果的办法是看其在全、准、快、省、便5个方面性能如何，其中全代表查全率，准代表查准率，快代表系统响应速度，省代表费用问题，便自然是指方便程度。对搜索引擎我们也可以从这5个方面来比较、评价。

1）查全率。严格来说，搜索引擎不存在查全率的问题，因为无法确定网络资源中相关命题的记录总数。这里只是一种笼统的说法，主要看其数据库收录范围多大。由于搜索引擎所收集信息的覆盖率只及整个网络资源的30%，那查全率如何不言而喻。

2）查准率。搜索引擎的检索结果常可以用3个字来形容：“多而乱”。一个检索词输进去，返回的结果动辄成千上万，其中有若干不相干记录。虽然可以通过改进检索策略来提高查准率，但由于搜索引擎在标引时准确度和精确性已落下先天不足，加之检索功能有限，要想大幅度地提高查准率是很困难的，这点难及传统的联机检索系统。

3）响应速度。搜索引擎响应速度是非常快的，可以秒计，然而由于返回结果过多，人们不得不花费更多的时间在筛选结果上。搜索引擎还有死链和检索结果重复的问题。另外，在网页与网页的切换过程中，在对结果的链接中，等待在所难免，这是由网络整体传输速度决定的。所有这些使得搜索引擎耗费时间远远多于联机检索系统。

4）费用问题。人们看好搜索引擎的一个重要原因是它的免费，然而耗费大量的时间在浏览、筛选那些多而乱的结果上，实际的花费往往抵消甚至高于交付给联机检索系统的昂贵费用。时间就是金钱这句老话在现代的社会更是绝对的真理。另外，所需信息真的全部都能通过搜索引擎查到吗？“如果人们在其研究过程中花费了大量的金钱，那么你就无法指望能从 Web 上获得免费的研究成果”。必须清楚这一点，Dialog 数据库里的信息并不是任何地方都可以找到。天下没有白吃的午餐，信息的获取也是如此。

5）方便程度。传统联机检索系统的设计思想是高效检索，而搜索引擎的服务重点则是面向终端用户。前者的检索是通过输入指令进行，这些检索指令不仅复杂难记，而且不同系统间指令各不相同，这使得联机检索难以为一般用户掌握。而后者则不同，它通过浏览器为用户提供简单易用的图形检索界面，尤其是带有高级搜索（advanced search）的搜索引擎，可通过各种点击按钮、复选框和下拉列表等，来帮用户轻松制定自己的检索策略。

近年来，随着网络信息检索的兴起，联机系统也开始对其传统的检索方式进行改造，以此增强自身的竞争力。以 Dialog 为例，其网络版 Dialog Web，可让用户通过 Web 浏览器直接登录服务器进行联机检索。它既保留了 Dialog 指令语言的功效，又通过简单易用的 Web 图形界面把 Dialog 扩展到了终端用户面前。

（4）输出功能不同

传统的联机检索允许用户对输出作出种种设定，包括不同的输出方式，或屏幕显示或打印输出或存盘或中转传送；不同的输出格式，逐条输出、逐屏输出或者列表输出；除提供多种预定的输出格式让用户选择外，还可由用户自行定义格式，任意规定输出的字段；可输出含检索词的关键句子或段落；可指定输出的范围，是当前记录还是全部记录，或者指定范围的记录等。搜索引擎检索结果的输出主要有标题、相关性排序得分、内容摘要、文件字节数、文件最近更新日期、URL 等，虽然有的也提供输出格式的选择，但主要是对每页显示的结果数目作限定，如 Google、Excite、木棉中英文搜索引擎等。输出功能不如联机系统完备、详尽。

5.3.3 网络联机检索系统实例

1. DIALOG 数据库联机检索系统

（1）DIALOG 联机检索系统发展概况

DIALOG 联机检索系统是世界上最大也是最早的计算机联机检索系统。从 20 世纪 50 年代起，人们就开始研究如何用计算机储存和查找数据。刚开始时，计算机数据处理和储存能力有限，人们主要利用磁带储存数据，然后根据用户的需要，以脱机批处理的方式检索数据。1964 年，美国洛克希德导弹宇航公司下属的一个情报科学研究室，研制成功一套人机对话式的情报检索软件，叫做 DIALOG，这就是 DIALOG 系统的前身。利用这套软件，人们可以通过电话线，对计算机数据库进行实时的对话式的检索。以后这套系统在美国各个部门使用，取得很好的效果。1981 年就正式成立了 DIALOG 情报服务公司，作为洛克希德公司的子公司，开始了营业性的服务。1988 年，洛克希德公司把它卖给了 Knigt-Ridder 信息公司，成为该公司下的一个部门。去年 Knigh-Ridder 公司又与英国的一家信息公司 M. A. I. D 公司合并，合并后的公司就取名为 DIALOG 公司。目前该公司主要提供 DIALOG 和 DATASTAR 联机服务和制作光盘数据库，在全世界 120 个国家有 20000 多个用户。

（2）如何与 DIALOG 系统链接

要使用 DIALOG 系统首先要申请账号，交纳开户费，以后每年要交年费和数据库使用费。以前主要是通过专线电话联到北京，然后，在北京通过通信卫星联到美国的 DIALOG 公司，通信费用比较高。自从因特网普及以后，现在可以通过因特网的远程登录（Telnet）或万维网的方式来检索 DIALOG 系统，非常方便。

收费主要有：一是每年的会费，现在每年是 75 美元；二是数据库的使用费和记录的显示费，这根据不同的数据库有不同的收费标准。

（3）DIALOG 数据文档简介

DIALOG 现在有 500 多个数据库文档，都是质量很高、很权威的数据库，几乎包括人类所有的知识和信息领域。其中大约三分之二是经济方面的数据库，包括世界各国的公司指南、工业信息、市场信息及世界各地的金融信息等。科技方面的数据库也非常丰富。据称它所拥有的文字信息量是目前万维网上的信息量的 50 倍。现略举几个与我们有关的数据库文档。

1）scisearch 文档 34（1990 至今）、434（1974 年～1989 年）。数据库使用费每个检索单位 11. 85 美元，记录显示费每条 3 美元。

2）EiCompendex 文档 8，每小时 6 美元，数据打印每条记录 2. 05 美元。综合性科技检索数据库，对应于书本式的 EI（ENGINEERING INDEX，工程索引），这是由美国工程信息公司出版的著名检索工具。

3）DERWENT WORLD PATENTS INDEX 文档 351、352。每小时 220 美元，每条记录 2 美元。这是查找专利的权威数据库，收入 30 多国家和地区批准的约 750 万条专利信息。

4）NTIS 文档 6，每检索单位 5. 50 美元，每条记录 1. 70 美元。这是由美国国家技术情报处出版的关于美国政府报告和科技报告的索引工具，包括 AD、

PB、DOE、NASA 等报告。还收入美国以外的其他国家的政府报告或科技报告，包括日本、英国、法国、德国等。

5）CASEARCH 文档 399（1967 年至今）、308～314。每小时 90 美元，每条记录 1.75 美元。这个数据库对应与书本式的 CAMICAL ABSTRACTS，收入了大约 1 千 2 百万条化学及相干学科方面的文献记录，每年增加 50 万条新记录。

6）INSPEC 文档 2、3、4。每小时 90 美元，每条记录 1.45 美元。对应于书本式的科学文摘（SCIENCE ABSTRACTS）。

（4）DIALOG 基本指令

1）begin，b。

打开数据库文档。例如，

b 5

b 34，434

b biotech

b environ

b medicine

2）select，s。

检索命令。例如，

s environ?（）quali?（s）asses?

s（geochemical or geochemistr?）（s）（index? or indices）

s drinking（）water（）treat?

s au = wang jp

s au = wang，jianpan

s cs = （east（）china（）normal（）univ?）and py > = 1998

3）type，t 。

显示检索结果的命令。例如，

t s1/5/1-5

t s3/6/all

4）logoff，logoff hold 。

断开连接，退出 DIALOG 系统。

（5）常用算符

1）截词符（truncation）?

①截任意长字符。例如，employ? 得到 employ，employer，employee，employment……。

②截一个字符。例如，cat? ?（问号之间有一个空格）得到 cat，cats，不一

定得到 catch。window？？得到 window 或 windows。

③截两个字符。例如，comput??（问号之间没有空格）得到 compute，computer，不一定包含 computing。

④置换中间字符。例如，wom？n 得到 woman，women 或 womyn；practi？e 得到 practice 或 practise

注意事项：截词不可太短，一方面防止得到大量不相干的词，另一方面避免计算机运算时间过长。

2）位置算符（proximity operators）。

①W 算符。一般用法：词一（*n*W）词二

要点：词一与词二之间可以至多插入 *n* 个其他的词，同时词一和词二之间保持前后顺序。

例如 solar（w）energy，得到 solar energy；control（1w）system，可以得到 control system；control of system 或 control in system 等。

②N 算符。一般用法：词一（*n*N）词二

要点：词一与词二之间可以至多插入 *n* 个其他的词，同时词一和词二之间不必保持前后顺序。

例如，control（1n）system，不仅可以得到 control system；control of system 或 control in system，还可以得到 system of control，甚至 system without control 等。

③S 算符。

一般用法：词一（S）词二

要点：词一与词二必须在同一子字段（subfield）（同一标题，同一段落或同一句话中）。

例如，computer（S）crime

④逻辑算符 AND，OR，NOT。

⑤算符的运算次序。

( ) →（W），（N），（S）→ NOT → AND → OR

（6）记录结构（stucture of record）

1）记录类型。

①书目文献型（bibliographic）；

②数值型（numeric）；

③指南型（directory）；

④全文（full-text）。

2）基本索引字段（basic index fields）。

数据库文档中可以以后缀方式限定的字段。每个数据库文档都规定自己的基

本索引字段，使用时应查看一下。一般情况下，以下字段属于基本索引字段：

①ti（题录、篇名），例如，

s computer（）instruct？/ti；

②ab（摘要），例如，

s computer（s）instruct？/ab；

③de（主题词、叙词），例如，

s computer（n）instruct？/de

④id（自由标引词）。

3）附加索引字段（Additional Index Fields）。

数据库文档中可以以前缀方式限定的字段。每个数据库文档都规定自己的附加索引字段。一般情况下，包含以下字段：

①AU（作者），例如，

s au = wang jianpan，或 s au = wang，jianpan，或 s au = wang jp；

②CS（作者单位），例如，

s cs =（E（）CHINA（NORMAL（）UNIV（）DEPT（）MATH）；

③JN（刊物名称），例如，

s jn = physical（）review?；

④PY（出版年份）例如，

s py > 1994 ；

⑤LA（语言），例如，

s la = eng；

⑥RN（CA 分子式登记号），例如，

s rn = ?。

4）禁用词（stop words）。

以下的不可作为检索词使用：an、and、by、for、from、of、the、to、with。必须用位置算符把这些词置换掉。

5）打印格式。

DIALOG 预定义格式（predefined formats）：

格式 1：DIALOG 流水号

格式 2：全记录去掉文摘

格式 3：书目信息（题录、作者、刊名、出处等，无摘要和标引）

格式 5：全记录（无全文）

格式 6：题录

格式 9：全记录（包括全文）

格式 k：显示记录中的关键词及其上下文。

2. OCLC FirstSearch 联机检索系统

（1）OCLC FirstSearch 简介

OCLC（Online Computer Library Center，Inc.），即联机计算机图书馆中心，总部设在美国的俄亥俄州，是世界上最大的提供文献信息服务的机构之一，它是一个非赢利的组织，以推动更多的人检索世界上的信息、实现资源共享并减少使用信息的费用为主要目的。

早在 1967 年，OCLC 就在世界上率先开始了一场图书馆计算机应用方面的革命，研究和开发了整套的联机计算机系统。它有多项产品和服务，广泛应用于世界各地的图书馆和科研机构。OCLC 联机系统主要通过由 OCLC 设计运行的联机通信网向成员馆及其他组织提供各种处理过程、产品和参考服务，也接收来自因特网远程通信网的访问。

近年来 OCLC 的一个新的产品——FirstSearch 检索系统发展迅速，深受欢迎。目前通过 OCLC 的 FirstSearch 检索系统可查阅 70 多个数据库，涉及广泛的主题范畴，覆盖社会生活的各个领域和学科。

（2）FirstSearch 的特点

1）面向最终用户。FirstSearch 是一个面向最终用户设计的联机检索系统，任何技术人员只要经过半天的培训都能熟练地应用，然后可亲自上机操作检索适合自己需要的文献，而且可以在图书馆、办公室、试验室甚至家中等任何地方的联到 Internet 网的微机上使用。

2）提供一体化服务。OCLC 的一体化服务分为 3 个层次：第一层对用户提出的问题进行相关文献的检索，可检索的数据库大多为二次文献数据库；第二层是查找文献所在地，其所在地包括世界范围的图书馆、世界上可提供全文服务的文献服务社或 OCLC 自身；第三层是提供一次文献，提供的方式可能是 OCLC 的数量达 100 多万篇的随时都在更新的联机全文库，也可能是通过所在图书馆的馆际互借服务，也可能是第三方的文献服务社。最终保证了用户能取到所需的文献。

3）收费低。OCLC 是按检索的次数而不是按所用的机时收取费用，用户每递交一次检索式并得到命中记录的一览表后计为一次检索，之后你可以对其表中任一条记录进行联机显示、打印或以 E-mail 方式传递回本地信箱，不论你浏览了多少条记录和经过多长时间均在一次收费之内。

4）信息量大。用 FirstSearch 系统可检索主题范畴非常广泛的 70 多个数据库。

这些范畴包括艺术和人文学科、工商管理和经济、会议和会议录、消费者事物和人物、教育、工程技术、普通科学、生命科学、医学和健康学、新闻和时事、公共事务和法律、社会科学、综合和参考等。它检索到的文献信息中不仅包含文摘还能查阅到馆藏地点。

5）信息更新快。OCLC 的数据库经常在修改，每天都有新的信息增加到数据库中，因此用户从 OCLC 的数据库能检索到世界上最新的资料和信息。

除以上主要特点之外，还有其他许多特点，例如操作简便，网络支持服务环境好等，不再一一列举。

（3）FirstSearch 的应用环境

FirstSearch 有两种服务方式，一种是万维网（Web）方式，一种是 TTY（Telnet）方式。通过万维网运行的 FirstSearch Web（网址为 http：//www. ref. oclc. org：2000）具有 HTML 的一些先进的特点，这些特点包括可以显示联机图像、表格以及字符的上下标等，而且用鼠标进行操作，用户很容易掌握。

在 1996 年 2 月以前 FirstSearch 检索使用的是 TTY 方式，即在 Internet 网上用 Telnet 进入 FirstSearch（网址为 fscat. oclc. org），目前在 OCLC 的 WWW 服务器上仍保留此方式。利用 TTY 方式检索的优点是屏幕简单而且每一屏幕信息的后面都有命令提示，用户只需键入一个或几个缩写的字符即可。TTY 方式的缺点是不能显示图像，每次换屏需要敲入命令等。

（4）FirstSearch 的数据库概览

目前利用 FirstSearch 可以检索到 80 多个数据库（按次检索只能检索到 60 多个），这些数据库绝大多数由一些美国的国家机构、联合会、研究院、图书馆和大公司等单位提供，并高频率地进行更新。数据库的记录中有文献信息、馆藏信息、索引、名录、全文资料等内容。资料的类型有书籍、连续出版物、报纸、杂志、胶片、计算机软件、音频资料、视频资料、乐谱等。这些数据库被分成 13 个主题范畴，它们是：①艺术和人文学科；②工商管理和经济；③会议和会议录；④消费者事务和人物；⑤教育；⑥工程和技术；⑦普通科学；⑧综合和参考；⑨生命科学；⑩医学和健康学；⑪ 新闻和时事；⑫公共事务和法律；⑬社会科学。

各主题范畴中包括的数据库多少不等，按主题范畴分类的数据库请参阅“FIRSTSEARCH SERVICE DATABASES”手册。各数据库的提供者在 FIRSTSEARCH SERVICE DATABASE 手册中可以查到，约有 30 多个。属于 OCLC 自己的数据库有 7 个，它们是：Article1st，PaperFirst，Contents1st，ProceedingFirst，FastDoc，WorldCat，NetFirst。

在OCLC提供的数据库中，WorldCat、Article1st、Contents1st、FastDoc、NetFirst这5个库是综合性的数据库，即它们包括多种主题的图书目录、期刊篇名索引、期刊文章、题录等所以每个主题下（除会议和会议录外）均含有这几个库。

（5）FirstSearch主要检索步骤

1）准备检索式。在联机检索前预先拟定并写好检索式。

2）进入FirstSearch系统。在导航器的Location图框内键入http：//www.ref.oclc.org：2000或点击你单位主页的FirstSearch入口，进入OCLC参考服务的主页，在该页的左方点击Use FirstSearch，在另一屏幕键入授权号和口令字即可进入FirstSearch检索系统。

3）选择主题范畴。一旦你登录到FirstSearch，系统将在屏幕的左方显示出包含13个主题范畴的菜单，此时可根据检索的课题需要选择一个主题范畴（例如教育、工程和技术、工商管理和经济等）。

4）选择数据库。选择了一个主题范畴以后，系统将在屏幕的右方显示出与该主题范畴相关的一些数据库名，用户可以选择一个所需的数据库，系统进入检索屏幕。

5）选择检索的类型（例如主题、题名、作者等）。点击屏幕右方Keyword Index图框下的箭头，在下拉菜单中点击一个索引，或通过查看联机帮助发现哪种检索标识符是可用的，选择一个标识符以确定检索的类型。

6）提交检索式。在Word Phrase图框内键入检索词，或键入标识符和检索词。例如，如果在下拉菜单中选择了Title（题名）索引，在Word Phrase图框内仅键入computer即可，或者在Word Phrase图框内直接键入“ti：computer”，然后点击Start Search图框，就能检索出在题名内带有computer的记录。

7）浏览命中记录的一览表，选定一个或几个记录。系统执行检索后，将产生一个命中记录的集合，并将其以每页10个记录的一览表方式送到检索结果屏幕上。使用在屏幕底部的NextPage和PrevPage图框就可再显示下一页或上一页的记录。浏览检索结果产生的一览表，在你想去看的记录的题名上单击鼠标，就能看到一个记录的完整信息。也可以单击记录后的标记图框，就能把他们保存起来和其他加标记的记录一起显示完整的记录信息。

8）查看完整记录。一般的数据库中，一个完整记录由命中文献的题名、作者名、描述词（主题词）、出版日期、文献来源等内容组成，大多数记录还包括文摘。

9）定购一篇文章的拷贝，在记录屏幕点击Get/Display Item，系统将进入定购全文方式的屏幕，可选择从屏幕看全文、打印或E-mail文章或用馆际互借方式获取全文或用Fax、Mail、Rush Mail方式，先查看备有该文献的单位的列表，然后进行定购。

10）用 NextRec 和 Previous Rec 图框可显示后一个或前一个完整记录，或返回到一览表重新选择记录。

11）需要时，用 Start Search 或 Redo Search 图框完成另外的检索。

12）在 Exit 选钮上揿击鼠标仪，结束 FirstSearch 过程。

（6）FirstSearch 基本组数据库列表

\+ 1）ArticleFirst……12500 多种期刊的文章索引和目录索引；

2）ECO……联机电子学术期刊库（只能查到书目信息）；

\+ 3）ERIC……教育方面的期刊文章和报告；

4）WorldCatDissertations……OCLC 成员馆学位论文目录库；

\+ 5）MEDLINE……医学的所有领域，包括牙科和护理的文献；

6）PapersFirst……国际学术会议论文索引；

7）Proceedings……国际学术会议录索引；

\+ 8）ilsonSelectPlus……科学、人文、教育和工商方面的全文文章；

9）WorldAlmanac……世界年鉴重要的参考资源；

10）WorldCat……世界范围图书、web 资源和其他资料的 OCLC 编目库；

\+ 11）ClasePeriodica……有关科学和人文领域的拉丁美洲期刊索引；

12）Ebooks……世界各地图书馆的联机电子书的 OCLC 目录（前面带 + 号的库能检索到全文）。

3. 世界其他主要联机检索系统简介

（1）STN 国际联机信息检索系统

STN 系统（the scientific and technical information-network international）是由德国卡尔斯鲁厄能源、物理、数学专业信息中心（FIZ Karlsruhe）、美国俄亥俄州哥伦布美国化学协会化学文摘社（CAS）和日本科学技术情报中心（JAICI）联合建成的一个崭新的三位一体分布式的国际联机网络系统。任何一个终端用户通过三个服务中心中的任何一个网络接口都可使用其他两个服务中心提供的数据库，用户还可通过 Internet 网络与其任何一家签订协议，从而进行联网检索和利用 E-mail 信箱提供检索结果。

STN 系统于 1986 年正式开始使用，现已拥有近 300 个数据库，数据库类型有书目型、图型、数值型和全文型，内容涉及化学、能源、物理、数学、生命科学、冶金、生物技术、工程还有知识产权和商业信息等，大约 3.5 亿的文献覆盖全球各个技术领域，其中专利文约有 3000 万件。

目前，STN 开发的基于因特网的产品，包括 STN on the Web 和 STN Easy，它们将STN命令和Web浏览技术结合起来，利用浏览器提供各种优点同时，也可以进行命令式检索和化学结构图形检索。其中STN on the Web可以检索STN所有数据库内容；STN Easy可以检索STN中的80个数据库的信息，包括：化学、工程、专利、医学、食品和农业等科技信息。STN on the Web和STN Easy的网址分别为http：//www. stnweb. cas. org和http：//www. stneasy. cas. org。

（2）Questel. Orbit国际联机检索系统

美国系统发展公司（System Development Company，SDC）开发的ORBIT系统是仅次于DIALOG的国际联机检索系统。它约有120个文档，0.6亿篇文献，约占世界机读文献总量的25%，每月更新20万篇，约有20个文档与DIALOG系统相重。

Questel. Orbit是法国著名的联机检索系统。最初由QUESTEL公司经营，1994年QUESTEL系统与美国著名的ORBIT（Online Retrieval of Bibliographic Information Time-shared）系统合并，改为现名QUESTEL. ORBIT。两大系统合并前，QUESTEL系统已是世界上较大的联机检索系统，拥有40多个数据库，文献量达2000多万篇，专业涉及自然科学和社会科学的各个领域。ORBIT系统是美国系统发展公司与美国国防部共同开发的世界上第二大检索系统，创立于1963年，1965年在美国实现联机检索，1974年发展成为国际联机检索系统。ORBIT提供科学、技术、专利、化学、能源、市场、公司、财政等多方面的服务。

QUESTEL与ORBIT合并后形成的QUESTEL. ORBIT，通过两个功能强大系统的集成，带来了数据库资源的融合和系统软件的发展，使该系统成为世界上最具权威性的知识产权信息供应商，是世界上唯一能提供英语和法语双语服务的信息服务公司，也是世界第四电信公司法国电信集团的子公司。该系统目前拥有250个数据库，上亿篇文献，占世界机存文献的25%。该系统在专利、商标、化学、科学技术、商业和新闻等的联机服务，被公认世界领先的联机检索系统。每天24小时提供服务。

（3）BRS国际联机信息检索系统

美国BRS联机检索服务系统为美国第2个大型综合性联机书目检索服务中心，成立于1976年，公司总部设在美国东海岸纽约附近的Iatham，前身为“纽约州立大学生物医学通信网”。到1978年10月，BRS拥有的数据库近200个。文献专业包括医学、生物化学、社会科学、商业经济、工程技术、专利、标准、工业产品、书目文献、政府报告、人文科学、教育等方面。信息存储量达6000万篇以上，其中有20多个全文数据库，包括工具文献期刊评论、图书和专著等。系统的终端用户有2万多家。

BRS有46个数据库与DIALOG重复，其余为互相补充。BRS联机系统的产品信息数据库、工业标准和国家标准（STDS）、非官方标准信息库、军事和联邦规范标准（MISS）等具有自己的特色。

BRS 可为用户提供简便的检索指令，并配有各种接口软件，大大方便了检索和使用，该系统每周一至周六为工作时间，工作 140 小时以上，服务方式多种多样，在晚间以一种便宜易学的启发形式，为美国普通家庭用户提供联机检索服务。该系统联机检索服务的费用比其他系统便宜，就数据库使用而言，收费比相同的 DIALOG 通常低 20%。该系统所有数据库均对我国开放，并采用美国国内最低标准对我国用户收费。

（4）欧洲 ESA/IRS 检索系统

ESA/IRS 是欧洲空间组织管理信息检索服务部（European Space Agency/Information retrieval Service）首字母的缩写，简称为 ESA 系统。它是欧洲最大的联机科技信息检索中心，也是世界上大型国际联机检索系统之一，仅次于美国的 DIALOG 系统和 ORBIT 系统。ESA/IRS 为欧洲空间组织（European Space Agencey，总部设在巴黎）的一个下属机构。其信息中心（IRS）在意大利罗马近郊的弗拉斯卡蒂（Frascati），是 1966 年为发展欧洲空间类高端工业而建立的。现有数据库 70 多个，其中约有一半左右数据与 DIALOG 系统重复（如化学文摘、工程索引、科学文摘、美国政府报告、世界科技会议录、金属文摘、有色金属文摘的铝文摘等）。除五个数值数据库外，其余为文献型数据库。法国科学文摘（PASCHAL，文档 14）、原始材料价格（PRICEDATA，文档 46）这样的数据库为该系统所特有。有关《化学文摘》中的数据库（CNEMABS，文档 2）虽然与 DIALOG 系统的 CA Search 数据库重复，但在 ESA/IRS 系统中只有一个文档，而在 DIALOG 系统分成多个文档。

第6章　网络信息资源服务

在网络环境下，用户的信息需求在广泛性、即时性和多元化的基础上向着综合化与专业化、集成化与高效化、个性化与精品化的方向发展，用户需要对网络环境下分布的信息资源进行深层开发与利用。本章将在网络信息资源共享的基础上，进行网络用户研究，试图分析网络信息用户的深层次特点，开展网络个性化服务，最后还介绍了网络信息资源服务机构的相关内容。

6.1　网络信息资源服务概述

6.1.1　信息服务的基本原理

1. 信息服务的概念和内容

广义的信息服务泛指以产品或劳务形式向用户提供和传播信息的各种信息劳动，包括信息的搜集、整理、存储、加工、传递以及信息技术服务和信息提供服务等。而狭义的信息服务（或称信息提供服务）则是指专职信息服务业针对用户的信息需要，将开发好的信息产品以方便用户使用的形式准确传递给特定用户的活动。

开展信息服务包括五个基本要素：信息用户、信息服务者、信息产品、信息服务设施、信息服务方法。

1）信息用户。它是信息接收者，信息服务的对象，信息产品的利用者，信息服务业发展的需求动力。

2）信息服务者。它是从事信息服务的各机构及机构中的有关人员，是信息服务的主体，通过选择、加工、提供信息产品来满足用户的信息需要。

3）信息产品。它是指信息服务者收集、整理、加工的各种已知的或潜在的社会信息、科学知识及科研成果，它构成了信息服务区别于其他服务的本质特征。

4）信息服务设施。它是信息服务的物质基础和必要手段，包括计算机、通信设备、复印机、图书流动车等技术设备，以及阅览室、情报咨询室、照排室等服务场所。

5）服务方法。它是指开展信息服务中的各类操作技巧、方式、程序，如索引技术、软件技术、视频技术等，它是实现信息服务效能的必备“软件”。

2. 信息服务的方式

信息服务是指针对用户的需要将信息提炼出来的过程，以对信息知识的搜寻、组织、分析、整合的能力为平台，根据用户的问题和环境，融入用户解决问题的过程之中，从各种显性和隐性信息资源中向用户提供开发出来并经过整合的信息产品。信息服务是一个中介过程，它连接信息源和信息用户。信息服务更是一个增值过程，其增值作用表现在经过信息服务过程以后，信息在广度、深度、时效性、准确性和关联性等方面有了明显的提高和改进，从而使得信息用户能够更加快捷、方便和准确地获取信息。

传统的信息服务主要是以纸质印刷品为媒介、通过手工方式来进行的，然而随着计算机和网络通信技术的引入和发展，信息的收集、加工、存储和传递的方式都出现了变化。网络环境下的信息服务是针对特定用户的信息需求，以现成信息技术为手段，向用户提供经加工整理的有效信息、知识与智能的集成活动。联机检索的出现，标志着网络信息服务的产生。随着因特网的出现和普及，信息服务逐渐进入以计算机和通信网络为媒介的网络化信息服务时代，网络信息服务体系逐步形成。当前，网络信息服务方兴未艾，正在以前所未有速度和规模向前发展。传统信息服务的服务领域相对狭窄，大多属于科技的范畴，其服务对象一般仅限于本部门、本系统、本行业的领导决策人员、科研人员和工程技术人员，工作对象以纸质文本型印刷品为主，工作方式主要是手工作业。电子计算机技术的发展和成熟，为信息服务领域的革命性变化提供了基础和前提。联机检索式网络信息服务是网络环境下信息服务的最初模型。联机检索式网络信息服务是在以计算机取代手工劳动、提高办事效率的基础上，对信息服务内容的丰富化和信息采集资源的扩展化。这一发展阶段包括整个二十世纪八十年代以及九十年代初期。由于网络技术的限制，联机检索式网络信息服务主要以局域的形式发展，最先也是运用于教育和科研领域。

因特网的出现是人类社会发展史上的一次飞跃。因特网为网络信息服务提供了加速发展和根本变革的广阔舞台。尤为重要的是，这种先进技术和信息传播方式得到了政府部门的有力支持和推动。1993 年初，美国前总统克林顿提出了被称为“世纪工程”的信息高速公路计划。1994 年，全世界掀起了兴建信息高速公路的热潮，许多发达国家相继发表了发展本国信息高速公路的计划和白皮书，有的还在信息高速公路的立法和基础技术研究方面取得了许多实质性的进展。因特网在全球的发展非常迅速，1998 年 10 月份的统计数据表明，全球已有 20 万个 Web 站点，100 万个信息源，有 130 多个国家拥有完全的 TCP/IP 连接，因特网已成为大大小小各类网络的联系网，网上的信息浩如烟海。

网络化的信息环境使用户可直接上网，满足其基本的、简单的信息需求，从而使信息机构专业人员的中介地位有所削弱；但用户对提交给信息专业机构和人员的检索任务和信息获取要求则在综合性、复杂性、有序性等方面有了更高的要求。传统的网络信息服务模式与崭新的基于因特网的网络信息服务模式具有许多本质差别，后者代表了现代信息服务的发展方向。

6.1.2　网络信息资源服务的特点与类型

网络应用前的信息部分是要依托纸质载体存在、传播的，如今信息遇上了网络，我们发现信息的获取、加工、存储、管理、表达和交流等一系列的信息运动过程更加便捷了。因此，信息系统在互联网环境下有了新的成员——网络信息。网络信息就是指存在于互联网上的信息集合，它以网络设备为载体，以文字、声音、图像等单一形式或组合形式体现。网络信息的多媒体化呈现是现代技术应用的成果之一，其丰富了人们的社会生活。人们的网络生活实际上就是指人们在网络上与其他人或与计算机交流信息的活动，对于这类信息，我们统称为网络信息。

在网络环境下，用户的信息需求在广泛性、即时性和多元化的基础上向着综合化与专业化、集成化与高效化、个性化与精品化的方向发展，用户需要对网络环境下分布的信息资源深层开发与利用。同时，在网络环境下，信息服务也正由传统信息服务向网络信息服务过渡。《互联网信息服务管理办法》认为：互联网信息服务，是指通过互联网向上网用户提供信息的服务活动，它分为经营性和非经营性两类。经营性互联网信息服务，是指通过互联网向上网用户有偿提供信息或者网页制作等服务活动，非经营性互联网信息服务，是指通过互联网向上网用户无偿提供具有公开性、共享性的信息的服务活动。一般说来，网络信息服务不仅包括几乎所有可由传统媒介提供的服务，还包括许多新的类型，如社区论坛、网络互动游戏、网络即时通信、在线信息搜寻、个人主页、在线交友等。

网络信息资源服务作为信息产业的一个新兴模式，直接面向用户，满足用户的信息需求。从网络信息资源开发利用的角度可将网络信息服务界定为：针对用户的信息需求，以现代信息技术为手段，依托计算机通信网络，向用户提供原始信息以及经加工整理的有效信息、知识与智能的活动，它分为传统信息服务在网络环境下的应用和新型的网络信息服务。

从信息服务主体来看，网络信息服务主体处于多元化状态。国内外各类型的数字图书馆、国内外传统媒体的网络版、各种赢利性商业机构的网站、个人网页及大大小小的聊天室等，给用户目不暇接的感觉。用户在接受信息的同时，对信息传播者是否权威可信、信息源是否可靠、信息质量的优劣产生了怀疑。从信息传播的内容来看，网络信息具有数量大、类型多、非规范、跨时空、跨地域、多语种等特点，其复杂性和多样性空前增加，再加上学术信息、商业信息、政府信息、个人信息混为一体，使用户在海量信息的冲击下往往显得不知所措。从网络管理来看，网络的发展和网上信息资源的动态增加是由用户驱动的，但由于缺乏必要的过滤、质量控制和管理机制，信息发布具有很大的自由性和任意性，而且国内相关法律法规无法也不可能对国外网站进行管理，所以信息安全和信息质量都不免令人忧虑。

网络信息资源服务一般以下列几种形式出现。

(1) 网络导航

网络导航即建立专业化的导航系统，主要是通过“学科馆员”对网上相应学科专题的资源进行识别、筛选、过滤、控制、描述和评价，并组织成目录信息或提供源站点地址供专业用户选择，如 Clearinghouse 因特网学科资源指南。该指南将所包括的学科分为人文学科、社会学科和自然学科三大类和诸多子类，并按学科分类向用户提供各种资源。

(2) 智能代理

智能代理是一种可配置软件，用来完成用户的资源检索和分类工作。用户告诉这些代理在 Web 上查看什么内容，甚至还可以建议代理去哪里查看有关站点以及查看频率。智能代理根据用户事先定义的信息检索要求，在网络上实时监视信息源，如指定 Web 页面的更新、网络新闻、电子邮件、数据库信息变化等，并将用户所需的信息通过电子邮件或其他方式主动提供给用户。

(3) 虚拟图书馆

虚拟图书馆是指利用人工或像搜索引擎一样利用“机器人”、“爬行者”等软件在因特网上不断搜索满足条件的 URL，然后将分布在因特网上相关网页的 URL 收集起来，并对其进行标引，形成倒排挡。倒排挡中每条记录的文献标识均指向相应网页的 URL，用户通过检索获得匹配的 URL，通过超级链接可以调出相应的网页，如武汉大学陈光祚教授主持构建的“图书馆学情报学虚拟图书馆”、Chinese On－line Journals（中国网上期刊 http：//sun. sino. uni－heidelberg. de/igcs/ig-journ. htm），以及上海图书馆的“数字图书馆资源”（http：//www. istis. xh. cn/istis/dlib/tsqb. htm）等。

(4) 信息推送技术

所谓推送技术（push technology），又称 Push 技术、Web 广播等，是 1996 年

由 Pointcast－Network 公司首先提出的。它与有关媒体公司合作，利用其信息推送软件，向因特网上的广大用户主动发布、推送各种新闻、财经、体育等信息。该软件能够根据用户事先向系统输入的信息请求（包括用户的个人信息档案、用户的个人信息主题、研究方向等），主动地在网上搜索出符合用户需求的这些主题信息，并经过筛选、分类、排序，按照每个用户的特定要求，在适当的时候将其传送至用户指定的“地点”。推送技术服务突出的是信息的主动服务，即改“人找信息”为“信息找人”，通过邮件、频道推送、预留网页等多种途径，将信息送到人。

（5）交互式信息服务

网络信息是虚拟的数字化信息，用户通过因特网可以对其大数量、多类型、多媒体、非规范的信息资源进行交互式描述和处理，从而使数字化图书馆更贴近用户的需求，便于图书馆了解不同用户的信息需求，有助于跟踪研究用户的信息获取行为规律。

（6）个性化信息服务

个性化信息服务就是针对用户的特定需求，主动地向用户提供经过集成的相对完整的信息集合或知识集合。这包括两方面的内容：一是用户根据自身的兴趣、爱好和需求定制自己所需要的网络信息和服务；二是网络信息提供者针对用户的个性和特点，主动为用户选择并传递最重要的信息和服务，并根据需求变化，动态地改变所提供的网络信息资源。

6.1.3　网络信息资源服务的模式与方式

为了适应信息资源电子化、网络化的趋势，许多机构在继续做好传统纸质文献资源建设的同时，积极开展了各种基于网络的信息资源建设与服务，包括设立数据库镜像站点、提供网络电子资源、开发各类特色数据库等。

1. 镜像站点

（1）中国知识基础设施工程

中国知识基础设施工程（CNKI）是以实现全社会知识资源的传播共享与增值利用为目标的信息化建设项目，由清华同方光盘股份有限公司等联合开发，现已建成及正在建设的数据库达150个，拥有期刊论文、学位论文、图书专著、会议资料、重要报纸、标准专利、年谱年鉴等各个领域、多种类型的信息资源，成为国内最大的集成化文献信息全文检索系统。

（2）万方数据资源系统

万方数据资源系统是由万方数据（集团）股份有限公司开发的大型综合性

中文信息资源系统，内容涉及科技、金融、教育和社会文化等各个方面，其基本板块由“科技信息子系统”、“商务信息子系统”和“数字化期刊”三部分组成，并陆续推出了中国学位论文全文数据库、中国学术会议论文全文数据库、中国标准文献全文数据库等各类信息资源全文数据库。

(3) 超星数字图书馆

超星数字图书馆由北京世纪超星信息技术发展有限责任公司建设，2000年入选国家“863”计划中国数字图书馆示范工程，现已拥有数字化图书110万种，并以每天数百种的速度增加，是目前国内最大的电子图书数据库。

(4) 矿业工程数字图书馆

矿业工程数字图书馆是由中国煤炭协会信息咨询专业委员会开发的大型专业性电子图书全文数据库，目前已收录1.4万册全文电子图书，其数据来源于国内各高等院校、信息机构以及企业、团体等的馆藏文献资料，是一个极具实用性的煤炭行业特色数字图书馆。

(5) “国研网”专题数据库

“国研网”是国务院发展研究中心信息网的简称，它依托“中心”丰富的信息资源和强大的专家阵容，并与海内外众多知名机构紧密合作，以“专业性、权威性、前瞻性、指导性、包容性”为原则，向用户提供及时、全面、系统、权威的高质量经济信息。

2. 网络虚拟资源

网络虚拟资源包括各种专业性检索数据库、外文期刊全文数据库、专利数据库等。

(1) 中国煤炭数字图书馆/中国安全数字图书馆

中国煤炭数字图书馆暨中国安全数字图书馆是专门收录国内外煤炭工业、安全生产及其相关领域各类信息的专业数据库，包括涵盖煤炭和安全两大专业的2类9个数据库。

文献类：①图书资料；②科技期刊；③科技论文；④技术标准；⑤政策法规。

事实类：①动态信息；②组织机构；③工业产品；④科技成果。

(2) NetLibrary电子图书数据库

NetLibrary是世界著名的电子图书数据库系统，其内容涉及社会科学和自然科学的各个领域，不仅包含学术性较强的专业著作，也收录了最新出版的各类图书，用户可从中发现最新的技术信息、参考要点、商业和经济资源以及畅销小说等。目前该系统已收录全球300多家出版社的9万多种高质量的电子图书，并每月增加约2000种。另外，NetLibrary中还包括3400多种无版权电子图书，供用户无限制阅读。

（3）EBSCO数据库

EBSCO数据库是由美国EBSCO Publishing公司开发和经营的一个网上参考文献数据库，现有100多种全文数据库和二次文献数据库，其中期刊数据库产品约50种，是全球最大的多学科综合性数据库之一。

EBSCO中的大部分期刊自1990年开始收录全文，且收录全文期刊的品种逐年增长，部分全文期刊的收录年限长达10～100年（或起自创始年），并每日更新。另外，EBSCO数据库中还包含全国89所高校的馆藏外刊信息，能提供数据库中没有全文的外刊在国内的收藏信息，从而为馆际互借奠定了基础。

（4）Springer电子期刊全文数据库

Springer数据库由德国施普林格公司Springer Verlag主办，该公司是世界上著名的科技出版集团，通过SpringerLINK系统提供学术期刊及电子图书的在线服务。目前SpringerLINK提供的全文电子期刊约有1500种（其中约90%为英文期刊），涵盖行为科学、生物与生命科学、商业与经济学、化学和材料科学、计算机科学、地球与环境科学、工程技术、人文社会科学及法学、数学、医学、物理学和天文学等13个学科。

（5）世界科学出版社电子期刊

世界科学出版社电子期刊（WorldSciNet）是世界科学出版社在因特网上发布的网络版电子期刊数据库（World Scientific Publishing Company Journals），现有经济学、数学、物理学、医学、计算机科学、工程技术等领域的约70种全文型电子期刊。

3. 网络信息服务

利用网络资源开展信息服务，是对传统信息服务工作的改进和深化，如STN检索和NSTL全文传递。

（1）STN检索服务

STN数据库系统由美国化学文摘社（CAS）、德国卡尔斯鲁厄专业信息中心（FIZ－Karlsruhe）和日本科技情报中心（JICST）合作经营，是世界著名的国际联机检索系统之一。STN目前有200多个数据库，涉及化学、化工、建筑、材料、机械、地质、环境、生物、医学、数学、物理、计算机、商标、专利等基础学科和综合技术领域，用户可以从中得到自己需要的国外科技与商情信息。

（2）NSTL全文传递服务

NSTL由科技部牵头组建，成员包括中国科技信息研究所、中国科学院文献中心、机械工业信息研究院、中国化工信息中心、冶金工业信息标准研究院、中国农业科学院图书馆、中国医学科学院医学文献信息中心、中国标准研究中心等单位，拥有丰富的国内外文献信息资源，可提供中/外文期刊、学位论文、会议论文、科技图书以及标准、专利等文献资源的全文服务。

6.1.4 网络信息资源服务的挑战

网上缺乏高质量的中文信息资源。网上中文信息少的问题在我国因特网的发展初期曾特别突出，但随着我国通信基础设施的不断完善，随着中国ICP、ISP以及上网企业的增多，现在网上的中文信息发展相对以前已经有了很大的改善。应该说，目前网上的中文信息并不是太匮乏，但高质量的中文信息却十分匮乏，真正有价值的中文信息资源的开发利用不够。这具体表现在：信息宽泛，没有形成特色，不够权威、不够专深。网上信息质量竞争的时期已经到来，仅靠提供不加质量控制的海量信息是不能吸引用户的。

另外，行业的保障体系不够健全。由于网络信息、服务涉及社会的各个方面，是个复杂的综合体，需要国家法律、政策的有力保障。而国家有关法律尚未出台，相关政策法规（如信息、安全、知识产权、电子商务等）或尚在研究之中或很不完善。此外，政府对网络服务业的扶持力度也不够大，这突出表现在过高的电信资费不能有效地改善网络信息服务经营者的生存现状，较为昂贵的上网费用严重阻碍了网络信息服务业的发展。

6.2 网络信息资源共享

6.2.1 网络信息资源共享的基本概念

知识共享包括如下两方面的含义：

1）对信息的共享。知识共享来源于传统的信息管理领域，是信息共享的深化与发展。知识是信息深加工的产物，知识共享的手段和方法比信息共享更加先进和完善，它充分利用信息技术，使知识在信息系统中被加以识别、处理和传播，并被有效地提供给用户使用。

2）对人的管理。知识作为认知的过程存在于信息的使用者身上，知识不只来自于编码化信息，而且很重要的一部分存在于人脑之中。知识共享的重要任务在于发掘这部分非编码化的知识，通过促进知识的编码化和加强人际交流的互动，使非编码化的个人知识得以充分共享，从而提高组织竞争力。

6.2.2　网络信息资源共享的对象与内容

很显然，知识共享的对象是知识。但从不同的角度观察，知识又具有不同的特性。

从认知的角度观察，知识可分为显性知识和隐性知识。一些学者针对共享知识的显性方面与隐性方面展开了研究，尤其是着重于隐性知识的共享。显性知识是易于整理分类、向人讲述的知识，它主要是指以专利、科学发明和特殊技术等形式存在的知识。而隐性知识则是员工的创造性知识和思想的体现，它只存在于员工的头脑中，难以明确地被他人观察、了解。知识的认知特性成为其共享的重要影响因素。

在企业中，知识并不是凭空存在的，它有一定的载体，即企业的员工。而员工知识的构成可以分为两部分：一部分为个人知识，是其个人从长期的学习、生活等方面所积累的知识；另一部分为共有知识，是指员工在加入某企业后，从完成企业的任务中学到的知识。个人知识和共有知识相互依存、相互促进。丰富的个人知识可以促进共有知识更加成熟、先进、完善；而共有知识的不断积累和发展会推动个人知识的迅速增加。虽然个人知识和共有知识对于企业都很重要，但在市场经济条件下，对企业更为重要的是共有知识，尤其是对企业核心竞争优势的形成而言，共有知识非常重要。个人知识如技能、信息等通常很难给企业提供核心竞争优势，因为竞争对手同样可以得到这些知识，尤其是在人才流动日趋频繁、猎头公司触角无处不在的今天。只有产生于企业内部，由优秀员工通过创新的方式在完成企业任务的过程中产生的共有知识，才是能给企业带来竞争优势的知识，也是能对企业内部提供知识共享真正起作用的知识。当然，除了上述的知识分类，还有的学者将知识分为企业内部知识与外部知识等，针对不同的知识特性，展开了相关的知识共享研究。

知识除了具有不同的特性外，还具有不同的层次，如个体知识和组织知识。个体知识为组织知识提供了丰富的来源，而由个体知识转化而来的组织知识最终也要经过个体的吸收和转化才会发挥作用。个体知识的共享可以通过社会化的方式来完成。当某一种个体知识被接受者掌握之后，接受者又可以充当知识源，在更广泛的组织内部传播知识。随着掌握这种知识的员工越来越多，一些专属于某个人的知识成为该部门的“公开的秘密”，这时个人知识就提升为组织知识。组织也可以作为知识源向个体扩散，共享的内容主要是组织的专业知识以及一些公共知识，这些知识表现为一定的规章、程序等。组织知识的共享也会发生，如从事相似工作内容的团队，其彼此之间共享知识可以显著提高各自的工作效率。

综上可见，知识本身的复杂性成为知识共享研究中不能回避的一个问题。不论是在什么样的环境或背景中，要想进行有效的知识共享，搞清楚要共享的知识的相关特征是首要的工作。知识本身的复杂性为知识共享带来了各种各样的难题与障碍，了解要共享的知识的相关特征有助于知识共享的主体采取针对措施来提高知识共享的效率，从而避免知识共享的盲目性。

6.2.3 网络信息资源共享的手段和特点

正如前文所分析的，知识从不同的角度观察具有不同的特性；而且，知识共享的主体也有个人、项目团队及组织这样三个层次，这就为知识共享带来了各种各样的复杂问题。就解决这些知识共享问题的手段而言，人们首先想到的是信息与合作技术。因为它为知识管理提供了两种基本的能力：一是知识的编码化，二是知识的网络化。知识的编码化与网络化都能为知识共享提供一定程度的支持。所以，一些学者对信息与合作技术支持知识共享方面展开了研究。

尽管不同的学者针对不同的研究领域提出了各种各样的技术方案来帮助与支持知识共享，但从总体来看，资源描述框架（resource description framework，RDF）和本体论（ontology）成为知识共享的两大关键技术。其中，资源描述框架是对知识网络上的资源进行描述的通用框架，可以描述每个知识资源的属性和相应的属性值；本体论是对概念系统的描述，可以用来定义描述知识资源的元数据术语。资源描述框架和本体论给传统的文档增加了结构和语义信息，使计算机能自动理解和处理这些信息。在知识共享中，本体论就是一个具有共同兴趣的团体在术语上的共识，可以是对一个企业或一组协同商务企业所使用的概念和关系的描述。

但是，技术只是工具，它不能解决一切问题。知识的不同特性与知识共享的不同层次，使得除了使用信息与合作技术为知识共享提供基础支持以外，还需要采取其他手段，如组织手段和文化手段等。因此，还有些学者着重于研究通过组织手段、文化手段、制度安排来解决知识共享中的问题。很多学者探讨了适合于知识共享的组织结构，如赫德伦德提出的“N 型”企业，野中郁次郎和竹内广孝提出的“J 型”企业以及罗姆提出的“循环结构型”企业。此外，还有适于知识共享的矩阵式结构、多维组织结构和学习型组织结构等。无论是对于何种结构类型，他们都试图找到一种能弥补层级结构缺陷的便于知识畅通互动的柔性组织结构。只有弱化等级结构，才能建立开放的、学习型的、成长的知识共享机制。

从企业文化建设的角度讲，首先，知识共享需要领导层的重视。领导层要身先士卒，使企业的价值观从观念形态转变到可以被感觉到的现实，如设立 CKO

来负责企业内外知识的管理。其次，培植员工知识共享的思想观念和价值取向，使企业员工乐于为企业的知识库作出贡献。最后，通过建立激励措施来肯定和强化员工的知识共享意识。对员工知识共享的努力作出相应的肯定与回报会激励员工的进一步努力，这样的良性循环会不断加强员工对企业的归属感，并使其逐步形成与企业共同的价值观，从而形成自然而然的知识共享行为。

这里需要补充说明的是，将知识共享手段的相关文献分为信息与合作技术（ICT）和组织文化两类，并不表明在讨论知识共享的组织及文化手段的文献中就没有涉及技术手段，反之亦然。这里只是根据研究的主要内容进行了大致划分。在知识共享的手段中，信息与合作技术（ICT）是知识共享的物质基础，为知识共享提供了硬环境；而组织结构调整与企业文化建设为知识共享构造了软环境。只有在组织中建立起相互学习、共享知识的文化或氛围，信息与合作技术才能发挥出巨大的作用，而激励措施是组织强化知识共享软硬环境的制度安排。

6.2.4　网络信息资源共享的模式

1. 虚拟图书馆

虚拟图书馆是一个有名无实的图书馆，在这里你可以查阅到许多电子形式的书刊、数据，就好像这里典藏了丰富的书刊数据，可是它们实际上并不存在于这个图书馆中。所谓虚拟图书馆，是指多个图书馆之间为了实现资源的最大利用，通过图书馆协议和联合组合等形式，将各图书馆的核心能力和资源通过信息网络集成在一起，形成一个临时性的开放的组织形式，来共同完成某项任务。在这个组织中，各个图书馆各自负责整个项目的子任务，在自己的优势领域独立运作，并通过彼此之间的协调和合作达到整个项目的实现。虚拟图书馆在完成项目后，该组织自行解散，各个图书馆又重新寻找伙伴联盟。虚拟图书馆的实质就是发挥自身的优势，对外部资源进行整合，以达到最大限度、最充分地利用资源的目的。虚拟图书馆把不同地区、不同图书馆的现有资源迅速组合成一种没有界限、超越时空约束的组织形式，它是依靠电子网络手段联系实际、统一指挥的实体，并能以最快的速度推出高质量的产品和服务，而这种产品和服务是任何单个图书馆都无法实现的。虚拟图书馆能充分、便捷地为读者提供个性化服务；能够使资金最大限度地被使用；能够有效地组织起先进技术；能实现异地借阅，资源共享。由于虚拟图书馆对所搜集的相关信息进行了再次加工和组织，因而更具有系统性和易用性，能够较好地完成各学科领域的用户对特定信息的需求。

2. 学科信息门户

学科信息门户也称基于学科的信息网关，它针对特定的用户来精心筛选、分类、标引、注释和评价信息资源。用户在访问某一学科的学科信息门户时，通过激活相关的超级链接，就可以浏览到本学科大量的相关资料。这种被称为“隐性网络”的站点能提供更专门、更专业的数据库检索，它通常是由该领域的专家所做，有助于迅速获得这一领域的高质量信息资源，从而保证用户需求信息的质量。

3. Web 2.0 信息共享模式

每个人都是一个产生智慧和信息的主体，整个社会的生产力总量发展基于所有人智慧和信息的表达和交流。旧的互联网是一个中心化的互联网，是一个少数人生产信息、多数人接收信息的地方。这样的方式虽然比传统的信息交流方式有了极大的进步，但是人类的全部潜力仍然只得到小部分的发挥，更多人的智慧仍然保留在个人的头脑和身边的朋友圈子里。要充分发挥出每个人的智慧，互联网需要新的技术更新，需要去中心化，让每个人都能最大限度地发出自己的声音，并让别人听到。

Web2.0 就是这样一种新生事物。通过 Blog 等各种新的网络信息传递形态，每个人都可将自己的内心想法、创意智慧、经历的有趣和有意义的事件，用最便利的方式表达出来，并和所有的人分享。各种社会性软件极有效地降低了信息交流、传播和组织的成本，并将最大化地通过这种智力的激荡，使人类焕发出最强大的创新能力。Web2.0 去中心化理念的发展，使得每一个用户成为平等却又极具个性化的个体，信息的传播逐渐从以往的网站对个人、个人对个人的简单传播，演变为一对一、一对多、多对多可协同的交互式传播。依托 RSS 等各种新的技术工具，交换和管理资源变得比以往更加便利。而互联网内容的生产不再仅仅局限于各大门户网站，每个人都可以参加个性化的生产，产品的生产方式、规模和效率大幅提高，带有鲜明个性色彩的产品可以被高效地生产出来并被快速地共享。

人脑的神经元之间就组成了一个复杂的网络，并且根据这样的机制协同工作：每个神经元有自己的知识储存，然后通过共享网络，得到其他神经元的知识储存。在整个过程中，知识被不断地复制、积累。随着神经元数量的增加，知识的积累量也越来越庞大，同时冗余度也越来越高。也就是说，知识的总量在增加，且重复度也越来越高。一份知识可能在多个神经元处有拷贝。这虽然看起来有些浪费，但我们必须注意到，神经元储存的知识都是自己需要的，否则它不会去搜寻并获取。整体意义上的无意义重复并不会削弱个体意义上知识积累的重要性与必要性。而且，冗余的优点还在于，个别神经元从系统分离，并不会影响整体知识积累的削弱。这一点可以从人脑细胞整合机制中明显地看到。人每天有数以万计的脑细胞死亡，但人不会变得越来越蠢，其根本原因就是知识不断地在细胞间被拷贝。

去中心化的信息共享就是这样一种类似人脑的机制：机制中的单个用户都被看做是神经元，所有神经元处于对等的地位，全部神经元组成一个神经网络。每个神经元既是信息提供者，又是信息获取者。每一个神经元可以同时从多个其他神经元检索和获得信息，也可以同时向多个其他神经元提供信息。所有用户之间利用 Web2.0 技术高度协作、共享资源，形成“硅脑”，充分地发挥了各自的性能，从而提高了全社会的智力。

6.2.5 网络信息资源的配置

信息资源，是一种经济资源，由于它具有效用上的有用性和需求上的稀缺性，所以作为经济增长中一种必要的投入要素，它不仅可以替代自然资源，而且有助于更有效地配置物质资源。当信息资源的使用能够替代物质资源，或者能够实现物质资源的节约时，应将其视为生产函数的内生变量，与物质资源共同作为生产的构成要素。从整个社会的角度看，资源的有效配置即意味着包括信息资源在内的所有资源的有效配置。基于对信息资源概念的理解，笔者认为信息资源的配置问题不仅局限于静态存量信息的集合的优化配置问题，还包括信息技术、信息人员的优化配置问题。其内容也不只是已有信息集合的布局与组织管理，而是应当面向宏观国民经济的运行，调配包括信息资源在内的物质资源、人力资源、管理资源、金融资源等各种资源，以保证整个社会的信息产出数量和产出结构优化。

1. 网络信息资源配置的内容

有的学者认为在高速信息网络环境下，信息资源在时间、空间、品种类型上的配置状况、特征和要求构成了网络信息资源有效配置的内容。

(1) 网络信息资源的时间配置

网络信息资源的时间配置，是指在网络环境下根据信息资源不同的时效性进行合理的时间分配。网络信息资源的时效性极强，但不同类型的网络信息资源，其时效性大小和变化情况是不一样的。例如，股票行情等信息表现出极强的时效性，这类信息通常随时在更新；网站上的求职招聘信息、电子期刊、行业信息、统计数据等信息的时效性较强，求职招聘信息的更新周期一般在两周及以上，其余信息的更新周期则在每月（含每月）以内。

由于网络信息资源有更新周期短、传递速度快、即时利用等特点，所以网络资源的时间配置需要考虑到网络信息的生命周期。网络信息的生命周期包括信息的产生（创造/发布）、采集、组织、开发、利用、处置。从网络信息生命周期的最后一阶段来看，网络信息在经过组织加工和深层次的开发和利用后，要删除没有使用价值的网页，并对网络信息内容进行更新。但从我国目前的状况来看，我国网站内容的更新速度慢，各类信息的更新周期不太合理，缺少相关链接，没有充分体现互联网所特有的时效性。

(2) 网络信息资源的空间配置

网络信息资源的空间配置，是指网络信息资源在不同的地区、不同的行业部门之间的分布，实质上是在不同使用方向上的分配。由于网络信息资源存在严重的不均衡性、区域经济活动水平的差异性，网络信息资源在不同国家之间以及同一国家内不同地区或行业部门之间的分配存在着很大的差异。

域名和 IP 地址是互联网产业发展中关键的网络信息资源。截止到 2006 年 12 月 31 日，我国 CN 下注册的域名数为 1 803 393 个，与 2005 年同期调查的 1096 924 个相比，增加了 706 469 个，增长率为 64.4%。中国内地 IPv4 地址数已达 98 015 744 个，与去年同期相比增加了 23 624 448 个，增长率为 31.8%。这说明我国在加强网络信息资源的配置工作、满足地址资源需求的工作方面已取得了一定的成果。然而就人均地址数而言，截至 2006 年 10 月，亚太地区中国网民 IPv4 人均地址数仅为 0.7 个，日本网民 IPv4 人均地址数为 1.4 个，韩国网民 IPv4 人均地址数为 1.4 个。由此可见，我国网民 IP 人均地址数量远落后于韩国和日本，距离人均一个 IP 地址的拥有量尚有很大距离。目前全球互联网信息资源仍集中在少数几个国家手中，我国 IP 地址资源匮乏，不能满足发展需求，需加大对未来的 IP 地址的申请力度。

根据 2005 年中国互联网络信息资源数量调查报告，根据网站主体性质的不同划分，企业网站占网站总数的 60.4%。以下依次为：个人网站占 21.9%，教育科研网站占 5.1%，政府网站占 4.4%，其他公益性网站占 3.8%，商业网站占 3.5%，其他网站占 0.9%。从以上两组数据可以看出，政府、组织、教育机构所占的比例较少。信息公开是信息资源有效配置的前提，目前我国政府和科研部门掌握着 80% 有价值的社会信息资源，但政府组织机构的域名数、网站数却很少，很难使有价值的信息在合理的范围内自由流动，这导致长期以来商业领域的信息资源严重缺乏，不能满足市场的需要。

目前在网络信息资源空间配置上，我国 IP 地址、域名等资源在全球相对匮乏，国内网络信息资源在各地区和各行业分布不均衡、不合理。针对这些现象，我们积极运用一切市场的、非市场的手段来调节和控制网络信息资源在不同国家以及同一国家内不同地区或行业部门之间的分配，以取得网络信息资源开发利用的最佳效益。

（3）网络信息资源的种类配置

网络信息资源在时间和空间矢量上的配置必然要涉及信息资源的品种类型。由于对既定的信息资源系统而言，当冗余信息量趋于零（理想状态）时，该系统必定是不同内容的信息的集合，集合中的每一信息都具有独特的性质，因此，判断网络信息资源系统规模的大小和服务能力的强弱，不能简单地看其信息拷贝数量是否庞大，而应当综合地以信息资源品种类型的多寡及其对网络用户信息需求的满足程度作为主要评判依据。

首先，从信息资源的品种类型考虑，网络信息资源种类繁多。根据信息内容，日本的户田慎一把网络信息资源分成以下七类：①电子期刊、电子通信期刊、图书的文本；②论文的抽印本、技术报告；③法律文件、判例、政府出版物；④数值数据、统计资料、实验数据；⑤软件；⑥图像数据、声音数据；⑦数据库。根据信息的外在形式，网络信息资源可划分为文本、数据、图形、图像、声频、视频等多种类型。中国互联网络信息中心承办的中国互联网络信息资源数量调查报告将网络信息资源划分为域名资源、网站资源、网页资源和在线数据库资源四种类型。其次，从网络用户信息需求的满足程度考虑，随着信息技术、国际互联网的迅猛发展，网络信息资源的数量正以前所未有的速度增长，其数量的增长速度及重复率是人们所始料不及的。网络信息资源数量丰富只是保证用户信息需求被满足的基本条件，网络信息的无序扩张必然促使冗余信息的暴涨，大量信息被重复配置，用户在这样的网络环境中会不知所措，这必然会降低用户的信息需求满意度。面对缺乏组织和质量控制、数量巨大的网络信息资源，人们获取高质量、多种类网络信息资源的需求愈显突出。因此，采取一定的手段对网络信息资源进行种类选择和配置，已成为人们改善网络信息资源环境、实现对网络信息资源有效管理的必然。

2. 网络信息资源配置的目标

目标是指引网络信息资源配置实践的具体行动纲领，其制定需要从网络的实际发展情况出发，并且最终受到国家网络经济发展水平的制约。有专家提出，网络信息资源配置的目标就是在一种由多个信息系统相互连接而形成的信息网络中，从网络整体需要出发，进行信息资源布局，通过网络内各信息系统的协调合作，逐步形成一个互通有无、互相补充、方便用户的信息资源结构体系，从而在有限的客观条件下，利用群体优势，以尽可能小的投入发挥尽可能大的网络中各类信息资源的整体效益，并最终达到我国信息资源配置的总体目标，实现信息资源的均衡配置。

网络信息资源配置的目标一般可分为总目标和分目标两个方面。网络信息资源有效配置的总目标就是通过一系列机制的实施实现资源的均衡合理配置，实现社会经济福利的最大化。它具体可以分解成以下几个分目标：一是合理规划网络环境，加强网络信息基础设施的建设和改造，实现网络信息的快速有效流通，最大实现其效益和价值；二是通过一定的法律手段，合理调节信息资源配置过程中各利益主体的分配关系；三是在兼顾公平和效率的前提下，根据用户需求在空间、时间、种类上合理均衡配置，实现网络信息资源配置的低成本、高效益，以提高网络信息资源的配置效率。

3. 网络信息资源的配置方式

从目前的研究现状可以看出，网络信息资源存在市场和非市场（政府干预）两种配置方式。不同的社会制度、经济体制决定着不同的资源配置机制。

（1）网络信息资源的市场配置

首先，目前我国是社会主义市场经济体制，市场经济最明显的特征便是各个经济主体都是独立、平等的，也是受法律保护的，可以在自身利益的驱动下自由进入市场，自由地开展竞争与合作。因此不同于计划经济时期，在我国行政干预的作用正逐渐削弱。其次，市场经济就是通过市场来配置资源的，在价格的自发调节下，企业追求利润的最大化，信息生产要素在不同产业之间以及产业内部不同生产者之间进行配置；消费者追求效用的最大化，信息商品资源在全社会进行配置，由此可见市场机制应是网络信息资源最基本的一种配置方式。

在我国，网络信息资源配置以市场驱动为主要力量的模式已取得了良好的成效。以数据库资源为例，由于数据库生产是一项高投入、高风险的活动，因此这种活动的主体应是面向市场的企业而不是政府。在市场经济中，我国先后出现了中国全文期刊数据库（CNKI 工程）、中文科技期刊数据库（重庆维普资讯有限公司）、中国人民大学复印资料全文数据库、万方数据库（万方数据公司）等大量期刊数据库，在市场竞争机制的作用下，各数据库的功能和效率不断提高，这正是得益于企业面向市场、在市场中求生存和谋发展的机制。

（2）网络信息资源配置的政府干预

由于受信息的外部效应、信息的公共物品性、垄断、信息不对称等原因的影响，我们知道市场机制并不是万能的，网络信息资源的市场配置中也存在着“信息市场失灵”这一缺陷。由于信息商品和信息服务的一些特殊属性和规律，在网络环境下网络信息资源配置中存在的信息市场失灵问题表现得更加突出。因此，我们要从信息市场的外部环境入手，引入外部力量，由政府进行管制干预对“失灵”进行纠正。政府对网络信息资源配置的管制和干预有许多种方式，例如，政府利用政策、法律、财政、税收等工具，通过政策引导和财政补贴调整网络信息资源的产出水平和配置结构。美国经济学家史普博认为，管制是指行政机构制定并执行的直接干预市场配置机制或间接改变企业或消费者的供需决策的一般规则或特殊行为。管制从本质上说是政府对社会事务进行管理所产生的一种行政行为，是政府行政机构依据法律的授权，通过制定规章、设定许可、监督检查、行政处罚等行政行为对社会事务进行的直接控制和干预。政策法规是政府进行管制干预的重要方式之一，是管制执行的基础和依据。谈到政策法规，我们首先要明确一点，网络信息资源配置的政策法规制度对市场配置只是起辅助作用，政府不应随意或过分干预市场经济活动，只有当市场机制不能正常或充分地发挥作用，出现“市场失灵”时，才需要运用政策或法律来加以矫正。目前，我国网络信息市场失灵问题严重，因此亟须运用政策法规，从国家信息基础设施、竞争法制、网络信息公开、网络信息安全、产权制度等几个方面加强法制建设，规范网络信息市场，提供良好的外部环境以合理配置网络信息资源。

6.3　网络信息用户研究

6.3.1　信息用户研究的基本概念

信息用户通常指科研、技术、生产、管理、文化等各种活动中一切需求与利用信息的个人或团体。凡具有利用信息资源条件的一切社会成员都属于信息用户的范畴。信息用户不仅包括了具有信息需求和信息接受行为的社会成员，同时还包括了能够参与社会信息交互过程的社会成员。信息用户既是信息的使用者和接受者，也是信息的创造者和传播者。信息用户是信息系统不可或缺的重要组成部分，任何一个信息系统都是与特定的用户联系在一起的，因此，研究不同类型用户的信息需求与信息行为规律，对图书馆及情报部门制定满足信息需求的服务策略，科学组织信息服务体系，建立和谐的信息服务平台，提高服务质量具有重要的现实指导意义。

信息服务领域用户研究的基本内容包括以下几方面：

1）用户分类及分类管理，包括用户分类的原则和方式，用户的基本类型与特征，以及各类用户之间的联系等；

2）用户信息心理与心理控制研究，即利用心理学理论研究用户需求和吸收信息的心理过程和状态，分析其中的各种因素，探索用户的心理行为规律；

3）社会因素对用户的影响研究，重点分析各种社会因素（包括社会制度、经济体制、教育科技水平、地理资源、人口、民族等）对用户信息和行为的影响，分析这些因素与信息使用价值的关系；

4）用户信息需求的调查分析，调查和分析用户的信息需求是设计和建设新的信息机构和信息系统的依据，也是开展高水平的信息服务与咨询活动的需要，调查内容包括用户对信息的需求，对索取信息工具的需求，以及对信息服务的需求；

5）用户获取信息与信息交流组织研究，研究用户获取信息的途径和方式；

6）用户吸收信息的机理与信息服务关系研究，主要包括用户对信息的评价，信息的使用价值及其测量，用户吸收信息的机理和创造过程研究；

7）用户信息保障研究，即研究信息安全保障的一般原理和方式；

8）用户信息培训与培训管理研究，从提高用户的信息素养出发，探讨组织用户信息培训的原则、方式和内容；

9）用户研究方法论研究，研究建立用户研究的方法体系。

1. 信息用户的分类

信息用户从根本上可分为两大类：一类是当前用户，另一类是潜在用户。就目前的状况来看，信息的潜在用户远远多于当前的信息用户。就当前用户而言，从需求的学科内容、文献类型、服务形式等三个方面对目前信息服务的主要用户群进行比较，可以得出以下三类主要用户群及其需求特点。

（1）领导决策层

领导决策层包括国家机关干部与企业管理者等。这是负责决策与指导各种社会活动的用户集团，在现代的决策体制中，领导决策者对信息有着强烈的需求，他们迫切需要借鉴历史的经验，了解国内外政策、理论和实践的最新动态，为作出科学决策提供参考。他们的需求特点是：①范围广泛，涉及科学技术、经济管理、环境市场，以及世界上相关学科、行业、科研单位与企业的现状及发展趋势等；②他们更多地需要三次文献，以便用较少的时间了解较多的内容；③他们要求信息的连续性和权威性。

（2）科研人员

科研人员包括国家机关单位、国家事业单位和企业等各领域中的科研工作者。他们是探求知识、从事科研有一定成就的人。他们的需求特点是：①研究面较窄小，一般是一门学科的某一课题，要求资料专而深；②由于其科研需要必须随时掌握本学科的发展情况、发展趋势，探索性的活动消息等，所以其信息需求特别注意在一定学科范围内的“新”、“全”；③期刊是他们发表研究成果、交流获取知识、了解情况的主要工具；④由于是探索未知，他们的需求难以预见，不易表述，因而在查寻过程中可能变化或扩充。

（3）技术工作人员

技术工作人员是独立完成某一专门技术任务的专门人员，他们的信息需求特点有：①使用较广泛的资料，吸取多学科知识；②需求经过检验的、成熟的知识；③对专利、标准化等类型的资料有更大的兴趣；④需要资料要具体，又有较长的时间性。

以上三类仅仅是信息服务的范围较明晰的用户群，而不是当前用户的全体。

随着社会的发展，全球正在发生一场由物质经济向知识信息型经济的深刻转变，信息将不可避免地超过土地、资金而成为人类最重要的资源，信息的利用将成为社会各阶层的经常性活动，这些类型众多的用户将根据各自的职业特点等因素而表现出不同的信息需求。

2. 信息用户的需求

随着现代信息技术的进步，用户使用信息的方式与态度发生了改变，信息需求也发生了明显的变化。用户信息需求的研究是指用户的内在认知与外在环境接触后所感觉到的差异、不足和不确定，试图寻找消除差异和不足、判断此不确定事物的一种要求。通俗地说，就是信息需求者在所处的环境中，基于某种原因，或是为工作需要、或是为解决疑惑，甚至纯粹为了增长见闻，而对信息所产生的一种渴望和需要，这些都可以被视为一种信息需求。以用户信息需求为导向，运用现代信息技术满足用户信息需求，是当前信息学研究的重要课题。

用户信息需求是由用户活动的客观需求、环境、个体因素和社会因素等决定的。同时也与信息用户的个人能力，包括经济能力、信息能力、组织结构、个人爱好、专业特点与心理状态等方面有关。长期以来，信息机构地点、服务时间的阻碍，索取信息程序的繁杂，大大压抑了广大潜在用户的积极性。在效果和寻找行为得不到统一的情况下，用户下一次寻找需求的强度实际上被压抑了。而也有学者认为，可获取性是决定读者是否利用某个情报机构或图书馆选择某种情报服务方式的最重要因素。可获取性是由读者的智力、心理、物理条件、利用条件等多方面因素决定的。大量的调查研究表明，读者对所需情报资料的选择几乎都是建立在可获取性基础上的，最便于获取的情报资料首先被选用，对质量的要求则是第二位的。另外，信息产品的客观原因也压抑了用户信息需求的产生，这表现在：①信息环境。处于社会这个大的信息环境中，一方面信息生产者根本无法提供大量的质量较高、符合需要的信息产品；另一方面对消费者而言，无论是其本身的信息化程度，还是对信息产品的认可程度，都比较低。从信息需求看，一部分消费者自动压抑需求冲动，而一部分消费者根本就还认识不到信息需求。这就自然导致信息需求的水平较低。②信息产品是一种后验性商品，只有在使用了之后，才能体会产品的质量和效用。以至于消费者无法确定信息产品的质量、效用、信誉等情况，从而抑制信息需求的产生。③根据我国目前的信息化水平，在短时期内，信息生产者或经营者提供大量的符合消费者个性化信息需求的信息产品是有相当困难的，两者相矛盾的结果是抑制信息需求的发展。

3. 信息用户满意度

用户满意就是用户对所接受的有形产品和无形服务感到满意，这是用户的一种内心感受和主观评价。用户满意的机理是：用户满意建立在用户的感觉和期望的基础上。用户接受产品时的实际感受和期望之间的差距就是满意程度的大小——满意度，它既体现了用户满意的程度，也反映出产品和服务提供部门满足用户需求的成效。

Mo Adam Mahmood 等于 1986 ~ 1998 年，从八个变量角度（知觉有效性、易用性、用户期望、用户经验、用户技能、用户参与、组织支持、认知态度），对 45 位终端用户满意度进行了调查分析，调查结果表明用户参与度、用户对系统有用性的感知、用户经验、组织支持和用户态度与用户对信息技术、系统的满意度都有重要的关系。这对于信息系统设计和用户培训都具有重要意义。

6.3.2 网络信息用户的需求分析

1. 网络对信息需求的影响

从物理意义上说，网络是指在电子计算机和现代通信技术相结合的基础上建立起来的宽带、高速、综合数字式电信网络。由于网络从根本上改变了人们以往的信息获取环境，当然也就在相当大的程度上对个体的信息需求产生了影响，其具体影响表现在如下几个方面。

（1）对信息需求数量的影响

当代社会的发展、科学的进步，催生了海量的文献信息，而借助于网络及电子信息技术，这些文献信息得到了有史以来最为广泛的传播和利用，使得个体信息用户在“足不出户”的情况下，就可以获取“丰盛”的信息。这大大激发了个体信息需求的强度，也因此大幅度增加了信息需求的数量。

（2）对信息需求内容的影响

网络给个体信息用户带来的不仅仅是信息的快速传播和利用，同时也带了快速的信息生产和加工。对任何个体信息用户而言，其既可以是信息的接收者和使用者，也可以是信息的创造者和传播者。由于信息传播和交流速度加快，个体微观上的信息生产、知识创造和技术发明充分体现了学科内容的交叉和渗透。与此同时，个体不再满足于概括性、叙述性的信息，而是需要大量详尽的、专指性的信息。

（3）对信息需求速度的影响

社会的信息化、网络化发展大大加快了社会的进步和人们工作的节奏，也使得知识老化加速、科技成果的应用周期缩短、新产品更新换代加快以及市场变化加剧。这就进一步要求有快速、高效的信息传递来保证。网络为此提供了方便与快捷的手段，以满足人们日益多样化和复杂化的信息需求。

（4）对信息需求满足形式的影响

通常情况下，个体信息需求的满足是通过个体积极主动的信息获取行为来实现的。这种信息获取行为在网络环境下，意味着个体与网络环境下的信息系统直接的相互作用。具体地说，就是个体通过计算机手段，利用网络检索工具进行信息浏览、查寻、检索等方式来获取信息。为满足信息需求的信息获取原则上是一种主动的信息行为，但在信息技术及检索技术飞速发展的今天，个性化的信息服务已经使得个体的信息需求不仅可以获取主动满足，还可以相对获得被动满足，如运营商的信息推送式服务。

（5）对信息需求层次的影响

对个体而言，信息需求的层次是一个按时间顺序排列的信息需求集合，涉及意识、表达、匹配的各个阶段的信息需求。在传统环境下，各阶段的转换过程是借助于外力——信息工作人员实现的。但在网络环境下，各阶段的转化却完全是由个体自身来完成的，即依靠个体与信息系统的交互来完成。由于更多地依赖个体自身的思维和判断，因此，各个阶段转化可以在相当短的时间内完成并且重复地进行。这对个体的信息、信息能力甚至个人的意志、态度和耐力都是一个严峻的考验。

（6）对信息需求载体的影响

在网络环境下，传统的、以纸质文献为主导的文献信息形式，可以通过数字化实现网络资源的共享。尽管先前的印刷型出版物还无法实现网络获取，但是回溯性的文字化建设工作，尤其是具有科研价值的学术期刊一直受到出版界的青睐。与此同时，信息技术的发展，也给人们带来了耳目一新的信息取方式和方法。比如，多媒体、网络互动等激发了个体信息用户的信息需求，而且目前这种信息需求得到了更为广泛的利用。

（7）对信息需求理念的影响

在网络环境下，信息服务模式发生了革命性的变化，不可避免地给人们带来了信息服务与利用的新理念。在更多的情形下，信息需求的方式、途径和对信息的选择是由信息用户自己决定的。这种自主性使得个体信息用户的信息需求由被动走向主动。人们不仅仅追求现实信息需求的满足，而且还对潜在的信息需求予以挖掘。比如，博客方式的信息获取。信息价值越大，用户信息需求的心理就越迫切，由此导致的信息行为就越快速、越频繁、越猛烈，有时甚至不惜代价。这种按照自己的需求和意愿来获取信息的理念是传统的纸质信息服务模式所无法比拟的，可以说是人们对信息需求的一场思想变革。

(8) 对信息需求方式的影响

在网络环境下，个体信息需求的方式主要有因特网和数据库两种。大多数人都喜欢和愿意选择因特网方式，因为因特网不受时间和空间的限制，用户可以极为方便地从庞大的信息群中获取所需的信息。数据库方式则是为了满足用户在最短的时间内查找到所需要的相关信息而建成的大量数据库或光盘数据库，它将相关主题的信息有效集合在一起，保证了用户所需信息的查全率和查准率。

2. 网络信息需求的分类

受主观因素和客观环境因素的影响，个体的信息需求实际上是多种多样的。在网络环境下，如同电子平台可以整合各种资源、各种信息获取的渠道一样，个体的信息需求也被“集聚”在一起，在信息获取的过程中可以交替地得到满足。与此同时，网络的超链接功能如同人脑的联想性思维，可以随时随地将无意识的需求刺激成有意识的需求，将潜在的需求变成现实的需求，将意识中的需求变成表达的需求，将表达的需求通过不断的修正变成最终实现满足的需求。

按照不同的分类依据，我们可以将网络环境下个体的信息需求分为不同的类型。下面我们将信息需求划分为四种类型，即知识型、事实型、消息型和娱乐型。

(1) 知识型信息需求

知识型的信息需求，更多地体现在个体出于成长、发展或是职业的需要在从事学习性和创造性活动中对于“不确定性认知”的一种需要。这种不确定性认知，属于德尔文“意义建构”的范畴，深刻地体现了人类对客观世界物质运动规律的认识。上述搜索引擎、文件上传下载、论坛互动等都是知识型信息需求满足的一种常见方式。

(2) 事实型信息需求

事实型的信息需求可以被理解为“解决具体问题或作出决策时”对信息的需要。尽管这种需要体现了个体认知上不确定性的一面，但也有其“确定性”认知的一面，如信息源的选择范围。上述获取信息、文件上传下载、收发邮件、即时通信等是事实型信息需求满足的常见方式。

(3) 消息型信息需求

消息型的信息需求在相当大的程度上用来满足人们对于信息的即时性需求，它也最能实时地反映个体与环境的互动、满足人们对本体论意义上信息的需求。同时，消息型信息的需求也在相当大的程度上反映了个体的兴趣与爱好（正是从这个意义上，我们把其看做是来自于个体情感上的信息需求）。事实上，消息型信息中也可以同时包含个体所需要的其他三种类型的信息。

(4) 娱乐型信息需求

娱乐型的信息需求在相当的程度上是以填补感情空虚、消磨时间、排解烦恼，或者是为了放松休息而产生的一种情感上的需要。在网络环境下，通过网上阅读、在线聊天、在线视听、网上游戏等形式来实现需求的满足。

需要加以说明的是，以上对个体信息需求的划分主要是从个体信息获取的角度来进行的，并非是唯一的、绝对的。事实上，以上信息类型的区分，并非具有严格的界限，它们相互之间是可以完全转化的，有的甚至是交叉和重叠的。即同一信息依照个体使用的不同情境，可以分属不同的类型。比如，一部电影对于不同的观众可以产生不同的功用：对于专业电影人士来说，它可能是一部教科书，其从中可以学到表演、摄影、构思、创作；对于商家来说，其首先是考虑它的票房价值，显然这关系到其投资的得失和事业的成败；而对于一个普通的观众而言，它则仅仅一种娱乐性的消遣。

6.3.3 网络信息用户的特点

网络的普及使网络用户剧增，在数量增加的同时，各用户群体类型也呈多样化，信息需求也日益复杂化和多样化。因为网络用户范围广泛、程度不一、需求各异，这导致了各种用户查询和利用信息的视角不同、方法不同、类型不同、深浅程度不同。然而同是网络信息资源的用户，他们必然具有一些共同的特点和规律。

(1) 信息需求的观念日益更新

信息需求正逐步成为科研和社会发展中的首要需求，用户的信息需求意识呈现出市场化、技术化的新特点。用户已经认识到信息产品和其他产品一样，只有在市场中才能生存和发展。这一市场规律反映的是用户的信息需求表现为用户市场意识的增强，即用户对网络信息有偿服务的认同和对信息产品实用性需求的增长。在此同时，用户出于经济和效率的考虑，对检索工具的要求越来越高，检索方式技术化的意识不断增强。广大用户在不断寻求可以为自己提供准确、高效、便捷、经济的信息服务机构。在这个知识信息社会，人们对信息的需求比以往任何时候都更为迫切，获取信息的随机性很强。用户在网上查找资料时，通常是带有比较明确的目的，但在用户的潜意识里其总想得到额外的信息，以此来满足自身的其他需求。

(2) 信息需求全面，范围不断扩大且不断转化

按信息的内容可以将用户的需求分为以下三种类型：

1) 知识型。如科技知识、管理知识等，它是推动用户工作的动力和用户解决具体问题的条件。

2) 消息型。如人类社会活动的报道、市场经济信息等，它是一种动态信息，供用户在决策时参考。

3) 数据、事实与资料型。个体用户信息需求的全面性是客观存在的。说信息需求有所改变，是因为社会不断多元化，即各种观点、理念不断地冲击着社会，进而影响用户的需求。

社会结构在变，人们对信息的需求也随之改变，信息需求的转型是社会发展的产物。所以，网络用户的信息需求也更为迫切和广泛。随着科技的迅速发展，知识和技术的更新时限越来越短，人们对信息的需求就不是只存在一时，而是一生。为了应付知识更新所面临的挑战，人们就需要从学校的学习转化为终生学习，需要不断地吸收新知识，应用新技术，以免被社会淘汰。

(3) 信息需求量大幅度增加

现代人对信息的需求超过了任何一个时代，人类加工和传递信息的能力越来越大、越来越强，这进一步刺激了人们对信息需求的强度。人类利用网络来获取信息，这些信息包括学习的、娱乐的、经济的，等等，可见对信息的需求量之大。信息是用之不竭的，是可共用的，在知识经济时代，只有占有并利用大量的信息资源，才能再生产出先进的技术，才能推动社会经济的发展。由于社会的发展、人类社会的文明进步和人们生活水平的提高扩大了人们各方面的需求，所以在人们日常生活中的衣、食、住、行都得以满足以后，要提高生活质量，人们对休闲、购物、旅游的信息要求就越来越高。社会的可持续性需要大量的信息来支持。此外，现代信息技术能够改善用户所处的社会环境，间接地导致用户数量的增加，信息用户的数量增加，需求的信息总量也不可避免地增加。

(4) 对信息内容的要求越来越高

用户要求信息准确、传递速度快、时间性强，这是由信息本身所具有的时效性特点决定的。在网络环境下，信息数量激增，类型多样，信息质量参差不齐。用户出于信息社会工作职业的要求，就必须在数量庞杂的信息中迅速准确地找到自已所需求的信息。这时，用户已不满足于对某一文献的需求，而是对其中所含知识内容的需求。这就表明用户对以文献信息为基本单位的信息组织控制转向以

知识单位为基础的微观信息组织控制，即信息需求呈微观化趋势。人们获取信息的目的在于利用，信息的效用与利用时间有密切的关系。使用适时，有最好的价值；使用迟缓，就会降低效果甚至对工作造成损害。信息的传播已经超出了时间、空间和距离的局限。在变幻莫测的现代社会，人们都在想方设法提高自己的工作效率，这就需要能够迅速、准确、方便地找到所需的信息。面对日趋信息化的高速发展的社会，快速、准确、高效显得尤为重要，为了达到这些要求，人们对于信息质量的要求必然会越来越高。

（5）信息需求的模糊性

由于用户的信息需求具有主观性和认识性，因而它存在着三个基本层次，科亨（Kochcn）也曾经将用户的信息需求状态划分为三个层次：用户信息需求的客观状态、认识状态、表达状态。一定社会条件下具有一定知识结构和素质的人，在从事某一职业活动中有着一定的信息需求结构。这是一种完全由客观条件决定的，不以用户的主观认识为转移的需求状态。但是，在实际工作中，用户并不一定会全面而准确地认识客观信息需求，由于主观因素和意识作用，用户认识到的可能仅仅是其中的一部分，或者完全没有认识到，甚至有可能对客观信息需求产生错误的认识。用户的信息需求具有模糊性，这表现在用户对自己的信息需求不能准确地认识或者不能完整地表达。那么，在网上查寻信息时势必会出现盲目性。另外，提供服务的工作人员在收集、整理、分析的时候往往带有个人主观色彩，因而分析的结果往往不是用户的真正需求。

在现实生活中，信息服务部门对于自己产品的需求状况没有把握的状态，即产品的未来需求对企业的不确定性，就是我们所说的“需求的不确定性”。信息产品需求的准确性直接影响到产品的质量、交货日期以及由此引起的开发成本等不确定因素。但随着信息产品的应用领域越来越广，需求的不确定性越来越大，有时甚至无法控制，用户经常不断地修改需求，导致信息生产企业频繁返工，以至亏本。

而根据自然辩证法的认识论观点，物质是第一性的，精神是第二性的，人的认识过程是不断深化的。所以，在一般情况下，用户在看到最终产品之前是无法判断其是否是自己所希望的信息产品。究其原因有：①由于某一突发事件造成用户需求的产生及更改；②有感而发引起新的需求；③因知识迁移形成新的信息需求。因此，用户需求的不确定性是客观存在的，是不可避免的。同时，信息用户的个性化需求趋势也使得需求的不确定性增强。

（6）信息需求的马太效应和罗宾汉效应

用户信息需求的马太效应是指用户信息需求及其累积信息量之间的相关性。由于经历、学历、职业活动等方面的原因，个体用户所累积的信息量是不等的，甚至差距很大。一般而言，信息需求量大的用户，随着时间的推移，其累积的信息量越多，其信息需求也越来越高于平均水平。而信息需求量小的用户，随着时间的推移，其累积的信息总量会出现停滞的态势，其信息需求量也因而越来越低于平均水平，这就是用户信息需求的马太效应。在网络环境下，由于网络信息的获取不仅要求用户具有较强的信息意识，同时要有一定的信息能力、网络技术能力和经济能力，所以用户自身的知识结构、检索知识、检索经验、计算机知识等现代化的因素也密切相关。用户在这些方面的差异越大，马太效应越明显。另外，用户需求水平总是比较平衡的，大多数用户的信息需求总量趋于平均，这是用户信息需求的罗宾汉效应。在科学技术高度发展和信息网络化的今天，由于网络环境特有的平等性，这一趋势更为明显。

6.3.4 网络个性化信息服务

网络信息资源包罗万象，广泛分布在整个网络空间之中，其特点是数量大、类型多，既有文本，也有图形、图像、音频等超文本链接的多媒体信息，并且动态快速增加，其可利用性和可靠性也在不断地变化，信息源也是分散无序，更迭和消亡无法预测。因而如何有效组织和利用网络信息资源已成为一个现实的问题。目前，国内对网络信息资源组织与利用也没有形成统一的认识，智者见智，仁者见仁，单个个体用户根据自己的兴趣、爱好，从方便、实用的角度考虑，不定期、交叉使用虚拟图书馆、学科信息门户、数字图书馆、个人数字图书馆等的信息资源组织模式，个性化色彩较强，但没有形成十分成熟、统一的可操作性强的现实系统。基于这几种信息资源组织模式分析，探究信息资源个性化服务的有效模式，如何集成已有组织模式，实现信息资源个性化服务。

网络信息资源组织模式中的个性化信息服务，是指能够满足用户的个体信息需求的一种服务，即用户可以按照自己的目的和要求，在某一特定的网上功能和服务方式中，自己设定网上信息的来源方式、表现形式、特定的网上功能及其他的网上信息服务方式等。或者是通过对用户个性、兴趣、心理和使用习惯的分析，主动地向用户提供其可能需要的信息服务，这种服务首先应该是能够满足用户的信息需求，用户可以定制传送到计算机上的信息，在需要的时候查看，甚至可以离线阅读。它是在研究用户的个性、习惯、兴趣、知识结构、心理倾向、信息需求和行为方式的基础上，通过用户的自助服务，使用户接触到所需的相关信息和感兴趣的知识内容，以节约查找时间，提高效率。

1. 网络个性化信息服务的主要模式

20世纪90年代以来，网络个性化信息迎来了第一次高峰。各类商业网站如

Yahoo!、Amazon等站点的网络个性化服务的建设一浪高过一浪，当时的网络个性化信息服务模式主要有以下几种。

（1）个性化推荐服务

个性化推荐是根据用户的兴趣和特点，向用户推荐用户感兴趣的信息。个性化推荐的原理是根据用户模型（即用户兴趣和特点的可计算描述）寻找与用户模型匹配的信息，或者寻找具有相近兴趣的用户群而后相互推荐浏览过的信息。简单地说，个性化推荐的实质是一种“信息找人”的服务模式，可以减少用户寻找感兴趣信息的时间，提高用户浏览的效率。图6-1是个性化推荐系统的工作示意图。

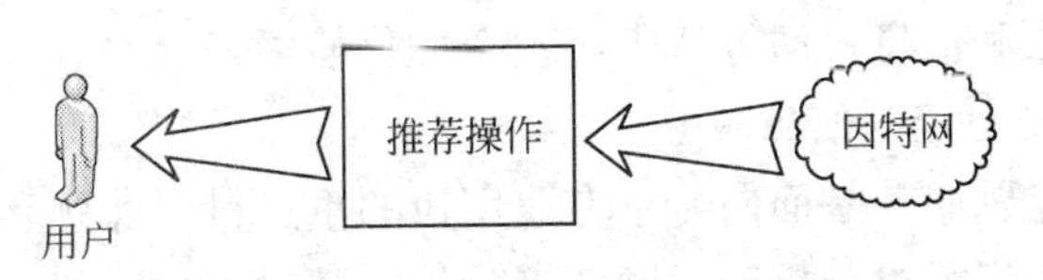

图6-1　个性化推荐系统的工作示意图

目前，典型的个性化推荐系统有斯坦福大学的LIRA和Fab、麻省理工学院的Letizia、加州大学的Syskill&Webert和NewsDude、卡内基·梅隆大学的WebWatcher、Personal WebWatcher和WebMate、AT&T实验室的PHOAKS和Referral Web、德国国家研究中心的ELFI、NEC研究院的CiteSeer以及清华大学的Open Bookmark等。此外，很多电子商务站点也采用了个性化推荐技术，如Amazon、Ebay等向用户推荐满足其兴趣的商品。

（2）个性化Web网页定制

基于Web的个性化页面定制是目前一些商业网站较常见的服务方式，它主要面向大众提供可以定制的Web页面，具有为用户创立和管理个人信息的功能。用户可根据自己的需要定制个性化的界面设置、信息资源和服务形式，可以定制的项目包括网页版面（如界面颜色、图标、布局）、信息栏目和内容模块等，内容主要是新闻、财经、影视、游戏、文化、科学、社会、体育消息、股票行情以及天气预报等。如Yahoo!公司于1996年推出个性化入口MyYahoo!，用户从成百上千的栏目中选择自己感兴趣的模块，如新闻、股票价格、天气等，形成个性化Yahoo!页面。用户登录后，Yahoo!显示用户定制的个性化页面，方便用户快速浏览其真正关注的信息。提供类似服务的还有Lycos、CNN等网站。

（3）个性化信息检索服务

个性化信息检索是指根据用户的兴趣和特点进行检索，返回与用户需求相关的检索结果。不同的用户由于背景知识、兴趣爱好等方面的不同，需要的信息也不同，并且由于一词多义的现象广泛存在，用同一词语检索得到的不同领域的内容混合呈现于用户面前。在信息量较少的情况下，这种不考虑用户差异的检索尚且可以被接受，然而随着因特网上信息量的迅速增加，这种不区分用户的检索服务很难让用户满意。与传统的信息检索系统相比，个性化信息检索系统增加了学习/更新用户模型、优化查询和优化结果三个模块，在检索的同时还考虑了用户的个性化差异，提高了检索质量。

目前，个性化信息检索尚处于研究阶段，还没有非常成熟的系统问世。NEC研究院提出了个性化元搜索引擎原型系统 Inquirus2，该元搜索引擎可以根据用户输入的偏好优化查询关键词，并对搜索引擎返回的结果进行排序。浙江大学提出了一个个性化信息检索系统 NetLooker，该系统综合采用两层分布式智能体技术、相关反馈学习算法和信息过滤方法来实现个性化检索。

（4）专业化网上定题信息服务

专业化网上定题服务是面向特定专业用户的重点科研课题和急需解决的关键问题，通过用户知识需求分析和问题环境分析，针对用户的整个解决过程而提供的经过信息的挖掘、分析提取、重组、创新、集成到应用的全程一体化的决策支持服务。它是传统 SDI（定题情报服务）在网络环境下的深化，是知识经济时代图书馆个性化信息服务向专深方向发展的重要手段。专业化网上定题服务更注重咨询专家与用户的知识交流和沟通，以及网上专家协同合作的服务保障，主要应用智能信息推送技术和在线聊天软件来实现用户与专家咨询系统的实时动态的信息互动交流，使服务人员融入用户决策过程，并贯穿于用户解决问题的始终。同时，通过专业的垂直门户站点服务和个性化信息服务两者的优势互补，更好地提高专业化网上定题服务的服务质量。

（5）个性化服务系统 MyLibrary

MyLibrary 系统是网络环境下图书馆个性化信息服务的创新，它综合了其他个性化服务系统的一些特点，可以更有效地定制和利用资源，更好地满足用户对信息的需要。在这项服务中，用户首先提出注册申请，系统就可以根据用户提供的信息需求从图书馆网站的全部馆藏（包括实体馆藏和虚拟馆藏）数字资源里，提取满足用户需求的信息创建用户的个人馆藏，以后用户再访问 MyLibrary 时，便可获取与此相关的最新内容。MyLibrary 允许个人创建列有图书馆可获得信息资源的网页，页面可包括系统的信息、馆员的通信、用户的个人图书馆员、校内资源、学科专业网络资源、引文数据库、电子期刊、搜索引擎等内容的直接链接。MyLibrary 使用户对信息有了更多的控制权，减少了图书馆员投入在网页设计和制作方面的精力，是个人知识管理的有效工具。

经过十几年的发展，MyLibrary 成为数字图书馆个性化服务的相对成熟的典型方案，目前国内外已有 60 多所大学提供数字图书馆的 MyLibrary 个性化服务，对个性化系统 MyLibrary 的研究也成为图书馆学情报学的重要研究课题之一。

2. 网络个性化信息服务的关键技术

个性化服务涉及的技术较多，如用户建模技术，个性化推荐技术、网站自适应技术、用户隐私保护技术等。个性化系统需要相应的多方面技术支持才能得以实现，这部分将重点讨论实现个性化系统需要的若干重要技术。

(1) 个性化信息推荐技术

推荐技术，就是根据用户的需求，有目的地按时将用户感兴趣的信息主动发送到用户的计算机中，即实现“信息找用户”。

在推荐技术问世之前，人们往往利用浏览器在因特网上搜寻，一方面，面对浩如烟海的信息，很多用户花费相当多的时间和费用也难以“拉取”到自己所需的信息；另一方面，信息发布者希望将信息及时、主动地发送到感兴趣的用户的计算机中，而不是等着用户来“拉取”。

推荐技术使服务器能够自动告诉用户系统中哪些信息是最新更新并自动生成用户可能发生兴趣的信息。通常，在网络服务器上有专门的推荐软件产品可用来制作欲推荐出去的信息内容，并播送出去。在客户端则利用安装在个人电脑中的软件，来接收从网络上传来的信息，并显示出来。当有新的信息需要提交时，“推荐”软件会以发送一封电子邮件、播放一个声音、在屏幕上显示一条消息等方式通知用户。使用 Push 技术，可以提高用户获取信息的及时性和有效性。

(2) 智能代理技术

智能代理又称智能体，它是在用户没有明确具体要求的情况下，根据用户的需要，代替用户进行各种复杂的工作，如信息查询、筛选及管理，并能推测用户的意图，自主制定、调整和执行工作计划。它使用自动获得的领域模型（如 Web 知识、信息处理、与用户兴趣相关的信息资源、领域组织结构）、用户模型（如用户背景、兴趣、行为、风格）知识进行信息搜集、索引、过滤（包括兴趣过滤和不良信息过滤），并自动地将用户感兴趣的、对用户有用的信息提交给用户。智能代理具有不断学习、适应信息和用户兴趣动态变化的能力，从而提供个性化的服务。

智能代理有两个主要的技术特征：智能性（intelligence）和代理能力（agency）。智能性指应用系统使用推理、学习和其他技术来分析解释它已接触过的或刚提交给它的各种信息和知识的能力；代理能力是指一个代理感知其环境并作出相应动作的能力。

智能代理包括四方面的关键技术：机器技术（machinery）、内容技术（content）、访问技术（access）、安全技术（security）。机器是指在各种人工智能领域开发的、支持各种程度智能的引擎。这些引擎包括有：各种形式的推理引擎（机）、学习引擎（机）、用户创建修改规则和知识的工具、验证规则集的工具，以及用于开发代理之间、代理和用户之间进行协商和协作所需策略的工具。机器作为整个代理的核心存在于代理系统中。内容是指机器用于推理和学习的数据，但它不一定就是知识，它主要包括属于结构化知识的规则、语法，大量非结构化的通用知识和结构化的数据。内容作为代理系统能够内核访问的系统数据也存在于核心中，它提供代理系统工作所需要的各种知识和数据，同时机器也可以直接对其进行更新。访问技术是为代理内核和外界进行交互而存在。而安全机制是为了实现与外界的安全访问而设置。外界是代理的交互对象，应包括所需要的原始信点源、用户、代理所属的应用系统、其他代理系统等。当智能代理应用于网络上，帮助用户找到、发现信息，或按照用户的意愿形成某项简单的任务时，其就被称为信息代理（information/interface agent）。

（3）网络信息挖掘技术

网络信息挖掘（web mining）又称为基于 Web 的数据挖掘，是从大量的数据中抽取完整的、可信的、新颖的、有效的信息高级处理过程。它是在已知数据样本的基础上，通过归纳学习、机器学习、统计分析等方法得到数据对象之间的内在特性，据此采用信息过滤技术，在网络中提取用户感兴趣的信息或者更高层次的知识和规律来作关键的决策。网络信息挖掘其实就是对文档的内容、利用资源的使用以及资源之间的关系进行分析。

网络信息挖掘分为 Web 日志挖掘、Web 内容挖掘、Web 结构挖掘。具体而言，Web 日志挖掘是通过分析 Web 服务器的日志文件，对用户访问 Web 时服务器方留下的访问记录进行挖掘，从中可以得出用户的访问模式和访问兴趣，为站点管理员提供各种有利于 Web 站点改进或可以带来经济效益的信息。在个性化服务模型中，可以利用日志挖掘来“监视”用户的访问习惯，进行个性化分析处理。Web 内容挖掘包括 Web 文本挖掘和多媒体信息挖掘。Web 文本挖掘的目的是对页面信息进行聚类、分类和关联分析，以及利用 Web 文档进行趋势预测、分析等；多媒体信息挖掘是对多媒体文档（包括图像、声音、图片等媒体类型）的挖掘。Web 结构挖掘是对 Web 页面超链接关系、文档内部结构、文档 URL 的目录路径结构的挖掘。

（4）XML 可扩展标记语言

信息服务的效力和发展前途取决于它们深入到整个用户信息过程进行灵活的信息组织与处理的能力，取决于它们能否充分融合。这就要求积极寻求一种能够开放和灵活地组织和处理信息的技术机制，从而根据用户在其信息处理全过程任何阶段的要求来动态地获取、组织、抽取、转换、集成、传递信息。基于标准的

XML结构、语言和方法，各种信息模式及由它们定义和表示的文献及其部分，各种信息处理模块和信息处理过程及在此基础上的信息服务系统，都可成为开放、可互操作、可即插即用的信息环境的一部分，从而保证灵活、方便地进行整个用户信息过程涉及的各种复杂的信息组织和处理。

XML（extensible markup language）可扩展标记语言，是一种能更好地描述结构化数据的语言，作为SGML（standard generalized markup language）通用标记语言的一个子集，1998年成为W3C（World Wide Web Consortium）认可的一个标准。总的来说，XML是一种元标示语言（Meta - markup Language），可提供描述结构化资料的格式。详细来说，XML解决了HTML不能解决的两个Web问题，即因特网发展速度快而接入速度慢的问题，可利用的信息多，但难以找到自己所需的那部分信息的问题。XML能增加结构和语义信息，可使计算机和服务器即时处理多种形式的信息。XML由若干规则组成，这些规则可用于创建标记语言，并能用一种被称作分析程序的简明程序处理所有新创建的标记语言，XML也创建了一种任何人都能读出和写入的世界语。

XML中的标志（tag）没有预先定义，使用者必须要自定义需要的标志，XML是能够进行自解释（self - describing）的语言。XML使用DTD（document type definition，文档类型定义）来显示这些数据。XSL（extensible stylesheet language）是一种用来描述这些文档如何显示的机制，它是XML的样式表描述语言。它包括两个部分：一个用来转换XML文档，一个用来格式化XML文档。XLL（extensible link language）是XML连接语言，它提供XML中的连接，与HTML中的类似，但功能更强大。使用XLL，可以多方向连接，且连接可以存在于对象层级，而不仅仅是页面层级。由于XML能够标记更多的信息，所以它能使用户很轻松地找到他们需要的信息。利用XML，Web设计人员不仅能创建文字和图形，而且还能构建文档类型定义的多层次、相互依存的系统、数据树、元数据、超链接结构和样式表。

6.4　网络信息资源服务机构

6.4.1　信息资源服务机构的职责与作用

信息化是当今世界经济和社会发展的大趋势，人们对信息的需求日益扩大，对于信息服务机构来说，它的目标在于把信息资源输送给用户，以增加用户信息资源的量和质，满足用户的信息需求。信息服务机构的目标，就是帮助个人、组织和社会实现信息获取、利用与开发，它的最终目标也与社会目标完全一致。

信息机构信息资源管理，是指利用现代信息技术对信息机构拥有的大量不规则的信息进行整理、分析和为社会提供服务的工作。当今社会，人们离不开信息，为了快速获得信息，需要信息机构及时提供准确的信息。因此信息需要管理，信息机构也需要对信息进行科学、规范、合理的管理，只有这样，信息机构才能充分发挥信息资源的作用，信息资源的真正价值才能得以实现。

信息机构是指专门从事公益性信息服务的社会组织，如公共图书馆、文献中心、农业科技推广站、就业信息服务中心、非赢利中介机构等。信息机构早期的职能主要侧重于对信息本身的记录和保存，对信息的认识仅倾向于一个机构独立的或局部的范围，甚至是数量较小的个别的信息集合，因而信息资源的管理职能相对单一。近几年由于信息实体的数量累积和类型分化，信息机构的协作扩大和领域拓展，信息资源的时空淡化和功能硬化，信息利用的需求强化和渠道多样，现代信息机构对信息资源的管理已经发展到一个新的时期，即整序信息、开发资源、分流管理、促进选择、保证利用的组织职能时期。信息机构的组织职能以综合性为特征，面向更广泛、更精致、更复杂的信息环境和信息需求，融合各种信息资源加工处理职能，旨在发挥信息资源效益、服务信息机构用户，及时地向社会公平、公正地开放信息资源，向社会提供便捷的信息服务。

6.4.2 网络信息资源服务机构的类型和特征

1. 网络信息资源服务机构的类型

传统意义上的信息服务机构按目前的组织形式一般可以分以下四种类型：情报（信息）研究机构系统、图书馆机构系统、档案管理机构系统、信息咨询机构系统。传统的信息服务业以文献手工服务为主要特征，是我国信息服务业的基础。但是，由于思想观念、经营体制、运行机制、服务内容等方面受到原有的计划经济体制的束缚和影响，传统信息服务机构已不能适应市场经济的需要和网络环境的变化。在国家大力推进社会、经济信息化，发展信息产业，促进信息服务业发展的过程中，传统的信息服务机构逐渐开展网络信息服务。网络信息服务主要是指信息服务机构以计算机网络为媒介，提供网络的通用软件，以及各数据库的信息检索、传输、存储和利用网络响应用户的各项需求等业务。

2. 网络信息资源服务机构的典型特征

（1）现代化

网络信息资源管理的现代化主要体现为手段现代化、方法现代化、服务现代化。现代化的网络信息资源管理最终将形成功能强大的“信息资源管理平台”，集成资源采集、组织、服务三大功能，实现对信息资源的数字化加工和保存，对网上信息资源的采集和挖掘，对海量、异构信息资源的采集、组织、整合、共享，对信息用户的个性化服务等，从内容、形式、方法等多个方面极大地丰富了资源管理的内涵。

（2）系统化

网络信息资源管理已经不是单纯的图书情报管理，不是简单地对信息的收集、保存和提供查询，而是集成了经济学、管理学、图书情报学、信息技术等多个学科领域的理论和技术，实现对信息资源的规划、采集、处理、开发、应用等一系列的系统化管理，是一项系统工程，需要多学科技术的支撑和多学科人才的参与。

（3）专业化

随着社会专业分工的细化，现代信息机构的信息资源管理也呈现出专业化分工的趋势。信息机构根据自己面对的细分市场和特定的用户群体的特点，有选择地专注于某一行业或领域的信息收集，从而提高自己在某一领域的专业水平。目前除了一些各领域的专业情报机构外，还出现了各种行业信息中心、各类专业咨询机构等。专业化成为专业信息机构信息资源管理的一大特点。

（4）规模化

信息资源管理发展的另一种方向是规模化。目前国内已形成了不少大型的信息资源系统，如万方资源系统、维普资源系统、中国知识基础工程、国家图书文献中心资源系统等，成为信息资源的集散地。承担这种大型信息资源工程建设的往往是国家级的大型信息机构，如中国科技信息研究所、西南信息研究院等。目前各省（地区）也在纷纷启动科技基础条件平台建设，包括各种科技信息的资源和服务平台建设，这将形成省（地区）级的信息资源集散地。信息资源的规模化建设的目的是营造一个良好的信息资源大环境，实现信息资源的有序建设和管理，避免重复建设和资源的零散分布，实现资源的有效整合。

（5）多样化

由于多种载体、多种形式的信息资源同时存在，所以对这些不同种类的信息资源管理的方式各不相同。对于印刷型信息资源，多采用传统的文献资源管理方法，但在方法和手段上有所改进；对于电子信息资源的管理，则在文献管理的基础上融入数据库的管理技术；对于网络信息资源的管理，则更侧重于计算机网络技术的应用，解决时空的限制。

6.4.3　典型网络信息资源服务机构介绍

1.　ISI Web of Knowledge

ISI Web of Knowledge 由美国科学信息研究所（Institute for Scientific Information，ISI）著名的情报学家、科学计量学家尤金·加菲尔德博士（美国情报学会前任主席）1958 年创建，目前已经成为世界上著名的学术信息机构。秉承加菲尔德博士一贯的宗旨，ISI 始终相信“一流的科学研究需要一流的科学信息”，不断致力于为全球科技界提供高质量的信息服务。随着因特网的出现，加菲尔德博士指出：“互联网是引文索引天然的载体。”在他的指导下，ISI 于 1997 年不失时机地推出了 ISI Web of Science，使全球科研人员可以直接通过因特网检索三大引文索引 SCI、SSCI、A&HCI。2001 年 5 月，ISI 在不断追求创新的加菲尔德的指导下，凭借其独特的引文机制和 WWW 的链接特性，不仅有效整合了自身出版的一系列数据库，而且也建立了与其他出版公司的数据库、原始文献、图书馆 OPAC 以及日益增多的网页等信息资源之间的相互链接，构建起一个强大的、基于知识管理的新一代学术信息资源整合体系——ISI Web of Knowledge，其目的在于为全球科研人员提供一个整合的数字研究环境——知识网络。该体系中各数据库之间的链接架构参见图 6-2（其中，前面冠以 ISI 的是 ISI 出版的数据库）。

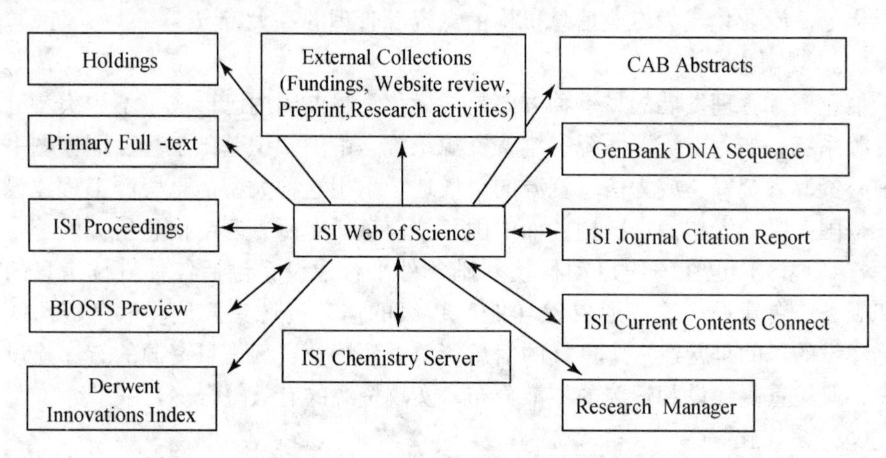

图 6-2 ISI Web of Knowledge 学术知识资源体系链接框架图

ISI Web of Knowledge 不仅是一个基于 Web 而构建的动态的知识网络，也是一个基于 Web 的动态的数字研究环境，通过强大的检索技术和基于内容的链接能力，它将高质量的信息资源、独特的信息分析工具和专业的信息管理软件无缝地整合在一起，兼具知识的检索、提取、分析、评价、管理与发表等多项功能，从而加速科学发现与创新的进程。

（1）ISI 的主要特色

ISI Web of Knowledge 体系的突出特色主要有以下几方面。

1）实现了不同文献资源之间的整合与沟通。ISI 体系突出的特点是以 Web of

Science 为核心，不仅建立起了包括期刊、专利、会议录在内的多种类型文献之间的相互引证、相互参考的关系，而且还实现了对拥有使用权限的全文文献以及事实数据（如 GenBank，ISI Chemistry Server）的链接。这种对资源的整合构成了一个动态的学术知识信息门户，可以全方位地为科学研究提供文献知识信息保障，使科研工作者得以了解与其研究领域相关的各种类型文献，以及学科过去、现在和将来的发展脉络与交叉情况。

2）最大限度地保持了知识体系的完整性。人类的知识原本就是一个相互联系的整体。但是，过去我们构建和使用的各种数据库都是以一种零散的、孤立的状态存在着，即使若干个库捆绑在一起，也仅仅局限在使用同一界面的层次上，体现不出文献内在的相互联系。ISI 体系利用论文之间相互引证的关系，建立起不同类型资源之间的关系，使之成为一个有机的整体，从而消除了由于数据库收录范围有限而造成的知识体系的割裂。

论文之间相互引证的关系最自然、有效地反映了学术研究之间的内在联系。引文检索机制（cited，citing，co-cited）将各个不同学科领域内对于某一课题的相关研究轻而易举地揭示出来，便于用户掌握各种不同学科、不同领域相关研究的交叉与互动，从而为科学研究的立项、规划、发展和深入提供了具有高参考价值的知识信息资源。

3）提供科学研究的全方位知识信息。用户可以通过引文检索机制（CCC）获得最新期刊的目次、期刊文章的题录和摘要、作者的电子邮箱地址以及因特网上的学术信息；通过 Web of Science 获取完整的二次文献（包括文摘）和引文信息和被引信息；通过美国科学情报研究所的网络数据库（WOSP）获取全球的会议录文献信息；通过 ISI Links 从本馆或其他途径获取一次文献；通过 JCR Web 获得期刊的评价统计报告；通过 ISI Essential Science Indicators 获得各个领域学术研究的发展、影响和趋势报告。不难看出，读者通过 ISI 体系可以方便地获取科学文献的、综合的、全方位的信息。

4）提供高质量、可信赖的知识信息资源。ISI 多年来基于情报学中的布氏－加菲尔德法则，通过严谨的评估和高标准的挑选机制选择其引文索引数据库的文献源（期刊）。由此使 Web of Science 成为在世界范围内被广泛应用的、著名的权威数据库。用户从 Web of Science 可以获取最可信赖、高质量的学术知识信息。ISI 体系的构成也同样遵循高质量、可信赖的原则。在 DII、BIOS IS Previews 相继选择 Web of Knowledge 平台提供检索服务之后，ISI 又与 CABI（国际农业和生物科学中心）和 IEE（电气工程师协会）达成了合作协议，共同建立和发展 CAB Abstracts on Web of Knowledge（基于 Web of Knowledge 平台的农业与应用生物学数据库）和 INSPEC on Web of Knowledge（基于 Web of Knowledge 平台的 IN-

SPEC)。

(2) ISI的功能及其特点

在功能上，ISI Web of Knowledge为不同来源的学术信息资源的整合提供了一个统一、开放而强大的平台（图6-3），实现了不同时间、不同类型、不同来源的信息资源之间的整合与沟通，最大限度地保持了知识体系的完整性，提供了科学研究的全方位信息，从而构成了一个以知识为基础的既集中又开放的高质量的知识网络体系。这种动态的基于知识管理的学术知识资源网络体系，可以全方位地为科学研究提供文献信息保障，使科研工作者得以了解与其研究领域相关的各种类型的文献，以及学科过去、现在和将来的发展脉络与交叉情况。

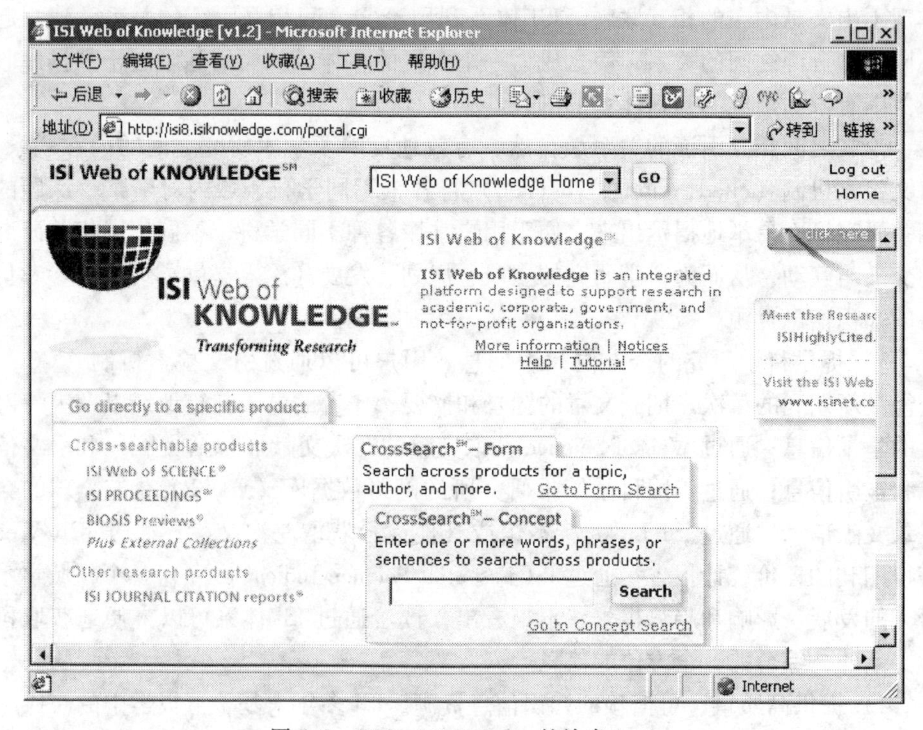

图6-3 Web of Knowledge的检索入口

ISI Web of Knowledge这一知识网络体系的主要功能特点：

1）高效的检索效率。ISI Web of Knowledge提供了更加强大的检索机制、分析工具和文献管理软件，从而大大提高了信息检索的效率。

2）别具一格的链接功能。ISI Web of Knowledge与全文知识信息资源和链接资源的整合大大增强了Web of Knowledge这一平台的架构，其可通过引用文献、相关记录和索引次数等检索结果所涉及的文献，互相链接、层层深入，从而得到各种信息。

3）方便、快捷的检索和浏览功能。作为 ISI Web of Knowledge 的一个关键组成部分，ISI Current Contents Connect 可以帮助用户根据特定的研究领域，迅速检索和浏览经过专家评估和分类的学术网站及其相关的全文文献资源。此外，Current Content Connect Search 的引入，更进一步地为研究人员提供了与其研究课题相关的 Pre - prints、研究基金及其他学术研究活动的信息。

4）独一无二的评价功能。ISI Web of Knowledge 独创了对世界权威期刊进行系统、客观、独特的有效评价工具——期刊引证报告（Journal Citation Reports，JCR）和对科学研究成绩、效益进行定量评估的研究工具——基本科学指标数据库（ISI Essential Science Indicators，ESI）。网络版 JCR 是唯一提供基于引文数据的统计信息的期刊评价资源。通过对期刊论文及其引文的统计分析，JCR 为期刊的评价和比较提供了独一无二的手段和方法，可以在期刊层面衡量某项研究的影响力，显示出引用和被引用期刊之间的相互关系。ESI 汇集并分析了学术文献所引用的参考文献，可用来分析各个学术研究领域中科学发现的影响和趋势，也可以分析研究机构、城市、国家和学术期刊在一定研究领域内的学术影响，为定量评估科学研究的水平提供了一个重要的研究工具。

5）强大的跨库检索功能。ISI Web of Knowledge 凭借独特的检索机制和强大的跨库检索能力（cross search），有效地整合了学术期刊、技术专利、会议录、化学反应、研究基金、因特网资源及其他各种相关信息资源，提供了自然科学、工程技术、生物医学、社会科学、艺术与人文等多个领域中高质量的学术信息，从而大大扩展和加深了单个信息资源所能提供的学术研究信息。其中关键的学术信息内容可以在 ISI Web of Knowledge 中跨库检索，如图 6 - 4 所示；亦可以通过

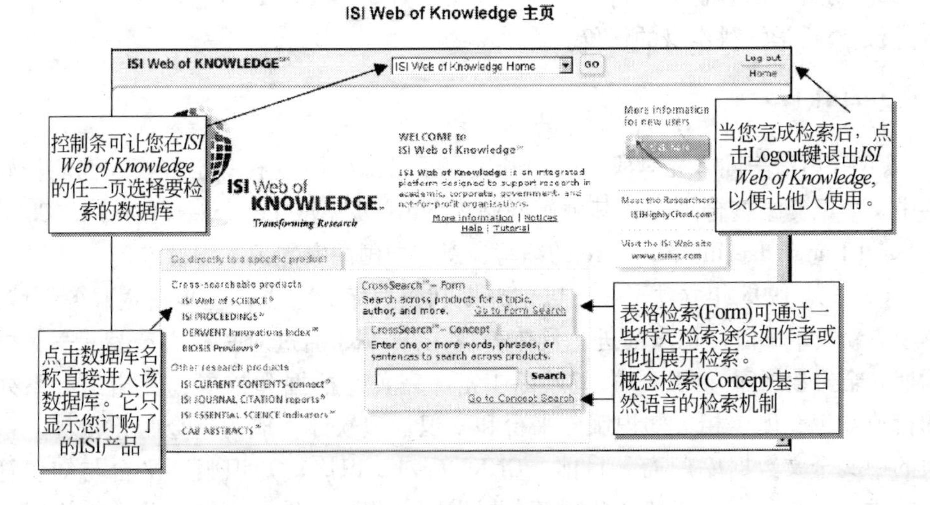

图 6-4　ISI Web of Knowledge 的 ISI Cross Search

ISI Current Contents Connect 迅速检索和获取经过专家评估的学术网站及其所提供的全文文献资源。借助跨库检索功能，用户可以根据需要选择参与交叉检索的数据库，检索命令在参与检索的所有数据库中进行，且对命中结果作了查重处理，重复收录的文献集中在一个记录中列出。用户可根据需要选择浏览不同数据库的全记录（full record）信息。跨数据库检索功能大大减少了用户花费在分别查找各种数据库上的时间和精力。

ISI Web of Knowledge 是一个基于互联网所建立的新一代学术知识信息资源整合体系。它将各种高质量的信息资源整合在同一系统内，提供多个领域中的学术知识信息，兼具知识的检索、提取、管理、分析和评价等多项功能。ISI Web of Knowledge——转变研究模式，推动知识创新。通过应用 ISI Web of Knowledge 的 ISI Cross Search，可由同一界面，一次检索多个数据库。有了 ISI Cross Search，可以节省用户的时间，使其找到更相关的多种类型的文献信息。它可提供的文献类型包括：期刊文献、会议录文献、专利文献及精选的网站内容。

同时，ISI Web of Knowledge 还可以为科学评价提供重要的数据源，被 SCI 等数据库收录和被引用情况无疑是科学评价的重要指标之一；但在实际的评价工作中，要注意评价对象和评价方法的选择，要将定量方法与定性分析（如同行评议）相结合，采用多指标体系进行全面、系统的客观评价。

总的来说，ISI 的引文分析与评价功能主要体现在以下五个方面：

1）对科研成果的评价；

2）对科技人才的评价；

3）对科研机构的评价；

4）对科学出版物的评价；

5）对科学学科本身的评价。

2. CNKI

CNKI 由清华同方光盘股份公司开发，是目前我国具有一定规模、性能较好的中文知识资源整合平台，其中心网站为 http：//www. cnki. net。CNKI 即 China National Knowledge Infrastructure 的缩写，意为中国国家知识基础设施。

CNKI 从 1995 年立项至今，以创办期刊数据库为起点，逐步拓宽服务领域，不断更新技术手段，稳步前进。具体表现在：CNKI 通过对其核心产品——《中国期刊全文数据库（CJFD）》的不断丰富、完善、挖掘和扩展，开拓出一系列的行业知识仓库、相关知识服务平台和知识管理软件，成为迄今为止世界上最大的中文全文数据库厂商。目前，CNKI 系列知识库、知识服务平台与知识管理技术已经具备了为全社会各行各业提供实时化、个性化、专业化的知识服务与技术支持的基本条件。CNKI从期刊数据库到博硕士论文数据库，源源不断地集成整合起了一个超大型知识信息资源库群——知识网络。其中已经投入使用的标准化系列源数据库有：囊括近7000余种各学科期刊的《中国期刊全文数据库》，具有1600多万篇文章；选摘500多种报纸文献的《中国重要报纸全文数据库》；年精选300多个博硕士培养单位28000篇学位论文的《中国优秀博硕士论文全文数据库》，现拥有近27万篇中国优秀博硕士学位论文全文；涉及1100多个学术团体的《中国重要学术会议论文数据库》。已经建成具有个性化知识服务功能的若干大型专业知识仓库有：《中国医院知识仓库》、《中国企业知识仓库》、《中国中小学数字图书馆》、《中国城市规划知识仓库》、《中国专利数据库》等，以及120多个具有各学科、各行业特色的专题数据库。目前，CNKI系列知识库是世界上文献量最大的中文全文数据库，全文文献总量已达1500万篇，题录摘要2600万条，总数据量约2TB。其全文更新速度和每日更新量远远高于国内外同类数据库和网站，日均增长量已超过万篇，向社会各界提供了丰富的知识服务。

CNKI的核心产品——《中国期刊全文数据库》（China Journal Fulltext Database，CJFD）是CNKI工程的重要组成部分，是目前世界上最大的连续动态更新的中国期刊全文数据库，也是我国第一个综合性中文期刊全文数据库。它是我国知识信息生产、传播、应用和期刊评价、管理的现代化运作平台，以光盘和网络等形式向国内外读者提供动态知识服务，并为中国科学文献计量评价研究中心进行期刊评价提供基础数据，为新闻出版总署等有关期刊管理部门提供期刊管理数据。CJFD收录了1994年以来国内公开出版的7000余种核心期刊与专业特色期刊的全文，分九大专集，126个专题文献数据库，覆盖理工A（数理化天地生）、理工B（化学化工能源与材料）、理工C（工业技术）、农业、医药卫生、文史哲、经济政治与法律、教育与社会科学、电子技术与信息科学。CNKI中心网站（http：//www. cnki. net）及数据库交换服务中心的数据每日更新，各镜像站点通过互联网或卫星传送数据，可实现每日更新。

CJFD的特点有：对海量数据进行高度整合，集题录、文摘、全文文献信息于一体，实现“一站式”文献信息检索（one - stop access）；参照国内外通行的知识分类体系组织知识内容，数据库具有知识分类导航功能；设有包括全文检索在内的众多检索入口，用户可通过某个检索入口进行初级检索，也可以运用布尔逻辑运算等灵活组织提问检索式进行高级检索，初级检索结果以篇名的条目列表形式显示，高级检索的结果以篇名、机构、作者、关键词、摘要等列表显示；可自由选择每页显示的条目数，但最多一页不能超过50条；检索结果可以存盘、浏览、打印；具有极具特色的引文链接功能，除了可以构建成相关的知识网络外，还可用于个人、机构、论文、期刊等方面的计量与评价；近年新增了与CNKI其他库（如报纸全文库、博硕士论文全文库等）之间的跨库检索功能；全文信息完全的数字化，通过浏览器可实现期刊论文原始版面与式样不失真的显示与打印；输出格式是通用的PDF格式和特定的CAJ格式，CAJ格式需要专门的CAJ浏览器；数据库内的每篇论文都获得电子出版权；数据更新及时。与其他全文数据库收录的资源相比，其最大的特色是学科收录的综合性，其中以文史哲类期刊收录较全。

为了达到面向全社会实施个性化知识服务的要求，CNKI还建成了全球化知识服务网络体系，包括设在全国各主要城市和中国香港地区的16个“CNKI数据库交换服务中心”网站、各地（含台湾）的600多个镜像站点，以及在美、加、日、澳、新、德等国设立的中国数据库服务中心。目前包括美国哈佛大学、耶鲁大学等100多所国际一流大学在内，清华大学、北京大学以及香港、台湾地区800多所国内高校，从中央到地方的1200多个科研单位，上千个机关、企业、医院、金融、保险单位，大量情报信息中心、公共图书馆、中小学校都已是CNKI的用户，CNKI信息资源被广泛使用着，极有效地促进了我国政治、经济、科技、文化的发展。在技术进步方面，CNKI从光盘到网络服务，解决了大量技术难题，成功实现从团体机构服务向个人服务领域转变、拓展的跨越。

现在，CNKI又提出建立《中国知识资源总库》，并以基于“知识网络和知识服务网络”的资源与服务的基本模式，采用各种先进的技术手段和知识管理模式，在CNKI数字图书馆平台上，提供了互动协作研究、科技查新管理、网络教学、知识学习等各种增值服务平台，并为各单位的数字图书馆建设和知识管理与知识服务能力的拓展，提供了“异构数据库跨库检索平台”（USP）、“互联网信息资源整合系统”（3I）、“数据库建库发布系统”（TPI）、“网上智能答疑系统”（IIQ）、“推送服务系统”（PUSH）等一系列相关的技术产品，受到了广大用户的欢迎。

3. *万方数据资源系统*

万方数据资源系统（ChinaInfo，http：//new.wanfangdata.com.cn）是由科技部下属的我国第一家以信息服务为主体的股份制公司——万方数据股份有限公司开发的，其沿袭了中国科技信息研究所40多年的信息采集、数据库开发的主要业务内容，传承了上百个数据库产品和服务。万方数据资源系统也是一个以科技信息为主，涵盖经济、文化、教育等相关信息的综合性信息服务系统。1988年首推特色数据库《中国企业、公司及产品数据库》（China Enterprise and Companies Database，CECDB），可查询中国96个行业的20万家企业的信息。自1997

年8月万方数据资源系统向社会开放以来，其在国内外产生了较大的影响，在全国各省市都建有数据服务中心，在国外建有镜像站点。万方数据资源系统分为科技信息子系统、商务信息子系统和数字化期刊子系统三部分，面向不同的用户群提供全面的信息服务。它拥有来源于国家“九五”重点科技攻关项目的中国数字化期刊群、中国科技论文与引文数据库、中国科技文摘数据库、中国学位论文数据库、中国学术会议论文数据库等高质量的文献数据库，以及中国科技成果数据库、中国企业公司产品数据库、中国科技名人数据库等颇具特色的资源，以及自建的资源体系和吸纳的其他外部数据库。

万方的《中国数字化期刊群》作为万方数据资源系统的一部分，起步于1997年，是万方数据公司的主打产品之一。其收录了1998年以来基础科学、农业科学、人文科学、医药卫生、工业技术等5大类70多类目的2500余种科技期刊的全文，其中绝大部分期刊进入了中国科技论文统计源，期刊质量较高。还提供刊物查询（整刊检索）、论文查询（篇目内容检索）和引文查询等途径，其中刊物查询可直接输入刊名和利用期刊目录导航选择期刊；论文查询可进行限定，如利用出版时间并结合全文、刊名、题名、作者、作者单位、关键词等字段进行限定，支持布尔“与”“或”运算，也可进行组合检索；引文查询可了解某一文献、某一作者的论文的被引情况，用于科学评价中。检索结果可直接浏览、检索、打印及下载，浏览全文采用国际通用的浏览器即可。

近年来《中国数字化期刊群》吸纳了5000种学术期刊上网，其中，中文核心期刊中科技类占96%，社科类占50%以上，期刊论文量达到500多万篇，引文量达到1400多万条。加上中国科技论文引文数据库、中国科技文摘数据库，期刊论文总量达到了1000万篇，为建立中文科学引文索引奠定了规模化的数据基础，也萌发了基于科学引文索引机制，利用开放链接标准，构建中文Web of Knowledge的思想；通过期刊中的各类型引文，把期刊、学位论文、会议论文、标准、专利、图书目次、外文期刊馆藏目录等关联和链接起来，通过论文的作者及其所属机构，把中国企业公司产品数据库和中国科研机构数据库、中国科技名人数据库和中国科技成果数据库沟通整合起来，从而形成中文知识链接门户。

4. 维普数据库系统

维普资讯有限公司数据库系统（VIP）是由科学技术部西南信息中心下属的一家大型的专业化数据公司——重庆维普资讯有限公司开发的，其网站为天元数据网（http：//dx3. tydata. com/index. asp）。该公司自1989年以来一直致力于报刊等信息资源的深层次开发和推广应用，集数据采集、数据加工、光盘制作发行和网上信息服务于一体，收录中文报纸1000种，中文期刊12000种，外文期刊4000种。

《中文科技期刊数据库》是该公司的主要系列数据库产品之一。重庆维普资讯有限公司于1989年创建《中文科技期刊篇名数据库》，1990年1月正式发行，1992年6月建成了题录数据库，1999年底发展为全文数据库。因此，《中文科技期刊数据库》是继CJFD之后被推出的又一个大型综合性中文期刊全文数据库。VIP全文和题录文摘版一一对应，经过十多年的推广使用和完善，其全面解决了文摘版收录量巨大但索取原文繁琐的问题。《中文科技期刊数据库》分为《中文科技期刊数据库》（全文版）和《中文科技期刊数据库》（文摘版）。全文版收录了1989年至今的8000余种期刊刊载的660余万篇文献，按文献内容分别归至自然科学（含物理学）、工程技术（含无线电电子学、电信技术）、农业科学、医药卫生、经济管理、教育科学和图书情报学7个专辑，27个专题。该数据库具有检索入口多、辅助手段丰富、查全与查准率高和人工标引准确的传统优点。它支持分类检索、高级检索、二次检索、整刊检索等策略，提供模糊检索、精确检索、符合检索等方式。引文检索可跳转至“中文科技期刊引文库”中进行。检索结果可以简单列表的形式显示，包括序号、题名、作者、刊名、出版时间等，点击题名，即可显示题录信息。激活刊名，可进行整刊检索。检索结果可浏览、保存、打印，需专门的VIP全文浏览器。维普科技期刊库提供同义词辅助和同名作者排除功能，这一点非常实用。当用户输入某一关键词时，如同义词库中有其同义词、近义同，系统就会显示同义同，以供用户选择进行扩展检索，这样能够有效提高检全率。如输入关键词“乳酸”，同义词库会提示“L－乳酸”“羟基丙酸”是其同义词，此时用户可用同义词扩展检索，降低文献的漏检率。

与同类型的《中国期刊网》、《中国数字化期刊群》相比，《中文科技期刊数据库》的特点是数据年代较长，科技类期刊收录较全，但制约其发展的致命缺陷是数据为扫描版图像。

天元数据网的信息产品还有：外文科技期刊数据库、中文科技期刊引文数据库（该数据库目前是免费的）、中国科技经济新闻数据库（以报纸为主要信息源，辅以数百种信息类刊物，定期制作出版的大型电子简报）、中国企业及产品广告数据库（报道国内市场最新推出的新产品信息以及其生产、销售企业的基本信息，现有产品信息8万余条，企业信息4万余条，该数据库目前是免费的）、医药信息资源和教育信息资源。

5. CSSCI

1997年南京大学在全国率先提出了“中文社会科学引文索引”（chinese social science citation index，CSSCI）的研制计划，至今，CSSCI 已成为我国社会科学重要文献引文统计信息查询与评价的主要工具，它以中文社会科学期刊（包括人文科学）登载的文献为数据源，用于科研评价的数据全部来自国内出版刊物，通过来源期刊文献的各类重要数据及其相互逻辑关联的统计与分析，为社会科学研究与管理提供科学、客观、公正的第一手资料，它在意识形态、政治制度、文化传统上都有共同的标准，也不存在语言文字上的歧视。CSSCI 来源期刊的遴选遵循文献计量学规律，采取定量与定性评价相结合的方法，从全国 2800 种中文人文社会科学学术性期刊中精选出学术性强、编辑规范的期刊作为来源期刊，入选 CSSCI 的刊物可以反映各个时期我国人文社会科学各个学科中的最新研究成果，且是学术水平较高、影响较大、编辑出版较为规范的学术刊物。作为我国人文社会科学主要文献信息查询与评价的重要工具，对于社会科学研究者，CSSCI 从来源文献和被引文献两个方面向研究人员提供相关研究领域的前沿信息和各学科学术研究发展的脉搏，通过不同学科、领域的相关逻辑组配检索，挖掘学科新的生长点，展示实现知识创新的途径；对于社会科学管理者，CSSCI 提供地区、机构、学科、学者等多种类型的统计分析数据，从而为制定科学研究发展规划、科研政策提供科学合理的决策参考；对于期刊研究与管理者，CSSCI 提供多种定量数据：被引频次、影响因子、即年指标、期刊影响广度、地域分布、半衰期等，通过多种定量指标的分析统计，可为期刊评价、栏目设置、组稿选题等提供科学依据。

第7章　网络科技信息资源的利用

网络科技信息资源是网络信息资源的重要组成部分。本章分别介绍了数字图书馆、参考数据库、电子期刊、专利信息及其他网络科技信息资源的利用情况及方法、手段。

7.1　数字图书馆

7.1.1　数字图书馆概述

20世纪是人类历史发生巨大变革的时期，其科技创新、财富积累、思想普及都超过了人类以往的总和。信息高速公路、智能岛、数字地球、数字政府等，一切现实世界中的事物似乎都可以在虚拟的网络空间中映象存在。而随着信息载体的数字化和信息传播的网络化，传统文献已经难以适应数字时代的要求。1988年，美国国家科学基金会的伍尔夫撰写了《国际合作白皮书》，首次提出了“数字化图书馆”的概念。1993年，美国国家科学基金会（NSF）、美国国防部高级研究计划署（DARPA）、美国国家宇航局（NASA）联合发起了“数字图书馆首倡计划”（Digital Library Initiative，DLI），此后，“数字图书馆”一词迅速被全球计算机科学界、图书馆界以及其他各领域所采纳。

1. 数字图书馆的概念

自1993年DLI问世以来，人们对于数字图书馆始终没有一个统一、明确的定义，其名称也由电子图书馆、网络图书馆、虚拟图书馆、数字图书馆等逐渐形成以数字图书馆为主。

1995年召开的美国联邦信息基础设施技术与应用项目（Information Infrastructure Technology and Applications，IITA）数字图书馆专题讨论会所用的定义比较能代表当时官方和研究群体对数字图书馆的理解和期望。会议指出，“数字图书馆是向用户群体提供便于查找利用庞大的、经过组织的信息和知识存储库的手段的系统。这个信息组织的特点是没有预知关于信息使用的详情。用户进入这个存储库，重新组织和使用之。这种能力由于数字技术的能力而大大增强”。

William Y. Arms 则将数字图书馆非正式地定义为“有组织的信息馆藏及相关服务，信息以数字化形式保存，并通过网络进行访问”。国内对数字图书馆的认识也呈现出多样化和差异化。在1996年于北京举办的IFLA大会及之前召开的全国自动化研讨会上，IBM数字化图书馆平台方案的展示、宣传，使得图书情报界对数字图书馆的思想有了普遍认识，并对其表现出极高的热情。因此，国内关于数字图书馆的定义，多半是图书情报领域人员对数字图书馆研究的结果。

数字图书馆可有大概念和小概念之分，大可为信息领域通用，小则仅为图书馆界所有，与逻辑中所讲的属种概念相当。国内总结有关定义并借用信息处理技术的相关术语，对数字图书馆下的一个比较宽泛的定义是：“数字图书馆是社会信息基础结构中信息资源的基本组织形式，这一形式满足分布式面向对象的信息查询需要”，其中，“分布式”和“面向对象”的含义可以简单理解为：前者指跨图书馆和跨物理形态的查询，后者指不仅要查到线索（在哪个图书馆），还要直接获得要查的东西（对象）。这个定义类似于说目前的图书馆“是社会信息资源的一种主要组织形式，它满足了人们借阅书刊等基本的信息需要”。而当前我国图书馆界的数字图书馆应该是：将多种媒体形态的大量文献信息以规范的数字方式存储在计算机中，并将信息的存储、组织、管理、检索、发布和产权保护等综合技术集成在一起，通过网络为读者提供信息服务的图书馆。

2. 数字图书馆的特征及功能

与传统的图书馆相比较，数字图书馆具有其独有的特征，这些特征及功能正是众多传统图书馆未来的发展方向。

（1）信息资源数字化

信息资源数字化是数字图书馆的基础，是数字图书馆最本质的特征，也是数字图书馆与传统图书馆最大的区别。没有数字化的资源，数字图书馆就像空中楼阁，无法在网络上提供知识共享等其他服务。

信息资源数字化首先是指图书馆馆藏文献的数字化，尤其是一些有地方特色、专业特色及其他有长久保存价值的稀有文献数字化。英国国家图书馆自1993年6月以来，已将馆藏中的照片、期刊、缩微文献、专利文献以及善本予以数字化。而国内也有一些典型的数字图书馆代表，如上海图书馆自1997年以来，已先后实现了一批特色文献的数字化。其中有反映上海一百多年发展历史的近万张照片，有反映上海发展进程的114种年鉴，有20世纪上半叶出版的民国图书的全文，有127万页的古籍善本全文数据，还有各类剧种的老唱片，等等。其次是电子出版物的数字化。这里说的电子出版物包括电子期刊和电子书。随着出版工业的现代化，大多数纸质图书期刊的印刷都具备了电子文本，这为数字图书馆提供了可能的巨大的数字化文献资源。再次是网上数字资源的数字化。自从20世纪90年代中期开始，互联网在我国迅猛发展，网上中文信息资源快速增长，在网上可以查到很多信息资源，这为知识共享和传播带来了极大的便利。

（2）信息存取网络化

在信息资源数字化的基础上，数字图书馆需要通过以网络为主的信息基础设施来实现。数字图书馆的信息传递网络化和远程化，是指把不同地区和不同国家的图书馆自动化系统通过通信线路联结起来，形成图书馆系统的地区网络和全球网络。图书馆网络在未来的高速公路上只是一个节点，它不但为读者提供自身的信息资源，还可通过网络联结全地区、全国乃至全世界的信息资源，为用户提供所有信息资源并使其成为图书馆的“虚拟馆藏”。在中国，在数字图书馆的建设中信息基础设施建设也被放到了突出的位置。如中国国家图书馆于1998年10月开始实施千兆位馆域网工程，并于1999年2月11日正式开通，连接了因特网，并与北京大学、清华大学、中国科学院等单位的宽带IP互联。这些网络化建设的措施，为中国国家图书馆的数字图书馆建设以及实现图书馆的各项职能打下了坚实的基础。

（3）信息利用共享化

数字图书馆在实现了信息资源数字化、信息存取网络化之后，必然会提出一个信息利用的共享化问题以使馆藏信息资料实现资源共享，让读者没有时间和空间的限制。数字图书馆的信息服务现代化和全球化，是指利用信息网络设备对储藏的信息资源和网上纷繁复杂的信息资源进行加工、整理和开发，并通过信息网络提供各种功能强大、灵活方便、实用的检索工具，检索网上各类数据库、电子期刊、电子图书等，使图书馆真正成为文献信息服务中心。因特网是全球规模最大、用户最多、影响最广泛的互联系统。据了解，1996年网上用户有5000人，1998年用户为1.13亿，2000年猛增到5亿人。由于网络技术发展较快，上网用户之多，高校图书馆作为文献信息中心通过因特网利用馆藏和网上信息资源，为人类全方位地提供信息服务是未来的必然趋势。

（4）信息服务增值化

图书馆的数字化为拓展知识传播范围、加快信息传递速度、提升信息资源的价值提供了良好的条件，并借助自动标引、元数据、内容检索等技术对多媒体信息，如图像、声音等进行多维揭示与非线性组织，并通过智能化的检索系统为用户提供知识服务。

（5）信息实体虚拟化

数字图书馆使实体图书馆与虚拟图书馆结合了起来，在实现数字图书馆的基础上体现出虚拟化的发展趋势。所谓虚拟图书馆，是指运用计算机技术生成一个具有视觉、听觉等效果的，可交互、动态的图书馆。在实体图书馆与虚拟图书馆的关系方面，我们提倡“虚实共存论”，而不赞成“取代消亡论”。

7.1.2　数字图书馆建设

数字图书馆是正在成长中的信息技术和信息服务方式，目前世界上大部分数字图书馆都是在传统图书馆的基础上发展起来的，它部分沿袭了图书馆的业务框架，大量应用自动化、数字化和网络化技术，改变业务流程，进行服务创新。

数字图书馆建设是一项规模庞大、复杂的社会化系统工程，数字图书馆的组织与实施是通过管理、运行和控制，使参与建设的人力资源、数字资源、技术资源平衡运作，实现信息资源的生产、共享、应用以及创新的价值链的过程。

数字图书馆的建设有如下几个关键问题。

（1）策略

策略即明确建设数字图书馆的目标、范围和模式。如英国国家图书馆进行数字图书馆建设时的目标是：

1）促进各类书目、联合目录的利用，对现有馆藏的揭示提供详尽信息，改善馆藏存取；

2）促进数字化馆藏资源的收藏和利用；

3）注重创新各种数字化资源的服务模式；

4）在管理、用户服务、部门协作、员工技能等各方面均得到提高。

（2）组织

为了保证数字图书馆的实施，必须有组织形式。由于对数字图书馆的认知、价值及实现流程看法不同，有些公共图书馆成立了专门的数字化部，如上海图书馆成立了系统网络中心，负责该馆数字图书馆项目的具体研究和开发工作；而有些高校图书馆则有数字资源部，如中山大学图书馆的数字资源部负责数字图书馆的开发及 CALIS 建设。

（3）经费

数字图书馆的建设需要大量的经费支持，经费不足会使数字图书馆的发展举步维艰。因此必须制定正确的投资策略，这样才能保证数字图书馆建设的健康运行。经费基本上来自政府的专项经费，如我国 1997 年的试验数字图书馆项目以及现在的中国国家数字图书馆工程项目等，不仅支持了一个馆的数字图书馆建设，同时也带动了一批或整个图书馆业界数字化的发展。

除了政府提供的专项基金，由各级科学技术发展基金会提供的专项基金也是一个重要的专项经费来源，这些基金往往只对于一些相比较而言具有技术先进性的数字图书馆研究项目提供支持。

数字图书馆本身也可以多开展一些收费的增值服务，这些自营收入可以维持其健康发展，公共图书馆的一些自主经营收入也可以用于其数字图书馆的开发。

个人或企业赞助也是经费来源之一。在国外，尤其是美国，图书馆作为一个公益性机构，其经费的重要来源为个人的捐助。虽然国内的数字图书馆很少得到大陆人士的个人捐助，个人捐助大多来自于港澳台地区，但随着国内经济的发展，相信个人捐助与企业赞助会成为未来数字图书馆经费的一个重要资金来源。

（4）合作

数字图书馆工程浩大，各馆之间开展联盟、协调、合作组织管理是有效的手段，这样不仅可以节省一些重复资源的经费支出，在技术上也可以沟通合作。这种合作不应该只局限于不同类型的图书馆之间，图书馆与 IT 界、出版行业、网络服务提供商、科研单位之间也都可以展开深层次的合作，共同建设，实现利益分享，这样可以加快数字图书馆的建设步伐，是尽快培育壮大市场的一个好方法。

（5）技术

技术是实现数字图书馆的基础，并贯穿数字图书馆系统建设和实施的始终。IBM 将数字图书馆的技术问题分为以下五大方面：

1）内容的创建和获取；

2）存储和管理；

3）查询与访问；

4）内容发布；

5）权限管理。

（6）服务

数字图书馆的最终目的是建立网络交流平台，为用户提供浏览信息、内容访问、智能服务、个性服务等信息。信息服务和资源共享是数字图书馆建设的重要目标。

（7）评估

对数字图书馆的评估和反馈，可以指导和调整实施过程，保障其顺利实施。如运用层次分析法，将数字图书馆建设中的定性分析和定量分析相结合，对人的主观判断用数学形式表达和处理，以确定各因素的权重排序，提高建设的可靠性和科学性。

（8）知识产权

数字图书馆涉及实体和数字资源获取、拷贝和传播的法律问题。网上作品是否受法律保护，作者的版权、著作权如何受保护，因为数字图书馆的目标是对各种各样的资源灵活而方便地存取，所以这些问题常常得不到很好的处理。

（9）人才

在知识经济时代，人才是最重要的生产力资源，数字图书馆也不例外。数字图书馆建设所需要的人才队伍的结构也在不断变化，图书馆人才包括管理人才、技术人才、信息服务人才、市场营销人才、法律人才等。

7.1.3　数字图书馆实例

“美国记忆”（American Memory）是美国国会图书馆数字图书馆建设的主要项目，其数字馆藏的对象主要是美国的历史文献，包括历史照片、手稿、历史档案和其他文献等。美国数字图书馆的项目特点是侧重于如何建立数字馆藏，并且研究在历史文献数字化过程中产生的问题与技术规范。

由美国科学基金会（NSF）、美国国防部高级研究计划署（DARPA）、美国宇航局（NASA）发起并资助的美国“数字图书馆首倡计划”（Digital Library Initiative，DLI）于1994年9月正式启动，为期四年，截至1998年，共投入2400万美元，与六所大学及其他工业合作伙伴合作，进行六个项目的研究，面向技术，以试验为目的。这六个项目分别是：

1）环境电子图书馆；

2）图像和空间参考信息综合服务的分布式数字图书馆的初步探索；

3）信息媒体，集成声音、图像和语言理解技术创建和探索数字视频图书馆；

4）构建互联空间，为大学工程学科建立数字图书馆的基本架构；

5）智能信息搜索；

6）斯坦福综合电子图书馆。

1999年，在美国DLI1期研究取得的成果的基础之上，美国开始了DLI2的研究。新增加的赞助单位是美国医学图书馆（NLM）、美国国会图书馆（LC）等，时间持续五年，共赞助4000～5000万美元。研究重点是以人为中心的研究、以收藏及其内容为中心的研究、以系统为中心的研究。侧重的是面向用户、全方位发展、以实用为目的的研究。DLI2的项目包括：

1）专家选择利用信息的轨迹研究及其利用；

2）图像传播中的安全研究；

3）棉质藏品的2D/3D重建；

4）WWW自动化参考“图书馆员”；

5）为社会科学服务的实验图书馆；

6）高性能的数字图书馆分类系统，从信息搜寻到知识管理（束漫，2005）。

（1）DLI2的研究空间

1）以人为中心的研究。该研究试图进一步了解数字图书馆在增强人类创造、寻求、使用信息方面的活动中的影响和潜力，并促进相关活动设计技术的研究。它引导更广泛范围的信息发掘、查询、检索、操作、表达的能力的方法、算法、软件。

2）以内容和收藏为基础的研究。该研究注重于更好地理解并完善新的电子内容的获取和收藏途径，鼓励跨学科研究，鼓励所有学科领域的参与。

3）以系统为中心的研究。该研究注重于技术的部件与整合，因为社会环境是千变万化、灵活的。这方面的成果应能在个人、团体、机构等各种层次上起作用，能够将庞大、不定型、不断增长的数据体改成用户定义的结构和规模。

（2）DLI2 项目所涉及的领域和学科

该项目涉及的领域和学科有：考古、生物学、文学经典、计算机科学、经济、英语、艺术、地理、地质学、政府、电子工程、环境科学、历史、信息管理、信息科学、语言技术、图书馆情报学、语言学、管理信息系统、医学情报学、政治学、心理学、宗教研究、机器人、社会学、西班牙语和课堂教育等。

（3）DLI2 项目涉及的内容形式多样

该项目涉及的内容形式有：书目记录、工程教育物件、电子印刷物、民间文学、地理参考信息、健康数据、古典文学经典、图书馆咨询服务、医疗图像、混合媒体、病人材料、乐谱、骨骼、模拟、社会科学数据、演讲、录像、万维网和X-射线 CT 扫描数据等。

（4）DLI2 项目涉及的技术

该项目涉及的技术有：三维模型、途径控制、代理人软件、存档/文件保存、视听检索、分类与聚类、数据途径服务技术、数字录像、经济模型、电子笔记、联邦结构、地理信息系统、图像、信息过滤、信息图示化、学习环境、连接、追踪数据分析、移动计算、多媒体融合、自然语言处理、光学图像识别、并行处理、协议、个人化、起源、手稿再使用、演说文件处理、自动总结、文本分析及录像编辑等。

7.1.4 国外数字图书馆研究进展

1. 美国

美国十分重视信息产业的发展，由于信息业所带来的经济利益促进了信息服务业的发展，美国政府看到了信息技术进步所带来的巨大效益，所以不遗余力地向信息技术投资，对数字图书馆的建设也高度重视。

以国家科学基金会（NSF）为代表的各种基金会是美国“技术主导型”数字图书馆研究开发的主要资金来源，这说明目前美国这方面的开拓还基本属于研究开发、探索试验阶段。以加利福尼亚州9个校区图书馆为主，加利福尼亚州州立公共图书馆系统参与联合建设的“加利福尼亚州数字图书馆”，是个非常好的实用系统。

招投标制是美国数字图书馆建设的主要方式，“数字图书馆首倡计划”（DLI）这样的大型国家项目就是采用招标制，该计划由NSF、美国国防部高级研究计划署（DARPA）和国家宇航局（NASA）联合出资，由NSF机器人学与智能系统信息分部负责协调。其一期工程计划中包括六个研究项目，分别由六所大学牵头，负责开发数字图书馆所需的各种新技术。二期工程计划中标项目有47个，共有34所高等院校参与。“美国记忆”（American Memory）项目最早是由美国国会图书馆（LC）于1990～1995年实施的试验性计划，该计划的目标是确定数字式馆藏的读者对象，建立数字图书馆的一整套技术过程，讨论知识产权问题，进行分发演示，并最终确定LC数字化的方针与规范。该计划的数字馆藏对象主要为美国历史文献，包括历史照片、手稿、历史档案及其他文献等。高校是美国数字图书馆的主力。除了DLI的项目以大学为主进行开发之外，其他许多数字图书馆项目也是由大学从不同的渠道筹集资金进行的。如著名的Tulip计划就是由9所大学来参与Elsevier出版公司42种期刊全文数字图书馆项目。

2. 英国

英国数字图书馆的起步时间与美国处于同一时期，从规模、资金投入与参与的组织上来说，英国并不逊色于美国，同时也具有其自身鲜明的特点。高等院校是英国数字图书馆研究和开发最活跃的群体，管理者是英国联合信息系统委员会，它资助和监督的大型国家级研究开发项目ELIB开始于1995年，致力于网络信息资源检索、电子文献传递、电子期刊等形式。英国国家图书馆也是主要领导者。英国政府的另一个机构“图书馆和信息联网办公室”也是英国许多数字图书馆项目的策划者和协调者。其项目主要在于帮助和指导图书馆选择合适的技术进行数字图书馆建设，更接近于开发项目，面向市场，利用其成熟的技术将成果直接投入到应用中去，注意面对图书馆的现实。大英图书馆的数字图书馆计划体现了传统图书馆向数字图书馆发展演变的典型特征：①

1）从图书馆的收藏和利用角度出发；

2）可以通过网络扩大读者群体，发展无疆界服务；

3）成为国家数字信息网络的重要组成部分，参与信息基础设施计划；

4）实现国家提出的继续教育和终身教育职能；

① http://www.bl.uk/diglib/diglib_ menu.html.（accessed 15 Mar 2009）

5）寻求商业运作模式，由相应的政府机构促进企业界的参与和赞助。

3. 日本

日本国内实施的数字图书馆项目，主要由四大机构分头立项，合作进行。这四大机构为：日本国立国会图书馆、通产省、邮政省和文部省。

（1）日本国立国会数字图书馆项目

日本国立国会图书馆的数字图书馆项目始于1994年，并于1997年4月在馆内设置了数字图书馆推进委员会，召开了由馆外有识之士及相关人士参加的数字图书馆推进会议。1998年2月，数字图书馆推进委员会对日本国立国会图书馆应实现的数字图书馆进行了整体探讨，提出了题为《构建知识、情报、文化的新基础——为自由创造的情报社会》的报告书。国立国会图书馆数字图书馆的构想以此报告书为指导，从整体上揭示了该馆应实现的数字图书馆方案。概括地说，日本国立国会图书馆的数字图书馆计划包括四个组成部分：试验性数字图书馆项目、儿童图书数字图书馆项目、亚洲信息提供系统、国会会议录全文本数据库。

由于国立国会图书馆数字图书馆是由国立国会图书馆整体共同实施的，所以，它既包括国立国会图书馆东京本馆，也包括2000年第一期开馆的国际儿童图书馆及在2002年开的国立国会图书馆关西馆（以下简称为“关西馆”）。在分工上，有关数字出版物的制作、提供，数字图书馆的研究、开发等，都是以关西馆为中心进行的，关西馆还推行非来馆型的情报图书馆的理念，所以关西馆是典型的集传统图书馆与数字图书馆为一身的混合型图书馆。其目标是：

1）改变因地域等造成的存取情报的差距；

2）各种类型情报的统一获取和利用；

3）运用情报技术实现多样化的功能；

4）在情报存取方面实现经济性和效率性；

5）对网络文化的贡献，也就是说，面对因特网上快速增加的情报，数字图书馆不仅能容易地区分它们，进行导航，而且依靠数字图书馆提供的巨量的情报信息，给因特网带来“文化的积淀”。

日本国立国会图书馆为实现此目标，还存在着财政、制度、技术等各方面的问题，并正在努力就这些问题进行多方研究、解决。

（2）文部省数字图书馆项目——日本学术情报中心数字图书馆服务（NACSIS-ELS）

文部省的主要任务是负责推动高校图书馆及其网络向数字图书馆转化。由其主持的第二代数字图书馆项目——日本学术情报中心数字图书馆系统，始于1994

年12月，1997年4月初步完成。该系统在日本被认为是下一代信息服务系统的原型系统，已于1995年2月开始在日本高校试运行。它是一个将日本的主要学术刊物向国内外传送的信息服务系统，现已有29个学术团体的62种学术刊物（含人文科学、自然科学、工程科学类）、10万篇论文、约85万页的文献经影像数字化后进入该系统。系统提供论文目录数据库查询功能。根据1997年的规定，该数字图书馆的利用资格为：

1）国立、私立大学，短期大学，高等专业学校的教职员及大学生。

2）大学共同利用机构的教职员。

3）曾给予学术情报中心－数字图书馆事业帮助的各学（协）会的正式会员。

NACSIS-ELS的文献内容之所以定位于学会期刊论文，主要有以下几个原因：①它代表了日本的学术水平；②学术情报中心的创建，包括其数据库的建立都得到了学会的帮助；③这样与日本其他数字图书馆竞争的可能性小一些；④考虑到文献的著作权处理方面会容易些。NACSIS-ELS的特征之一就是它所收集的资料都是具有著作权的学术文献。它将这些文献数字化后再提供给用户，其著作权的处理方法是与著作权所有者达成协议，签订合同，仅1996年一年间，NACSIS-ELS就曾三次召集了约150个以上的学会，各方就此问题进行了商讨，使著作权问题得到解决。

NACSIS-ELS当前面临的课题有：①最大的课题就是著作权问题。大家都希望通过与各学会之间的合作探讨，能在各个领域就著作权问题达成协议，并形成一种制度。1997年该系统没有对用户收取任何费用（包括著作权费用），1998年开始收费，各学会先向用户收取著作权费用，再将其付给著作权所有者；②收录文献的范围。用户除了希望日本能有更多的学会期刊加入外，还希望能查阅到日本各学会以外的期刊，如国外主要的数字化学术期刊、商业性学术期刊等；③通过组织单位来利用NACSIS－ELS。从用户的立场上看，个别办手续、个别交纳使用费很不方便。从1998年起，该系统试行通过图书馆来组织大家利用NACSIS－ELS，这样就要考虑到与图书馆达成协议，图书馆也要努力探讨如何建立一种像NACSIS－ELS一样的情报服务体系；④与其他数字图书馆合作，建立数字化信息的联合目录。

（3）通产省数字图书馆项目

在日本的数字图书馆项目中，通产省着重开发数字图书馆通用系统及应用软件，并建立了ISDN下的试验基地CII。前面提到的试验性数字图书馆项目事实上最初是由通产省立项，由国立国会图书馆和情报处理振兴事业协会（IPA）联合研制的。该项目从1994年开始合作实施，是通产省的高度情报化项目之一，IPA 为其实施主体。该项目由全国联合目录子项目和试验性数字图书馆子项目构成。1998 年全国联合目录子项目完成，转入到国立国会图书馆的实际运作阶段；另外，试验性数字图书馆子项目已将大量的内容充实到系统之中，正在实施网上可利用的实验。作为数字图书馆的典范，该项目对技术面、运用面的可行性进行了实验评价，在技术的验证方面取得了很大的成果。同时，作为 1998 年的 G8 数字图书馆项目的一部分，它将日本的英文政府刊物用 SGML 的形式数字化，制成数据库，在日本国立国会图书馆的主页上通过因特网进行公开利用实验。

通产省还负责研究和发展了下一代数字式图书馆系统项目（Next Generation Digital Library System Research & Development Project），该项目是 IPA 接受通产省的委托，并再委托与日本信息处理发展中心（JIPDEC）共同实施的项目。目前该项目已提出了数字式图书馆的体系结构、多类检索方案（包括基于概念的文本检索、三维可视化超媒体检索及基于内容的视频检索系统等）、内容输入框架方案。该项目由日本信息处理发展中心及日立、富士通、NEC、IBM 日本、东芝、三菱数字、OKI 数字、理光等公司联合研制开发。

(4) 邮政省数字图书馆项目

邮政省数字图书馆项目的重点在于研究解决将 B－ISDN 用于多媒体数字图书馆的一系列关键性应用技术问题，并承担关西新馆的相应大批量多规格试验。立项的主要项目有三个：第一项是从 1993 年开始的高级影像远程通信应用技术的研究与发展，主要是 B－ISDN 用于数字图书馆领域所需的应用技术研究；第二项是 1992～1997 年为京都大学数字图书馆系统的进一步完善进行技术研究与协同试验；第三项是与国立国会图书馆合作的数字图书馆鉴别试验。

(5) 奈良尖端科学技术大学数字图书馆

日本奈良尖端科学技术大学的图书馆在提供由多媒体数据库进行全文检索等服务的同时，还进行图书馆新功能开发的研究。其数字图书馆，不仅仅将记载前人的科学成果的期刊、图书一次性地数字化，而且对本校的教师、学生的研究成果通过学校内的数字图书馆发往世界各地。奈良尖端科学技术大学的数字图书馆提供的数字服务有：①被数字化的学术情报。②家庭图书馆。对于被数字化储存起来的学术情报，读者通过网络中介，不必去图书馆就可以进行检索、查阅，通过关键词进行检索，通过计算机进行阅览。③用单一账户向许多出版商订购。④多媒体中心。一册册图书，一件件录像带、光盘，会通过网络以各种各样的方法被输入计算机而数字化，数字图书馆可以为读者再提供与之对应的各种便利形式，利用终端打印显示出来，读者可取得各种数据库的资料。

另外，在近 10 年中，日本政府出面组织了 73 个机关、单位和团体，花费了

15.5亿日元，合作开发了日文文献数据库。这个光盘系统所储存的数字化影像全文资料包括34种报纸、250多种刊物，每年以50～60万篇文献的数量增加，用户可用个人电脑进行检索。

7.2　参考数据库

7.2.1　参考数据库概述

参考数据库（reference database）是指为用户提供信息线索的数据库，它可以指引用户获取原始信息。参考数据库包括书目数据库（bibliographic database）和指南数据库（referral database）。

其书目数据库包含文摘、目录、题录等书目数据，有时又被称为二次文献数据库。其数据来源于各种不同的一次文献，是经过加工和提炼的数据，且数据结构比较简单，记录格式较为固定。在联机检索和光盘检索中，有许多书目数据库可以满足用户回溯检索和定题检索的需要。

指南数据库是有关机构、人物等相关信息的简要描述。它包括各种机构名录数据库、人物传记数据库、产品信息数据库、软件数据库、研究开发项目数据库、基金数据库等。

源数据库是指能直接提供原始资料或具体数据的数据库。它包括数值数据库、文本－数值数据库、全文数据库、术语数据库、图像数据库和多媒体数据库等。

7.2.2　四大权威检索数据库

科学引文索引（SCI）、社会科学引文索引（SSCI）、工程索引（EI）、科技会议录索引（ISTP）是世界著名的四大科技文献检索系统，是国际公认的进行科学统计与科学评价的主要检索工具，其中以SCI最为重要。

1. 科学引文索引

《科学引文索引》（Science Citation Index，SCI）由美国科学信息研究所于1961年创办出版的引文数据库，其覆盖生命科学、临床医学、物理化学、农业、生物、兽医学、工程技术等方面的综合性检索刊物，尤其能反映自然科学研究的学术水平，是目前国际上四大检索系统中最著名的一种，其中以生命科学及医学、化学、物理所占的比例最大，收录范围是当年国际上的重要期刊，尤其是它的引文索引表现出了独特的科学参考价值，在学术界占有重要地位。许多国家和地区均以被SCI收录及引证的论文情况作为评价学术水平的一个重要指标。从SCI严格的选刊原则及严格的专家评审制度来看，它具有一定的客观性，较真实地反映了论文的水平和质量。SCI收录及被引证情况，可以从一个侧面反映学术水平的发展情况。特别是每年一次的SCI论文排名成了判断一个学校科研水平的十分重要的标准。SCI以《期刊目次》（Current Content）作为数据源，目前自然科学数据库有五千多种期刊，其中生命科学辑收录1350种；工程与计算机技术辑收录1030种；临床医学辑收录990种；农业、生物环境科学辑收录950种；物理、化学和地球科学辑收录900种期刊。

各种版本的收录范围不尽相同，如表7-1所示。

表7-1　不同版本收录范围

印刷版（SCI）	双月刊	3500种
联机版（SciSearch）	周更新	5600种
光盘版（带文摘）（SCICDE）	月更新	3500种（同印刷版）
网络版（SCIExpanded）	周更新	5600种（同联机版）

20世纪80年代末由南京大学最先将SCI引入科研评价体系，主要基于以下两个原因：一是当时社会正处于转型期，国内学术界存在各种不正之风，缺少一个对科研水平的客观评价标准；二是某些专业的国内专家很少，国际上通行的同行评议不现实。

然而SCI原本只是一种强大的文献检索工具，它没有采用按主题或分类途径检索文献的常规做法，而是设置了独特的“引文索引”，即将一篇文献作为检索词，通过收录其所引用的参考文献和跟踪其发表后被引用的情况来掌握该研究课题的来龙去脉，从而迅速发现与其相关的研究文献。“越查越旧，越查越新，越查越深”是科学引文索引建立的宗旨。SCI是一个较客观的评价工具，但它只能作为评价工作中的一个角度，不能代表被评价对象的全部。

2. 社会科学引文索引

《社会科学引文索引》（Social Science Citation Index，SSCI）为美国科学情报研究所建立的综合性社科文献数据库，涉及经济、法律、管理、心理学、区域研究、社会学、信息科学等。SSCI是ISI核心的三大引文索引数据库之一，收录了社会科学领域内50个语种的2400多种最具影响力的学术期刊，累计约350万条记录。

3. 工程索引

《工程索引》（The Engineering Index，EI）创刊于1884年，是美国工程信息

公司（Engineering Information Inc.）出版的著名工程技术类综合性检索工具。EI每月出版1期，文摘1.3～1.4万条，每期附有主题索引与作者索引，每年还另外出版年卷本和年度索引，年度索引还增加了作者单位索引。其出版形式有印刷版（期刊形式）、电子版（磁带）及缩微胶片。EI选用世界上几十个国家和地区15个语种的3500余种期刊和1000余种工程技术类会议录、科技报告、标准、图书等出版物，年报道文献量为16万余条，收录的文献几乎涉及工程技术的各个领域。例如，动力、电工、电子、自动控制、矿冶、金属工艺、机械制造、土建、水利等。它具有综合性强、资料来源广、地理覆盖面广、报道量大、报道质量高、权威性强等特点。

EI把它收录的论文分为以下两个档次。

（1）EI Compendex标引文摘

它收录论文的题录、摘要，并以主题词、分类号进行标引深加工。有没有主题词和分类号是判断论文是否被EI正式收录的唯一标志。

（2）EI Page One题录

它主要以题录形式报道。有的也带有摘要，但未进行深加工，没有主题词和分类号。所以Page One员带有文摘，但不一定算作正式进入EI。

4. 科技会议录索引

《科技会议录索引》（Index to Scientific & Technical Proceedings，ISTP）创刊于1978年，由美国科学情报研究所编辑出版。该索引收录了生命科学、物理与化学科学、农业、生物和环境科学、工程技术和应用科学等学科的会议文献，包括一般性会议、座谈会、研究会、讨论会、发表会等。其中，工程技术与应用科学类文献约占35%，其他所涉及的学科基本与SCI相同。

ISTP收录论文的多少与科技人员参加的重要国际学术会议的多少或提交、发表论文的多少有关。我国科技人员在国外举办的国际会议上发表的论文占被收录论文总数的64.44%。

在ISTP、EI、SCI、SSCI这四大检索系统中，SCI最能反映基础学科研究水平和论文质量，该检索系统收录的科技期刊比较全面，可以说它是集中各个学科高质优秀论文的精粹，该检索系统历来都是世界科技界密切关注的中心和焦点。ISTP、EI这两个检索系统在评定科技论文和科技期刊的质量标准方面较为宽松。

7.2.3 常用英文参考数据库

1. INSPEC

INSPEC是理工学科最重要、使用最为频繁的数据库之一，由英国机电工程师学会（IEE，1871 年成立）出版，专业面覆盖物理、电子与电机工程、计算机与控制工程、信息技术、生产和制造工程等领域。目前在网上可以检索到自 1898 年以来全球 80 个国家出版的 4000 多种科技期刊、2000 种以上会议论文集以及其他出版物的文摘信息，其中期刊约占 73%，会议论文约占 17%，发表在期刊上的会议论文约占 8%，其他共计 2%。

截至 2004 年 5 月，INSPEC 共有近 900 万条文献，每年新增近 40 万条文献，即每周新增近 8000 条文献，数据每周更新。

INSPEC 目前包含以下五个学科（检索界面默认为 all disciplines，可通过下拉框分别选择以下各学科）：

A：Physics

B：Electrical & Electronics Engineering

C：Computer & Control Engineering

D：Information Technology

E：Production & Manufacturing

2. CA

美国《化学文摘》（Chemical Abstracts，CA）于 1907 年创刊，由美国化学会所属化学文摘服务社（CAS）编辑出版，它是化学和生命科学研究领域中不可或缺的参考和研究工具，也是资料量最大、最具权威的出版物，其资料来源于 9500 种主要期刊和遍布世界的 50 多个专利局。CA 现为世界上收录化学化工及其相关学科文献最全面、应用最广泛的一种文献检索工具。

网络版 CA 整合了医学数据库、欧洲和美国等 30 几家专利机构的全文专利资料以及化学文摘 1907 年至今的所有内容。它涵盖的学科包括应用化学、化学工程、普通化学、物理、生物学、生命科学、医学、聚合体学、材料学、地质学、食品科学和农学等诸多领域。它有多种先进的检索方式，如化学机构式和化学反应式检索等，还可以通过 ChemPort 链接到全文资料库以及进行引文链接。

CA 不仅出版有印刷版，还有缩微版、机读磁带版和光盘版，可供联机检索、光盘检索和因特网网上检索。

CA 的特点如下：

1）收录文献的范围广，类型多，文献量大；

2）报道快速及时，时差短；

3）索引体系完备，回溯性强，使用方便；

4）与生物医学关系密切。

3. ProQuest

ProQuest Digital Dissertations（PQDD）是世界著名的学位论文数据库，它包括两个分册：人文社科卷和科学工程卷。两卷共录有欧美1000余所大学文、理、农、工、医等领域的150万篇博士、硕士论文的摘要及索引，及欧、亚、澳洲地区著名大学的人文社会科学和理工科博硕士学位论文文摘，每年约增加4.5万篇论文摘要，是目前世界上最大和使用最广泛的国际性学位论文数据库。其中，博士论文摘要为350字左右，硕士论文摘要为150字左右，读者还可从中看到1997年以来论文的头24页以及1861年至今论文的详细的目录信息。ProQuest学位论文全文数据库收录的是PQDD数据库中部分记录的全文。

为了使读者更加方便快捷地使用学位论文，国内高校图书馆联合订购了PQDD数据库中部分学位论文的全文，现集成ProQuest学位论文全文库。目前，该数据库中主要收录了2002年至今的学位论文共计16万余篇（截至2007年），今后预计每年还将增加3万篇左右。

7.2.4　常用中文参考数据库

1. 中国期刊全文数据库

《中国期刊全文数据库》（CNKI）是目前世界上最大的连续动态更新的中国期刊全文数据库。该数据库收录了国内8200多种重要期刊，以学术、技术、政策指导、高等科普及教育类为主，同时还收录了部分基础教育、大众科普、大众文化和文艺作品类刊物，内容覆盖自然科学、工程技术、农业、哲学、医学、人文社会科学等各个领域。分为十大专辑：理工A、理工B、理工C、农业、医药卫生、文史哲、政治军事与法律、教育与社会科学综合、电子技术与信息科学、经济与管理。这十专辑下又分为168个专题和近3600个子栏目。

2. 中国科学引文数据库

《中国科学引文数据库》（CSCD）收入我国数学、物理、化学、天文学、地学、生物学、农林科学、医药卫生、工程技术、环境科学和管理科学等领域出版的中英文科技核心期刊和优秀期刊近千种，其中核心库来源期刊670种，扩展库期刊为378种，已积累从1989年到现在的论文记录近100万条，引文记录近400万条。该数据库内容丰富，结构科学，数据准确。系统除具备一般的检索功能外，还提供新型的索引关系——引文索引。使用该功能，用户可迅速从数百万条引文中查询到某篇科技文献被引用的详细情况，还可以从一篇早期的重要文献或著者姓名入手，检索到一批近期发表的相关文献，对交叉学科和新学科的发展研究具有十分重要的参考价值。《中国科学引文数据库》除提供文献检索功能外，其派生出来的中国科学计量指标数据库等产品，也成为我国科学文献计量和引文分析研究的强大工具。

《中国科学引文数据库》具有建库历史最悠久、专业性强、数据准确规范、检索方式多样、完整、方便等特点，自提供使用以来，深受用户好评，被誉为“中国的SCI”。

3. 中文社会科学引文索引

《中文社会科学引文索引》（Chinese Social Science Citation Information）的英文名称首字母缩写为CSSCI，是由南京大学研制成功的、我国人文社会科学评价领域的标志性工程。科学引文索引是从文献之间相互引证的关系上，揭示科学文献之间的内在联系。通过科学引文索引数据库的检索与查询，可以揭示已知理论和知识的应用、提高、发展和修正的过程，从一个重要的侧面揭示学科研究与发展的基本走向；通过科学引文索引数据库的统计与分析，可以从定量的视角评价地区、机构、学科以及学者的科学研究水平，为人文社会科学事业的发展与研究提供第一手资料。

CSSCI遵循文献计量学规律，采取定量与定性评价相结合的方法，从中文人文社会科学学术性期刊中精选出学术性强、编辑规范的期刊作为来源期刊。CSSCI的来源期刊或来源文献，不仅包括中国（内地、香港、澳门、台湾），而且还包括欧美等各国出版的中文人文社会科学学术期刊。来源期刊按引文量、影响因素、专家意见等标准评定。在国内，只要是具有CN（中国连续出版物编号）的正式人文社科学术期刊，又是学术性的期刊，都可参加评选。随着技术手段的成熟，CSSCI今后也将关注和收录学术集刊（具有正式书号的连续出版物）以及其他形式的学术成果。

CSSCI建有一个全国性的“CSSCI咨询委员会”（2005年改名为“CSSCI指导委员会”）。该委员会由17家委员单位和技术专家组成，其中包括北京大学、清华大学、复旦大学、中国人民大学、北京师范大学、武汉大学、南开大学、吉林大学、四川大学、中山大学、山东大学、厦门大学、华东师范大学、华中师范大学、温州师范学院、南京大学等。该指导委员会是学术决策机构。其主要职责是：制定和修改指导委员会章程；审议中心的中长期研究发展规划；指导中心CSSCI系统的研制与开发；审议中文社会科学引文索引来源期刊；审核CSSCI重大新闻的发布内容；协调中国人文社会科学研究评价领域的全国性重大学术活动。

目前，教育部已将CSSCI数据作为全国高校机构与基地评估、成果评奖、项目立项、名优期刊的评估、人才培养等方面的重要指标。CSSCI数据库已被北京大学、清华大学、中国人民大学、复旦大学、国家图书馆、中国科学院等100多个单位包库使用，并作为地区、机构、学术、学科、项目及成果评价与评审的重要依据。

4. 万方数据资源系统

（1）万方期刊

万方期刊集纳了理、工、农、医、人文五大类70多个类目共4529种科技类期刊全文。

（2）万方会议论文

《中国学术会议论文全文数据库》是国内唯一的学术会议文献全文数据库，主要收录了1998年以来国家级学会、协会、研究会组织召开的全国性学术会议论文，数据范围覆盖自然科学、工程技术、农林、医学等领域，是了解国内学术动态必不可少的帮手。

《中国学术会议论文全文数据库》分为两个版本：中文版，英文版。其中，“中文版”所收会议论文的内容是中文；“英文版”主要收录在中国召开的国际会议上的论文，论文内容多为西文。

（3）万方学位论文

万方学位论文库（中国学位论文全文数据库），是万方数据股份有限公司受中国科技信息研究所（简称中信）委托加工的“中国学位论文文摘数据库”，该数据库收录了我国各学科领域的学位论文。

（4）万方商务信息数据库

《中国企业、公司及产品数据库》始建于1988年，由万方数据联合国内近百家信息机构共同开发。十几年来，CECDB历经不断的更新和扩充，现已收录了96个行业近20万家企业的详尽信息，是国内外工商界了解中国市场的一条捷径。目前，CECDB的用户已经遍及北美、西欧、东南亚等50多个国家与地区，主要客户类型包括：公司企业、信息机构、驻华商社、大学图书馆等。国际著名的美国DIALOG联机系统更将CECDB定为中国首选的经济信息数据库，而收进其系统向全球数百万用户提供联机检索服务。

《中国企业、公司及产品数据库》的信息全年100%更新，提供多种形式的载体和版本。

（5）万方科技信息数据库

万方科技信息数据库包含的内容有：

1）成果专利。内容为国内的科技成果、专利技术以及国家级科技计划项目。

2）中外标准。内容为国家技术监督局、建设部情报所提供的中国国家标准、建设标准、建材标准、行业标准、国际标准、国际电工标准、欧洲标准，以及美、英、德、法等国的国家标准和日本工业标准等。

3）科技文献。包括会议文献、专业文献、综合文献和英文文献，涵盖面广，具有较高的权威性。

4）机构。包括我国著名科研机构、高等院校、信息机构的信息。

5）台湾系列。内容为台湾地区的科技、经济、法规等相关信息。

7.3 电子期刊

7.3.1 电子期刊概述

电子期刊（electronic journal），有的称之为电子出版物、网上出版物。从广义而言，任何以电子形式存在的期刊皆可被称为电子期刊，涵盖通过联机网络可检索到的期刊和以 CD－Rom 形式发行的期刊。

更严格地讲，电子期刊是以电子媒体形式产生的，而且仅能以此媒体获得的期刊。电子期刊从投稿、编辑出版、发行订购、阅读乃至读者意见反馈的全过程都是在网络环境中进行的，任何阶段都不需要用纸，它与传统的印刷型期刊有着本质的区别。电子期刊是以高新技术，包括光盘、网络通信技术为载体，经过信息技术人员加工处理，运用现代技术检索手段，以满足用户信息需求的出版物。

7.3.2 国外电子期刊检索系统

1. Elsevier

Elsevier 科学出版公司是世界著名的出版公司，出版图书和科技期刊 1000 多种，内容涉及生命科学、物理、医学、工程技术及社会科学，其中许多为核心期刊。

1996，Flserier 科学出版公司与美国多所知名大学合作开发了 ULIP 材料科学方面的期刊全文数据库。目前该全文库包括 1995 年以来 Elsevier 出版集团下属的各出版社出版的期刊 1500 余种。

2. Kluwer

荷兰 Kluwer Academic Publisher 是具有国际性声誉的学术出版商，它出版的图书、期刊一向品质较高，备受专家和学者的信赖和赞誉。Kluwer Online 是 Kluwer出版的600余种期刊的网络版，专门基于互联网提供Kluwer电子期刊的查询、阅览服务。

目前，由CALIS管理中心研究开发，面向CALIS院校提供服务的Kluwer Online镜像服务站已开通试用，通过该镜像站，用户可以继续使用Kluwer Academic Publisher的600种电子刊，免费进行检索、阅览和下载全文，并不需支付因特网网络费。

Kluwer Online电子期刊，涵盖20多个学科专题，其学科分类如表7-2所示。

表7-2　Kluwer Online学科分类表

Biological Sciences（73种）	Law（59种）
Medicine（71种）	Psychology（57种）
Physics（14种）	Philosophy（35种）
Astronomy（7种）	Education（22种）
Earth Sciences（18种）	Linguistics（8种）
Mathematics（33种）	Social Sciences（37种）
Computer Sciences（35种）	Business Administration（15种）
Engineering（19种）	Operations Research（4种）/Management Science
Electrical Engineering（13种）	Archaeology（5种）
Materials Sciences（13种）	Humanities（2种）
Environmental Sciences（8种）	Chemistry（23种）

3. Springer

Springer是Springer－Verlag的简称。德国斯普林格（Springer－Verlag）出版社是世界上最大的科技出版社之一，它有着150多年的发展历史，以出版学术性出版物而闻名于世，它也是最早将纸本期刊做成电子版发行的出版商。Springer Link系统就是通过WWW发行的电子全文期刊检索系统，该系统目前包括490多种期刊的电子全文，其中390多种为英文期刊。根据期刊涉及的学科范围，Springer Link将这些电子全文期刊划分成12个出色的《在线图书馆》，它们分别是：化学、计算机科学、经济学、工程学、环境科学、地理学、法学、生命科学、数学、医学、物理学和天文学。

4. John Wiley

目前John Wiley共有近500种电子期刊。该出版社的期刊在化学化工、生命科学、高分子及材料学、工程学、医学等领域的学术质量尤为突出。而且在其出版的期刊中，光2005年以来就有一半以上被SCI、SSCI和EI收录。

它主要提供了包括化学化工、生命科学、医学、高分子及材料学、工程学、数学及统计学、物理及天文学、地球及环境科学、计算机科学、工商管理、法律、教育学、心理学、社会学等14个学科领域的学术出版物。

5. EBSCO

EBSCO是一个具有60多年历史的大型文献服务专业公司，提供期刊、文献定购及出版等服务，总部在美国，在19个国家设有分部。其开发了近100多个在线文献数据库，涉及自然科学、社会科学、人文和艺术等多种学术领域。其中，两个主要的全文数据库是：Academic Search Premier和Business Source Premier。

（1）Academic Search Premier学术期刊集成全文数据库

该数据库总收录期刊7699种，其中提供全文的期刊有3971种，总收录的期刊中经过同行鉴定的有6553种，同行鉴定的期刊中提供全文的有3123种，被ISCI和SSCI收录的核心期刊为993种（提供全文的有350种）。主要涉及工商、经济、信息技术、人文科学、社会科学、通信传播、教育、艺术、文学、医药、通用科学等多个领域。

（2）Business Source Premier商业资源电子文献全文数据库

该数据库总收录期刊4432种，其中提供全文的期刊有3606种，总收录的期刊中经过同行鉴定的有1678种，同行鉴定的期刊中提供全文的有1067种，被ISCI和SSCI收录的核心期刊为398种（提供全文的有145种）。涉及的主题范围有国际商务、经济学、经济管理、金融、会计、劳动人事、银行等。

（3）EBSCO系统中的其他数据库

EBSCO Animals：提供自然与常见动物生活习性方面的文献；

ERIC：教育资源文摘数据库，提供2200余种文摘刊物和980余种教育相关期刊的文摘以及引用信息；

M：医学文摘数据库，提供4600余种生物和医学期刊的文摘；

Newspaper Source：报纸资源数据库，选择性地提供180余种报刊全文；

Professional Development Collection：550多种教育核心期刊全文数据库；

Regional Business News：75种美国区域商业文献全文数据库；

World Magazine Bank：250种主要英语国家的出版物全文汇总。

7.3.3 国内电子期刊检索系统

1. 维普中文期刊

维普中文期刊全文数据库V6.x收录了1989~2005年科技期刊8000多种，

目前各类学术论文有1154.8万多条，其中绝大多数有全文。

（1）覆盖范围

该数据库涵盖自然科学、工程技术、农业、医药卫生、经济、教育和图书情报等学科的8000余种中文期刊数据资源。

（2）分类体系

按照《中国图书馆分类法》进行分类，所有文献被分为7个专辑：自然科学、工程技术、农业科学、医药卫生、经济管理、教育科学和图书情报。

这7大专辑又被细分为27个专题：数理科学、化学、天文和地球科学、生物科学、金属学与金属工艺、机械和仪表工业、经济管理、一般工业技术、矿业工程、石油和天然气工业、冶金工业、能源与动力工程、原子能技术、教育科学、电器和电工技术、电子学和电信技术、自动化和计算机、化学工业、轻工业和手工业、建筑科学与工程、图书情报、航空航天、环境和安全科学、水利工程、交通运输、农业科学、医药卫生。

2. 中国生物医学文献数据库

中国生物医学文献数据库（CBM）是由中国医学科学院医学信息研究所开发研制的综合性医学文献数据库。该所拥有专业的医学信息研究队伍。该数据库的收录范围广，年代跨度大，收录了自1978年以来的1600多种中国生物医学期刊，以及汇编、会议论文的文献题录，年增长量约为40万条，数据总量达350余万篇。学科覆盖范围涉及基础医学、临床医学、预防医学、药学、口腔医学、中医学及中药学等生物医学的各个领域。

（1）数据规范

CBM注重数据的规范化处理和知识管理，全部题录均根据美国国立医学图书馆的最新版《医学主题词表》、中国中医研究院中医药信息研究所的《中国中医药学主题词表》，以及《中国图书馆分类法·医学专业分类表》进行主题标引和分类标引。

（2）检索系统与PUBMED具有良好的兼容性

CBM检索系统（CBMWEB）具有检索入口多，检索方式灵活，以及主题、分类、期刊、作者等多种词表辅助查询功能，可满足简单检索和复杂检索的需求，与PUBMED具有良好的兼容性，可获得良好的查全率和查准率。

3. 人大复印报刊资料全文数据库

（1）数据库简介

人大复印报刊资料全文数据库由中国人民大学书报资料中心编辑出版，文献来源于国内公开发行的4500多种报刊，并按学科、专题收集整理加工而成，是国内最有影响的人文社科专题文献资料库。

（2）数据库特点

1）涵盖面广：包括社科、人文领域各学科100多个专题的文献。

2）数据量大：共有文献全文20余万篇，文献题录293万篇。

3）信息全面：有题录（文献的名称、作者、原刊地、刊名、刊期、页号等）、文摘、全文。

4）筛选严谨：选取的文章含有新观点、新材料、新方法或具有一定的代表性，学术参考价值较高。

（3）数据库内容

1）收录对象：国内公开发行的报刊上社科、人文领域各学科、专题的重要论文、动态、背景资料，涵盖了1995年以来百余种印刷本《复印报刊资料》专题刊物收载的原文。

2）数据类型：文章的标题索引、题录、文摘、全文。

3）数据量：到2005年第二季度共有24万余篇全文。

（4）数据库检索

数据库采用天宇公司的CGRS全文检索系统进行检索，该检索系统功能全、速度快，但在停止操作约十分钟后会与服器断开连接，需重新登录。

1）数据库列表介绍。数据库列表为检索系统中数据库的多级目录结构，其浏览方式为：

人大复印资料数据库→学科大类（专题）列表→学科年度索引列表（子库）→文献标题索引列表→文献全文。

2）“简单查询”与“复杂查询”。在进行“简单查询”和“复杂查询”前必须首先在“数据库列表”中设定查询范围。检索步骤为：①进入检索系统；②从数据库列表中选择查寻范围；③确定检索方式；④选择检索途径；⑤输入检索词；⑥浏览检出的标题索引，选择所需的数据记录或进行二次检索。

3）查询结果显示。当完成检索后，在检索结果区中就可以看到检索的结果。在检索结果区中我们可以看到检索出的记录来源于哪一个数据库中，共有多少条记录、分为多少页以及当前所在的页数。此外还有一些对检索结果的操作，如全选、全不选、多篇显示、标题定制、全文定制和排序。也可以通过点击“上页、下页、首页、末页、转到_ 页”来进行翻页浏览。

系统默认只显示检索出的记录的标题，用户也可以根据个人的喜好对其进行标题定制，显示更多的内容，详情请查看标题定制。

①单篇显示。在检索结果列表中选择任意想要浏览的一篇单击标题即可浏览

全文。

在浏览过程中，用户可以单击“上一篇”或“下一篇”查看更多的内容；也可以对一篇文章进行打印和保存，只需要单击“打印”、“下载”按钮即可。如果想要改变文献的显示方式，可以单击左上角的“定制”；如果一篇文章过长在屏幕中无法全部显示，用户可以通过点击“底部”或“顶部”来直接转到文章的末端或顶部。

②多篇显示。使用该功能可以同时浏览多篇文章，在结果显示区中对想要查看的标题前打“√”，选择完毕后再单击“多篇显示”，就显示用户选择的多篇文章。多篇浏览有助于用户节省时间。如果想要浏览一页中所有的记录，可以单击“全选”，则该页所有的文章都被选中；若要撤销，单击“全不选”即可。

4）个性化设置。该功能可以使用户定制自己喜欢的、个性化的界面，从而有助于浏览和检索。

5）二次查询。在当前查询结果的文献范围内，再次给出查询条件进行查询，可重复多次，逐渐缩小结果范围，以达到查询目标。

6）高级查询。可将多种检索途径（全文库24种）的多个查询条件组合起来进行复合查询，也可以仅用其中一种检索途径。

7.4　网络专利信息资源

7.4.1　知识产权与专利制度

1. 专利概述

(1) 定义

专利权（patent right），简称“专利”，是指发明创造人或其权利受让人对特定的发明创造在一定期限内依法享有的专用权与独占权，是知识产权的一种。我国于1984年公布了《专利法》，1985年公布了该法的实施细则，对有关事项作了具体规定。

随着信息社会的到来，专利文献也进入信息化时代。人们更多地谈论专利信息，研究专利信息的传播与利用。那么，究竟什么是专利信息？或者说什么能被称为专利信息呢？有人曾经试图给专利信息下一个准确的定义，特别是要把专利文献与专利信息区分开来，但总是难成其就。事实上，这两个概念辅车相依，从定义上将其泾渭分明地分开是不可能的，也没有现实意义。但是，从相互关系上对加以说明却十分必要。从两者的关系上说，专利信息是指以专利文献作为主要内容或以专利文献为依据，经分解、加工、标引、统计、分析、整合和转化等信息化手段处理，并通过各种信息化方式传播而形成的与专利有关的各种信息的总称。

专利信息可分为以下五种信息。

1）技术信息：在专利说明书、权利要求书、附图和摘要等专利文献中披露的与该发明创造技术内容有关的信息，以及通过专利文献所附的检索报告或相关文献间接提供的与发明创造相关的技术信息。

2）法律信息：在权利要求书、专利公报及专利登记簿等专利文献中记载的与权利保护范围和权利有效性有关的信息。其中，权利要求书用于说明发明创造的技术特征，清楚、简要地表述请求保护的范围，是专利的核心法律信息，也是对专利实施法律保护的依据。其他法律信息包括：与专利的审查、复审、异议和无效等审批程序有关的信息，与专利权的授予、转让、许可、继承、变更、放弃、终止和恢复等法律状态有关的信息等。

3）经济信息：在专利文献中存在着一些与国家、行业或企业经济活动密切相关的信息，这些信息反映出专利申请人或专利权人的经济利益趋向和市场占有欲。例如，有关专利的申请国别范围和国际专利组织专利申请的指定国范围的信息；专利许可、专利权转让或受让等与技术贸易有关的信息等；与专利权质押、评估等经营活动有关的信息，这些信息都可以被看做经济信息。竞争对手可以通过对专利经济信息的监视，获悉对方的经济实力及研发能力，掌握对手的经营发展策略，以及可能的潜在市场等。

4）著录信息：与专利文献中的著录项目有关的信息。例如，专利文献著录项目中的申请人、专利权人和发明人或设计人信息；专利的申请号、文献号和国别信息；专利的申请日、公开日和（或）授权日信息；专利的优先权项和专利分类号信息；以及专利的发明名称和摘要等信息。著录项目源自图书情报学，用于概要性地表现文献的基本特征。专利文献著录项目既反映专利的技术信息，又传达专利的法律信息和经济信息。

5）战略信息：经过对上述四种信息进行检索、统计、分析、整合而产生的具有战略性特征的技术信息和（或）经济信息。例如，通过对专利文献的基础信息进行统计、分析和研究所给出的技术评估与预测报告和“专利图”等。美国专利商标局 1971 年成立的技术评估与预测办公室（OTAF）就是专门从事专利战略信息研究的专业机构。该机构在过去的几十年间，陆续对通信、微电子、超导、能源、机器人、生物技术和遗传工程等几十个重点领域的专利活动进行了研究，推出了一系列技术统计报告和专题技术报告。这些报告指明了正在迅速崛起的技术领域和发展态势，以及在这些领域中处于领先地位的国家和公司。这些报告是最重要的专利战略信息之一，它是制定国家宏观经济、科技发展战略的重要保障，也是企业制定技术研发计划的可靠依据。

（2）内容

1）专利权人的权利包括以下几个方面。

①独占实施权。独占实施权包括两方面：一是专利权人自己实施其专利的权利，即专利权人对其专利产品依法享有的进行制造、使用、销售、允许销售的专有权利，或者专利权人对其专利方法依法享有的专有使用权，以及对依照该专利方法直接获得的产品的专有使用权和销售权。二是专利权人禁止他人实施其专利的特权。除专利法另有规定的以外，发明和使用新型专利权人有权禁止任何单位或者个人未经其许可实施其专利，即为生产经营目的制造、使用、销售、允许销售、进口其专利产品，或者使用其专利方法以及使用、销售、允许销售、进口依照该专利方法直接获得的产品；外观设计专利权人有权禁止任何单位或者个人未经其许可实施其专利，即为生产经营目的制造、销售、进口其外观设计专利产品。

②转让权。转让权是指专利权人将其获得的专利所有权转让给他人的权利。转让专利权的，当事人应当订立书面合同，并向国务院专利行政部门登记，由国务院专利行政部门予以公告。专利权的转让自登记之日起生效。中国单位或者个人向外国人转让专利权的，必须经国务院有关主管部门批准。

③许可实施权。许可实施权是指专利权人通过实施许可合同的方式，许可他人实施其专利并收取专利使用费的权利。

④标记权。标记权即专利权人有权自行决定是否在其专利产品或者该产品的包装上标明专利标记和专利号。

⑤请求保护权。请求保护权是专利权人认为当其专利权受到侵犯时，有权向人民法院起诉或请求专利管理部门处理以保护其专利权的权利。保护专利权是专利制度的核心，他人未经专利权人许可而实施其专利侵犯专利权并引起纠纷的，专利权人可以直接向人民法院起诉，也可以请求管理专利工作的部门处理。

⑥放弃权。专利权人可以在专利权保护期限届满前的任何时候，以书面形式声明或以不缴纳年费的方式自动放弃其专利权。专利法规定：“专利权人以书面声明放弃其专利权的，专利权在期限届满前终止。”专利权人在提出放弃专利权声明后，一经国务院专利行政部门登记和公告，其专利权即可终止。

放弃专利权时需要注意：A. 当专利权由两个以上的单位或个人共有时，必须经全体专利权人同意才能放弃；B. 专利权人在已经与他人签订了专利实施许可合同许可他人实施其专利的情况下，在放弃专利权前应当事先得到被许可人的同意，并且还要根据合同的约定，赔偿被许可人由此造成的损失，否则专利权人不得随意放弃专利权。

⑦质押权。根据担保法，专利权人还享有将其专利权中的财产权进行出质的权利。

2）专利权人的义务。依据专利法和相关国际条约的规定，专利权人应履行的义务包括以下两方面。

①按规定缴纳专利年费的义务。专利年费又叫专利维持费。专利法规定，专利权人应当自被授予专利权的当年开始交纳年费。

②不得滥用专利权的义务。不得滥用专利权是指专利权人应当在法律所允许的范围内选择其利用专利权的方式并适度行使自己的权利，不得损害他人的知识产权和其他合法权益。

（3）专利权的保护期限、终止和无效宣告

1）专利权保护期限。

根据1992年12月31日以前的专利申请获得的专利权，发明专利权的保护期限为15年；实用新型专利和外观设计专利权的保护期限为5年，期满前专利权人可申请续展3年。根据1993年1月1日以后的专利申请所获得的专利权，发明专利权的保护期限为20年；实用新型专利权和外观设计专利权的保护期限为10年。

保护期限均自申请日起计算。此处所指的“申请日”，不包括优先权日。对于享有优先权的专利申请，其专利权的保护期限不是自优先权日起计算，而是自专利申请人向专利行政部门提交专利申请之日起计算。

2）专利权的终止。

专利权终止，是指专利权因某种法律事实的发生而导致其效力消灭的情形。专利权的终止有两种情形：一是因保护期限届满而终止。即专利因其保护期限届满而终止其效力。二是专利权在保护期限届满前终止。在专利权保护期限届满前，专利权人以书面形式向国务院专利行政部门声明放弃专利权。专利法规定，专利权人以书面形式声明放弃专利权的，专利权在期限届满前终止；在专利权的保护期限内，专利权人没有按照法律规定交纳年费的，专利权在期限届满前终止。

专利权在期限届满前终止的，由国务院专利行政部门在专利登记簿和专利公报上登记和公告。专利权终止日应为上一年度期满日。

3）专利权的无效宣告。

专利权无效宣告，是指自国务院专利行政部门公告授予专利权之日起，任何单位或个人认为该专利的授予不符合专利法规定条件的，可以向专利复审委员会提出宣告该专利无效的请求。专利复审委员会应对这种请求进行审查，作出维持专利权或宣告专利权无效的决定。

根据专利法及其实施细则的规定，请求宣告专利权无效的理由有如下几种：

①授予专利权的发明创造符合专利法第 5 条的规定，即违反国家法律、社会公德或者妨害公共利益；

②授予专利的发明或者实用新型不符合专利法第 22 条关于新颖性、创造性和实用性的规定；授予专利的外观设计不符合专利法第 23 条关于新颖性的规定；

③授予专利权的发明或者实用新型不符合专利法第 26 条第 3 款或者第 4 款的规定，即专利说明书没有作出清楚完整的说明，致使所属技术领域的普通技术人员不能实施，或者权利要求书得不到说明书的支持；

④发明或者实用新型专利申请文件的修改超出了原说明书和权利要求书记载的范围，外观设计专利申请文件的修改超出了原图片或者照片表示的范围；

⑤授予专利权的发明或者实用新型属于专利法第 25 条规定的不授予专利权的对象；

⑥授予专利权的发明创造不符合专利法实施细则第 2 条对发明、实用新型或者外观设计所作的定义性规定；

⑦授予专利权的发明创造不符合专利法实施细则第 12 条第 1 款的规定，即就同样的发明创造重复授权；

⑧申请人主体不合格。

（4）专利权的客体

专利权的客体就是专利法保护的对象，也就是依照专利法授予专利权的发明创造。

我国《专利法》第 2 条规定："本法所称的发明创造是指发明、实用新型和外观设计。"因此，专利权的客体应该是发明、实用新型、外观设计三种专利。

2. 国际专利分类表

IPC 是用于专利文献分类的等级列举式分类法，又译作《国际专利分类表》。1951 年法国、联邦德国、英国和荷兰等国的专利专家组成分类法工作组，共同编制国际通用的专利分类法。1968 年该分类表分别用英文和法文同时出版。此后，美国、日本等国也陆续参加推广工作，成立扩大的 IPC 联合会，并由世界知识产权组织主持修订工作，1974 年、1979 年、1985 年和 1989 年分别出版第 2 ~ 第 5 版。各版都编有索引。IPC 有德、日、俄、西班牙、葡萄牙等文种的译本，第 2 版以后的各个版本都有中文译本。

（1）体系结构

IPC 将与发明专利有关的全部技术内容按部、分部、大类、小类、主组、分组等逐级划分，组成完整的等级分类体系。全表共分8个部，20个分部，以9个分册出版。第1~第8册为分类详表，第9册为使用指南及分类简表（至主组一级）。

（2）标记符号

IPC的部（一级类）用A~H表示。分部仅是分类标题，未用标记。大类号由部的类号加两位数字组成。小类号由部号、大类号及大写字母组成。主组号由小类号再加两位数字组成。分组类号是在主组类号之后加斜线再加2~5位数字。例如，“A43D95/16制鞋用的擦亮工具”（分组）属“生活必需品”部（部号为A），“鞋类”大类（大类号为A43），“机械、工具、设备、方法”小类（小类号为A43D），“鞋精加工机械”主组（主组号为A43D95）。

（3）分类原则

《国际专利分类法》将科学发明和专利的技术主题尽量作为一个整体，或按功能分类，或按应用分类，而不是将它的各组成部分分别分类。

到20世纪80年代末，世界上已有50多个国家和地区在出版的专利文献中标注IPC分类号。其中标注至分组级的有36个国家、1个国际组织和1个地区性组织。标注至小类一级的有11个国家和1个地区性组织。中国自1985年4月1日起在出版的专利文献上标注IPC分类号。

7.4.2 国外网络专利信息资源

世界知识产权检索WIPS（Worldwide Intellectual Property Search），又称WIPS专利检索与分析数据库。

WIPS世界知识产权检索株式会社（WIPS Co.，Ltd）成立于1999年，总部位于韩国首尔。

WIPS中包含1亿多项专利，它发展了数据库修正、检索系统方面的技术，将它的领域扩大到提供非在线专利信息检索和分析。

WIPS专利数据的覆盖范围包括：日本专利（JP Publ. 和PAJ）、美国专利（US Publ. 和US Grant）、欧洲专利（EP-A和EP-B）、世界知识产权组织出版的专利PCT、国际专利文献中心出版的专利（INPADOC）、韩国专利（KR Publ. 和KPA）、中国专利（CN PAT）和包含了英国、德国、法国以及瑞士专利的数据库（G-PAT）。

WIPS提供General Search、Advanced Search、Number Search、Step Search和Integrated Search等5种不同的检索模式，通过WIPS各个不同参数的设置，用户可以比较容易地查找到相关专利信息，可以选择相关专利查看其详细信息，如专利申请人、申请日期、摘要、代表性图形、法律状态、专利引用情况和专利家族等。如提供专利引证分析图、专利相关申请地图等，这些信息可以更形象地展示专利的发展情况。WIPS还提供线下分析工具Thinklear，使用户可以对下载的数据进行深加工，从而获得更多诸如技术分割、企业投资方向、竞争对手的研究重点等重要情报，从而为企业的研发决策提供重要依据。

7.4.3 国内网络专利信息资源

1. 中国专利信息网

中国专利信息网（China Patent Searching Information）是由国家知识产权局专利检索咨询中心主办的，该网站可以检索中国专利，并提供文摘，同时还提供了与专利有关的多种信息，如专利转让、专利法规、专利代理机构等。

（1）检索服务项目

1）查新检索：对已申请专利但尚未授权的技术，或尚未申请专利的完整技术方案或申报项目，如国家863、973项目、国家发明奖、专利金奖、CCTV创新盛典等重点项目进行世界范围的专利检索和非专利文献检索，评价该技术的新颖性和创造性，出具检索报告，并提供对比文献的全文。

2）专题检索：根据客户的要求，针对某企业或某技术进行世界范围的专利检索，出具检索或技术分析报告，并提供检索出的相关专利的全文。

3）授权专利检索：对已授权的专利进行检索，评价该专利的新颖性和创造性，出具检索报告，并提供对比文献的全文。

4）香港短期专利检索：根据客户提供的专利申请文件或完整的技术方案进行检索，对检索出的相关文献的类型作出评价，并出具检索报告，由香港特别行政区知识产权署根据报告中相关文献的类型作出是否给予登记注册香港短期专利的决定。

5）法律状态检索：检索各国专利的法律状态，得到专利目前是否有效等信息，为企业合并、合资等决策提供帮助；发现有价值的“过期专利”，既可以降低企业的研发成本，又可以增加企业的效益。

6）同族专利检索：检索同一主题的技术在哪些国家或地区申请了专利，以确定这一技术的区域保护范围，了解专利权人的市场动向，同时得到这一技术的区域分布的空白点，为企业的产品出口等决策提供参考信息。

7）跟踪检索：根据客户的要求，对某技术、某企业的国内外专利进行定期检索，并提供检索出的相关专利的全文，使客户实时掌握最新的专利信息，了解相关技术的发展动向；有利于研发人员正确地运用专利技术加快创新开发，激发研发团队产生新的创意，及时调整研发方向。

8）国际联机检索：使用国际商业数据库，对生物、医药和化学领域的相关技术进行检索，可使用化学结构式、化合物名称和CAS登记号等作为检索条件。

（2）检索数据库

1）中国专利文献数据库。

2）WPI（世界专利索引数据库）。该数据库收录了世界上40多个国家和两个组织的一千多万个基本发明专利，数据可回溯至1963年。它提供了高附加值的专利文献标引与索引，专利的名称和摘要全部由德温特的技术专家重新撰写，系统、严格地增加了专利权人代码，将母公司和子公司整合到一个专利权人代码中，使针对专利权人的统计更加准确。它除了采用IPC国际专利分类进行标引之外，还采用德温特独特的手工代码分类进行标引，使分类标引具有非常高的一致性。该数据库还将同族专利合并成一条记录，形成专利家族式的全记录，以避免出现重复项，使用户对某项专利技术的全球申请情况一目了然。该数据库是世界上最权威的数据库之一。

3）欧洲专利文献数据库。

4）PAJ（日本专利英文文摘数据库）。

5）中国期刊网全文数据库。

6）国家图书馆非专利期刊。

7）Dialog系统。该系统是目前世界上最大的国际联机情报检索系统，有600多个数据库，文献量超过3亿多篇。该数据库的专业范围涉及综合性学科、自然科学、应用科学和工艺学、社会科学和人文科学、商业经济和时事报道等。

8）STN系统。该系统是由德国卡尔斯鲁厄专业情报中心（FIZ）与美国化学会（CAS）以及日本国际化学情报协会（JAICI）三家合作于1983年建立的一个国际性情报检索系统，是世界上最权威的科技信息联机检索系统，拥有200多个数据库。该系统具有先进的技术信息检索手段，除一般检索方法外，还可以对复杂的化学结构图形信息和基因序列信息进行检索。

国家知识产权局专利检索咨询中心具备优秀的、世界一流的检索数据资源和分析软件，并拥有一批涵盖各技术专业的资深检索专家和分析专家，为社会各界提供有关专利及科技文献的分析服务，具体服务项目如下。

（1）专利技术的定量分析

专利技术的定量分析是指利用数理统计、科学计量等方法对专利技术信息进行加工整理和统计分析的一种信息分析方法。定量分析可以使人们对专利技术信息的认识进一步精确化，以便更加科学地揭示专利技术的产生和发展规律，把握本质，理清关系，预测发展趋势。

1）针对国内专利数量和技术要素的统计分析项目。

①趋势分析。通过对专利的申请数量和年代的统计分析，得出该领域技术的总体发展历程和发展趋势；同时，可以了解该领域技术的申请人和发明人数量的历年变化情况，为分析者全面掌握该领域技术的总体走向提供帮助。

②技术领域分析。通过对技术分类（通常为IPC分类）的统计分析，得出重点技术，以及重点技术的发展趋势；了解哪些国家、企业处于某技术分类的前沿，了解在某技术分类上有多少企业在关注，该技术为分析者确定其技术投入的方向提供依据。

③区域分析。统计分析不同国家在我国提交专利申请的状况，得出哪些国家或地区在该领域占据优势地位，也可以据此判断我国与国外相比在该领域内的技术优势或劣势。

④竞争对手分析。通过对专利申请人的申请数量、申请的技术分类、申请区域、申请年代等指标的统计，找出主要竞争对手，并获得主要竞争对手申请专利的年代范围、专利相对产出率、竞争对手的竞争力强弱、主要技术构成、技术研发重点、近期申请专利的活跃程度等信息，了解竞争对手在不同区域专利申请的多寡及其申请保护策略，了解该领域技术的垄断情况等信息。通过分析，可以为避免权利纠纷、要求专利许可、寻找合作伙伴、调整经营策略等方面提供有益的帮助。

⑤技术人才分析。针对发明人的申请专利情况进行统计，找出该领域的主要技术人才，了解发明人的技术研发重点及其技术特长，为分析者了解业内的技术发展方向、寻找优秀的研发伙伴及引进人才提供帮助。

⑥申请类型分析。针对国内专利的申请类型（发明、实用新型、外观）进行统计，了解该检索结果集中专利的技术含量和专利权的稳定性。

2）针对国外专利数量和技术要素的统计分析项目。

①趋势分析。通过对专利的申请数量和年代的统计分析，得出该领域技术的总体发展历程和发展趋势；同时，可以了解该领域技术的申请人和发明人数量的历年变化情况，为分析者全面掌握该领域技术的总体走向提供帮助。

②技术领域分析。通过对技术分类（通常为IPC分类）的统计分析，得出重点技术，以及重点技术的发展趋势；同时，了解在不同IPC技术分类上有多少申请人在关注该技术，为分析者确定其技术投入的方向提供决策依据。

③区域分析。对某领域技术的国家/地区分布进行统计分析，得出拥有该领域技术的优势地区和薄弱地区，为分析者研究和制定自己的区域申请及保护策略提供帮助；了解在该领域技术内不同区域历年专利申请的变化情况，得出不同国家（地区）历年对该技术的重视程度；同时，通过区域分析，可以了解在某区域内技术的领先者、在某区域内技术的研发重点等信息。

④竞争对手分析。通过对专利申请人的申请数量、申请的技术分类、申请区域、申请年代等指标的统计，找出主要竞争对手，并获得主要竞争对手申请专利的年代范围、专利相对产出率、竞争对手的竞争力强弱、主要技术构成、技术研发重点、近期申请专利的活跃程度等信息，了解竞争对手在不同区域专利申请的多寡及其申请保护策略，了解竞争对手在技术分类上历年的变化和每年的技术侧重点，了解该领域技术的垄断情况。通过分析，可以为避免权利纠纷、要求专利许可、寻找合作伙伴、调整经营策略等方面提供有益的帮助。

⑤技术人才分析。针对发明人申请专利的情况进行统计，找出该领域的主要技术人才，了解发明人的技术研发重点及其技术特长，为分析者了解业内的技术发展方向、寻找优秀的研发伙伴及引进人才提供帮助。

⑥专利地图（参见《专利地图示例》）。通过对检索结果集进行文本聚类分析，得出直观的专利地图，通过专利地图可以研判专利的技术热点、申请人的技术分布，以及技术热点随年代的变迁等信息。

专利地图示例：

通过对检索结果集中的技术性词语进行词频统计和文本聚类分析，得出直观的专利地图，地图形式类似于等高线地图（图7-1和图7-2）。在地图上，一个点代表一件专利文献，两个点之间的距离代表这两篇专利的技术相关程度，距离越

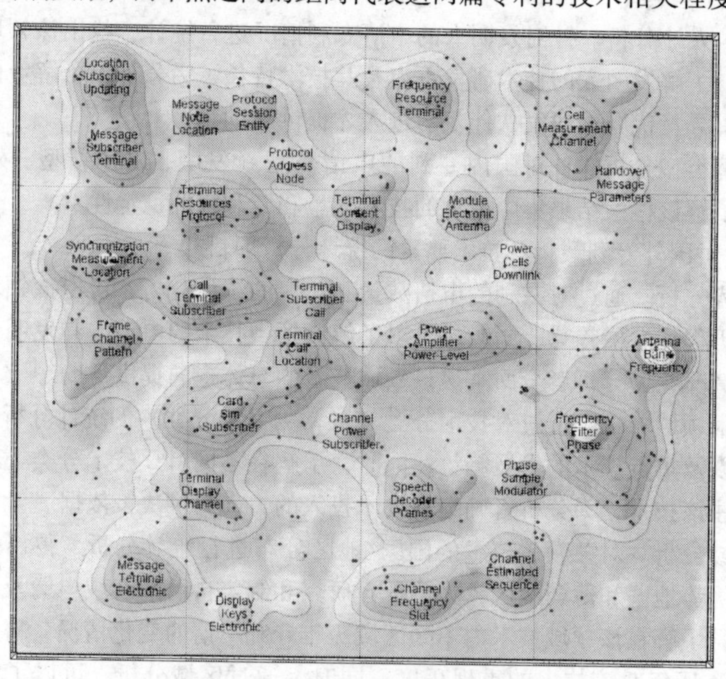

图7-1　某技术领域的专利地图

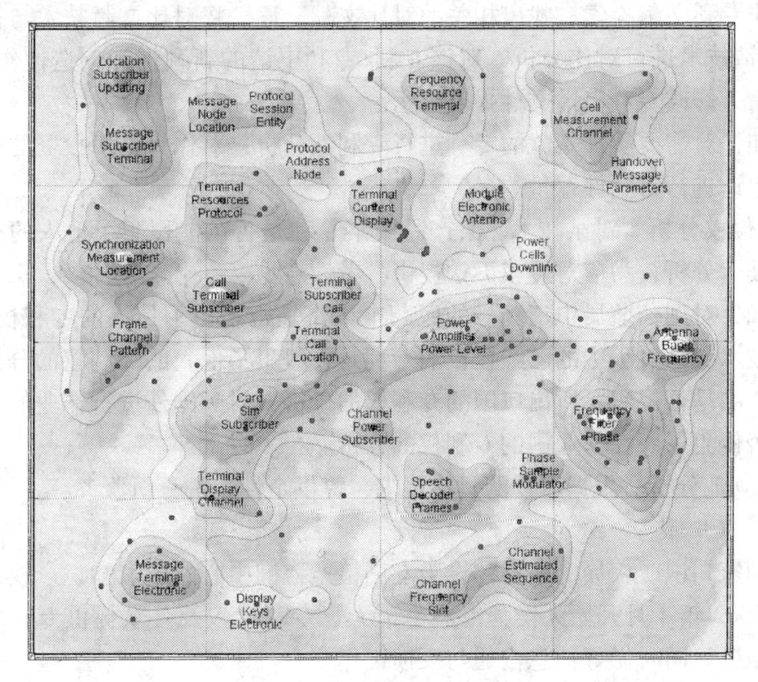

图 7-2 某技术领域的专利地图

近，表明技术相关度越高；主题相近的专利文献聚在一起形成山峰，峰顶用三个关键词标识出技术主题；地图中以白色表示最高峰，说明涉及该技术主题的专利申请量最多，是研发中的热点技术。点击地图上的点或等高线，即可保存或浏览相关的专利文献。

通过专利地图可以研判专利技术的总体分布、技术热点、申请人的技术图分布，以及技术热点随年代的变迁等信息。

⑦引证分析（参见《引证分析示例》）。分析某一专利的引用及被引用情况，得出该专利技术的走向、研发周期、专利围剿情况，以及发现潜在的竞争对手或侵权的可能。另外，通过引证分析可以找出核心专利技术。

⑧技术关系分析。通过对技术分类以及技术分类之间相互关系的分析，对实现某技术效果所对应的技术分类作进一步的了解，并找出技术空白点，为研发人员提供启示。

（2）专利技术的定性分析

专利技术的定性分析是指对专利技术信息的内在特征进行研究和探讨，即在通过阅读对比文献的具体技术内容后，将对比文献中的技术与目标技术进行对比分析。

1）专利性分析。针对目标专利/专利申请进行分析，进行世界范围内的专利检索和非专利文献检索，找出相关的对比文献，逐一将对比文献技术与目标专利/专利申请技术进行对比分析，对该专利/专利申请的新颖性和创造性作出评价，并为申请人修改专利申请文件提供启示。

例如，对需要质押贷款的专利进行专利性分析；对作为技术投资的尚未授权的专利申请进行专利性评价。

2）侵权分析。对某技术、某产品或某专利是否可能侵犯了他人的有效专利权进行技术分析，为应对侵权诉讼提供参考性意见。

例如，对到药监局申请药号的医药申请作是否侵犯了他人的专利权的分析；对专利技术交易过程中的已经授权的专利是否侵犯了他人的专利权的分析；对我国出口产品是否侵犯了所出口国的专利权的分析；对到国外进行作业的我国技术设备是否侵犯了所在作业国的专利权的分析。

3）其他分析。根据客户的具体要求，提供个性化的分析服务。

（3）客户服务

受国家知识产权局的委托，设于专利检索咨询中心的国家知识产权局信访咨询室于2002年4月开始无偿为专利申请人、专利权人及公众提供专利政策与事务咨询服务，同时做好信息沟通与反馈工作。

目前，客服中心无偿提供以下四种形式的对外咨询服务：电话咨询、当面咨询、网站咨询和信函咨询。

电话咨询采用先进的计算机网络、数据库与电信集成（CTI）技术，通过咨询热线010－62356655为公众提供及时、周到、全面和人性化的服务，申请人、专利权人及公众在工作日拨打该电话即可得到人工咨询服务，在工作日的非工作时间及节假日拨打该电话将得到自动语音咨询服务。

申请人、专利权人及公众还可到国家知识产权局专利局受理大厅与咨询员进行面对面的咨询。

申请人、专利权人及公众可以通过知识产权政府门户网站（www. sipo. gov. cn）首页的“咨询台”栏目，提交咨询问题，获得咨询服务。

客户服务中心对收到的每封业务咨询信函都将给予认真回复，通信地址为：北京市海淀区蓟门桥西土城路6号，国家知识产权局客户服务中心，邮编为：100088。

目前咨询服务已经成为国家知识产权局联系社会、服务公众的重要渠道，成为联系广大申请人与知识产权管理部门的桥梁和纽带，赢得了社会公众的广泛赞誉①。

---

① http：//www. patent. com. cn/.（accessed 5 Apr 2009）

2. 上海专利技术信息网

中国每年申请专利的项目有几十万个，但大多数专利成果难以转化为生产力，有很多实用价值高的好专利、好项目没有得到实施，究其原因，是由于专利单位或专利权人的宣传推广不足，致使专利发明人的智慧和技术得不到应用。但是，很多生产厂家又需要技术改进和专利创新，很多融资机构也在寻找有发展前景的专利项目投资开发，上海专利技术信息网（http：//www. shpatent. net/）就是为广大专利发明人和生产厂家而架起的一座互助互利的桥梁。

上海专利技术信息网依托上海经济和技术飞速发展的良好环境和条件，加大宣传知识产权的力度，促进专利技术的实施，收集和筛选实用价值高、发展前景广阔的专利项目向融资机构和生产厂家推荐，将入选的专利项目按技术领域分类编排，制作独立的网页，长期在网站上发布宣传，并列入相关数据库供公众免费上网搜索、查询。

上海专利技术信息网主办三年来，开设了“项目转让”、“重点推荐”、“融资在线”、“厂家需求”、“商标展示”、“专利实施成功项目”、“发明之路”、“如何转让专利”、“如何保护专利”等栏目，很受专利发明人和生产厂家的重视，上网人次已达到了十几万人，为加快专利技术的实施作出了贡献①。

上海专利技术信息网网站的栏目如表7-3所示。

表7-3 上海专利技术信息网网站栏目表

栏目	刊登内容
项目转让	登录专利发明人的姓名、学历、专业、职务、联系方式、发明创造和专利项目的创新特点及实用前景、投产条件、合作或转让开发的方法和需要引进资金的额度等信息资料
重点推荐	在近期登录的项目转让专利技术中筛选出实用价值高、发展前景广阔的项目向融资机构和生产厂家推荐，刊登专利资料及产品图片、单位或发明人的图片1~3张，此栏目与融资机构的“融资在线”栏目并列展出，为专利发明人和生产厂家、融资机构架起一座互助互利的桥梁
融资在线	刊登提供风险投资开发的融资机构及其投资意向及合作方式，还有专利发明人如何向融资机构申请融资的方法及途径
厂家需求	刊登生产厂家需要的技术改进和专利创新项目及厂家的联系方法，便于发明人与厂家直接联系

① http：//www. shpatent. net/jieshao. htm. （accessed 5 Apr 2009）

续表

栏目	刊登内容
专利分类	将刊登在上海专利技术信息网上的专利资料按技术领域分类编排，制作独立的网页，并列入相关数据库供公众免费上网搜索、查询
发明论坛	为专利发明爱好者和专利发明人创建一个互相交流、互相讨论、互相协作、互相帮助、互相联系的论坛
发明教室	刊登申请专利的手续、费用、机构、法规和如何书写专利申请说明书、权利要求书及相关文件的范例及解释说明
案例剖析	刊登有关专利侵权或专利保护的案例剖析，说明专利文件中权利要求书和说明书对专利权保护的影响，为专利发明人提供一些借鉴
专利法规与新闻	刊登国家对于专利技术的申请、实施及保护的政策法规和有关专利信息的新闻资料
专利实施成功项目	专利发明人将专利技术转化成产品和生产力，必须掌握一些转让和实施专利的方法。请成功实施专利的专利发明人为大家详述如何实施和开发专利项目的过程，给正在从事专利发明事业的发明人一些启示和帮助
如何申请专利	如何申请专利，如何撰写专利申请书及相关申请文件，申请专利的手续及费用，申请专利的注意事项
如何转让专利	持有专利的单位或专利发明人如何加快技术转让的速度，如何签订专利实施许可合同，专利转让的注意事项
如何保护专利	如何加强自身保护，维护专利不被他人侵权，如何进行专利申请监视，在专利被侵权时，应采取什么措施保护专利权
如何完善专利	如何查找自己的专利项目所属技术领域的发展状况，改进一些存在的问题和漏洞，进一步完善和提高专利技术，防止他人突破专利而造成自身的损失

7.5 其他网络科技信息资源

7.5.1 电子图书

1. 超星数字图书馆

(1) 超星数字图书馆简介

超星数字图书馆（http：//www. ssreader. com/）开通于1999年，向互联网用户提供数十万种中文电子书免费和收费的阅读、下载、打印等服务，同时还向所有用户、作者免费提供原创作品发布平台、读书社区、博客等服务。

（2）超星数字图书馆的特点

1）海量电子图书资源。该图书馆提供了丰富的电子图书阅读，其中包括文学、经济、计算机等几十余大类，并且每天仍在不断地增加与更新；还专门为非会员构建和开放免费阅览室，为目前世界上最大的中文在线数字图书馆。

2）阅读方便与快捷。该图书馆的图书不仅可以直接在线阅读，还提供下载（借阅）和打印；多种图书浏览方式、强大的检索功能与在线找书专家的共同引导，帮助读者及时准确地查找阅读到书籍；书签、交互式标注、全文检索等实用功能，让读者充分体验到数字化阅读的乐趣；24 小时在线服务永不闭馆，读者只要上网即可随时随地进入超星数字图书馆阅读到图书，不受地域和时间的限制。

3）先进的技术依托。先进、成熟的超星数字图书馆技术平台和"超星阅览器"，给读者提供了各种读书所需功能；专为数字图书馆设计的 PDG 电子图书格式，具有很好的显示效果，适合在互联网上使用；"超星阅览器"是国内目前技术最为成熟、创新点最多的专业阅览器，具有电子图书阅读、资源整理、网页采集、电子图书制作等一系列功能。

4）三十万作者授权。本着"尊重知识，尊重版权"的原则，超星数字图书馆在国内首家提出了一套电子书的版权，解决方案，并大规模地开展与作者和出版社的签约授权工作。经过不懈的努力，至今为止已经有三十万位作者同意将自己的作品授权给超星数字图书馆。

5）庞大的用户群，周到的服务。数百万的注册用户遍布世界各地，涉及全国各省区、行业、高校、科研机构的各界人士；节假日不休息的在线技术客服人员通过客服热线电话、在线论坛、电子邮件等为读者随时解答疑问。

（3）会员怎样阅读图书

免费阅览室的阅读步骤：进入免费阅览室→查找所需图书→点击"阅览器阅读"或"IE 阅读"浏览图书。

会员图书馆的阅读步骤：进入会员图书馆→订阅会员服务→查找所需图书→点击"阅览器阅读"或"IE 阅读"浏览图书。

电子书店的阅读步骤：进入电子书店→查找所需图书→付费购买成功→点击"阅览器阅读"或"IE 阅读"浏览图书。

友好提示：阅览器阅读需要下载、安装超星阅览器；在进行 IE 阅读时，自动下载 IE 阅读插件，若不能自动下载，请点击下载。

（4）超星阅览器

阅读超星数字图书馆图书需要下载并安装专用的阅读工具——超星阅览器

(ssreader)。除阅读图书外，超星阅览器还可用于扫描资料、采集整理网络资源等，其主界面如图 7-3 所示。

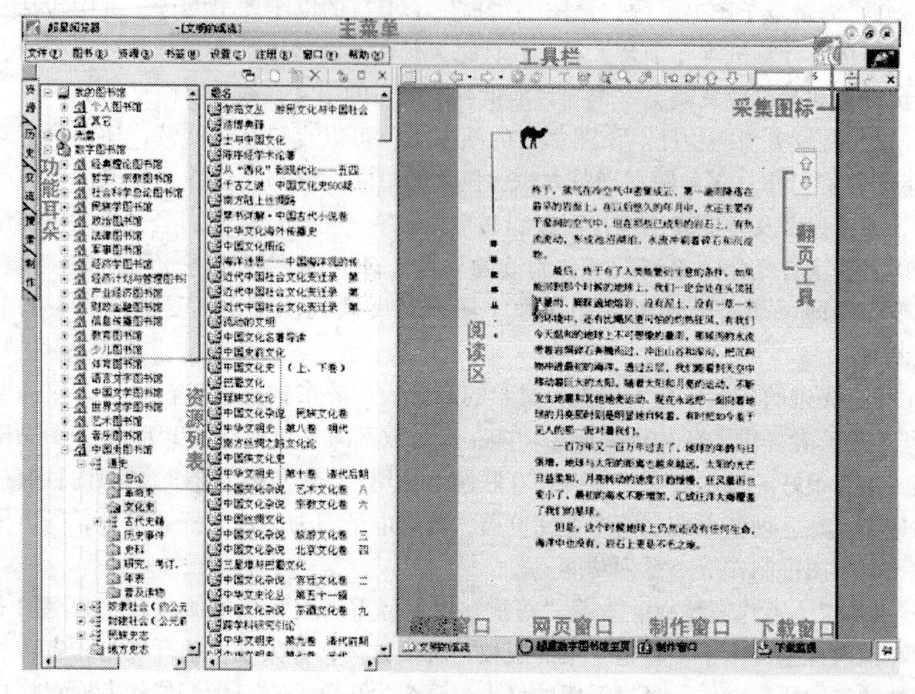

图 7-3　超星阅览器主界面

主菜单：包括超星阅览器所有的功能命令，其中“注册”菜单是提供给用户注册使用的，“设置”菜单是给用户提供相关功能的设置选项。

功能耳朵：包括“资源”、“历史”、“交流”、“搜索”、“制作”。

1）“资源”。资源列表提供给用户数字图书及互联网资源，具体使用查看“资源管理”。

2）“历史”。用户通过阅览器访问资源的历史记录，具体使用查看“历史”。

3）“交流”。用户通过在线超星社区进行读书交流、问题咨询和找书帮助。

4）“搜索”。用户通过此窗口可以在线搜索书籍。

5）“制作”。用户可以通过制作窗口来编辑制作超星 pdg 格式的电子书，具体使用查看“制作”。

工具栏：指快捷功能按钮采集图标，用户可以拖动文字图片到采集图标，方便地收集资源。具体使用方法查看“主要改进”。

翻页工具：用户在阅读书籍时，可以快速翻页。

各窗口功能如表 7-4 所示。

表7-4　超星阅览器主界面各窗口功能

阅读窗口	书籍阅读窗口
阅读窗口	阅读超星PDG及其他格式图书窗口
网页窗口	浏览网页窗口
制作窗口	制作超星Ebook窗口
下载窗口	下载书籍窗

(5) 会员图书馆

1）会员图书馆提供什么样的服务？会员图书馆提供数十万种图书（包含免费阅览室和绝大多数电子书店）的在线阅读、借阅下载等服务。会员图书馆现有14个主题馆，它们分别是：工业技术主题馆、医学主题馆、计算机通信主题馆、经济管理主题馆、建筑交通主题馆、社会科学主题馆、数理化主题馆、文化艺术主题馆、教育主题馆、历史地理主题馆、文学主题馆、自然科学主题馆、语言文字主题馆、哲学宗教主题馆。用户可以订阅一个或几个自己喜欢的主题馆，成为普通会员；也可订阅所有的主题馆，成为VIP会员。

2）我能看会员图书馆的书吗？如果您喜欢某一个主题馆的图书，请先订阅该馆的服务，或者成为VIP会员，否则您将无法阅读会员馆的图书。

3）我该订阅哪个主题馆？主题馆是按照不同的专业、不同的需求划分的，用户可根据自己的专业、爱好来选择需要的主题馆，比如，若您是一个医学工作者，则可以选择医学主题馆；若您爱好天文，则可选择自然科学主题馆。订阅了VIP会员服务，您就可以阅读所有主题馆的全部图书。①

2. 读秀知识库

"读秀知识库"是由海量图书等文献资源组成的庞大的知识系统，是一个可以对文献资源及其全文内容进行深度检索，并且提供全文传送服务的平台。读秀现收录了228万种中文图书题录信息，占已出版的中文图书的95%以上，可搜索的信息量超过6亿页。读秀图书搜索是一个面向全球的图书搜索引擎，上网用户可以通过读秀对图书的题录信息、目录、全文内容进行搜索，进行图书封面页、目录页、正文十七页的试读；用户还可以对所需内容进行文献传递，方便快捷地找到他们想阅读的图书和内容。

"读秀知识库"是由北京世纪读秀技术有限公司、自行研发的，集图书搜索及全文文献传递两大功能于一身。

① http://help.ssreader.com//#lll.（accessed10Apr 2009）

（1）“读秀知识库”的主要内容

“读秀知识库”的主要内容包括：230万种书目数据、170万种图书，可以提供近6亿多页的图书文献资料全文阅读、2亿条目次检索，年增加更新的数据在10万种以上。

（2）“读秀知识库”的三大系统

1）检索系统：拥有230多万种书目数据检索频道、2亿多条目次检索频道、170万种图书、近6亿页图书文献资料全文检索频道；

2）统一检索整合系统：整合馆藏纸质图书、电子图书的本地镜像数据库平台，并实现馆际互借等功能；

3）文献传递与参考咨询服务系统：“读秀知识库”的所有文献资料都可以实现传递与参考咨询的服务。

（3）“读秀知识库”的整合方式

“读秀知识库”整合图书馆馆藏的纸书与电子图书，与图书馆管理系统挂接，并实现馆际互借等功能，由图书馆提供馆藏纸质图书书目数据库及图书馆管理系统品牌名称。

1）提供深度检索方式：全文检索、目录检索。

①提供任一个检索结果的图书原文显示与阅读；

②在检索结果中提供显示与阅读前17页原文（封面页、前言页、目次页、版权页、正文17页等）；

③在检索结果中通过全文检索、目录检索可以显示自检索点起的12页原文(前翻2页，后翻10页)。

2）提供任一个检索结果的文献传递及参考咨询服务。

①文献传递及参考咨询服务中心提供版权范围内的文献局部使用；

②文献传递及参考咨询服务中心提供通过电子邮箱实现文献传递功能，读者只要通过服务中心填写自己的电子邮箱，服务中心便自动地将读者需要的文献资料发送到其邮箱里，读者打开邮箱就可以看到自己所需要的文献资料；

③服务中心提供图书单次、同一个邮箱、同一天不超过50页、单篇文章（6页）的文献传递，同一本文献、同一个邮箱一周内累计咨询量不超过整本的20%；

④所有文献传递咨询的有效期为1个月；

⑤并提供OCR汉字识别与图像剪切等功能。

（4）访问无并发用户数限制

（5）“读秀知识库”的使用方法

1）书目检索。读者可以选择全部字段、书名、作者三个检索字段搜索图书，在搜索结果页面点击图书封面或书名，即可以阅读图书的正文内容和查阅图书的详细信息。书目检索结果除显示所有与关键词相关的图书信息外，还可以深入到图书目录，读者点击目录，就能够直接阅读该目录对应的原文首页。

2）目录检索。读秀目录搜索结果显示所有包含关键词的目录及相关信息。读者点击检索结果页面中的目录名，即可以阅读围绕该检索点所在页的12页原文（前翻2页，后翻10页点击“来源”，可以直接查看该目录所属的图书信息）。

3）全文检索。读者若使用书目检索和目录检索均没有找到相关资料，可以扩大检索范围，使用全文检索，深入图书全文中查找信息。全文检索结果以章节的形式显示，读者点击章节名，即可以阅读围绕该检索点所在页的12页原文（前翻2页，后翻10页，检索结果同时显示关键词所在章节的信息，如来源、页码等。

注意：

1）对于每本书原文的目录页、前言页、版权页、正文前17页，读者均能直接阅读；对于超过17页的部分，读者需要通过文献传递的方式进行阅读。

在全文检索中，读者在检索点可阅读图书的12页（可前翻2页，后翻10页）。此阅读方式是JPG格式直接阅读，不需要任何软件。

2）PDG阅读与E-mail回复阅读是IE插件阅读，需要下载IE阅读组件，点击下载或刷新就可以，并在下载完后进行安装。

3）文献传递提供版权范围内的部分全文，同一本图书单次文献传递不超过50页，一周累计文献传递量不超过整本的20%。

4）文献传递的有效期为20天，超过20天，读者邮箱中文献传递的链接将无法打开。

7.5.2　电子报纸

1. 人民网的电子报纸

（1）人民日报电子版

《人民日报》周一至周五每日出对开16版，1~4版为新闻版，5~12版为深度报道版，13~16版为周刊、专版；周六和周日每日出对开8版，1~4版为新闻版，5~8版为专版。新闻版实行采编分开，以突出时效性和新闻性；深度报道版实行采编合一，以政治、经济、文化、科技、国际等方面的报道为主；周刊、专版开辟了5种周刊和其他丰富多彩的专版。

（2）人民日报海外版电子版

《人民日报》（海外版）是中国共产党中央委员会的机关报，创刊于1985年

7月1日，是中国对外开放最具权威的综合性中文日报，是海外了解中国、中国了解世界的窗口，是沟通海内外交流与合作的纽带和桥梁。

《人民日报》（海外版）公开向国内外发行，在北京编辑，发行到世界80多个国家和地区。周一至周五出对开8版，周六出4版，周日无报。

（3）环球时报电子版

《环球时报》（原名《环球文萃》）创刊于1993年1月3日，由人民日报社主办，是中国最具权威性的国际新闻报纸。从2006年1月起，《环球时报》改为日报（周一至周五出版），周一至周四16版，周五24版。

《环球时报》在世界75个国家和地区驻有350多位特派、特约记者。该报刊发的文章受到了党和国家领导人的高度重视，并引起了国内外媒体的广泛关注。

（4）京华时报电子版

《京华时报》是由人民日报社主管的一份全新的新闻类综合性都市日报，面向北京地区发行，于2001年5月28日正式创刊。

《京华时报》创刊时为4开32版彩报，2002年3月15日扩至4开48版彩报，刊发市民最为关注的新闻，提供市民最为关心的资讯，荟萃市民最为欣赏的娱乐。①

2. 经济日报

《经济日报》（http：//www. people. com. cn/）是由国务院主办、中宣部领导和管理的、以经济宣传为主的综合性、全国性的中央级党报，是党中央、国务院指导经济工作的重要舆论阵地，在国内外读者中具有广泛的影响力。2004年的《经济日报》实行全新改版，舒朗大气，清新典雅，更加方便读者阅读；每周84块版面的容量，可以使读者洞察宏观经济大势，了解微观经营动态。准确客观、深度权威是《经济日报》的核心品质，关注时代、贴近市场是《经济日报》的重要特征。

3. 南方日报电子版

《南方日报》是中共广东省委机关报，1949年10月23日创刊于广州，是南方日报报业集团的旗舰媒体，其在50多年的发展历程中，一直在广东省报业担当龙头的角色。特别是近10年来，《南方日报》以其不可替代的权威性和公信力，确立了华南地区主流政经媒体的地位，拥有以行政人员、商人和专业人士为主体的读者群，成为广东唯一主打高端读者群的高品位大报。

---

① http：//www. people. com. cn/.（accessed 15 Apr 2009）

2002年，中国加入世界贸易组织。同年8月6日，南方日报报业集团为配合集团报业全面扩张的需要，决定调集集团一批办报精英，全面改版《南方日报》，采用符合国际潮流的版式外观和高品位的政经报道，为华南地区的高端读者度身订造一份区域性国际化的权威政经大报。这是国内第一家明确以服务高端读者为主的高品位综合日报，它率先在入世大背景下进行了中国党报改革的新探。

7.5.3　学位论文

1. 国内学位论文查询

(1) 中国学位论文全文数据库（万方）

万方中国学位论文全文数据库（1977～2007年）收录了自1980年以来我国自然科学领域的博士、博士后及硕士研究生论文，其中全文60余万篇，每年稳定新增15余万篇。

1）万方学位论文全文数据库使用指南简介。《中国学位论文全文数据库》由万方数据股份有限公司制作发行。该数据库精选相关单位1977年以来的博硕论文，截至2006年底，共收录了博硕士论文58万多篇，内容涵盖自然科学、数理化、天文、地球、生物、医药、卫生、工业技术、航空、环境、社会科学、人文地理等学科。

2）各功能区介绍。该数据库的检索方式包括初级检索、高级检索、全库浏览、分类检索。

初级检索的检索界面实际上与CNKI和VIP的高级检索界面相同。在这个检索界面，读者既可作单一检索，也可作组合检索。不管选择哪个检索字段，在未输入任何检索词的情况下点击“检索”，都可浏览全库论文列表，完全等同于“浏览全库”的检索方式。

万方数据库设置的高级检索，不同于CNKI和VIP的“高级检索”，它实际上是一种完全采用书写检索式的检索。如对作者为“莫祖栋”、导师为“刘子建”、作者专业为“机械设计及理论”的论文的检索式是：莫祖栋*刘子建*机械设计及理论。

全库浏览即查看所有论文列表，与在初级检索界面不输入任何检索词的情况下直接点击“检索”所得的结果是相同的。

分类检索是根据数据库所设置的学科类别进行的检索。大类设有人文、理学、医药卫生、农业科学、工业技术五大类，每大类下又设置若干小类，直接点击即可。

匹配方式有模糊、精确、前方一致。如选择“模糊”，则表示无论词的位置怎样，只要检索项中出现（包含）该词即可。如限定在“关键词”字段检索有关“基因”的文献，则既包括“基因”，也包括“＊基因”或“基因＊”的关键词。如选择“精确”，则表示检索结果与检索词完全相同。如限定在作者字段检索“张三”的文献，就不会出现“张三丰”的文献。如选择“前方一致”，则表示检索结果的前半部分（从第一个字符开始）与检索词完全相同。

（2）国家图书馆学位论文检索

国家图书馆学位论文收藏中心是国务院学位委员会指定的全国唯一负责全面收藏和整理我国学位论文的专门机构，也是人事部专家司确定的唯一负责全面入藏博士后研究报告的专门机构。自建成以来，国家图书馆收藏博士论文近12万篇，此外，它还收藏有部分院校的硕士学位论文、台湾博士学位论文和部分海外华人华侨的学位论文。

通过馆藏目录可查看具体某本学位论文是否被国家图书馆收藏，还可查看该学位论文的具体馆藏信息，包括馆藏地址、收录年代、所有单册信息等。①

（3）中国优秀博硕士学位论文数据库（清华同方知网）

1）简介。它既是目前国内相关资源最完备、高质量、连续动态更新的中国博士学位论文全文数据库，至2006年12月31日，累积博士学位论文全文文献5万多篇；也是目前国内相关资源最完备、高质量、连续动态更新的中国优秀硕士学位论文全文数据库，至2006年12月31日，累积硕士学位论文全文文献37万多篇。

2）文献来源。其文献来源为全国420家博士培养单位的博士学位论文和全国652家硕士培养单位的优秀硕士学位论文。

3）专辑和专题。其产品分为十大专辑：理工A、理工B、理工C、农业、医药卫生、文史哲、政治军事与法律、教育与社会科学综合、电子技术与信息科学、经济与管理；专辑下又分为168个专题和近3600个子栏目，如表7-5所示。

表7-5　中国优秀博硕论文数据库专题

专辑	所含专题
理工A	自然科学理论与方法，数学，非线性科学与系统科学，力学，物理学，生物学，天文学，自然地理学和测绘学，气象学，海洋学，地质学，地球物理学，资源科学
理工B	化学，无机化工，有机化工，燃料化工，一般化学工业，石油天然气工业，材料科学，矿业工程，金属学及金属工艺，冶金工业，轻工业手工业，一般服务业，安全科学与灾害防治，环境科学与资源利用

① http：//www. nlc. gov. cn/service/lw. htm. （caccessed 15Apr 2009）

续表

专辑	所含专题
理工C	工业通用技术及设备，机械工业，仪器仪表工业，航空航天科学与工程，武器工业与军事技术，铁路运输，公路与水路运输，汽车工业，船舶工业，水利水电工程，建筑科学与工程，动力工程，核科学技术，新能源，电力工业
农业	农业基础科学，农业工程，农艺学，植物保护，农作物，园艺，林业，畜牧与动物医学，蚕蜂与野生动物保护，水产和渔业
医药卫生	医药卫生方针政策与法律法规研究，医学教育与医学边缘学科，预防医学与卫生学，中医学，中药学，中西医结合，基础医学，临床医学，感染性疾病及传染病，心血管系统疾病，呼吸系统疾病，消化系统疾病，内分泌腺及全身性疾病，外科学，泌尿科学，妇产科学，儿科学，神经病学，精神病学，肿瘤学，眼科与耳鼻喉科，口腔科学，皮肤病与性病，特种医学，急救医学，军事医学与卫生，药学，生物医学工程
文史哲	文艺理论，世界文学，中国文学，中国语言文字，外国语言文字，音乐舞蹈，戏剧电影与电视艺术，美术书法雕塑与摄影，地理，文化，史学理论，世界历史，中国通史，中国民族与地方史志，中国古代史，中国近现代史，考古，人物传记，哲学，逻辑学，伦理学，心理学，美学，宗教
政治军事与法律	马克思主义，中国共产党，政治学，中国政治与国际政治，思想政治教育，行政学及国家行政管理，政党及群众组织，军事，公安，法理、法史，宪法，行政法及地方法制，民商法，刑法，经济法，诉讼法与司法制度，国际法
教育与社会科学综合	社会科学理论与方法，社会学及统计学，民族学，人口学与计划生育，人才学与劳动科学，教育理论与教育管理，学前教育，初等教育，中等教育，高等教育，职业教育，成人教育与特殊教育，体育
电子技术与信息科学	无线电电子学，电信技术，计算机硬件技术，计算机软件及计算机应用，互联网技术，自动化技术，新闻与传媒，出版，图书情报与数字图书馆，档案及博物馆
经济与管理	宏观经济管理与可持续发展，经济理论及经济思想史，经济体制改革，经济统计，农业经济，工业经济，交通运输经济，企业经济，旅游，文化经济，信息经济与邮政经济，服务业经济，贸易经济，财政与税收，金融，证券，保险，投资，会计，审计，市场研究与信息，管理学，领导学与决策学，科学研究管理

4）收录年限。1999年至今。

5）产品形式。Web版（网上包库）、镜像站版、光盘版，流量计费。

6）更新频率。CNKI中心网站及数据库交换服务中心每日更新，各镜像站点通过互联网或卫星传送数据可实现每日更新，专辑光盘每月更新。

(4) 其他学位论文数据库

CALIS 学位论文库：收录国内 80 多所高校的博硕士学位论文、文摘库。

中国博士学位论文全文数据库（1999 年至今）：全国 420 家博士培养单位的博士学位论文。

国家科技图书文献中心（NSTL）中文学位论文数据库（1984 年至今）：收藏我国研究生培养单位的博硕士论文、博士后报告。

国内学位论文免费网站：

1）台湾地区部分高校学位论文查询（Big5 编码）：部分全文，请输入繁体字检索。

2）香港大学学位论文（1941 年）部分全文。

3）香港科技大学学位论文（2002 年至今）大部分全文。

2. 国外学位论文查询

(1) ProQuest 数据库平台

ProQuest Dissertations and Theses（PQDT）（1637 ~）：收录了欧美 1000 余所大学的 240 万篇学位论文记录，是目前世界上最大和使用最广泛的学位论文文摘索引库。对于 1997 年以来的部分论文，可以看到前 24 页论文原文。收集论文 17 万多篇，年增 1 万多篇。ProQuest 检索平台主要包含

ABI 商业信息数据库。其内容覆盖商业、金融、经济、管理等领域，收录学术期刊和贸易杂志，其中文章有全文。该数据库又包括以下 4 个子库。

1）ABI/INFORM Global（商业管理全文期刊数据库）（1971 ~ 今）；

2）ABI Archive Complete（回溯期刊数据库）（1905 ~ 1985 年）；

3）ABI Trade and Industry（行业与贸易信息数据库）（1971 ~ 今）；

4）ABI Dateline（北美地区中小型企业与公司贸易信息数据库）（1985 ~ 今）。

此外，在 ProQuest 平台中还可检索到以下数据库。

1）报纸类。ProQuest Newspapers 和 U. S. National Newspaper Abstracts（3）。

2）公司信息。Hoover's Company Records。

3）市场简报。EIU ViewsWire。

4）区域商业信息。ProQuest Asian Business and Reference 和 ProQuest European Business。

(2) 国外学位论文免费网站

MIT 学位论文库：多数有全文。

Texas Digital Library：Texas 的四所大学的部分学位论文，有全文。

DIVA Portal：北欧部分大学的学位论文，部分有全文。

Digital Scientific Publications from Swedish Universities：瑞典学位论文，有全文。

7.5.4　会议论文

1. 国内会议论文数据库

（1）中国重要会议论文全文数据库（CPCD）

中国期刊网的会议论文全文数据库（1999～）收录了1998年以来我国300个一级学会、协会和相当的学术机构或团体主持召开的国际性和全国性会议的会议论文全文。

1）简介。收录了我国2000年以来国家二级以上学会、协会、高等院校、科研院所、学术机构等单位的论文集，年更新约10万篇论文。至2006年12月31日，累积有会议论文全文文献近58万篇。

2）文献来源。中国科学技术协会及国家二级以上学会、协会、研究会、科研院所、政府举办的重要学术会议、高校重要学术会议、在国内召开的国际会议上发表的文献。

3）专辑和专题同其他知网。

（2）中国学术会议论文全文数据库

万方《中国学术会议论文全文数据库》（1998～）收录了国家级学会、协会、研究会组织召开的全国性学术会议论文全文。

2. 国外会议论文数据库

（1）CPCI-S

CPCI-S（原名：ISTP）（2000～）汇集了世界上最新出版的会议录资料，包括专著、丛书、预印本以及来源于期刊的会议论文，提供了综合全面、多学科的会议论文资料，从中可以看到论文的题录和文摘。

（2）IEEE/IET Electronic Library（IEL）全文数据库

IEEE/IET Electronic Library（IEL）全文数据库（1988～）提供了美国电气电子工程师学会（IEEE）和英国工程技术学会（IET）出版的会议录全文，此外，通过该库还可以查到IEEE/IET的期刊和标准全文。

（3）ACM Digital Library

ACM Digital Library（1985～）收录了美国计算机协会（Association for Computing Machinery）的会议录全文。除此以外，通过该库还可以查到ACM的各种

电子期刊和快报等文献。

（4）SPIE Digital Library

SPIE Digital Library（1998～）收录了国际光学工程学会（SPIE）所有的会议录全文，此外，通过该库还可以查到SPIE的4种期刊全文。

（5）AIP Conference Proceedings

AIP Conference Proceedings（2000～）提供了American Institute of Physics（AIP）的会议录全文。

（6）ASCE Proceedings

ASCE Proceedings（2003～）提供了美国土木工程师学会（The American Society of Civil Engineers，ASCE）的会议录全文。

（7）Proceedings

Proceedings（1993～）是OCLC Firssearch中的一个子库——国际学术会议录目录。通过该库可以检索到"大英图书馆资料提供中心"的会议录。

（8）PapersFirst

PapersFirst（1993～）是OCLC Firstsearch中的一个子库——国际学术会议论文索引。该库收录了世界各地的学术会议论文，涵盖了英国图书馆文献供应中心所出版过的会议论文及资料。每两周更新一次。

7.5.5 标准文献

1. 标准文献的概念

标准文献的概念有狭义和广义之分。狭义的标准文献是指按规定程序制定，经公认权威机构（主管机关）批准的一整套在特定范围（领域）内必须执行的规格、规则、技术要求等规范性文献，简称标准。广义的标准文献是指与标准化工作有关的一切文献，包括标准形成过程中的各种档案、宣传推广标准的手册及其他出版物，以及揭示报道标准文献信息的目录、索引等。

在公元前1500年的古埃及纸草文献中即有关于医药处方计量方法的标准，这是现存最早的标准。现代标准文献产生于20世纪初。1901年英国成立了第一个全国性标准化机构，同年世界上第一批国家标准问世。此后，美、法、德、日等国相继建立了全国性标准化机构，出版各自的标准。中国于1957年成立了国家标准局，于次年颁布了第一批国家标准（GB）。20世纪80年代，已有100多个国家和地区成立了全国性标准化组织，其中90多个国家和地区制订有国家标准，在国家标准中影响较大的有美国的ANSI、英国的BS、日本的JIS、法国的NF、德国的DIN等。国际标准化机构中最重要、影响最大的是1947年成立的国际标准化组织（ISO）和1906年成立的国际电工委员会（IEC），它们制定或批准的标准具有广泛的国际影响。随着标准化事业的迅猛发展，标准文献激增。据国际标准化组织统计，截至1980年，世界上共有各类标准1000多种，75万件，连同标准化方面的会议文件、技术报告等共达120余万件。ISO情报中心收藏的标准文献有60多万件（1981）。中国标准化综合研究所标准馆是中国标准文献中心，收藏有国际标准1万件以及56个国家的国家标准、专业标准、标准目录等标准文献33万件（1982）。

标准按性质可划分为技术标准和管理标准。技术标准按内容又可分为基础标准、产品标准、方法标准、安全和环境保护标准等；管理标准按内容又可分为技术管理标准、生产组织标准、经济管理标准、行政管理标准、管理业务标准、工作标准等。标准按适用范围可划分为国际标准、区域性标准、国家标准、专业（部）标准和企业标准。标准按成熟程度可划分为法定标准、推荐标准、试行标准和标准草案等。

2. 标准文献的特点

标准一般有如下特点：①每个国家对于标准的制定和审批程序都有专门的规定，并有固定的代号，标准格式整齐划一；②它是从事生产、设计、管理、产品检验、商品流通、科学研究的共同依据，在一定条件下具有某种法律效力，有一定的约束力；③时效性强，它只以某时间阶段的科技发展水平为基础，具有一定的陈旧性，随着经济发展和科学技术水平的提高，标准也会被不断地进行修订、补充、替代或废止；④一个标准一般只解决一个问题，文字准确简练；⑤不同种类和级别的标准在不同范围内贯彻执行；⑥标准文献具有其自身的检索系统。

一套完整的标准一般应该包括以下各项标识或陈述：①标准级别；②分类号，通常是《国际十进分类法》（UDC）类号和各国自编的标准文献分类法的类号；③标准号，一般由标准代号、序号、年代号组成。如DIN-11911-79，其中DIN为联邦德国标准代号，11911为序号，79为年代号；又如GB1-73，其中GB是中国国家标准代号，1为序码，73为年代号；④标准名称；⑤标准提出单位；⑥审批单位；⑦批准年月；⑧实施日期；⑨具体内容项目。

第 8 章 网络商务信息资源的利用

网络商务信息资源是网络信息资源中运用最多的一类信息资源，电子商务就是这类信息资源利用的典型代表，网络营销、网络竞争情报亦属于此类利用的范畴。网络银行、网上保险、旅游电子商务及网上证券则是近年来网络商务信息资源的新兴发展方向。本章将围绕这些方面进行深入的探讨，揭示其规律和发展趋势。

8.1 电 子 商 务

8.1.1 电子商务概述

1. 电子商务的定义

电子商务的定义有多种。许多 IT 企业、国际组织、政府以及相关学者都提出了其各自的观点。总结起来，我们可以这样说：从宏观上讲，电子商务是计算机网络的又一次革命，是在通过电子手段建立一种新的经济秩序，它不仅涉及电子技术和商业交易本身，而且还涉及诸如金融、税务、教育等社会其他层面；从微观角度说，电子商务是指各种具有商业活动能力的实体（生产企业、商贸企业、金融机构、政府机构、个人消费者等）利用网络和先进的数字化传媒技术进行的各项商业贸易活动。

虽然至今为止人们尚未对电子商务有一个统一、明确的认识。电子商务的发展可以追溯到以莫尔斯码点和线的形式在电线中传输的商贸活动，但真正使电子商务迅猛发展的则是互联网上通信标准与 HTML 标准得到 IT 行业的支持，成为电子商务的主流之后而带来的革命性变革，这开辟了运用电子手段进行商务活动的新纪元。

2. 电子商务的特征

电子商务具有完备的双向信息沟通机制、灵活的交易手段和快速的交货方式，可以帮助企业合理运作，以更快捷的方式将产品和服务推向市场，大幅度地促进社会生产力的提高。与传统的商贸相比，电子商务具有全球性、直接性、便捷性和均等性等四大特点。

3. 电子商务的类型

（1）按商业活动的运作方式

按商业活动的运作方式可将电子商务分成完全电子商务和不完全电子商务两类。

1）完全电子商务。即可以完全通过电子商务方式实现和完成整个交易过程的交易。

2）不完全电子商务。即无法完全依靠电子商务方式实现和完成完整交易过程的交易，它需要依靠一些外部要素，如运输系统等来完成交易。

（2）按电子商务应用服务的领域范围

按电子商务应用服务的领域范围可将电子商务分为四类，即企业对消费者、企业对企业、企业对政府机构、消费者对政府机构的电子商务。

（3）按开展电子交易的信息网络范围

按开展电子交易的信息网络范围可将电子商务分为三类，即本地电子商务、远程国内电子商务和全球电子商务。

4. 电子商务的现状

（1）北美地区电子商务的现状

在世界范围内，以美国的电子商务应用最为成功，无论技术、法律法规，还是国家政策和国家参与程度，其都处在国际领先地位。1993 年 9 月，美国提出了国家基础设施行动计划（NII），掀起了全球范围内建设信息高速公路的热潮。1997 年 7 月 1 日，美国总统克林顿代表美国政府在白宫的一次例会上发表了长达 30 页的题为《全球电子商务纲要》的电子商务策略报告，号召各国政府不要对因特网上的商务活动进行限制和征税，并建议就一些大家共同关注的问题建立一套国内和国际的指导措施，强烈要求目前不应为互联网强制规定标准或规章制度。IBM、Yahoo!、微软等公司都在加快步伐推出自己的电子商务解决议案，以便使自己在这场竞争中处于一个有利的地位。

（2）欧盟电子商务的现状

为鼓励欧洲电子商务的发展，同时保护用户的安全，欧盟委员会早在 1998 年上半年就提议建立一个控制系统，用以规范非银行机构的电子货币交易方式。为了帮助欧洲企业增加其电子商务市场份额，欧盟委员会还建议通过立法来明确使用因特网进行商务活动的公司及个人的权利和义务。此建议将限制网络运营商通过网络进行违反知识产权法、广告法、色情和药品交易法等的非法传输活动。建议还将免除服务商和网络运营商因被动充当第三方通过网络提供信息传播通道而引发的一切责任。该建议还界定了临时和永久存储客户信息的责任。在英国，英国政府积极建设信息高速公路，鼓励企业大力开展全球性电子商务活动，发展网上贸易。1993 年法国电信公司和电信局结成“战略同盟”，共同建设欧洲的电信基础设施，宣布将投资 1500 亿欧元建设“欧洲信息空间”。

（3）亚洲电子商务的现状

近年来亚洲电子商务的发展也取得了不容小觑的进步。亚洲作为最具回报及商业机会的区域，其电子商务发展一直受到信息技术和商界人士的关心。一方面，日本、中国香港、中国台湾、新加坡、韩国等较为发达的国家和地区，正在积极地向更加广泛的领域引入电子商务，培养需求环境，制定有利于电子商务发展的法律法规，形成电子商务发展的良好氛围。另一方面，一些经济欠发达的国家，也积极地参与信息技术交流，有的甚至还是电子商务的积极推行者。

（4）中国电子商务的现状

中国电子商务起步较晚但集中度高，调查显示，无论是针对公众个人领域的 C2C、B2C 电子商务，还是针对企业的 B2B 电子商务模式，都已经形成了优势明显的领导品牌网站。

中国电子商务的应用与成长性可以被概括为以下几个方面：

1）中国企业电子商务的整体发展水平还是比较低的，东、西部地区的差距较大；

2）国有企业电子商务开展的整体水平要落后于其他性质的企业；

3）基础设施建设同管理与人力技能两个方面表现较好，但是西部地区在管理与人力技能上与其他地区的差距最大，亟须提高；

4）互联网电子商务的应用能力很差，大部分企业无论是对电子商务的认识（理念），还是实际的开展情况（内容）都不尽如人意。

总之，我国的电子商务正处在蓬勃的发展阶段，虽然目前整体应用水平较低，但是拥有巨大的潜力和发展空间。通过企业和政府的共同努力，中国电子商务将不断地走向规范和繁荣。

5. 电子商务的主要模式

（1）B2B

企业对企业（business to business，B2B）模式是企业与企业之间通过互联网进行产品、服务及信息的交换，以银行电子支付和结算为手段，进行数据信息的交换、传递，开展贸易活动的商业模式。它包括企业与其供应商之间采购事务的协调；物料计划人员与仓储、运输公司间的业务协调；销售机构与其产品批发商、零售商之间的协调；为合作伙伴及大宗客户提供的服务，等等。

（2）B2C

公司对消费者（business to consumer，B2C）的业务，主要包括有形商品的电子订货和付款；无形商品和服务产品的销售，也可以被看做是一种电子化的零售。这种商务模式主要分为卖方企业－买方个人的电子商务以及买方企业－卖方个人的电子商务两种模式。

（3）C2C

消费者个人对消费者个人（consumer to consumer，C2C）的电子商务模式主要是指网上拍卖，即消费者之间在网上彼此进行一些小额网上交易。它的主要特点是：平民之间的自由贸易，通过网上完成跳蚤市场的交易，从而沟通了个人之间商品的流通（特别是二手商品），而且要出售商品的个人将要出售物品的图片和详细资料放在拍卖网站上，供那些想买东西的人挑选。该模式可分为以卖方为主的消费者个人－消费者个人电子商务和以买方为主的消费者个人－消费者个人电子商务两种模式。

（4）G2B

政府与企业（government to business，G2B）之间通过网络所进行的交易活动，如电子通关、电子纳税等。G2B 的特点是迅速和信息量大。由于活动在网上完成，这使得企业可以随时随地了解政府的动向，还能减少中间环节的时间延误和费用，提高政府办公的公开性和透明度。G2B 比较典型的例子是网上采购（E-procurement），即政府机构在网上进行产品、服务的招标和采购。

（5）G2C

政府与消费者（government to consumer，G2C）的电子商务属于电子政务的一部分。它的主要运作方式是：在网络上成立一个虚拟的政府，政府上网后，可以在网上发布政府部门的名称、职能、机构组成、工作章程以及各种资料、文档等，并公开政府部门的各项活动，增加办事执法的透明度，为公众与政府打交道提供方便，同时也接受公众的民主监督，提高公众的参政议政意识。它包括个人估税，政府部门给个人提供的各种服务，如纳税申报、社会福利金的支付等。不过这种交易模式还未真正形成。

（6）G2G

政府对政府（government to government，G2G）模式是指实现政府内部管理工作程序的计算机化和通信联络的网络化，并与社会经济各部门、各行业的计算机网络互联，在线办理各种审批手续，提高工作效率，降低开支，减轻社会负担。

8.1.2 主要电子商务厂商及其解决方案介绍

1. 微软电子商务解决方案

（1）技术理念

电子商务的业务模式不断创新，微软电子商务解决方案通过产品和技术的不断升级和完善，提供了一个可以适应各种业务场景的技术框架和产品系列，始终遵循着这样一个设计理念——CTA：collaboration——协同参与，transaction——交易服务，business analysis——商业智能。

（2）技术架构

为推动电子商务业务的创新，为商业发展带来最大的价值，以 Microsoft. NET Framework 为应用服务器，Visual Studio. NET 作为电子商务的应用开发工具，微软提供了全系列的 Windows Server System 产品，为企业构建电子商务架构和应用提供了完整的解决方案，如图 8-1 所示。

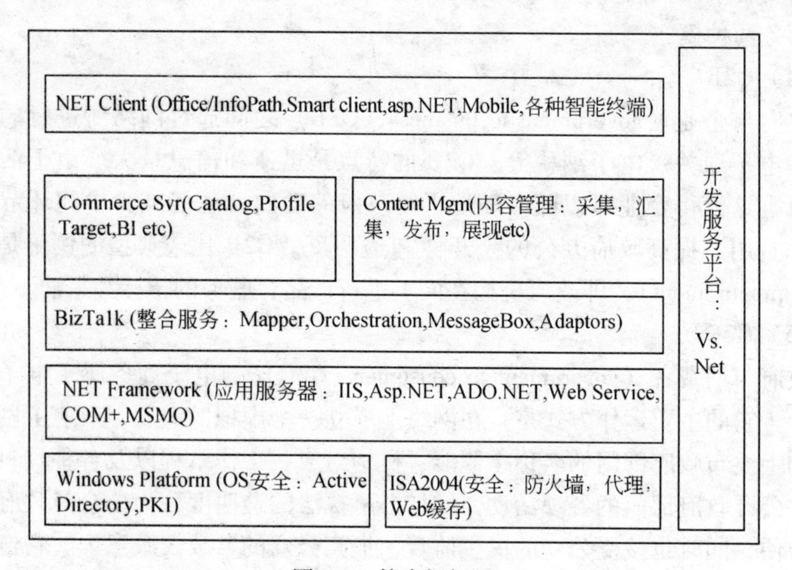

图 8-1 技术框架图

2. 联想电子商务解决方案

由于电子商务的前期工作首先是软件基础建设方面，所以联想开始即建设企业核心的业务管理应用系统和电子商务网站。为了整顿内部管理，提高工作效率，联想开始考虑实施 ERP。ERP 是企业资源计划，它将企业内部的原材料采购、生产计划、制造、订单处理与交付等环节有机地联系在一起，使得企业对供货流程的管理更加科学、规范、高效；同时由于它能够对库存的数量和金额进行实时监控，能够有效地提高决策支持以及财务核算的效率，因此，它是企业实施电子商务最基础、最核心的支撑系统。

通过R/3系统的实施，联想在企业信息功能和结构方面制订了统一的业务标准，建立了统一的信息平台，并利用这个平台对整个公司的信息流进行统一的规划和建设。公司的财务管理、销售管理、库存管理等多个环节被集成在一个信息系统里，减少了数据冗余，并且信息流动更加有序和安全。联想的电子商务已经具备了基本框架，有网络硬件和信息环境作基础，有ERP完善企业内部管理以及电子商务网站做宣传。接下来，联想开始了电子商务的三个核心部分的设计，即CRM、SCM以及PDM这三个直接增值环节。

正是CRM、SCM、PDM等模块的实施，帮助企业实现了高效率、低成本，高度满足了客户个性化的需求和满意度。联想通过E化的方式，使产品的设计和市场的需要趋于一致，并缩短了企业和客户之间的距离，真正实现了电子商务更丰富的内涵。

8.1.3　电子商务实例

1. 阿里巴巴

“阿里巴巴”是国内著名的B to B类电子商务网站。1999年3月22日~23日，以“亚洲电子商务”为主要议题的世界经济学家第二次圆桌会议在新加坡召开。在这次会议上，以“阿里巴巴”为代表的一批专为亚洲进出口商人创建的网站，得到了与会专家、商人的一致关注和首肯。阿里巴巴的名字源自古老的阿拉伯故事，意喻“芝麻开门迎来无穷财富”，网上阿里巴巴要做全球商人的家园。为此，阿里巴巴开设了三个网站，即阿里巴巴国际网站、阿里巴巴中国网站、阿里巴巴全球华商网站导游网站。

（1）阿里巴巴提供的商务服务

会员注册：只要注册成为网站会员，就可以免费享受阿里巴巴的所有服务；

商业机会：囊括32个行业700多个产品分类的商业机会供你查阅；

发布传息：选择恰当的类别发布你的买、卖、合作等商业信息；

每日最新：每天1000多条来自全球范围的最新供求信息助你把握稍纵即逝的商机；

商情特快：会员可以分类订阅每天新增的供求传息，并且可以直接通过电子邮件接收，高效省时；

公司全库：中文公司网站大全，你可以在此按行业类别查询各类公司资讯；

公司链接：通过免费申请，把你的公司网站链接加入到阿里巴巴“公司全库”中；

样品库：按分类陈列展示阿里巴巴会员的各类图文并茂的样品信息；

样品编辑：会员可在此建立和编辑自己的私人样品房，每个样品房均拥有独立的网址；

以商会友：商人俱乐部。在这里你可以为自己另起一个笔名，和其他会员交流行业见解，也可以轻松地谈天说地。

图 8-2 为阿里巴巴中国网站主页。

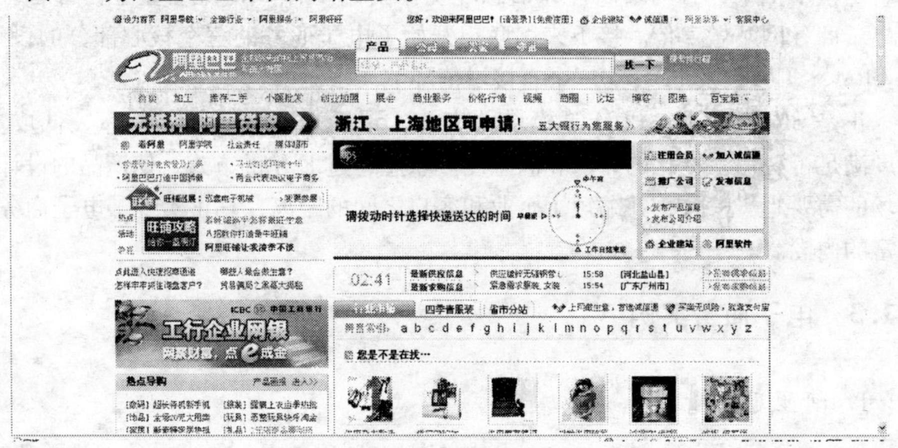

图 8-2 阿里巴巴首页

(2) 网站的结构和主要内容

1) 主页栏目和各栏功能：主题突出，层次分明，导航、检索功能强大，主要负责公司、产品最新信息的发布。

2) 网站主要包含：采购、销售和以商会友三大模块，以及交易模式、支付模式、收入模式和信用模式四大模式，有效地为交易双方提供了一个良好的电子商务交易平台和信息平台。

3) 社区管理和服务：在线信息反馈系统和信息交流系统。

(3) 网站的经营模式

1) 综合式 B2B 电子商务模式。网站的定位，主要针对中、小企业，为商家提供信息交流和商品交易的平台。

2) 实行会员制管理，拥有庞大而有效的顾客群。

3) 产品信息量大，种类丰富，型号齐全。网站按种类划分为多个模块，便于客户访问和查询，提供高质量的服务。

(4) 物流解决方案

有专门的物流配送部门，有效解决了物流问题，物流费用一般按交易额和距离收取。

（5）销售结算（支付）方案

网上电子商务主要有两种结算方式，即网上支付和网下支付。

（6）营销方案

1）实行在线订单管理、合同管理、在线支付管理。

2）实施会员制，有特定的顾客群，且针对性强。

3）提供交易工具免费下载，如贸易通、诚信通，有效解决了交易双方信息交流的屏障问题。

4）将传统的营销手段与网络营销手段相结合，如电话、电邮等。

5）采用第三方认证技术，解决交易过程中普遍存在的信用问题。

（7）评价

1）综合式B2B网站，缩短了商家与商家之间的距离，扩大了市场，增加了贸易机会。

2）定位成功，主要针对中、小企业，为其提供电子商务交易平台。

3）将内部管理与电子商务相结合，提供庞大的数据库信息服务，有利于发挥管理优势，提高服务质量，同时也为商家提供多种选择的机会。

4）为各企业打开了新的市场空间，减少了中间流通环节，降低了经营成本，提高了经济效益。

5）采用第三方认证技术，安全性高，服务质量好。

2. 当当网

当当网（www. dangdang. com，图8-3）是全球最大的综合性中文网上购物商城，由国内著名的出版机构科文公司、美国老虎基金、美国IDG集团、卢森堡剑桥集团、亚洲创业投资基金（原名软银中国创业基金）共同投资成立。

1999年11月，当当网正式开通。成立以来，当当网一直保持着高速成长，每年成长率均超过100%。当当网在线销售的商品包括家居百货、化妆品、数码、图书、音像等几十个大类，近百万种商品，在库图书超过40万种。目前当当网有超过4000万的注册用户（含中国内地、港、澳、台和国外），遍及全国32个省、市、自治区和直辖市，2008年其图书销售码洋超过十二亿元。据统计，每天有上万人在当当网买东西，每月有2000万人在当当网浏览各类信息。

当当网的使命是坚持“更多选择、更多低价”，让越来越多的顾客享受网上购物带来的方便和实惠。互联网提供了可以无限伸展的展示空间，可以容纳无限的商品或图样以及内容。在当当网，消费者无论是购物还是查询，都不受时间和地域的任何限制。在消费者享受“鼠标轻轻一点，精品尽在眼前”的背后，是

图 8-3　当当网首页

当当网耗时 9 年修建的“水泥支持”——庞大的物流体系，其仓库中心分布在北京、华东和华南，覆盖全国范围。

员工使用当当网自行开发、基于网络架构和无线技术的物流、客户管理、财务等各种软件支持，每天把大量货物通过空运、铁路、公路等不同运输手段发往全国和世界各地。在全国 360 个城市里，有大量的本地快递公司为当当网的顾客提供“送货上门，当面收款”的服务。

（1）功能结构

当当网是专门为最终消费者提供图书和音像等商品，并与消费者进行电子交易的网站，其网站功能结构包括以下几个方面。

当当主页：网站的入口，提供特惠商品展示、商品分类、TOP 排行榜、各类最新商品推荐；

搜索引擎：分为商品搜索和 Web 搜索，商品搜索是一个站内搜索引擎，提供对当当网商品的搜索，还支持分类搜索；Web 搜索是一个互联网搜索引擎，提供对互联网内容的搜索；

热门搜索词：它是对商品搜索引擎的统计，显示出在商品搜索引擎中使用最频繁的关键词；

分类查找：列出各大类商品及每类商品的小类，方便用户购物；

特卖场：列出特价、打折和清仓商品；

新品秀：列出最新商品信息；

畅销榜：列出最畅销商品信息；

专题：对当当网比较好的服务和商品进行推荐；

名人在线：对一些相关领域的名人进行介绍；

二手店：提供二手商品的销售；

求购登记：如果在网站上找不到某种商品，可以在这里登记，当当网可以根据你的需要购进该商品；

我的论坛：提供商品评论、兴趣爱好等专题社区。

（2）购物流程

第一步，选购商品放入购物车。

浏览或搜索需要的商品，点击“购买”即可放入购物车（购物清单页面）。在进入购物车后，如果还想购买其他感兴趣的商品，点击购物清单中的“继续”挑选商品即可；如果不需要其他商品，即可点击购物清单中的“去结算中心”，即进入注册/登录页面。

第二步：注册/登录。

如果未在当当网注册登记过，需要输入用于注册的电子邮件地址，选择“我还未登录过”，然后进入注册页面，设定登录密码即可完成开户；如果已在当当网注册登记过，只需输入邮件地址选择“我已经登记过，我的密码是”，并在下方输入登录密码即可。

第三步：填写收货信息。

在完成注册、登录后，即进入收货信息页面填写收货人的详细信息，为了保证商品的顺利配送，应准确填写收货人的姓名、地址、邮编、电话等信息。

第四步：选择送货方式。

在填写完收货人信息后，可以根据所在地区和时间要求选择想要的送货方式。当当网提供了快递、普通邮寄、特快专递和加急送（仅限北京五环地区）等几种送货方式。

第五步：选择包装和付款方式。

在完成收货人信息填写后，即可选择该订单的付款方式以及礼品包装、包裹、发票信息等。当当网提供了多种支付方式，顾客可以选择在线支付、邮局汇款、银行电汇等。

第六步：提交订单等待收货。

填写并确认完以上信息，就可以放心提交此订单，等待收货。在提交订单后，当当网即在网页返回一个订单提交成功的页面信息。此时，注意记下订单号，以方便查询。

8.1.4 电子商务的未来

国内电子商务的发展已经逐渐步入理性务实的良性轨道。与前几年的炒作相比，如今国内电子商务活动有了更多的实质内容。一方面，随着互联网公司开始赢利，电子商务在运营上趋于稳健、理性，这是电子商务摆脱泡沫、走向健康发展的前提和基础；另一方面，电子商务与传统行业的联系更为紧密，传统行业的商业基础为电子商务的持续、深入发展提供了条件和保障，“内容为王、传统为实”已经成为国内电子商务发展的重要趋势。

电子商务正在由一种传统意义上的技术模式演变为一种文化模式，技术与服务相结合，必将引导和延伸出新的文化发展模式。这种转型为电子商务下一步的深入发展提出了新的问题和挑战。“技术无国界”，但文化则存在着强烈的本地化特征，在技术已经无法决定一切的时候，如何在文化上下功夫，以文化为先导促进电子商务的发展，成为一个亟待考虑的问题不管是从平台、社区、支付还是从交易方式上来看，整个中国电子商务生态系统都在逐步的演进和完善过程当中。

电子商务内涵逐渐变得丰富，电子商务客户需求在变化，我们的需求已经从产品的需求转向产品服务的需求。很多个性化的商品将逐渐充斥网上电子商务平台。从电子商务的参与主体来看，未来用户将呈现全民化趋势。从参与运营商来看，将有更多的运营机构参与到电子商务当中，这其中包括门户网站、搜索引擎以及各种支付物流机构，还有一些传统企业，如电信运营商和设备厂商。

另外一个趋势是网购用户开始细分。目前市场上出现了很多购物网站，这些网站的出现，毫无疑问是为了满足细分用户的需求，提升了用户的使用黏性。尤其是比价购物网站，其对价格敏感的用户具有相当吸引力的。于社区而言，强调信息的双向交流，以及促使交易的快速达成是社区的一大特点。

未来电子商务的发展，实际上不仅仅是局限在交易环节，它将是整合了交易、搜索、社区、通信资讯等一系列互联网应用的集合体。

8.2 网络营销

8.2.1 网络营销概述

1. 市场营销概述

市场营销的根本任务，就是通过努力解决生产与消费的各种分离、差异和矛盾，使得生产者方面各种不同的供给与消费者或用户方面各种不同的需要与欲望相适应，具体地实现生产与消费的统一。因而，市场营销在求得社会生产与社会需要之间的平衡方面发挥着重要作用。市场营销的功能主要有以下几个方面。

（1）便利功能

便利功能是指便利交换、便利物流的功能，包括资金融通、风险承担、信息沟通、产品标准化和分级等。

（2）市场需求探测功能

企业面临的是动态市场，市场环境在一刻不停地变化着。也就是说，消费者的需求在不断地变化。比如，服装年年推出流行色，随时可能流行新款式；刚推出的“时髦”皮鞋，很快就在消费者眼里变得“俗气”了。在令人眼花缭乱的变化中，要准确识别、确定甚至根据趋势成功地预测消费者的需求是一件很困难的事。而对企业来说，不能随时把握消费者的需求，就意味着不能获取它、满足它，更谈不上实现企业的目标。有效的市场营销活动则可以成为“市场需求探测器”，使企业清楚地了解消费者需求的方向、结构及分布，从而为企业指明生存、发展的机会。

（3）产品开发推进器

企业之所以要不断地改进原有产品、推出新产品，进行产品的更新换代，从根本上说是为了满足消费者的需求。不了解消费者的需求，作为新产品开发承担者的科研、技术部门就会变成瞎子、聋子，迷失方向，失去动力。有效的市场营销通过市场需求信息的反馈，为产品改进、产品开发、产品换代指明方向，在客观上也督促、推动着产品开发系统的快速运转。正是从这个意义，我们把市场营销称作“产品开发推进器”。

（4）维护客户的凝聚器

市场营销不仅把握并满足了消费者的需要，而且通过售前、售中和售后服务，以及不断横向扩展服务范围，形成对顾客的吸引力，使顾客自发地向企业靠拢，使其保持和增加对企业或品牌的忠诚度，扩大产品的潜在市场。这种维持和增加消费者忠诚度的任务在供需矛盾突出的买方市场上非常艰巨，也非常重要，且只能依靠市场营销这个凝聚器来完成。

此外，市场营销的信息沟通功能把市场需求具体地反馈给生产者，有助于其生产出适销对路的产品，从而对产品形态效用的创造也发挥着不可或缺的作用。

2. 网络营销概述

网络营销就是指通过互联网，利用电子信息手段进行的营销活动。其实质是利用因特网对产品的售前、售中、售后各环节进行跟踪服务，它自始至终贯穿在企业经营的全过程，包括市场调查、客户分析、产品开发、销售策略、反馈信息等方面。简单地说，网络营销就是以网络市场为环境的市场营销，就是以因特网作为传播手段，通过对市场的循环营销传播，满足消费者需求和商家需求的过程。这一新的营销环境不仅带来了营销手段和营销方式的变化，也带来了营销理念的更新。

实践证明，网络营销可以在八个方面发挥作用：网络品牌、网址推广、信息发布、销售促进、销售渠道、顾客服务、顾客关系、网上调研。这八种作用也就是网络营销的八大职能，网络营销策略的制定和各种网络营销手段的实施也以发挥这些职能为目的。

根据对网络营销和电子商务的内容的分析，我们认为，就我国目前的现状而言，可将网络营销看做是电子商务的子集，电子商务又是广义电子商务的组成部分，如图 8-4 所示。

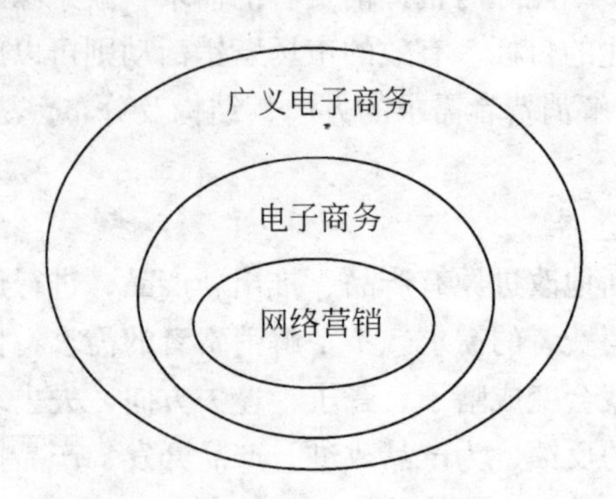

图 8-4　网络营销与电子商务的关系图

网络营销是传统营销在互联网背景下的新发展，其与传统营销都是企业的一种经营活动。两者都把顾客需求作为一切活动的出发点和归宿，都需要通过各种手段的组合去达到企业的经营目标，两者在目标和思想上是一致的。

8.2.2　网络广告

1. 网络广告概述

网络广告是网络营销的一个重要领域。企业可利用网络广告来宣传推广自己的网站，建立和维护公司的形象，介绍商品的特色，引起消费者的注意，促使消费者产生利用、购买等直接反应，还可以出售网站的广告空间，以获取利益。广告是一门科学，更是一门艺术。网络广告作为广告的一种新兴方式，既让人们感到兴奋，又让人们觉得难以把握。因此，有必要充分认识网络广告的特性，利用各种可能的网络广告方式，科学有效地进行网络广告运作。

1994年10月，美国著名的Wired杂志推出了网络版的Hotwired，在其主页上，出现了AT&T等IT企业摆放的横幅广告（banner），这一现象宣告了网络广告的诞生。最初的横幅广告几乎全部是技术或技术服务类公司的天下。在随后两年左右的时间里，这一行业飞速发展并很快得到了市场的承认。目前有影响力的网络媒体绝大多数是在这一阶段诞生的。1997年3月，我国在IT资讯网Chinabyte上出现了第一个商业性的网络广告，广告主是英特尔，形式是468×60像素（Pixels）的动画横幅广告。1998年5月，联合国新闻委员会在年会正式会议上将互联网称为继报刊、广播、电视之后的“第四媒体”。

2. 网络广告的类型与发布

（1）网络广告的类型

最初的网络广告就是网页本身。当越来越多的商业网站出现后，如何让消费者知道自己的网站就成了一个问题，广告主亟须一种可以吸引浏览者到自己网站上来的方法，而网络媒体也需要依靠它来赢利。早期的网络广告主要是横幅广告（banner）和按钮广告（button）。美国互动广告署（IAB）在1997年发布了关于网络广告的标准，2001年又对其进行了修订，增加了7种形式的网络广告标准，如表8-1所示。

表8-1　IAB网络广告标准

类型		尺寸（单位：像素）
横幅	全幅	468×60
	半幅	234×60
	直幅	120×240
按钮	方形按钮	125×125
	按钮1	120×90
	按钮2	120×60
	小按钮	88×31
摩天形	宽摩天形	160×160
	摩天形	120×160

续表

类型		尺寸（单位：像素）
长方形	大长方形	336×280
	中长方形	300×250
	长方形	180×150
	竖长方形	240×400
弹出式正方形	弹出式正方形	250×250

1）横幅广告（banner）。横幅广告有不同的叫法，如网幅广告、条幅广告、旗帜广告、标志广告等。它是网络广告的主要形式，以 GIF（graphics interchange format）、JPG（joint photo graphic）等格式建立的图像文件，定位在网页中，大多用来表现广告内容。新兴的丰富媒体 Banner（Rich Media Banner）能赋予 banner 更强的表现力和交互内容。

根据横幅广告的发展历程，我们把横幅广告分为三类：静态、动态和交互式。

2）按钮广告（button）。按钮广告也被称为图标广告，它显示的只是公司名称、产品或品牌的标志，点击它可链接到广告主的站点上。按钮广告有四种尺寸，比 banner 要小，故可以被灵活地放置在网页的任何位置。按钮广告一般是静态的形式，但也可以是动态的形式。另外，还有一种浮动式的按钮广告，通常是按照预先设置好的路径在主页上浮动。小按钮广告也被称为标识（logo）广告，大小一般不超过 2KB。

3）电子邮件广告（e-mail）。电子邮件是网民最经常使用的互联网工具。电子邮件广告具有针对性强（除非肆意滥发）、费用低廉的特点，且广告内容不受限制。

4）赞助式广告（sponsorship）。赞助式广告把广告主的营销活动内容与网络媒体（网站/网页）本身的内容有机地融合起来，并取得最佳的广告效果。赞助式广告一般可分为三种方式：特色网站赞助、栏目冠名赞助和网站活动赞助。每类赞助又分为独家赞助和联合赞助，如娃哈哈与国内著名门户网站搜狐在 2001 年底联合推出了以“非常论坛”及“2001 年十大非常可乐新闻评选”为主要内容的网络合作，得到了意想不到的收获，“非常论坛”获得了网民的极大关注，有近 2 万名网民注册，并提出了许多有见地的建议和意见。

5）插播式广告（interstitial）。它也称为弹出式广告、插入式广告、插页式广告，即访问者在请求登录网页时强制插入一个广告页面或弹出广告窗口。它有点类似电视广告，即打断正常节目的播放，强迫观看。插播式广告有各种尺寸，有全屏的也有小窗口的，而且互动的程度也不同，从静态的到全部动态的都有。浏览者可以通过关闭窗口不看广告（电视广告是无法做到这一点的），但是它们的出现没有任何征兆。广告主很喜欢这种广告形式，因为它们肯定会被浏览者看到。只要网络带宽足够，广告主完全可以使用全屏动画的插播式广告。插播式广告的缺点就是可能引起浏览者的反感。为避免这种情况的发生，许多网站都使用了弹出窗口式广告，而且只有1/8或1/4屏幕大小，这样可以不影响正常的浏览。

6）丰富媒体广告（Rich Media Banner）。丰富媒体广告又称Extensive Creative Banner，一般指使用浏览器插件或其他脚本语言、Java语言等编写的具有复杂视觉效果和交互功能的Banner，这些效果的使用是否有效，一方面取决于站点的服务器端设置，另一方面取决于访问者的浏览器是否能顺利查看。Rich Media Banner要占据比一般GIF banner更多的空间和网络传输字节，但由于能表现更多、更精彩的广告内容，所以往往被一些广告主采用。国际性的大型站点也越来越多地接受这种形式的banner。

7）文本链接广告（textlink）。文本链接广告以文字的形式出现在网页上，表现形式一般是企业的名称，点击后链接到广告主的主页上。这种广告非常适合于中小企业，因为它既能产生不错的宣传效果，又花费不多。文本链接广告是一种对浏览者干扰最少，但却最有效果的网络广告形式。整个网络广告界都在寻找新的宽带广告形式，而有时候，需要最小带宽、最简单的广告形式的效果却最好。文本链接广告位置的安排非常灵活，它可以出现在页面的任何位置，可以竖排也可以横排，每一行就是一个广告，点击每一行都可以进入相应的广告页面。

8）关键词广告（keyword）。关键词广告是指当网民用特定的关键词，如“硬件”、“娱乐”、“保健”等搜索网页时，广告会出现在搜索结果页面上。这种广告的定向性（targeting）最强。例如，我们在英文雅虎网站（www.yahoo.com）用“water”为关键词进行搜索后，在页面的右边有一个网络书店“Barnes&Noble”的文本链接广告。浏览者可以通过这个链接到Barnes&Noble书店（www.bn.com）购买关于water的书籍。这个广告是根据浏览者输入的关键词而变化的，当浏览者输入其他的关键词时，文本的内容也会相应地改变。这种广告的好处就是能根据浏览者的喜好提供相应的广告信息。

9）分类广告。互联网上的分类广告已开始受到重视。据IAB在2000年的统计，横幅广告的市场份额有所下降，而分类广告则增长最快。分类广告有两类，一类是专业的分类广告网站，一类是由综合性网站开设的频道和栏目。2001年6月，全球最大的中文网站新浪网正式推出分类广告。与传统媒体的分类广告相比，网络分类广告容量大，表现形式多样化、立体化，而其最大的优势则体现在互联网的搜索功能和交互性上。从国内几大门户网站来看，分类广告主要实行广告代理制。由于广告代理商全部具备专业资格认证，所以保证了信息的真实性和实用性，从而做到广告主、代理商、广告网站多赢的格局。

10）其他形式的网络广告。除了上面列出的主要网络广告形式外，还有许多其他新的广告形式，它们是对网络广告主要形式的有效补充，如今正得到越来越多人的关注。

①企业网站。对于大多数企业来说，进入网络广告领域的第一步就是建立自己的企业网站。这种网站的雏形就是企业宣传所用小册子的在线版。但是，广告主慢慢会发现，简单的小册子并不能把产品描述清楚，这样的网站无法体现网络的优越性。于是，广告主开始把所有的关于产品的信息都搬到网上来，让潜在的消费者通过网络知道尽可能多的信息。

②墙纸式广告（wallpaper）。墙纸式广告把广告主所要表现的广告内容体现在墙纸上，并安排放在具有墙纸内容的网站上，供感兴趣的人进行下载。

③屏幕保护程序。屏幕保护程序能在计算机空闲时以全屏的方式播放动画，并且能配上声音，是 PC 上非常好的广告载体。许多拥有知名品牌的企业都制作了自己的屏幕保护程序放在网上供用户下载，并且用户之间也会使用电子邮件来传递屏幕保护程序。好的屏幕保护程序可以得到相当广泛的流传，制作公司可以用很小的投入换来极佳的宣传效果。

④互动式游戏广告（interactive game）。互动式游戏广告是一种基于客户端软件的广告形式，在一段页面游戏开始、中间或结束的时候，广告都可随之出现，并且可以根据广告主的产品要求为之量身定做一个专门表现其产品的互动游戏广告。例如，圣诞节的互动游戏贺卡，在浏览者欣赏完贺卡之后，广告会作为整个游戏贺卡的结束页面。

⑤书签和工具栏广告（bookmark，toolbar）。浏览器的收藏会在用户安装的同时，在用户的浏览器工具栏上生成广告的按钮，如安装“金山词霸 2002”后会在浏览器的工具栏生成两个小按钮，点击它们，浏览器会前往金山公司相应的页面。

⑥新闻组（newsgroup）。新闻组是指个人向新闻服务器张贴邮件的集合，众多有共同兴趣与话题的参与者彼此通过电子邮件进行讨论与交流，就构成了一个新闻组。每一个新闻组的参与者都可以看到其他参与者发布的信件，同样，每一参与者发布的信件也会被该组的其他参与者看到。在新闻组上做广告可采用两种方法：一是发布与讨论组主题相符的通知、短评、介绍性质的信息；二是在专门的广告组中发布广告。

⑦BBS（bulletin board system）。BBS 是一种以文本为主的网上讨论组织，气

氛自由、宽松。在这里你可以阅读或发布信息，与别人交流，你还可以提出任何你想要了解的问题，得到其他媒体上不可能得到的解答；当然，你也应该尽可能地帮助别人，从帮助他人的角度进行有利于自己的传播。

（2）网络广告的发布渠道

在网上发布广告的渠道和形式众多，各有长短，企业应根据自身的情况及网络广告的目标，选择网络广告的发布渠道及方式。目前，可供选择的渠道和方式主要有以下几种：

1）主页形式。建立自己的主页，对于企业来说，是一种必然的趋势。它不但是企业形象的树立，也是企业宣传自己产品的良好工具。在互联网上做广告的很多形式都只是提供了一种快速链接公司主页的途径，所以，建立公司的 Web 主页是最根本的。从今后的发展看，公司的主页地址也会像公司的地址、名称、电话一样，是独有的，是公司的标识，将成为公司的无形资产。

2）网络内容服务商（ICP）。如新浪、搜狐、网易等，它们提供了大量的互联网用户感兴趣并需要的免费信息服务，包括新闻、评论、生活、财经等内容，因此，这些网站的访问量非常大，是网上最引人注目的站点。目前，这样的网站是网络广告发布的主要阵地，但在这些网站上发布广告的主要形式是旗帜广告。

3）专类销售网。这是一种专业类产品直接在互联网上进行销售的方式。走入这样的网站，消费者只要在一张表中填上自己所需商品的类型、型号、制造商、价位等信息，然后点击一下搜索键，就可以得到所需要商品的各种详细资料。

4）企业名录。这是由一些因特网服务商或政府机构将一部分企业信息融入其主页中。如香港商业发展委员会的主页中就包括汽车代理商、汽车配件商的名录，只要用户感兴趣，就可以通过链接进入选中企业的主页。

5）免费的电子邮件服务。在互联网上有许多服务商提供免费的电子邮件服务，很多用户都喜欢使用。利用这一优势，能够帮助企业将广告主动送至使用免费电子邮件服务的用户手中。

6）黄页形式。在因特网上有一些专门用以查询检索服务的网站，如 Yahoo!、Infoseek、Excite 等。这些站点就如同电话黄页一样，按类别划分，便于用户进行站点的查询。采用这种方法的好处在于，一是针对性强，查询过程都以关键字区分；二是醒目，处于页面的明显处，易于被查询者注意，是用户浏览的首选。

7）网络报纸或网络杂志。随着互联网的发展，国内外一些著名的报纸和杂志纷纷在因特网上建立了自己的主页；更有一些新兴的报纸或杂志，放弃了传统的"纸"的媒体，完完全全地成为一种"网络报纸"或"网络杂志"，其影响非常大，访问的人数也不断上升。对于注重广告宣传的企业来说，在这些网络报纸或杂志上做广告，也是一个较好的传播渠道。

8）新闻组。新闻组是人人都可以订阅的一种互联网服务形式，阅读者可成为新闻组的一员。成员可以在新闻组上阅读大量的公告，也可以发表自己的公告，或者回复他人的公告。新闻组是一种很好的讨论和分享信息的方式。广告主可以选择与本企业产品相关的新闻组发布公告，这将是一种非常有效的网络广告传播渠道。

在以上几种通过网络做广告的方式中，以第一种即公司主页方式为主，其他皆为次要方式，但这并不意味着公司只应采取第一种而放弃其他方式。虽然说建立公司主页是一种相对比较完备的网络广告形式，但是如果将其他几种方式有效地进行组合，将是对公司主页的一个必要补充，并将获得比仅仅采用公司主页形式更好的效果。因此，公司在决定通过网络做广告之前，必须认真分析自己的整体经营策略、企业文化以及广告需求，将其从整体上进行融合，真正发挥因特网的优势。

根据CNNIC的调查，用户点击网上广告，有45%的用户是因为广告做得好看、有意思；20%的用户是因为广告注明有奖；20%的用户是因为广告登载在自己喜欢或信任的网站上；8%的用户是因为广告发到个人邮箱里；其他情况占7%。因此，要有效地发挥网络广告的作用，必须让广告具有强烈的动感。网络广告都是被动传播，不是主动展现在用户面前，这意味着用户接触广告具有选择性。网络广告要寻找能争取用户的武器，这就是创意。网络广告要吸引用户，它们应是生动的、能够抓住人们视线的、有趣味的，并且是让人无法拒绝的。网络广告要形成突破，必须依靠卓越的创意。如麦氏咖啡的互动广告就别具创意。它让访问者浏览《纽约时报》上的"咖啡早餐"故事，而不仅仅是宣传麦氏咖啡，其广告效果极佳，许多广告专家评价道："它充分利用了因特网的优势，使信息传播个人化，让每个接触广告的人感到，这种产品是专门为我准备的。"

3. 网络广告的策划技巧

网络媒体的特点决定了网络广告策划的特定要求。如网络的高度互动性使网络广告不再只是单纯地创意表现与信息发布，广告主对广告回应度的要求更高；网络的时效性非常重要，网络广告的制作时间短、上线时间快，受众的回应也是立即的，广告效果的评估与广告策略的调整也都必须是即时的。因此，传统广告的策划步骤与网络广告有很大的不同，网络广告有自己的策划过程，具体如下。

（1）确定网络广告的目标

广告目标的作用是通过信息沟通使消费者产生对品牌的认识、情感、态度和行为的变化，从而实现企业的营销目标。在公司的不同发展时期有不同的广告目标，比如说是形象广告还是产品广告，在产品的不同发展阶段广告的目标可分为提供信息、说服购买和提醒使用等。

（2）确定网络广告的目标群体

简单来说就是确定网络广告希望让哪些人来看，确定他们是哪个群体、哪个阶层、哪个区域。只有让合适的用户来参与广告信息活动，才能使广告有效地实现其目标。

（3）进行网络广告创意及策略选择

1）要有明确有力的标题：广告标题是一句吸引消费者的带有概括性、观念性和主导性的语言。

2）简洁的广告信息。

3）发展互动性：如在网络广告上增加游戏功能，提高访问者对广告的兴趣。

4）合理安排网络广告发布的时间因素：网络广告的时间策划是其策略决策的重要方面。

5）正确确定网络广告费用预算。

6）最后设计好网络广告的测试方案，选择网络广告的发布渠道及方式。

4. 实例分析

宝洁公司作为全球最大的广告主之一，多年来已经形成了自己比较成熟的广告作业规则，这些规则使宝洁成为广告主的楷模。

在网络经济时代，宝洁同样走在了前列。在大多广告主还在迟疑观望网络广告的时候，宝洁已经开始尝试网络广告并取得了较好的投放效果。

宝洁公司的润妍洗发水于2000年末在国内著名生活服务类网站投放的cascading logo的网络广告的单日点击率最高达到了35.97%，创造了网络广告投放的奇迹。这次宝洁公司的润妍洗发水网络广告投放的代理商是知名的网络广告代理公司Media999，下面就将Media999的策划思路概括如下，成功因素便蕴藏其中，希望能给读者带来启发。

（1）润妍品牌背景资料与市场分析

“润妍”倍黑中草药洗润发系列产品是宝洁公司在全球的第一个针对东方人发质发色设计的中草药配方洗润发产品，能为秀发提供全面的、从内到外的滋润，并逐渐加深秀发的自然黑色。润妍认为在新千年，美发产品的潮流将会发生转向，自然黑亮之美将卷土重来。

中国女性崇尚自然之美和传统之美，她们从不矫揉造作。因为她们认为，内在美才是最重要的，外在美只是内在美的外露与表现。因此，她们更喜欢自己天然的黑头发，更喜欢选择自然的发型。由此，在染发潮之后，一股秉承传统之美又融合了现代气息的自然之风已渐渐飘来。

在此形势下，宝洁推出了专为东方女性设计的“润妍”倍黑中草药洗润发系列产品（图8-5）。与“润妍”有相似特点的同类产品和品牌在市场上已有很多，而润妍在这一市场上尚不属于强势品牌。但从这些品牌和产品的广告表现上来看，其诉求大多不是很清晰。而“润妍”表现东方女性的自然之美的诉求概念却显示出高屋建瓴之势。

图8-5 “润妍”倍黑中草药洗润发系列产品广告图

(2) 广告策略

1) 广告目标：目前润妍品牌尚处于市场导入期，所以其营销传播主要以品牌形象宣传为主，以提升品牌的认知度为目标。

2) 品牌目标消费群的定位和特征描述：率真、年轻的便装美人和忙碌而心情平和的成熟女性。

3) 品牌传播概念：专为女性设计，表现东方女性的自然之美。

(3) 网络广告企划

1) 网络广告的目标。提高“润妍”品牌产品的知名度；通过在线推广，增加“润妍”品牌网站的访客量与注册用户数；通过在线推广，获取线下推广活动（润妍女性俱乐部、润妍女性电影专场）的参加人数。

2) 网络广告的媒介策略。

媒体选择标准：具有较高的目标受众比例；具有较高的品牌知名度，形成品牌互补；广告表现可承载性；广告效果的可监控性；合理的媒体采购价格。

媒体选择范围：①知名综合门户网站的相关频道，利用综合性网站的大流量优势，在短时间内提高品牌知名度和产品知晓度，并能有效形成“话题效应”，对活动起到推波助澜的作用；②区域性覆盖网站，利用区域性覆盖网站的地区影响力（所列网站分别覆华东、华南和西南等地区），有效地将广告信息深入传达到目标受众中，实现广告信息的覆盖深度要求；③知名女性垂直网站，利用这些女性内容垂直网站受众集中的特征，辅以高频次的广告播放，极有针对性地向精确目标受众传递广告信息，有效地提高了广告到达率。

网络媒体投放的区域：以大中城市为主。

3) 网络广告的表现策略。目前对网络广告的效果影响最直接的因素就是网络广告的表现形式。这次“润妍”的网络广告创意表现可谓独具匠心，利用了多种软件技术，将多种网络广告表现形式进行组合，形成了新的网络广告表现形式——鼠标触动的下拉 banner、banner 与 cascading logo 和鼠标触动的结合、互动式 flash banner 等。

（4）网络广告监测

由于网站所使用的网络广告管理系统不一致，对各类网络广告形式监测的技术支持标准不统一，造成了从媒体网站端无法实现全部形式的实时监测。由于此次使用的网络广告形式种类多，形式较新颖（例如，banner 与 cascading logo 的综合使用），所以 Media999 在媒体计划方面，除了利用可以支持大部分 banner 的实时监测的 Adforce 网络广告管理系统外，还通过对“润妍”品牌网站的访客来源的监测，获取对 textlink/cascading logo 等广告形式的监测数据。

cascading logo 与鼠标触动下拉 banner 结合，作为一种创新的网络广告表现形式取得了很好的广告效果，在国内著名生活服务类网站投放的单日点击率最高达到了 35.97%，从投入产出比的角度来评估，这次网络广告投放的广告效果比较理想。其中 cascading logo 的投入产出比最高。

综上所述，要达到好的网络广告效果，会涉及诸多方面的问题，而这次“润妍”网络广告效果的取得，有三点至关重要。第一，网络广告互动性和精准性的实现前提是对网络广告的受众研究；第二，针对网络广告的目标消费群进行媒介选择；第三，创新网络广告的表现形式。

8.2.3 网络营销网站

1. 网络营销网站的开发步骤

（1）网站定位

网站定位是网站建设前必须做的工作。在通常情况下我们将网站分为五类：商业性网站，如新浪、搜狐等通过上市交易筹集资金来运作的网站；大型企业电子商务网站，即企业的业务有很大部分是通过网站实现的，如 IBM、微软等大型国际公司；中小型企业电子商务网站，即通过网站实现网上销售、网上订货等，如以前的 8848、当当、卓越等；标准门户型网站，该类网站是企业业务的另一个渠道，但这个渠道现在还不可能代替传统渠道，只能作为企业销售体系的一个补充，是宣传企业的一个窗口及树立企业形象的一个平台，但同时有可能给企业带来商机；基础型宣传网站，该类网站只局限于公司、公司产品或服务的宣传，不设其他功能。

（2）注册域名

域名是公司在互联网上的名称和地址，只有先注册一个名称和地址，别人才能找到你的网站。

域名注册的途径有：在线注册——直接在网上注册，可以直接到 NSI（国际域名管理机构）和CNNIC（中国域名管理机构）进行注册；代理商代理注册，一般选择本地的代理商。

（3）网页制作

网页制作就像是往商店里摆放样品一样，这些样品也是你要向访问者宣传的产品和服务。综观互联网上知名的网站，它们都有五个成功要素：内容、美工、易用性、速度、适用性。这五个要素相辅相成，只有兼备五个要素才能成为大众乐于接受的好网站。

（4）发布网页

在网站建设好以后，需要一台计算机与互联网连接，这台计算机就被称为主机，只有把网站放在主机上，别人才能看到我们想要宣传的产品和服务。自己购买主机和租用专线费用太高，此时我们就要用到虚拟主机技术。

（5）网站宣传和推广

网站推广的方法有传统宣传和网络宣传。传统宣传是指企业在传统媒体上做宣传，如企业在电视、广播、报刊、杂志和户外做广告时加入自己的网址等，一般由企业自己完成；网络宣传就是利用网络自身的优势，在互联网上对企业的网站进行宣传推广，可选择专业公司完成。网络宣传一般有搜索引擎加注、新闻组、邮件列表、交换链接、电子公告等几种方式。

（6）网站的更新和维护

更新和维护是指对网站内容的更改、新信息的添加、网站日常管理。这部分工作对于提高网站的访问量有着不可忽视的作用，如果网站内容长时间不改动、没有新信息的加入，就不可能吸引访问者回访你的网站；如果没有日常维护的话，网站的正常链接也难以得到保证，没有正常链接的网站的访问量则会大幅度下降。

2. 网络营销网站的开发方式

（1）虚拟主机

最新的互联网技术是采用虚拟主机方式来建设网站。所谓虚拟主机，是指使用特殊的软硬件技术，把一台计算机主机分成一台台“虚拟”的主机，每一台虚拟主机都具有独立的域名和IP地址（或共享的IP地址），具有完整的互联网服务器功能，对应于一个企业网站，在同一台硬件、同一个操作系统上，运行着多个用户的不同服务器程序，互不干扰；而各个用户又拥有自己的一部分系统资源（IP地址、文件存储空间、内存、CPU空间等）。虚拟主机之间完全独立，在外界看来，每一台虚拟主机和一台独立的主机的表现完全一样。

（2）服务器托管

除了虚拟主机之外，服务器托管也是一种常用的方式。所谓服务器托管，是指将自己的Web服务器放在能够提供服务器托管业务单位的机房里，实现与互联网的连接，从而省去用户自行申请专线接入到互联网的麻烦。能够提供服务器托管的公司一定能够通过专线接入互联网，这样，互联网上的用户就可以通过这条专线访问被托管的服务器。数据通信局提供的服务器托管可以通过10M或100M的网络接口连接互联网。被托管的服务器由用户自己维护和管理，在服务器运行稳定后，就可以通过远程登录来维护了。

（3）专线上网

所谓专线上网，就是申请相应速率的DDN线路并将其连接到互联网上，通过这条专线用户的服务器就可以被互联网访问了。通过这种方式，用户的服务器就被放在自己的机房中，方便自己维护和管理，但用户要申请数据线路。

从价格角度看，这三种方式的成本投入是依次增加的。虚拟主机最为经济，采取远程登录的方式就可以实现对站点的维护和更改，自己的网站就可以被访问，而且速度与浏览互联网中的其他网站没有区别，服务器托管的价格介于虚拟主机和专线入网之间，而专线入网的费用最高。

8.3 网络竞争情报

8.3.1 竞争情报概述

1. 竞争情报的概念

竞争情报的定义可谓五花八门，这一方面说明了竞争情报被关注的程度，另一方面说明人们对竞争情报的研究还处于不完善阶段。

（1）国外对竞争情报的定义

最早给竞争情报下定义的是美国加利福尼亚州立大学席德克来格管理学院的理查德·平克顿教授，他在1969年撰写的总题目为《工业营销》的系列论文中，认为竞争情报是分析和解释规划、战略和战术决策所必需的某些工商信息所得出的知识。这些知识包括一个有组织的系统来为企业的运行部门指导、搜集、生产和传播情报。此后，关于竞争情报的定义越来越多，比如，竞争情报的采集是市场研究的一部分，它是对与产品和服务的营销有关的资料进行的系统化搜集、记录、分析；竞争情报是运用公共来源开发关于竞争、竞争者和市场环境的信息；竞争情报是与外部和（或）内部环境的某些方面有关的精炼过的信息产品；竞争情报是企业从外部获得的能改进企业绩效的任何信息；竞争情报是一个分析过程，在此过程中，关于竞争者、工业和市场的分散的信息被转变成关于竞争者能力、意图、业绩与地位的、可以据以采取行动的战略知识，这种战略知识也是上述过程的产品或产出物。

美国竞争情报从业者协会（SCIP）对竞争情报的定义是：竞争情报是一种过程，在此过程中，人们用合乎职业伦理的方式搜集、分析和传播有关经营环境、竞争者与组织本身的准确、相关、具体、及时、前瞻性以及可操作的情报。

联合国工业发展组织在对竞争情报作描述时认为，对于一个企业来说，外部环境中的任何变化，包括技术的、经济的以及政治的等因素，都可能对企业的利益乃至生存产生重大影响，企业可能通过搜集了解早期的预警信号，发现并且预知这些可能的变化，利用所剩余的时间，提前采取相应的措施，避开威胁，寻求新的发展机遇，这种能力在当今社会中已越来越变得至关重要了。这段话说明，竞争情报是对情报进行研究和应用的智能化活动过程。

（2）国内对竞争情报的定义

国内学术界对竞争情报的定义有的是从国外移植过来的，有的是对国外定义的模仿，还有的是结合我国情报工作的特点及竞争情报实践所得出的结论。以下就列举几种国内对竞争情报的定义。

竞争情报是企业决策情报的一种，是对竞争对手而言的。一个企业要对其主要的甚至一切竞争对手过去的成就、现在的活动状况及将来的计划等各方面的情报进行搜集、分析、评价，从而明确自身面临的危险，看清自己的长短，制定竞争的对策。

竞争情报是在需求、搜集、存储、检索、流通、利用这一完整系列程序中对信息最大限度的使用和最充分的发挥，最后体现为经济效益的显著提高。

竞争情报是关于竞争环境、竞争对手和竞争策略的一个新的情报领域的研究，是为了适应市场竞争的需要，赢得企业自身价值的竞争优势所开展的一项活动。

竞争情报是一个组织机构（如公司、企业、社团等）为了在激烈的市场竞争中获取竞争优势而需要的具体、及时的信息。

竞争情报是指搜集、处理、分析和利用反映竞争环境各要素和事件的状态、变化及其相互关系的数据或信息的过程。这一过程的目的是向企业的管理人员描绘出一个全面的、动态的竞争环境图景，以使企业充分、准确地估计自身的竞争能力和外部环境所蕴藏的各种机会和威胁，从而制定与实施正确的竞争战略，创建和保持持久的竞争优势。竞争情报有时还指这一过程中的产品，即描绘竞争环境各要素及其状态和变化的经过分析的数据或信息，但此时，竞争情报一般表示为情报数据（intelligence data）或情报信息（intelligence information）。

2. 竞争情报的作用

竞争情报对企业的作用可以归纳为三大方面。

（1）战略决策与行动

战略决策与行动包括战略计划与战略开发。比如，为公司制定创造未来竞争环境的战略规划提供情报支持，用公式表示公司的全球化竞争战略并评估商业目标达到时竞争对手的角色，预测在行业全球化时公司怎样、与谁同行、竞争对手在做什么并与谁在一起。识别与评估竞争环境的变化以备战略性的投资决策，探索公司怎样扩张现有产品的能力和建造一个更具高效制造流程的新工厂，寻求公司在面对关键竞争者的保持竞争优势的计划与行为，在产品开发阶段识别与评估主要竞争者产品所处的阶段并评估其他技术的竞争状态，在新产品开发和推出阶段评估竞争者将怎样和何时作出反应以及他们将怎样影响公司的计划。

（2）早期预警

早期预警包括预测竞争者的早期行动、技术的新动向和政府的行为。比如，预测可能的技术突破性领域对公司现有和未来竞争优势的影响，预测技术开发对产品能力和产品开发的影响以及被竞争者和其他公司利用的情况，预测关键供应商的状态与行为，预测行业采购方针与流程的变化，预测客户和竞争者对公司和服务感觉的变化，预测国际政治、社会、经济和法律环境变化对公司竞争优势的影响，在规章制度上预测近期可能的改变、在长期偏离的趋势以及政府可能对现有法律制度的改革等，获取在主要竞争者之间可能联盟、合作和分离的情报，了解竞争者财务状况的变化。

（3）描述具体市场中的关键参与者

具体市场中的关键参与者包括竞争者、顾客、供应商、管理者和潜在的合作者。对其的描述有：提供主要竞争者的概况，提供关键竞争者的深度评估报告，鉴别出新的和可能来自完全不同行业的潜在竞争者，描述和评估公司现有和未来的竞争环境，描述新的客户的需求和未来的兴趣，了解行业和客户关于公司的商品和服务价值的意图、浓度和感觉，识别和描述新的行业、新的市场的主要参与者，描述新的技术和产品的开发者用在本行业竞争的计划和战略，描述管理和业务操作的情报需求，描述投资财务者对公司商务和本行业的意图和感觉，描述各种供应商和行业观察者对搜集有关本公司信息的兴趣和目的所在。

8.3.2 基于因特网的企业竞争情报系统

1. 竞争情报系统概述

（1）竞争情报系统的概念

竞争情报系统目前还没有一个统一的定义，通常认为，竞争情报系统是对组织内部状况与外部态势的有关信息进行集成管理，以支持其竞争战略目标的信息系统。竞争情报系统是以人的智能为主导，充分利用各类信息网络，通过合法的、符合伦理道德规范的手段和技术，对企业自身、竞争对手和企业外部环境的信息进行搜集、处理、存储、分析，以充分开发和有效利用企业内外信息资源、提高企业竞争实力为目标的人机结合的竞争战略决策支持和咨询信息系统。

网络环境下的竞争情报系统以现代信息技术（如互联网技术、面向对象技术和数据仓库技术等）作为技术手段，既为企业各部门之间、企业与供销商或合作者之间的紧密协作提供了全然不同的信息交流环境，又可以根据企业战略目标和竞争环境的变化对企业内外资源进行重新组合，从而使企业组织结构的动态调整成为可能，并且使分布式网络化的虚拟企业成为现实，使人们突破部门、组织、地域、时间以及计算机本身的束缚，通过企业内外信息资源的交流和共享，真正实现以企业的战略目标和用户的最终需求为中心的协作，提高企业对市场竞争的敏捷反应能力。

（2）竞争情报系统的作用

1）竞争情报系统促使企业情报信息有序化。竞争情报系统是企业感知外部环境变化的预警系统，能帮助企业及时洞悉政治的、经济的、社会的、市场的变化以及这些变化对企业可能构成的威胁和机遇；它也是企业为适应外部环境变化而作出战略决策和竞争策略的支持系统，能为企业的竞争决策提供依据和论证。因此，建立竞争情报系统，可以使企业的领导集团充分明确企业在竞争中所处的地位，促使企业赢得竞争优势。

2）竞争情报系统是企业战略管理的基础。无论是进行战略的制定还是实施，企业都需要对竞争环境进行基本的分析和研究。竞争情报和战略管理相融合就构成了竞争情报系统，它是竞争情报的系统化过程。所以，竞争情报是将管理知识、组织知识和技术知识三者结合起来构成的与企业竞争密切相关的一个人机集合体，是现代企业战略管理的基础。

3）竞争情报系统有利于形成企业的核心竞争力。企业的技术创新需要竞争情报系统，技术创新能力是企业兴旺发达的动力和源泉，通过竞争情报系统对世界科技的发展、相关产品的技术水平、消费者对新产品的接受能力、竞争对手技术能力的分析、研究及对未来市场的预测，可以帮助企业选定最佳时机进行技术创新，并适时推出新产品、新服务，帮助企业在科技飞速发展和技术竞争激烈的形势下持续发展，形成核心竞争力。

2. 网络竞争情报系统的结构、主要技术和产品

（1）网络竞争情报系统的结构

网络竞争情报系统由情报自动搜索子系统、情报加工子系统、数据预处理子

系统、情报分析子系统、情报维护子系统、智能数据挖掘子系统、情报服务子系统等几个子系统组成。

1）竞争情报自动搜索子系统。竞争情报自动搜索子系统主要应用网页智能搜索技术和网页内容自动抽取技术。该子系统模块能够从外部互联网、在线数据库和内部互联网自动搜索出用户感兴趣的网页，并自动识别与抽取用户所需要的文本信息，最终形成一个有关竞争情报的文本集合。该子系统主要负责竞争情报的搜集。

2）竞争情报加工子系统。该子系统主要负责对情报的加工、鉴定、去伪存真，并将有价值的情报及时传递给有关部门。

3）数据预处理子系统。该子系统主要应用网络信息挖掘技术中的特征提取技术，将情报搜集的文本数据进行清洗、转换、传输和加载操作后，导入数据仓库和数据集中结构化存储并进行管理。

4）竞争情报分析子系统。该子系统主要负责定期提供综述报告，对竞争对手、竞争对策提出建议，以供决策人员参考。

5）竞争情报维护子系统。该子系统主要负责竞争情报系统的日常维护，保证系统正常运行。它包括定期剔旧与改错，并注意情报的时效性，保证有用的情报不为一些失效情报所淹没。

6）智能数据挖掘子系统。该子系统运用神经网络等数学方法，具有自动学习和智能分析功能。文本挖掘技术的数据分类和集聚是数据挖掘的主要功能。它对导入数据仓库的结构化数据进行分层多维分析，提供高度交互的在线分析处理功能，可以即时进行反复分析、切片、钻取等操作，快速获得所需结果；提供预定义的数据挖掘及数据查询功能。

7）竞争情报服务子系统。这个系统模块使用可视化技术对数据分析结果以适当的方式进行人机交互。该子系统模块使得企业情报用户以自己能够理解的语言对系统下达指令，同时系统将抽象的机器语言转换为各种人们能够理解的语言、图形等信息并将其反馈给情报用户。该子系统模块还可以多维地显示数据，揭示数据之间的关联和隐藏在数据背后的信息，使用户可以在图形界面上直接对空间对象进行查询和分析，以数据可视化、思维可视化的形式，提供了一种新的决策支持方式，使竞争情报用户对各方面情况的研究不再是孤立的，从而极大地提高了竞争决策的水平，为竞争情报提取的计算机化提供了更好的手段。

（2）主要技术与产品

1）百度企业竞争情报系统（简称百度 eCIS）。依靠拥有的信息采集技术，百度开发了企业竞争情报系统，并于 2002 年 8 月向社会发布。

百度 eCIS 在大量调研企业竞争情报工作的基础上，在国内首次提出了情报角色概念，根据不同角色在企业竞争情报工作的作用设计出了不同的工作台，通过严格而灵活的权限机制将各种角色有效结合、协同工作，完成情报规划、搜集、分析、发布、存储、评估等一系列的企业竞争情报工作环节，形成完整的企业竞争情报系统，为企业构建了强大的情报中心（图 8-6）。

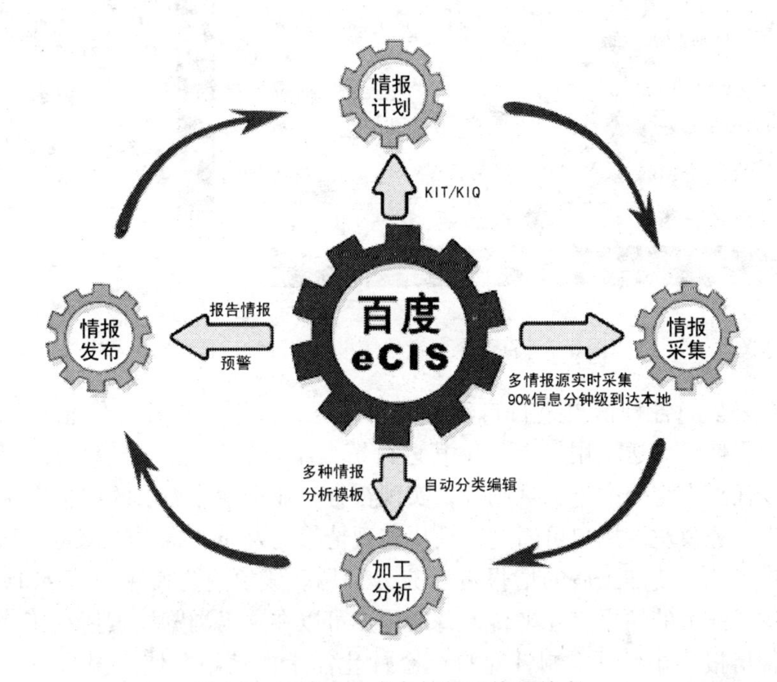

图 8-6　百度企业竞争情报系统的特点

百度 eCIS 由情报计划模块、情报采集模块、情报加工分析模块、情报服务模块和系统管理模块组成（图 8-7）。

情报计划模块。用户根据 KIT/KIQ 竞争情报模型在该模块中设置关键情报课题，进行分解和分析。用户可在每个 KIQ 下自行设置相关主题，由系统自动将符合该主题的最新情报推送至该 KIQ 下供用户参考。该模块可以有效辅助用户进行针对自己企业和决策的竞争情报收集与分析。

情报采集模块。根据用户指定的情报源，利用百度先进的信息采集技术在互联网、内部网、数据库、文件系统等多种信息源中全面、实时地获取各种所需的情报信息，并在将这些信息进行归一化处理后，传送至情报加工模块进行处理。情报采集模块采用百度独有的三环式信息采集架构，能够在占用系统资源最小的情况下最为及时有效地采集信息。

情报加工分析模块。在该模块中，系统根据用户设置的分类过滤规则和关联

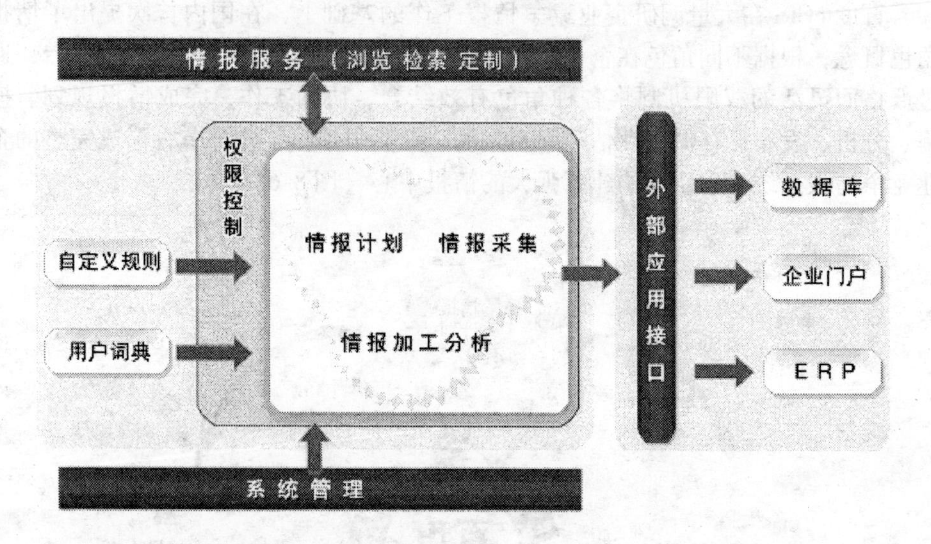

图 8-7 百度企业竞争情报系统的构成模块

规则，对采集的各种情报进行自动分类、过滤、去重，与各种信息自动建立关联，之后将信息推送至用户端，供其进行情报编辑、整理、分析、存储等操作。用户可以任意设定分类过滤规则等，实现符合企业个性化需求的情报定制。

情报服务模块。用户可通过该模块实现情报的发布、推送、浏览、检索、存储等各种功能，使加工后的情报得以充分利用。该模块为使用百度 eCIS 的所有用户提供了强大的情报交互平台，普通用户可以在这里浏览检索情报工作人员发布的各种情报，并可以定制针对自己个性化需求的情报，使情报真正"合我所需，为我所用"。

系统管理模块。百度 eCIS 采用 B/S 架构，管理员可以通过浏览器随时随地地监控整个系统的运行状态，设置各种系统参数。百度 eCIS 同时还独有系统自动监控程序，24 ×7 自动监视系统运转，自行排查各种故障，对于无法解除的故障自动通知管理员及时解决。

2）北京易地平方信息技术有限公司的企业竞争情报管理解决方案。北京易地平方信息技术有限公司开发的软件是一套解决方案，包括项目管理、互联网信息采集、情报协同与沟通、文本挖掘和数据挖掘、辅助报告生成、发布和分发等六个方面。在互联网信息采集方案中，系统采用"智能爬虫"工具，自动从互联网上下载相关信息并自动分类。情报协同与沟通方案包括访谈内容和随时情报的输入、内部信息（如 E-mail、BBS）的采集和检索、在线交流等多种表现形式。文本挖掘部分是从大量的文本信息中提取出有价值的知识，方便人们对知识的发现和利用。数据挖掘部分首先将原始数据进行规范化处理，然后将数据转化为有价值的信息以辅助决策。在辅助报告生成方案中提供多种竞争情报标准简报和报告模板，以辅助情报人员形成各种报告。北京易地平方信息技术有限公司的企业竞争情报管理解决方案的优势在于根据用户的需求自动搜索信息并进行智能筛选与过滤。

3）赛迪数据的竞争情报系统。赛迪数据提供的是企业竞争情报系统。整个系统由数据处理引擎、分类服务器、用户管理服务器和数据采集器共同组成。数据处理引擎是一个扩展性极强、多线程的核心引擎，完成概念分析、内容提取、概念模式识别、相关度计算、全文检索等工作。分类服务器负责提供诸如自动分类、自动信息群识别等功能。用户管理服务器提供用户自动建档、档案搜寻、档案分析、档案实时自动更新等功能。数据采集器实现在企业内外部处理来自各种不同信息源的数据和文件格式，如果用户对赛迪数据公司所拥有的近两亿条海量数据有所需求，则数据采集器将同时实现企业所建设的竞争情报系统与赛迪数据公司的数据中心进行数据传输。赛迪数据竞争情报系统的主要优势在于非结构化信息的采集与自动分类处理。

8.3.3　网络竞争情报资源

竞争情报源即是竞争情报的来源。随着网络的不断发展，竞争情报的工作方式也发生了变化，网络信息资源成为重要的竞争情报资源。但是网络信息资源的质量良莠不齐，为获取有效的网络竞争情报资源，必须要研究网络竞争情报的类型，分析如何获取网络竞争情报。

1. 网络竞争情报源的类型

随着因特网的迅猛发展，网络信息资源的种类也变得丰富多样，网上的信息资源也成为重要的竞争情报源。竞争者要在竞争过程中处于优势地位，就必须充分搜寻和获取网上的竞争情报，充分利用网络，重视网络竞争情报源。网络竞争情报源可以分为以下几种类型。

（1）竞争情报网站类

按照竞争情报相关网站的主办单位及服务内容性质的不同，互联网上的竞争情报网站可以划分为以下几种类型。

1）研究类竞争情报网站。该类网站的创建主体主要是各国竞争情报协会、高校或学术杂志，专门为专业研究人员进行竞争情报理论和实践交流而设立。国外具有代表性的研究类竞争情报网站有：美国竞争情报从业者协会网（http：//www. scip. org）、澳洲知识管理和竞争情报从业者协会网（http：//www. scipaust. org. au）、Drexel 大学信息科学技术学院（http：//www. cis. drexel.

org)、Cio Magazine（http：//www. cio. org）和 Computerworld 杂志（http：//www. computerworld. org）。我国的研究类竞争情报网站较少，主要有中国科技情报学会竞争情报分会网（http：//www. scic. org. cn）、北京竞争情报网（http：//www. bestinfo. net. cn）等。中国科学技术情报学会网（http：//www. cssti. org. cn）设立了《情报学报》、《中国信息导报》等栏目，刊载了两刊竞争情报的一些文章。中国兵器工业学会网（http：//www. north. cetin. net. cn）也设立了《情报理论与实践》栏目，提供该杂志上发表的文章。值得注意的是，我国高校网站还基本没有提供竞争情报内容，更没有设立专门的竞争情报网站。

2）咨询类竞争情报网站。该类网站在竞争情报网站中占多数，我国该类网站与国外类似，在竞争情报网站中也占多数，这类网站是由各种提供竞争情报服务的信息咨询公司主办，多数就是这些公司的主页。国外典型的咨询类竞争情报网站有：美国的 Fuld&Company 公司网（http：//www. fuld . com）、凤凰咨询组织网（http：//www. intellpros. com）等。国内咨询类竞争情报网站主要有：中国竞争情报网（http：www. chinaci. com）、北京华门策略网（http：//www. sinogate. com. cn）、中国科技信息研究所（http：www. istic. ac. cn）、北京斯坦德商务顾问有限公司网（http：//www. std- china. com）、常州知识产权网（www. czipr. com）、BusinessFBI、上海思胜信息咨询服务有限公司、北京科教信息网（www. bestinfo. net. cn/）、万方咨询（www. wanfang. consult. com. cn）等。

3）剪报类竞争情报网站。这是新型的竞争情报网站，是竞争情报与网络结合的产物。这类网站多为网络公司，有的由网络公司与情报咨询公司联合主办。这些网站主要是从网上搜集信息资源，尤其是从网上报纸中寻找有价值的资料，然后用竞争情报的研究方法进行分类、整理、分析、综合，最终得出分析报告，有偿提供给企业。与传统的情报服务比，它们的信息源相对单一，但覆盖面很广，往往多达几百上千种报纸，因此其分析报告有一定的参考价值。客户可以尝试性地购买剪报分析报告。剪报类竞争情报网站虽然没有传统咨询公司成熟，但其报告价位较低，以数据挖掘和数据分析为主，使用方便，极具发展前途。目前，国内主要有合智情报工作网（www. hezhici. com）、旭盛咨询（http：//sunshine- sh51. net）、九州万讯（www. jzwz. com. cn）、梅花剪报（www. oneclip. net）等。

4）动态竞争情报管理网站。竞争情报研究不只是对某一特定问题的具体回答，而更多的是反映竞争环境的动态过程。因此，必须建立竞争情报监测系统，才能掌握活的情报。通过对竞争对手的网页进行自动搜索，只要竞争对手的网页更新或者竞争对手有任何新的举措（通过其网页反映出来），公司就会立即通知其客户，从而使客户获取动态的竞争情报。网站 http：//www. netmind. com/和

http：//www. javelink. com/即提供这种预警监测服务。这两家公司通过对工作站点、协（学）会站点以及客户所处的行业的政府管理机构等站点进行信息收集，从而为客户提供相关的新闻、贸易展销、总裁讲话、产品投放市场等方面的竞争情报。国内的 365Agent 情报中心也开始提供此类竞争情报信息服务。

5）能跨越语言障碍的竞争情报网站。搜集海外竞争对手的信息是当今竞争情报工作不可缺少的部分。使用各国各地区的搜索引擎，能获取各国各地区的信息，但各国多以母语制作其网页，网上搜索语言障碍在所难免。而像魔术师一样的 altavista 网站却帮助我们跨越了互联网上的语言障碍，获取全球各地的竞争情报。该网站提供了免费的在线英语与法语、德语、意大利语、俄语、西班牙语和葡萄牙语的互译以及法语与德语的互译服务。只要你键入要翻译的网页的网址，它就能将该网页翻译出来。依靠这种网上服务，可以获取大量的海外竞争对手的信息。

6）原始性竞争情报网站。

该类网站又包括以下几种类型①网页；②公司主页；③主页上的重要链接；④商业信息网站；⑤求职网站；⑥专利和商标网站。

（2）竞争情报软件类

1）C-4-UScout。由 L-T-ULtd 公司（http：www. c-u. com）开发的软件 C-4-U Scout 的主要功能是根据用户的需求跟踪与监测竞争者网站的变化，简单易用，且可免费获取。

2）Knowlesge works。由 Cipher 公司（http：//www. cipher-sys. com）开发的软件 Knowlesge works，是一个按照竞争情报循环而构建的专门软件包，具有定义关键情报问题（KLTS）、收集信息、分析和报告的完整功能。该软件的特点是：提供 KITS 模板以管理作业流程，提供门户工具使用户自助地收集和高级检索所需的最新信息，预测竞争对手的变化，快速地形成竞争情报报告并加以传递，其应用直接集成到 Notes 或 Outlook 当中。

3）Market Signal Analyzer。由 Do- cere Intelligence，Inc. 公司（http：//www. docere. se/）开发的软件 Maket Signal Analyzer（1.3 版）是一个具备预警功能的系统。其主要特点是：提供了一个基于矩阵的可操作的框架，用来收集和组织大量信息以确定并汇报能影响用户企业的趋势或事件，并提供了一个自动的市场信号频率分析工具和一套软件支持的分析方法及具体描述的文件。

4）TextAnalyst。由 Megaputer Intelligence，Inc. 公司（http：//www. megaputer. com）开发的 TextAnalyst（2.0 版）软件，具有语义分析、导航和检索非结构化文本的功能，是一个收集诸如新闻和报告等信息并进行有效传递的工具，通过创建的语义网络对信息进行归类，并可用于多种语种。

5）STRATEGY。由 Stratcgy Software，Inc. 公司（http：//www. strgtegy-software. com）开发的 STRATEGY 软件覆盖了竞争情报循环的所有阶段，尽管缺乏自动收集功能，但它提供了基于用户定义的分类。它通过组织化和结构化的工具，利用来自各种信息资源的“信息片断”，形成针对不同部门需求的具有战略和战术意义的分析报告，同时它还支持各种途径的报告传播。该软件为竞争情报部门提供了相关数据库工具，重点在于比较评估和报告。

6）Wincite。由 Wincite. SystemsLLC 公司（http：//www. wincite. com）开发的 Wincite（7.0 版）是一个专为竞争情报工作而设计的门户软件，它提供了一个组织与分析不同信息的基础结构。其主要优势在分析与情报传递方面，通过提供分析框架和报告模板，帮助用户剪接、组织各种信息以产生适应不同需求的分析报告，并将其快速地传递给需要的不同部门。此外，Wincite 还提供了快速导航功能，可以使用户利用内部网搜索工具集中查看已存储的大量信息。

7）Wisdom Builder。由 Wisdom Builder，LLC 公司（http：//www. wisdom-builker. com）开发的软件 Wisdom Builder 覆盖了竞争情报所有的循环，是一个帮助使用人员搜索、评价、组织、分析信息，并提供结构化的报告模板的集成软件。其主要优势是在非结构文本中（如新闻、发布的消息等）探索事件、人、地点、产品和组织间的潜在关系并设想可能产生的结果。它拥有令人吃惊的搜索功能。用户可动态定制可集成的协作体系结构，以随时调节情报工作流程结构和功能（李子臣，2008）。

2. 典型实例与搜集方法

安特集团是我国特级酒精行业的龙头企业，其全套设备及技术全部从法国引进，其主要产品是伏特加（Vodka）酒及分析级无水乙醇。其中，无水乙醇的销量占全国的50%以上。伏特加酒通过边境贸易，向俄罗斯等前苏联国家出口达到1万吨，总销售额超过1亿元。

伏特加酒作为高附加值的主打产品，是安特集团利润的主要来源。但是，随着俄罗斯等前苏联国家的经济形势的日趋恶化，伏特加酒的出口量逐年减少，形势不容乐观。笔者所在的安特集团审时度势，决定从 1998 年的下半年开始通过因特网进行网络营销，开辟广阔的欧美市场。

然而，一开始安特集团面临不少的问题。首先，我国以前基本没有出口过伏特加酒，只有长城牌的伏特加酒在 1990 年左右出口过（这也是从美国进出口数据库中查出的），无可比性。没有了国际参照物，也就无法确定安特牌伏特加酒总体的质量价格比，当然也就无法向外商报价。其次，酒类的进出口贸易在国际贸易中属于比较困难的一类，因为酒类的进口在世界各国都是被严格控制和限制进口的，有着复杂的质量标准和各种限制进口的关税及非关税壁垒，对此安特集团几乎是一无所知。最后，对于伏特加酒的国际贸易数据，安特集团知之甚少，无法确定主攻方向和潜在的市场，当然也就无法确定潜在的贸易伙伴。于是，安特集团确定了信息收集的三个方向：价格信息；关税、贸易政策及国际贸易数据；贸易对象，即潜在客户的详细信息。

（1）价格信息的收集

价格信息的收集是至关重要的，是制定价格策略和营销策略的关键。通过对价格信息的分析，可以确定世界上各种伏特加酒的质量与价格之间的比例关系；可以摸清世界各国伏特加酒的总体消费水平；可以确定国际伏特加酒的贸易价格，其中最主要的作用还是为安特牌伏特加酒的出口定位。价格信息的收集可从以下几个方面入手：

1）生产商的报价。由于安特集团是生产企业，因此来自其他生产企业的价格的可比性很强，参考价值很高。特别是世界知名的伏特加酒生产企业的报价，更具有参考价值。这是因为世界著名的伏特加酒在国际贸易中所占的比例很大，其价格能左右世界市场的价格走向。

2）销售商的报价。销售商包括进口商和批发商。他们报出的价格都是国内价，一般都含有进口关税。对于生产企业而言，其可比性不是很强。但是他们所提供的十几甚至几十种产品，都来自不同的国家，参考价值很高。安特集团可以确定每种产品的档次，确定不同档次产品的价格水平。

（2）关税及相关政策和数据的收集

关税及相关政策信息在国际营销活动中占有举足轻重的地位。进口关税的高低，影响着最终的消费价格，决定了进口产品的竞争力；有关进口配额和许可证的相关政策关系到向这个国家出口的难易程度；海关提供的进出口贸易数据能够说明这个国家每年的进口量，即进口市场空间的大小；人均消费量及其他相关数据则说明了某个国家总的市场容量。

（3）各国进口商的详细信息的收集

收集进口商的信息，是网络营销的一个重要环节，其目的是建立一个潜在客户的数据库，从中选出真正的合作伙伴和代理商。需要收集的具体内容包括：进口商的历史、规模、实力、经营的范围和品种、联系方法（电话、传真、电子邮箱地址）。对于已经建立了网站的进口商，只要掌握其网址就掌握了以上信息；对于没有建立网站的进口商，可以先得到其联系方法，在建立起联系后再询问。

安特集团利用半年左右的时间，收集了以上三个方面的情报，对于世界上伏特加酒的贸易状况有了基本的了解，掌握了世界伏特加酒交易的价格走势，认清了安特牌伏特加酒所处的档次水平，也联系了上百家进口商、经销商，可以说基本上把握了国际伏特加酒市场的脉搏，圆满地完成了情报收集的工作。这些工作为以后的网上谈判、选择代理商等网络营销工作打下了良好的基础。

8.4 其他网络商务信息资源的利用

8.4.1 网络银行

1. 网络银行概述

网络银行是指金融银行业利用计算机网络、因特网和无线互联网创建各种新式电子化、数字化和网络化的银行；或者在计算机网络、因特网和无线互联网上开展传统的银行金融业务与服务；或者在计算机网络、因特网和无线互联网上推出各种新型网上银行金融业务与服务。网络银行是一种全新的银行客户服务渠道，它在因特网上设置虚拟银行业务与服务柜台，使得客户可以不受时间、空间的限制，只要能够上网，无论在家里、办公室，还是在旅途中，都能随时随地根据需要方便快捷地管理自己的资产和享受银行的服务，共享网络银行提供的网上资源。

2. 典型的网络银行

（1）美国安全第一网络银行

美国三家银行联合在因特网上创建了美国安全第一网络银行（Security First Network Bank，SFNB）。这是新型的网络银行，是得到美国联邦银行管理机构批准，在因特网上提供银行服务的第一家银行，也是在因特网上提供大范围和多种银行服务的第一家银行。其前台业务在因特网上进行，其后台处理只集中在一个地点进行。该银行可以保证安全可靠地开办网络银行业务，其业务处理速度快，服务质量高，服务范围极广。

1998 年 10 月，在成功经营了 5 年之后，美国安全第一网络银行正式成为拥有 1860 亿美元资产的加拿大皇家银行金融集团（Royal Bank Financial Group）旗下的全资子公司。从此，SFNB 获得了强大的资金支持，力图继续保持在纯网络银行领域内的领先地位。在被收购后，SFNB 的业务范围扩大且人员增加。

1）安全第一网络银行的高层组织结构。美国安全第一网络银行具有一套高效率的组织结构，其高层管理组织结构如图 8-8 所示。

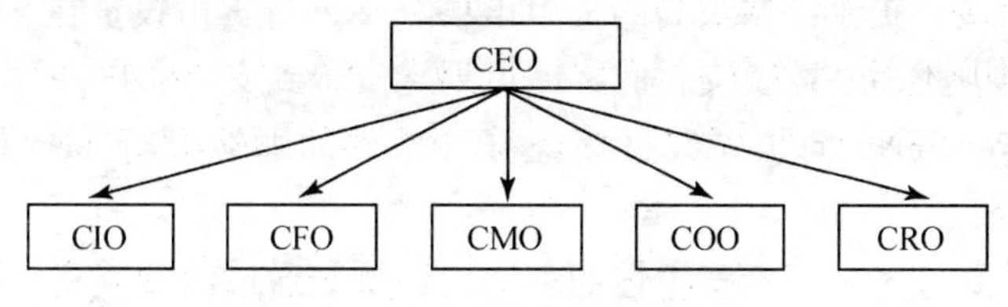

图8-8　SFNB的高层组织结构

2）安全第一网络银行的环球网系统。美国安全第一银行是在Data Force Internationgal软件公司的协助下开发环球网系统的。该系统使用SUN公司的计算机作为硬件平台，系统的用户使用个人计算机上的网络浏览器，通过因特网就可以直接进入银行主页。在银行一端，由一台SUN公司的Space Server服务器提供用户与银行信息系统主机之间的接口。即Space Server服务器在负责将银行信息系统主机的数据转换成超文本置标语言（HTML）格式后送往主机进行管理。在环球网系统中，一台网络浏览器服务器专门用于加密。SUN公司的设备能够与该服务器兼容。

3）安全第一网络银行的“柜台”服务。在因特网上进入美国安全第一网络银行的“大门”后，展现在客户面前的是各种网络银行“柜台”服务，其具体服务内容如下：

①信息查询（Information）：可查询各种金融产品种类、银行介绍、最新信息、一般性问题、人员情况、个人理财、当前利率等；

②利率牌价（Rates）：可以直接查看利率牌价；

③服务指标（Demo）：告诉客户如何得到银行的服务，包括电子转账、信用卡、网上查询检查等；

④安全服务（Security）：告诉客户如何保证安全以及银行采取的一些安全措施；

⑤客户服务（Customer Service）：由银行客户服务部的人员解答各种问题；

⑥客户自助（Customers）：客户在办理业务时，需要输入用户名及其密码方可进入系统等。

4）安全第一网络银行的产品业务与服务。美国安全第一网络银行提供的具体产品业务与服务如下。

①SFNB产品：银行业务的更高形式；

②现行利率：产品的现行利率和月费用；

③基本电子支票业务：提供20种免费电子月支付方式，可以联机提供明细表，可以进行在线注册登记，提供已结算的支票联机记录和在线金融报告等；

④利息支票业务：方便所有基本支票业务计算利息和附属电子票据支付；

⑤货币市场：提供一些最高的货币市场利率，将货币投资在 SFNB 的货币市场，赚取利息，然后在需要支付时，即可划转资金到支票账户；

⑥信用卡：SFNB 向预先经过核查符合条件的顾客发行 Visa Classic 和 Visa Gold 信用卡等；

⑦基本储蓄业务：以有竞争性的利率，让顾客通过储蓄获利，顾客的目的有的是准备购置一台新的汽车，有的是用于孩子完成学业，也有的是干脆把它存储起来，专用于获取利息；

⑧CDS：大额可转让证券，这是客户利用资金赚取利息的最容易的方法，提供一种最高利率业务中的一部分服务。

5）安全第一网络银行的金融业务服务。

①存款信息：客户可以迅速轻松地获得所需要的在 SFNB 账户上的存款信息；

②总裁的信：向客户描述了如何使用 SFNB 的网上服务和如何省钱；

③SNFB 网上服务欢迎您：当客户第一次进入银行开设账户时，它能告诉您如何开设账户、存取账户、存款和核查账户等；

④在线表单：订购存款单和信封，建立 ACH 存款，还可以订购支票和改变地址信息；

⑤无风险保证：SNFB 承诺可以保证用户的交易 100% 无风险；

⑥SFNB 的私人政策：用于了解 SFNB 的私人信息的保密情况等。

美国安全第一网络银行的金融产品、业务和服务还在不断发展和扩大，它为全世界的银行和金融机构树立了榜样，也为全世界的银行金融业网络银行的创建和发展积累了丰富的经验。

（2）中国的网络银行

中国内地在互联网上设立网站的银行不少，但能够提供金融交易性网上银行服务的，影响很大的则主要有四家：招商银行、中国银行、中国建设银行及中国工商银行。

1）中国建设银行的网络银行（图 8-9）。

为筹建网络银行，中国建设银行曾经组织专门的调研小组。该调研小组经过谨慎细致的论证，充分考虑到对私业务与对公业务各自的要求以及互联网自身的特点，认为一开始就应确定网上银行的业务发展策略：宜先对私再对公，因为对私业务交易频繁，每笔交易的平均交易额较小，通过互联网可以大量分流营业窗口的工作量，从而大大降低银行的整体运营成本，即将网上银行营业初期的目标市场定位于私人客户，公司企业之间的业务将通过某种方式间接进行。建行由此形成了总体设想：建立包括总行、区域中心和城市行三个层次的网上银行体系，其中总行负责网络信息管理和身份认证，区域中心负责交易服务、客户服务以及与城市行综合业务网的连接。建行的网络银行的功能主要包括四大块：信息服务、客户服务（包括投诉中心等）、网上转账交易（包括代收代付、账务查询等）、与证券业联网。开发设计日处理业务 130 万笔，同时允许 5 万个客户访问和交易。

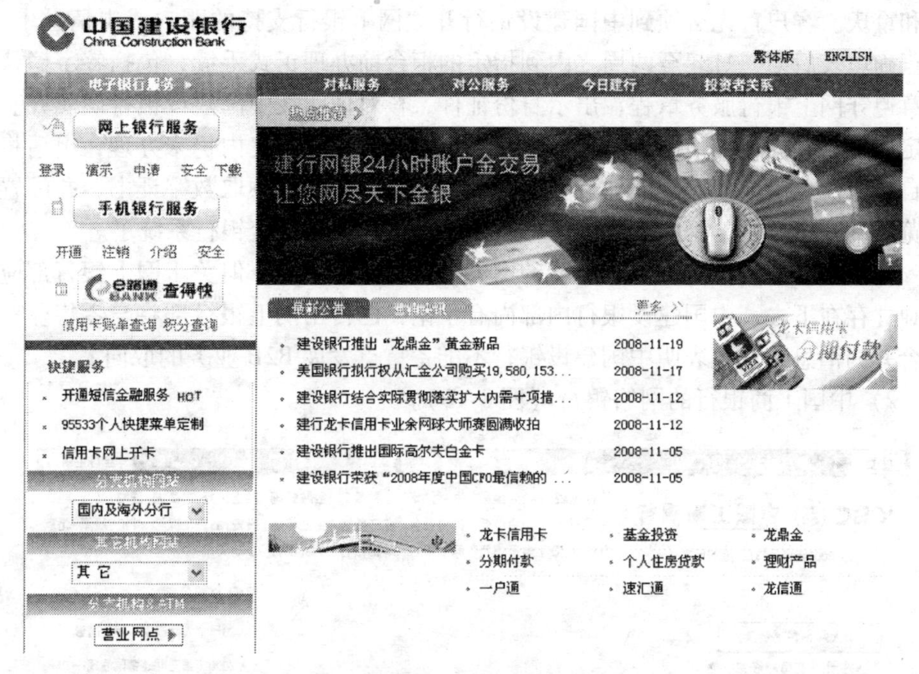

图 8-9　中国建设银行主页

1999 年 8 月，中国建设银行正式向社会推出了网上银行（借助于互联网技术建立的提供信息服务和金融交易服务的网络自助服务系统）。中国建设银行网上银行以遍布全国的城市综合业务网络系统为基础，以 24 小时到账的清算系统、全国大中城市联网的龙卡系统为依托，集成了多种在国际和国内领先的信息技术和网络技术，支持实时网上结算、网上购物、网上订房、网上订票等电子商务行为。为保证网上银行的业务运行，中国建设银行建立了具有国际先进水平的、独立的身份认证系统，向网上银行客户发放电子证书。该系统提供服务器证书、个人证书、单位证书的发放、注销等服务，并对所有签发的证书进行必要的管理。此外，为确保网上交易的安全，中国建设银行采用了由国际标准 SSL 协议、国内最高安全级别（B1 级）的商用操作系统和 24 小时动态安全监控系统组成的特别安全系统。

中国建设银行网络银行已开通的业务功能有：公共信息查询、账务查询（包含对公与对私)、转账（对私)、代理缴费、网上支付（B2C)、银证转账、挂失与信用卡申请、客户服务等。正在加紧开发的业务功能有：龙卡支付网络、个人电子汇款（对异地转账的补救)、B2B（转账、还贷、券商的资金清算、信用证、结汇)、移动银行、网上炒股（与券商合作）等。

中国建设银行已开通网上银行的地区为北京、青岛、广州、宁波、深圳、成都和重庆。客户首先必须到中国建设银行开立网上银行支持的账户或申请龙卡，从正确填表后第三日起至两周之内到指定的柜台前办理正式手续，包括签字确认同意遵守网上银行服务章程，出示身份证件，核对证明在中国建设银行确实开有约定账户的凭据，如信用卡、储蓄卡、存折等。如果两周之内仍未办理，申请将被自动取消。用户按照中国建设银行通知中所指明的方法领取数字证书，并配置浏览器的安全属性。至此，用户即可使用中国建设银行网上银行系统了。

网络银行的运作由直属于总行的网上银行部具体统筹，但关于网上银行部应否独立存在下去，中国建设银行内部尚有争论，已传出网上银行部将与零售业务部合并的消息，这也表明中国建设银行不准备重点发展B2B业务的取向。

2）中国工商银行的网络银行（图8-10)。

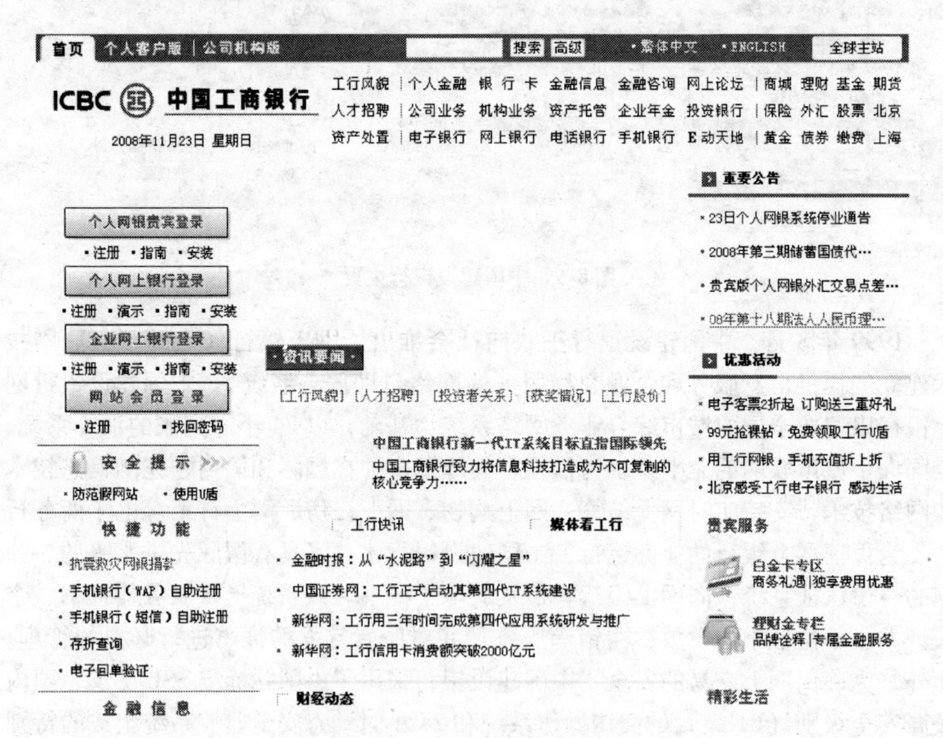

图8-10 中国工商银行主页

中国工商银行网络银行于2000年2月1日正式开通，业务覆盖北京、上海、天津、广州四个城市。自2000年6月10日起，中国工商银行又在深圳、厦门、青岛、宁波、大连以及广东、浙江、江苏、辽宁、吉林等省的主要城市陆续开通网络银行服务。目前，单位客户使用中国工商银行网络银行能享受到以下服务：账户查询、转账付款、企业集团理财、客户证书管理等；个人客户使用中国工商银行网络银行能享受到以下服务：查询账户余额、交易明细、对账单信息、网上挂失及换卡申请等。

中国工商银行网络银行首先开通的是对公业务系统，2000年年中又开通了适合个人客户使用的支付系统，但功能较少。从功能开发而言，中国工商银行网络银行的发展重心显然在对公业务上。2000年6月26日，中国工商银行宣布推出B2B在线支付业务，即企业与企业之间电子商务活动产生的订单信息可以通过因特网在中国工商银行实时办理资金转账结算。中国工商银行B2B在线支付业务不仅适用于撮合型网站，如首都电子商城、8848网站、中国企业网等这种为入驻企业、网站提供交易平台B2B的电子商务模式，而且适用于网上采购及分销网站，如北大方正、清华同方这种由卖方（供货方）自己搭建的网上商城的电子商务模式。

中国工商银行B2B在线支付功能是作为中国工商银行网上银行系统的一项子功能向客户提供的。只要企业是中国工商银行网上银行的客户，并具有向任意账号转账的权限（所谓任意账号转账权限是指客户在申请网上银行服务时，在客户证书中设定的一种向非限定收款方支付款项的权限），均可使用中国工商银行的在线支付功能，无需另行办理其他申请手续。

中国工商银行根据企业的资信状况，从业务角度控制参与B2B在线支付的企业范围。网上银行系统采用国际上安全性较强的1024位非对称密钥算法作为基础的公钥安全体系；客户证书采用支持非对称密钥算法、带协处理器的CPU智能IC卡作为存储介质；网络数据传输方面采用国际通行的SSL协议进行链路层的加密传输；在整个系统的网络框架上，设置多重防火墙和安全代理服务器，并采用著名的互联网安全扫描程序；客户的每一笔交易都将按照机密性和完整性的要求进行记录，作为交易的审计备案。

3）招商银行的网络银行（图8-11）。

招商银行于1995年初开始发行一卡通，借助后台电子业务网、自动柜员机、销售点终端机、自动存款机、自助银行和网上银行，迅速具备并完善了近20项功能，包括一卡多通、通存通兑、自动柜员机存取款、特约商户消费、自动转存、贷款融资、长话通服务、自动转账、直接证券买卖等，其一卡通成为深受国内消费者欢迎的银行卡。1996年，招商银行率先推出自己的网上银行——一网通，向客户提供包括公司银行和个人银行在内的各种网上金融服务，办理信息查询、银企对账、代发工资、定向转账、网上购物等业务。继储蓄通存通兑、消费终端全国联网之后，1999 年 9 月招商银行网络银行又推出支付业务全国联网，在全面确保安全性的同时扩大网上商城，它将成为目前国内最好的网上银行之一。

图 8-11　招商银行主页

招商银行也是国内较早应用网络技术提供上网服务的银行，目前主要的服务项目有：①服务网点查询，可以上网查找招行网点情况；②家庭银行，只要在招商银行开立了普通账户一卡通账户，均可享受查询账户余额、查询当天交易及历史交易、查询一卡通账户信息及账户密码修改等服务；③实时证券行情查询，在招商银行在线银行发布实时证券行情，包括上交所股票、债券和基金，深交所股票、债券和基金；④利率、汇率查询，用户可查询当天银行不同币种、不同存期的储蓄及对公利率，查询当日的外汇汇率。

4）中国银行的网络银行（图 8-12）。

中国银行是全球第 15 大银行，入围《财富》500 强，列第 173 位，其发行了我国第一张信用卡——长城卡，也是我国首家开展网上银行服务的金融机构。在进行网上交易前，用户首先需拥有中行长城卡，通过主页申请网上银行服务，

图 8-12　中国银行主页

在得到服务许可后，即可随时交易。

中国银行提供的网上服务有：

服务项目介绍：在使用有关服务之前，首先查阅有关服务项目的介绍；

服务申请流程：为顺利完成申请服务程序，需了解中行网上银行服务的服务申请流程，然后根据具体情况进行服务申请；

企业集团服务：查阅本公司和集团子公司的账户余额、汇款、交易信息，该项服务的具体范围视具体情况而定；

对公账户实时查询服务：实时查询本公司对公账户的余额、交易历史信息；

代收费服务：中国银行长城卡的持有人须定期交纳各种社会服务的费用，该项服务目前提供代交北京电报局的因特网网络使用费；

国际收支申报服务：向外汇管理局进行对公汇入汇款申报，此项服务目前首先由中国银行总行提供；

对中国银行长城卡持有人：查询长城卡的账户余额及交易情况，并对银行指定的商户交费；

对商户：商户在使用这项服务开展网上购物时首先应与当地分行的信用卡部签订有关协议成为商户；其次，商户应有自己的订购系统，可以向网上客户展示商品并能够下订单，订单必须包含“订单号”一项，这是商户向客户发放货物的依据；最后，商户在收到来自银行的客户已付费的通知后应向客户发货。目前，商户的系统不需与银行的系统建立连接。

8.4.2 旅游电子商务

1. 旅游电子商务概述

(1) 旅游电子商务的含义

旅游电子商务，是指以网络为主体，以旅游信息库、电子化商务银行为基础，利用最先进的电子手段运作旅游业及其分销系统的商务体系。它集合了客户心理学、消费者心理学、商户心理学、计算机网络等多门学科，展现和提升了“网络”和“旅游”的价值，具有营运成本低、用户范围广、无时空限制以及能同用户直接交流等特点，提供了更加个性化、人性化的服务。

由于旅游电子商务能实地触摸到网络经济的脉搏，因此它与软件、网上书店一起，被人们称为IT业最赚钱的三大行业。也正如IT分析者方兴东所言，在所有产业中，旅游业被认为是对互联网的敏感度最强的产业之一。

(2) 旅游电子商务的类型

我国旅游网站的建设最早可以追溯到1996年。经过几年的摸索和积累，国内已经有相当一批具有一定资讯服务实力的旅游网站，这些网站可以提供比较全面的，涉及旅游中食、住、行、游、购、娱等方面的网上资讯服务。按照不同的侧重点可以将旅游网站分为以下六种类型：

由旅游产品（服务）的直接供应商所建的网站。如北京昆仑饭店、上海青年会宾馆、上海龙柏饭店等所建的网站就属于此类型。

由旅游中介服务提供商（又叫做在线预订服务代理商）所建的网站。这类旅游网站大致又可分为两类，一类由传统的旅行社所建，如云南丽江南方之旅（www. lijiangsouth. com）、休闲中华（www. leisurechina. com）分别由丽江南方旅行社有限责任公司和广东省口岸旅行社推出；另一类是综合性旅游网站，如中国旅游资讯网（www. chinaholiday. com）、上海携程旅行网（www. ctrip. com）等，它们一般有风险投资背景，将以其良好的个性服务和强大的交互功能抢占网上旅游市场份额。

地方性旅游网站。如金陵旅游专线（www. jltourism. com）、广西华光旅游网（www. gxbcts. com）等，它们以本地风光或本地旅游商务为主要内容。

政府背景类网站。如航空信息中心下属的以机票预订为主要服务内容的信天游网站（www. travelsky. com），它依托于GDS（Global Distribution System）。

旅游信息网站。它们为消费者提供大量丰富的、专业性的旅游信息资源，有时也提供少量的旅游预订中介服务。如中华旅游报价（www. china-traveller. com）、网上旅游（www. travelcn. com）等。

在ICP门户网站中，几乎所有的网站都不同程度地涉及了旅游内容，如新浪网生活空间的旅游频道、搜狐和网易的旅游栏目、中华网的旅游网站等，这也是旅游网站的一种类型，显示出网上旅游的巨大生命力和市场空间。

从服务功能看，旅游网站的服务功能可以概括为以下三类：

旅游信息的汇集、传播、检索和导航。这些信息内容一般都涉及景点、饭店、交通旅游线路等方面的介绍；旅游常识、旅游注意事项、旅游新闻、货币兑换、旅游目的地的天气、环境、人文等信息以及旅游观感等；

旅游产品（服务）的在线销售。网站提供旅游及其相关的产品（服务）的各种优惠、折扣，以及航空、饭店、游船、汽车租赁服务的检索和预订等。

个性化定制服务。从网上订车票、预订酒店、查阅电子地图到完全依靠网站的指导在陌生的环境中观光、购物。这种以自定行程、自助价格为主要特征的网络旅游在不久的将来会成为国人旅游的主导方式。提供个性化定制服务已成为旅游网站，特别是在线预订服务网站必备的功能。

2. 实例分析

信天游是中国民航信息网络股份有限公司自主建设的旅游电子商务网站。它是唯一能够提供国内所有航空公司机票实时查询及预订的网站；是唯一能够提供境外航班信息实时查询的网站；是集航空订座、酒店订房、网上租车、网上旅游代办等旅游电子商务服务和丰富的旅游信息为一体的高度集成化网站。信天游网站能为广大旅行者提供由始发地到目的地的全程、全方位旅游电子商务服务，使旅行者在“一点之间”安排好全部行程。

图8-13是信天游网站的首页图。

信天游网站依托于中国民航计算机信息中心的订座系统（ICS）、代理人分销系统（CRS）、离港系统（DCS）、货运系统（CGO）、酒店预订系统（HOTEL）等大型计算机主机系统之上的互联网展现平台，是国内最全面、最准确的实时航空信息及网上机票预订系统。

信天游网站与上述大型系统直接连接，其销售数据和大量信息直接来源于上述大型系统。每一个订票请求通过网站与主机系统间的连接实时地体现在主机数据库中，同时，用户的订票请求也通过民航商务数据网络实时地传递到用户所选择的配送商处，配送商经确认后即可为客户配送机票。

（1）服务类型

信天游网站除了提供机票预订之外，所开设的网上订房、网上租车、网上旅

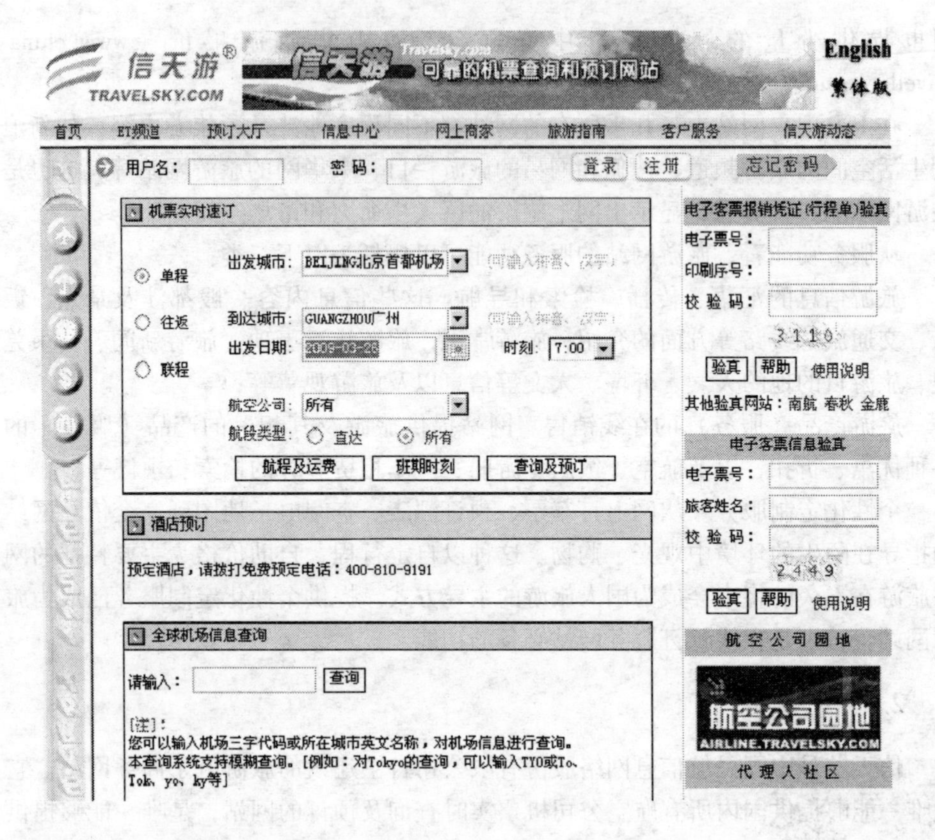

图 8-13 信天游网站

游线路预订等系统，使其航空旅游信息服务得以丰富和完善。

信天游网站的网上订房系统采用平台化的设计模式，用户在信天游网站上可以查询到不同订房中心给出的对同一酒店、同一房型的报价以及其他相应的服务，让用户从中挑选最满意的服务。这既为各订房中心提供了相互竞争、优胜劣汰的平等竞争环境，也可以促进这一行业服务水平的提升。

当以自驾车为代步工具（站长工具）逐渐成为都市生活时尚的时候，网上租车服务为用户的商务旅行或观光旅游带来了更多的方便。为了让用户在出行之前尽可能安排好所有的旅程，信天游网站向用户提供了网上租车的服务功能。用户在租车频道内，不仅可以选择不同的租车地点，还可以挑选各类车型。

网上旅游线路预订服务则为用户观光旅游提供了一个崭新的参团渠道。用户可以通过信天游网站了解到各旅行社提供的全国各地乃至全世界的旅行线路，对各旅行社的服务和报价进行比较，并在网上填写参团申请。

（2）提供的信息内容

旅客出行除了需要事先预订机票、客房、车辆外，还需要有大量的旅游信息来辅助出行，信天游网站在这一点上也为旅客考虑到了。

网站为用户提供了国内外各个地区的介绍，涵盖了吃、住、行、游、娱、购等各方面的内容。大到地区概况、风土人情，小到紧急电话号码、使馆联系方法，为用户的出行提供了最大程度的便利。同时，网站还为用户提供了各类旅游常识，包括国家各职能部门出台的政策法规、航空旅行常识、前人经验等。

在网站社区的建设上，既有经常出差、出游的旅客进行沟通交流、畅所欲言的场所，也有为广大用户提供的留言板，方便大家向信天游网站、中国民航以及中国旅游行业提出建议和意见。用户还可以通过评分的方式对航空公司、机场、配送商、旅行社以及网站栏目等进行评价，既能帮助其他用户在下一次“信天游之旅”时进行参考选择，又帮助信天游网站完善自身，推动民航以及整个旅游行业的发展。

（3）配送体系

信天游网站的机票配送服务包括送票上门和机场取票，它是由连接航空公司订座系统和代理人分销系统的航空公司售票处和航空机票代理人承担的。这些代理人有着丰富的服务经验，并且都与信天游网站通过专用线路实时连接，能够在用户订妥机票的一刻，同时得到机票的配送信息。

目前，全国各地有 81 家配送商全天 24 小时为 35 个城市的旅客免费提供送票上门业务。同时，23 个城市的 29 家配送商还开展了网上订票的机场取票服务。而且配送商的数量还在持续增加。

（4）支付体系

信天游网站为用户提供了离线支付和在线支付两种支付手段：用户如果选择离线支付，可以将票款现金交给送票人员或机场取票人员；如果选择在线支付，则可以使用中国银行的长城信用卡或招商银行的“一卡通”，信天游网站已经通过了上述两家银行严格的安全认证，网站所采用的最新的安全技术手段，可以保证用户使用信用卡支付的安全、可靠、实时。

（5）销售模式

信天游网站的销售模式主要有以下四种：

B to C 是指信天游网站对散客的服务。每个用户都可以自由浏览感兴趣的信息，订购感兴趣的旅游服务产品。

B to A 是指网站对代理人的服务。连接中国民航代理人分销系统的 6000 多家航空机票代理人通过信天游网站为旅客预订机票和客房，他们不但可以使用直观的图形化界面，也可以使用自己熟悉的终端命令行界面；不但可以像散客一样预订头等舱、公务舱、经济舱三个舱位的机票，还可以预订一些专门为代理人开放的特殊舱位的机票；不仅可以从信天游网站获取政策法规和各类通知，还可以查询到每天在信天游网站预订机票和客房的详细统计信息。

B to A to C 即代理人的固定用户通过信天游网站预订机票和其他服务。信天游网站给这类用户赋予了特殊的权限，他们的配送商将被指定为用户指定的机票代理人，在向这一代理发送他们的订票请求时，系统会有特殊标识，各代理人将根据这一特殊标识为他们提供最及时的服务，其中包括记账、接送等一些特殊服务。

B to B 即企业对企业的服务。集团客户在信天游网站上进行预订操作时，使用这一服务的公司，可以将其对员工订票、订房的要求设置在公司员工登录后的网页上，同时信天游网站还可以通过员工代码等标识识别预先设定的操作权限，记录操作过程，提供不同级别用户需要了解的统计信息。通过这一功能，集团客户对员工的旅行消费管理都可以在信天游网站上得以实现。

（6）接入方式

信天游网站具有多种接入方式，不仅具有传统的基于因特网的接入方式，更有新兴的基于 WAP 技术的无线网络接入方式，用户可以使用带有 WAP 功能的手机随时随地订购机票或查询航空旅游信息。

8.4.3 网上保险

1. 网上保险概述

（1）网上保险的概念

所谓网上保险，是指保险公司或新型的网上保险中介机构以互联网和电子商务技术为工具来支持保险经营管理活动的经济行为。它包含两个层次的含义：从狭义上讲，网上保险是指保险公司或新型的网上保险中介机构通过互联网网站为客户提供有关保险产品和服务的信息，并实现网上投保，直接完成保险产品和服务的销售，由银行将保险费划入保险公司；从广义上讲，网上保险还包括保险公司技术的经营管理活动，以及在此基础上的保险公司之间，保险公司与公司股东、保险监管、税务、工商管理等机构之间的交易和信息交流活动。

网上保险也叫保险电子商务，与网上银行一样，保险作为一种传统的金融服务，其经营活动也是仅仅涉及资金和信息的流动，而不会遭遇所谓物流配送的瓶颈问题。这正是保险、银行等金融服务业开展电子商务的先天优势。

网上保险的最终目标是实现电子交易，即通过网络实现投保、核保、理赔、给付。客户通过公司网站提供的产品和服务项目的详细内容，选择适合自己的险种、费率等投保内容；依照网上设计的表格依次输入个人资料，确定后通过电子邮件将其传给保险公司；经保险公司签发后的保单将由专人送达投保人，客户正式签名，合同成立；客户交纳现金，或者通过网络银行转账系统的信用卡方式，将保费转入保险公司，保单正式生效。

与传统的保险企业的经营方式相比，利用互联网开展保险业务具有以下四大优势：

1）扩大知名度，提高竞争力。迄今为止，发达国家的大部分保险公司都已经通过设立主页、介绍保险知识、提供咨询、推销保险商品来抢占市场。

2）简化保险商品交易手续，提高效率，降低成本。在因特网上开展保险业务，缩短了销售渠道，大大降低了费用，从而能获得更多的利润。通过网上保险业务的开展，投保人只要简单地输入一些情况，保险公司就可以接收到这些信息，并作出相应的反应，从而节省了当事人之间进行联系以及商谈的大量时间，提高了效率，同时降低了公司的经营成本。电子化的发展大大简化了商品交易的手续。申请者除了不能通过因特网在投保单上签名盖章外，其他有关事宜均可在因特网上完成，甚至保费也可以通过因特网来缴纳。

3）方便快捷，不受时空限制。应用互联网，保险消费者可以在一天24小时内随时方便地上网比较保险产品，并向保险公司直接投保，这对于那些相对简单的险种尤为适用。

4）为客户创造和提供更加高质量的服务。互联网能够加快信息传递速度的优势可使保险服务质量得以大大提升。很多在线下不能获得或不易获得的服务，在互联网上都变得轻而易举。比如，保险消费者可以在投保前毫无销售压力的情况下从容地选择适合自己的产品和保险代理，获得投保方案，而无需不厌其烦地去和每家保险公司、保险代理打交道；在投保后轻松获得在线保单变更、报案、查询理赔状况、保单验真、续保、管理保单的服务，从而避免了繁琐的手续、舟车劳顿、长时间等待等不利因素。例如，目前易保网上就能够提供保险方案匿名竞标，按照消费者的要求搜索代理人、进行保险需求自测等。

（2）网上保险的运作模式

目前网上保险主要有三种运作模式：

第一种运作模式为传统的保险公司开通自己的官方网站，通过互联网为投保人提供自己公司的保险产品和服务。即用互联网去替代保险经纪人的部分或全部业务，但网上保险与经纪人同时存在。具体过程为：投保人登陆保险公司的网站，在网上选择该公司所提供的保险产品，如有意愿投保某一险种，则在网上填写投保单，提出投保要约，经保险公司核保后，作出同意承保抑或拒绝承保的回复。当保险公司回复同意承保后，投保人在网上或通过其他方式支付保险费，保险公司在收到保费后，向其寄发保险单。目前采用这种运作模式的有中保（ePICC）、平安（PA18）、泰康（泰康在线）等。

第二种运作模式为网上保险公司，这类保险公司销售自己公司的保险产品和服务，但只在网上销售保险，没有传统意义上的保险经纪人。目前我国还没有采用这种运作模式的保险公司，但在国外采用这种运作模式的保险公司都相当普遍，如美国的 Insweb。

第三种运作模式为网上保险咨询，即既不承保，也不做网络保险代理。严格地讲，它们是一种咨询公司，提供一个交易平台，比较不同保险公司的相似险种，并给出一些建议和投资组合分析等，但在真正形成业务时还是由传统的保险公司来完成。采用这种运作模式的有易保网（ebao. com）、网险（Orisk. com. cn）等。

当然，第二、三类网上保险公司也与第一类公司合作，代理销售传统保险公司的产品和服务，当交易达成后，收取平台使用费，并视情况收取佣金。

(3) 网上保险的现状和发展前景

在西方发达国家，随着互联网的高速发展，近几年来网络保险逐渐被人们接受。美国由于在网络用户数量、普及率等方面有着明显的优势，所以成为了发展网络保险的先驱者。美国国民第一证券银行首创通过互联网销售保险单，营业仅一个月就销售了上千亿美元的保单。现在美国几乎所有的保险公司都已上网经营。早在 1998 年，美国就有 86% 的保险公司在网上发布产品资料信息，有 6196 个保险站点提供代理商地址咨询，并有 43% 的保险公司已把发展互联网业务作为战略规划的重要组成部分。欧洲各国的网络保险发展势头也相当可观，2009 年 1 月 29 日，美国独立保险人协会发布的“21 世纪保险动向与预测”报告显示：在今后 10 年内，在世界保险业务中，将有 31% 的商业险种交易和 37% 的个人险种交易通过全球互联网进行。

与西方发达国家相比，我国的网上保险起步比较晚，其应用可以追溯到 1997 年由中国保险学会牵头开办的中国保险信息网的正式开通，该网涉及保险业的培训、咨询、销售、投诉等内容。在信息网开通的当天，中国内地第一份由网络促成的保单在新华人寿保险公司诞生。随后，各商业性保险公司也纷纷推出了自己的网站来介绍产品、公司的背景，并与客户进行网上交流，宣传扩大公司的影响。

在中国，通过网络进行保险销售可以说尚处于初级阶段，而且是低水平的。多数保险公司对于网络保险的认识还处于摸索阶段。中国保险业在 5 年前才与 IT 业完成嫁接。2001 年 3 月，太平洋保险北京分公司与网络开始合作，开通了“网神”，推出了 30 余个险种，开始了真正意义上的保险网上营销。该公司当月保费达到 99 万元，让业界看到了保险业网上营销的巨大魅力。不过，由于国内在对实现网上交易至关重要的货币结算和网上签名等方面还没有令人满意的解决方案，所以出现完全意义上的网上保险还需假以时日。

通过充分运用互联网、固定电话、手机等工具，建立一种“一站式”全过程e化服务，从而大大降低客户在获取保险服务过程中的各种隐性成本，提高对保险公司服务的满意度和忠诚度。电子商务是保险业务发展的新型渠道，也是未来保险业发展的必由之路和必争之地。因此，“加大投入，加快发展”电子商务渠道，大力推进“大电子商务”战略，也是当前各保险公司对电子商务这一新型销售渠道提出的明确工作要求。

电子代理渠道将是保险企业销售基本保障类产品最为普遍的方式，而独立的财务顾问将会成为未来保险销售重要的新兴渠道。网上保险超市兼具电子渠道和独立的财务顾问两大优势，无疑将是投保者更明智的选择方向。

2. 实例分析——易保网上保险广场

易保网上保险广场（www. eBao. com，图8-14）由上海易保科技有限公司开发并运营，致力于为保险买、卖双方及保险相关机构和行业提供一个中立、客观的网上交流、交易的公用平台；帮助客户轻松了解、比较、购买保险；帮助保险公司和保险代理人通过网络新渠道开发客户资源、提高工作效率、提升服务质量；帮助保险相关服务机构和行业降低服务成本，提高服务质量。

图8-14 易保网

(1) 对象及相关服务

针对不同的客户群，易保网上保险广场提供的具体服务如下：

1）个人客户。其可以使用易保的专业保险需求评估工具系列来客观了解测算自己的保险需求；可以通过寿险产品导购来详细了解比较各保险公司相近产品的特点；可以通过车险、家财险直销平台来了解、比较各公司产品并进行网上定购；可以通过网上招标形式来公开征集适合自己的保险建议书；可以使用业务员搜索来找到最适合自己的资深保险业务员。

2）保险业务员。其可以以应用服务（ASP）的形式租用易保代理人网上办公室（eBao agent office），成为易保“e代理人俱乐部”成员；会员可以轻松开设网上个人保险门店、参加客户建议书竞标来拓展高质量准客户，使用易保独特的万能建议书系统、客户管理工具、专业提升内容来提高工作效率、提升专业技能和形象。

3）企业客户。其可以使用企业风险评估工具来客观了解自身的保险需求；可以通过保险常识、产品导购、保险公司网上门店来了解保险基本知识、各保险公司产品的特点、保险理赔程序，并可直接向保险公司征集企业保险方案。

4）保险相关机构（如保险管理机构、协会，专业媒体，研究机构等）和保险相关行业（如汽车修理公司、医院等机构）。其可通过易保网上平台直接向目标客户宣传自己、提升形象、服务客户；可以利用易保车险定损（eBao auto claim）、车险销售渠道管理（eBao auto channel）等一系列应用服务（ASP），同保险公司进行业务系统的网上无缝连接。

（2）服务内容

1）个人用户。

设计推出了一系列国内领先的在线工具，使个人客户从投保分析到产品选购等环节获得轻松方便的服务。

投保方案竞标：什么保险产品最适合您？只要轻松点击，匿名发布个人信息，各家保险公司的资深代理人将为您量体裁衣，设计个性化的保险方案。您可以从容选择，反复比较。保险因此变得轻松、简单，尽在掌握。

产品比较导购：保险产品琳琅满目，层出不穷。经过专业整理，各大保险公司的产品特点一目了然，生动直观，方便您的比较与选择。只要设定需求，您就可以在同类产品中自行比较、选购各种保险产品或套餐。

家财/车险网上投保：便捷的网上平台使您可以充分了解，自行比较、选购各种家庭财产险与机动车辆险产品。分析需求，计算保费，轻松下单。各大保险公司与易保携手让您足不出户，轻松保险。

需求评估：需要保险吗，保什么险，保多少？只需轻松点击易保需求评估工具，即可获得从初步到精确、从综合到分险种的需求分析。您也可以参考不同保险公司的保险套餐，或者请保险公司代理人为您分析，享受个性化的服务。

我的易保：在线综合管理保险的个性化工具。管理个人保单信息、保险方案招标及代理人信息。免除保单丢失或忘记交费期等问题。

2）保险业务员。

从代理人的实际需求出发，开发设计了“网上办公室”系列工具，让您能充分利用互联网带来的机遇，使客户服务变得轻松。

网上门店：开设您的网上门店，拥有个人二级域名（用户名 . eBao. com）。展现您的个人形象，布置个性化的保险橱窗，展示个人特长，坐等客户上门不再是梦想。

方案竞标：大量的客户保险需求近在指边，您只需轻点鼠标，使用易保的网上方案设计工具或上传已有的建议书，即可为准客户设计方案，开拓优质准客户新资源。

建议书系统：保费自动计算、保障利益自动叠加、投保规则提示、各种模板选择、话术参考等，专业化的建议书唾手可得。

保险需求评估：使用易保专业工具为客户作保险需求分析，使客户拓展、管理效率提高，专业性大大提升。

DM 行销：为针对保险的专业电子贺卡与信函。利用访前推介、访后促成、节日问候、生日祝福、理赔慰问等各类专业贺卡与信函，充分发挥 DM 优势。

客户管理：一次性资料输入，客户管理立即自动化——客户生日、保单周年日等重要日期自动提醒，系统化记录行销日程，记录客户拜访情况及个人特征，提高行销效率。

3）企业用户。

针对保险业的近期发展状况和需求，开发出一系列实用、功能强大的互联网软件，以租用服务（ASP）或技术转让形式向保险公司提供服务。易保网上保险广场（www. eBao. com）是获取 ASP 租用服务的一个公共平台。易保还可根据特定客户的具体需求提供电子商务战略咨询、网络软件项目开发、专业网站设计以及虚拟主机托管等一系列服务。易保的定位是通过先进的软件技术和扎实的行业知识，为保险业提供实用的、高价值的电子商务解决方案。

4）保险相关机构。

设计了全套网上解决方案，相关机构、相关行业不用投入人力、物力，只需加入易保平台，即可立时实现电子商务的全面功能。

网上门店：在网上开设的门店可以 24 小时展示业务，及时了解市场信息，把握业界动态，迅速响应客户需求。

个性化网上服务：根据相关机构和行业的特定服务需求，易保可以量体裁衣地设计、开发、维护其个性化的网上服务功能，直接通过网络向目标客户提供服务。

专业资料库：无论保险公司、研究人士还是对保险有兴趣的个人客户，都可以在易保日渐丰富的中国保险专业资料库中搜索到保险相关资料与数据。

8.4.4 网上证券

1. 网上证券概述

自从1995年美国嘉信公司推出全球第一套网上证券交易业务以来，在证券市场发达的国家和地区，越来越多的投资者选择以网络作为投资的中介工具。

（1）网上证券的概念

网上证券是指投资者利用互联网网络资源，包括公用互联网、局域网、专网、无线互联网等各种电子方式和手段传送交易信息和数据资料并进行与证券交易相关的活动，包括获取实时行情、相关市场资讯，进行投资咨询和网上委托等一系列服务。

网络证券环境下的交易与传统的证券交易有明显的不同，如图8-15所示。

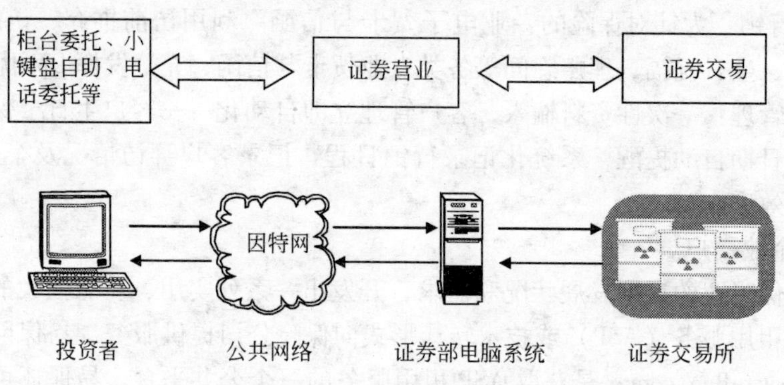

图8-15　传统委托交易流程与因特网委托交易流程

在传统的证券交易中，投资者通过报纸、广播等传统的大众媒体或者通过投资者之间的交流获取证券的相关信息，并对获取的信息进行分析，通过委托经纪人（证券公司营业部柜台）向证券交易所发出证券交易命令进行证券撮合交易。

在网络证券交易环境下，投资者除通过大众媒体获取证券的相关信息外，主要通过互联网登录上市公司网站、券商网站等多渠道获取证券的信息，由于信息获取成本低、信息覆盖面广以及获取信息不受时间和空间的限制，投资者可以对证券作出更精确的决策，从而获取更多的收益；并且，投资者可以通过券商提供的网络交易平台，向证券交易所发出交易指令，直接进行证券交易。

(2) 网上证券交易模式

我国券商在网上证券交易试点的发展过程中，形成了下列几种比较典型的模式。

第一种模式是由券商与IT技术商合作。如闽发证券（上海、深圳营业部）与技术商盛润公司合作，港澳信托（上海证券营业部）与证券之星合作，等等。这种模式是目前相当一部分券商所采用的模式，具有投入少、运行成本低、周期短的优势。在这种模式下，网上交易软件由技术商开发，客户只有通过该网上交易软件才能登录券商营业部的服务器进行证券交易。客户可直接从网上下载或从券商处获得该交易软件。交易指令则是从客户的电脑通过互联网直接访问营业部的服务器。

第二种模式是由券商与财经网站合作。如国泰君安与财经网站金网一百合作。这种模式与第一种模式的区别在于，其交易直接在浏览器进行，客户无需下载和安装行情分析软件或安全系统。这是一种真正意义上的网上在线交易，对用户而言更加便捷。当然，从安全的角度出发，其对技术的要求也更高。同样，券商必须依赖于财经网站的技术力量和交易平台。在这种模式下，交易指令是通过财经网站再转发到达证券营业部的服务器。

第三种模式是券商依靠自己的力量，开设独立的交易网站。如国通证券的牛网、青海证券的数码证券网，等等。虽然券商在建设网站和交易系统时可能并不是完全依靠自己的技术力量，但其交易平台和品牌都为券商所拥有，并且能够在全公司范围内统筹规划、统一交易平台和品牌，避免日后重新整合的成本。因此，目前在政策已经明朗的情况下，券商要全面进入网上交易，这种模式往往是首选。不过，这需要较大的资金投入和较长的周期，日常维护网站运行的成本也较高。

从上述三种方式看，前两种模式的成本较低，券商能比较容易实现赢利；而第三种模式因投资巨大、日常运行成本高，在目前客户还远远未达到规模效益的情况下，很难实现赢利。不过，由于前两种模式是建立在IT技术商的品牌和交易平台上，以后一旦券商准入制度放松，客户很容易流失；而第三种模式由于交易平台和品牌都为券商所拥有，因此，可较好地锁定客户。券商必须根据自己的实际情况，慎重选择进入网上交易的模式。

目前，还有一种网上交易的模式，其虽然尚未成型，但有很多券商正在对其进行酝酿之中，这就是券商的网站联盟。竞争的压力促使券商纷纷投巨资兴建自己的网站，开发网上交易软件和建立交易平台，提供证券资讯。财经网站连同券商网站所提供的财经信息，大同小异。这些重复建设，大大浪费了人力和资源。如果建立券商网站联盟，券商可从网站重复建设的竞争中解脱出来，而致力于更高层次的金融工具和服务的创新。当然，迫于竞争的压力，虽然一方面券商都在呼唤建立网站联盟，降低券商的成本和避免社会资源的浪费，但另一方面又大力建设自己的网站，丝毫不敢放松。

（3）网上证券的特点

1）虚拟性。网络交易是无形的交易方式，可以不需要有形的交易场地，服务可以跨越时间与空间的限制，只需拥有电脑一台、调制解调器一台、普通电话线一条，或者拥有无线终端，安装有相应的交易软件，投资者就可以利用四通八达的通信网络，通过 Web/Ca11Center/WAP 媒介自动进行所有的交易并获得服务，甚至不需要通过营业部或工作人员的帮助。

2）低成本。由于服务的虚拟性，网上证券对原有事务性工作的场地及人员不再有要求。加上技术进步对信息处理效率的极大改进，有效地降低了证券公司的基础运营成本。当网络交易达到一定的规模之后，通过此方式完成证券交易委托，其成本只有开设证券营业部的十分之一，而且对于网络交易的模式来说，存在着规模效应递增的规律，规模的增加将导致平均成本的进一步下降。证券公司运营成本的降低为网络交易佣金的降低打开了空间，一旦佣金比例放开，低佣金将成为吸引投资者的重要手段。

3）个性化服务。在网络证券交易中，全面、专业、个性化的所有服务都可以精确地按照每个客户的需要进行定制，服务方式也可以是主动服务，或者是被动服务。目前，这种个性化服务的基本内容主要包括：投资理财的全方位服务，包括交易、转账等服务；国际经济、证券板块、证券静态动态等各个方面的分析；每日国内外经济信息、证券行情、证券代理买卖、投资咨询、服务对象的辅助决策分析，以及外汇、期货、期权等方面的辅助。网络为证券经纪商开辟了一个低成本的服务渠道，使许多专业服务成为可能，提供深度的服务产品是证券经纪商未来服务的发展方向。

4）信息优势。在证券市场中，信息是非常重要的，证券交易对信息的及时性和准确性要求特别高。目前，由于受到研究成果传播途径和成本等方面的限制，对客户的研究咨询方面基本分为两个层次：一个层次是对机构和大户的服务，主要是提供行业研究报告和个股分析报告；另一个层次是对散户的服务，基本以股评为主。这样实际上就造成了信息的不平等，使散户在竞争中处于劣势。证券公司通过在网上发布信息和通过电子邮件发送信息，可以在极短的时间内向所有客户传递几乎没有数量限制的信息。通过网上设置的数据库，客户随时可以便捷地查询有关宏观经济、证券市场、板块、个股等所有信息，掌握全面的背景资料，这是其他交易方式所无法比拟的。另外，利用网络向投资者提供丰富的信息资源，为投资者提供所需的资讯服务，也可使投资者获取信息的时间缩短，从而提高其决策的有效性。网上交易从整体上提高了证券信息的对称性，使人人都可以拥有自己的

“大户室”，这顺应了投资者对服务内容与质量日益提高的要求。

5）便捷与相对安全。网上交易是十分便捷的，交易可以与看盘同步进行，这增加了买卖决策的安全性，交易过程也十分快速，甚至委托的全过程能够简化到鼠标的一次点击，很难想象还有比这更便捷的交易方式。同时，网上交易相对安全可靠，良好的交易系统可以降低投资者因误操作而产生的风险。事实上，现有营业部存在的主要风险来自因经营管理制度失控、交易人员失误所造成的损失，如下单数量过多或过少，买卖证券价格错误，等等。而网上交易是客户从互联网上直接通过证券营业部的网站下单，可以使证券交易的中间环节减少，通过计算机的管理规则，可以控制人为的违规现象。另外，目前运行的网上交易系统大都采用了先进的加密技术处理，有多重安全屏障，电脑监控环环相扣，可以确保投资者的权益。以华泰证券开发的网上交易系统为例：该系统不仅可以提供全套钱龙的分析系统，而且还能提供历史的分时走势图，完全仿钱龙操作，可以查询个人的股票、资金、成交等资料，并且增加了批量下单功能，系统可以将委托事先准备好，当时机成熟时，立即发出某一笔、某几笔甚至全部委托，无需临时下单委托，实际效果非常好。除此之外，华泰证券还利用独有的证券资讯一体化系统向投资者提供证券市场信息、上市公司调研报告以及由各大咨询机构提供的投资分析报告等资讯信息，并可利用电子邮件发送交割单，通过银证转账“一卡通”进行资金的互转，由此可避免股民携带大金额资金的风险，也免去了往返路途的费用和时间。

2. 实例分析——飞虎证券

北京世纪飞虎信息技术公司专注于世界电子商务发展的最新热点——网上证券交易，把与资深证券公司一起为中国投资者提供高质量的网上证券交易服务作为自身的使命和宗旨，并全资拥有和经营“中国十大优秀证券网站”之一的飞虎证券网（www. fayhoo. com）。

飞虎公司采用强强合作、资源整合、优势互补的独特商业模式，与西南证券、中国建设银行建立了紧密的合作关系，同时把自己定位于“交易类证券网站”，赢利模式明确。该公司以高新技术为依托，通过完善的交易平台、丰富的证券资讯和深入的财经新闻分析，为投资者提供个性化的网上证券交易服务。由于飞虎公司采用了先进的商业模式，同时不断开拓创新、推出新的产品和服务，其自成立以来发展迅猛，市场竞争的优势得到了明显的体现。

世纪飞虎公司专注于网上证券交易，实现了银行保管资金、券商保管股票、飞虎提供服务平台的独特的专业分工模式，使网上证券交易更加简单、快捷，更加安全、可靠。

西南证券与世纪飞虎建立了长期的战略合作伙伴关系，其所有的网上证券交易都凭借飞虎网完成，并根据交易量的大小每月向世纪飞虎支付一定的费用。

（1）服务项目

1）资讯整合。世纪飞虎公司整合了西南证券研发中心、西南证券咨询总部、国家信息中心等多方面的权威的咨询资源，为股民提供及时、独到、简练的资讯服务。西南证券近百名咨询专家为此提供研究报告等信息资讯服务，国家信息中心提供全面的宏观经济分析。

2）"飞虎在线经纪人"。此服务项目的推出，给中国网上证券经纪人的概念进行了重新定义，从根本上纠正了国内关于"经纪人"的误解，赋予了"经纪人"一种全新的内涵。在中国传统的证券经纪业务中，占投资者绝大多数的散户只能通过机器获取股票基础信息以及进行交易；而在证券经纪服务比较成熟的国家，如美国，投资者可直接享受到经纪人提供的人对人的服务，通过经纪人，投资者可直接获取对自身有用的信息、分析与投资指导。而这些经纪人提供的分析结果及投资指导，背后都有一个庞大的分析机构作为支撑。飞虎证券网希望能够给中国投资者创造更多的服务模式，让投资者享受到真正的投资服务。

3）证券融资服务。飞虎网响应广大股民的呼声，为用户提供了方便快捷的在线融资服务。飞虎证券网的客户只需以其在飞虎证券网的资金账户和证券账户为担保，就可以获得资金账户和证券账户中总资产的65%的贷款用于炒股和提取现金。客户仅需一次书面申请确定授信额度，根据投资需求即可通过飞虎证券网在授信额度内在线多次申请贷款，申请经确认后，典当行就可以通过飞虎证券网直接把资金打到客户的资金账户上。账户上的所有股票不需冻结，客户可以根据自已的选择自由交易。飞虎证券网优质的客户服务，西南证券高超的证券管理技术，以及渝财典当行雄厚的资金实力，这一切都为飞虎证券网的客户提供了优质、高效、安全、便捷的证券融资服务。

4）在线投行与网上路演。世纪飞虎公司与西南证券投资银行部合作，向广大投资者提供在线投行和网上路演服务，受到了广大股民的普遍关注。

5）联合市场营销。世纪飞虎结合市场的特点，推出一对一的专业化市场营销活动。进一步拓宽视野，与国内著名的综合性门户网站如网易等合作，充分利用其"注意力"资源和客户资源，开展联合市场营销，把飞虎高效优质的专业化服务推向更多的股市投资人。

（2）竞争优势

除飞虎网这类"交易类证券网站"之外，目前证券交易网站主要还有两类：一是由传统大型券商设定的交易网站，像国通牛网、华夏证券网、国泰君安证券网等；二是开展证券交易的大型财经类网站，像赢时通、海融等。

相对于大型券商网站，飞虎网具有较大的竞争优势。传统券商主要依靠全国各大城市全面铺开的营业部开展证券交易，在网上证券交易被看好时，它们也纷纷建立自己的网站，开展网上证券交易。它们采用的模式主要也是依靠原有的营业部来进行市场推广，也就是主要吸引原有用户到网上证券交易。它们的做法在以下两方面是失败的：第一，它们只是为原有的用户提供另一种交易方式，并没有增加用户数量和交易量，从而它们也缺乏足够的动力和压力来推广网上证券交易；第二，传统券商没有改变业已形成的结算和银证转账模式，当用户组在网上下单交易时，交易指令仍落在各地营业部，网上用户与传统用户没有彻底分离，从而并没有节约任何费用，同时也没有给网上用户提供更多的优惠或其他个性化服务。飞虎网则不同。虽然世纪飞虎公司与西南证券结成了长期的战略合作关系，但世纪飞虎与西南证券仍是两个独立的法人实体，飞虎网也是由世纪飞虎公司独立运营的。飞虎网有足够的动力和压力来发展用户，同时每增加一个用户，都能从中获利。而且飞虎与中国建设银行合作，采用独立的银证转账和清算体系，充分利用了网络技术的优势，用更为低廉的成本向用户提供了更为便捷、周到的服务。

飞虎网相对于开展证券交易服务的综合财经网站同样具有很大的竞争优势。综合财经网站建立了庞大的资讯队伍，依靠它们的资讯吸引用户上网浏览，虽然点击率很高，但不能从这些浏览用户处获得收入。在它们看到网上证券交易的大好前景时，也纷纷增设网上证券交易频道，但它们没有进行网上证券交易的资格，其所采用的模式是与券商的各大营业部合作，为不同券商的营业部交易用户提供网上证券交易平台。同样，它们没有为营业部增加用户和交易量，从而也无法从营业部获得任何收入。而飞虎网则不同，世纪飞虎仅与西南证券一个券商合作，而且是公司层面的合作。西南证券利用飞虎网开展网上证券交易，飞虎网凭借与西南证券的合作获得了进行网上证券交易的资格。飞虎网把自己定位于交易类证券网站，专注于为证券投资者提供专业化、个性化的证券交易服务，商业模式优越，赢利点明确，其每一步发展给用户的实惠都是实实在在的，同时飞虎自己的获利也是可以预见的、实实在在的。

第9章 网络公共信息资源的利用

随着互联网技术在全球范围内的日益普及，网络基础设施的日渐成熟，宽度接入技术广泛进入普通居民家中，网络已经渗透到经济、政治、社会、文化、生活等各个领域。网络化、信息化在提高政府管理效率、改善政府工作质量、降低行政成本的同时，也给政府管理带来了新的挑战。网络化、信息化为构建服务型政府提供了重要保障，公众和企业能够通过网络平台随时随地获取公共服务，而不再受时间和空间条件的限制。作为政府工作、管理和服务的新型模式，电子政务得到了迅速发展和应用。本章介绍了电子政务、网络远程教育、网路医学、网络法律等网络公共信息资源的特点和规律，并重点探讨了各类资源在当前环境下的最新发展和新型利用技术及工具。

9.1 电子政务

9.1.1 电子政务概述

1. 电子政务的含义

自20世纪70年代以来，世界经济迎来了以信息技术、新材料技术、新能源技术、空间技术等的兴起为标志的第三次科技革命。这些技术的广泛运用推动了世界经济从工业化向信息化转变。而20世纪80年代计算机技术与20世纪90年代网络技术的发展更是掀起了信息化热潮。另外，产生于20世纪80年代，起始于英、美两国，并迅速扩展到其他西方国家乃至全世界的新公共管理运动对政府管理模式提出了新的要求，降低行政管理成本、提高行政工作效率成为管理变革追求的目标，这为信息技术在政府领域中的应用提供了现实基础。正是信息技术的蓬勃发展和新公共管理运动的共同作用，使得电子和政务得以有机结合，产生了电子政务。

“电子政务”是根据英文“electronic government”翻译而来的，可以简单地把电子政务理解为借助信息技术完成政务活动。

联合国经济社会理事会将电子政务定义为：政府通过信息通信技术手段的密

集性和战略性应用组织公共管理的方式，旨在提高效率，增强政府的透明度，改善财政约束，改进公共政策的质量和决策的科学性，建立政府之间、政府与社会和社区以及政府与公民之间良好的关系，提高公共服务的质量，赢得广泛的社会参与度。

世界银行认为电子政务主要关注的是政府机构使用信息技术（比如，万维网、互联网和移动计算），赋予政府部门以独特的能力，转变其与公民、企业、政府部门之间的关系。这些技术可以服务于不同的目的：向公民提供更加有效的政府服务，改进政府与企业和产业界的关系，通过利用信息更好地履行公民权，以及增加政府管理效能。因此而产生的收益可以减少腐败，提高透明度，促进政府服务更加便利化，增加政府收益或减少政府运行成本。

因此，电子政务是应用现代信息技术，将管理和服务通过网络技术进行集成，在计算机网络上实现组织结构和工作流程的优化重组，超越时间和空间以及部门之间的分隔限制，向社会提供优质和全方位的、规范而透明的、符合国际水准的管理和服务。

关于电子政务的理解可以从以下三个方面把握：第一，电子政务必须有信息技术作为支撑，没有现代信息技术，就没有电子政务，电子政务就是利用计算机的巨大信息存储和处理能力和网络快速便捷的信息传输能力，通过实现政府与社会信息资源的充分共享，政府内部及政府与社会的有效沟通、互联互动，来改进政务的活动；第二，电子政务并不是当前政府简单地运用现代信息技术，而是需要根据现代信息技术可能提供的技术支持，对政府的管理和服务业务进行改造，对现有政府的组织机构、运转方式、业务流程进行重组，更易于信息技术的运用、更能提高政府的管理水平；第三，“电子”是手段，“政务”是目的，必须正确处理好两者的关系。

2. 电子政务的功能

电子政务将使政府成为一个更加开放和透明的政府、一个更有效率的政府、一个更为廉洁的政府；能够使公众通过互联网更为方便快捷地了解政府机构所制定和颁布的与公众相关的政策、法规及重要信息，实现与公众的双向直接沟通，让公众充分体验和享受电子政务的便利和效率；将大大提高政府工作人员的工作效率，加强政府管理职能的控制力度，提供政府部门之间的沟通能力。电子政务的功能具体体现在以下几个方面。

（1）优化政府职能配置

电子政务的实施将对政府的组织模式、运行机制、管理方式、管理理念等带来革命性的变化；将有利于各级政府职能和运行机制的转变，提高政府的管理绩效。政府必须切实把政府的职能转移到经济调节、市场监管、社会管理和公共事务上来，真正实现提供公共产品、搞好公共服务、营造良好环境的政府职责，使政府管理充分体现代表公共利益、制定公共政策、管理公共事务、提供公共产品、搞好公共服务、维护公共秩序的“公共性”。

（2）重塑政府业务流程

在政府职能优化配置的基础上，坚持流程导向，围绕结果而不是围绕职能进行流程重组，设计“简捷、高效、有序、流畅”的政务流程，能够提高政府工作和服务的质量。电子政务的实施为政务流程重塑提供了分析、简化和量化工具，能够清晰梳理政务流程并进行再设计。造成传统政务流程复杂性的根本原因是政府对业务流程认识不清，不能从复杂的业务中发掘关键的工作节点，在处理某一项业务时，信息流经过许多不相关节点，这造成了信息传递的延迟，甚至导致出现信息失真的情况。

（3）促进政务公开

电子政务在技术上保证了政府职能部门严格地按照工作程序和职责分工来运作，使政府内部的决策过程变得更加透明，便于群众监督，有利于树立公正、高效、透明、廉政的政府形象。因此，电子政务可以有效防止政府管理人员利用信息垄断进行暗箱操作，防范下级政府管理人员违背上级决策精神，从而在更大程度上保证下级政府管理人员更好地执行上级政府或组织的决策，切实地保证政府决策的顺利执行。

（4）改善政府绩效

政府绩效包含经济绩效、社会绩效和政治绩效三个方面，它可以从宏观和微观两个层面来考察。宏观层面的政府绩效包括政治的民主稳定、经济的持续增长、人民的安居乐业、生活质量的提高和社会的公平公正等。政府微观层面的绩效由组织效率、配置效率和个人效率组成。与传统的政务相比，电子政务在客观上更有利于政府绩效的量化评估，有利于对政府行为做出全面科学的评价，促进政府重视绩效的持续改进，着实改善政府绩效，建立高效能的服务型政府。

（5）高效利用信息资源

电子政务扩大了信息传播的渠道，通过电子政务信息系统可以充分挖掘、利用和开发隐藏在社会、企业和政府内部丰富的信息资源，利用市场机制和其他机制实现信息资源共享，及时发布经济运行信息、社会服务信息、政府决策信息、企业反馈信息，以实现信息资源在全社会范围内的高效配置，推动经济和社会的发展。同时，电子政务还有利于公众随时检举各类违法事件，维护自身权利，推进政府的廉政建设。

（6）扩大政府的群众基础

电子政务可以大大提高政府的公共服务能力和公共管理能力，提高公众的满意度，扩大公众对政府的支持基础，进而促进政府职能的转变。通过建立政府信息公开和网上互动机制，可以帮助政府掌握网络信息的主导权，提高政府在网络舆论中的影响力和控制力，改善行政管理质量。电子政务还为公众提供了网上参政议政的渠道，有助于发挥社会对政府的外部监督作用，促使政府依法行政，提高其施政能力，能大大加强政府在信息化社会中的合法性基础。

3. 电子政务的特征

电子政务与传统政务的不同之处在于，电子政务所赖以存在和运行的环境是虚拟化、信息化和网络化的。正是由于在政务活动中广泛采用现代计算机技术、网络技术和通信技术，才使电子政务所承载的政务活动更有效、更精简、更公开、更透明，能够为企业和公众提供更好更快的服务，更有利于政府与企业、公众之间的信息资源共享，改善政府与企业、公众之间的沟通与互动，使企业和公众能更好地参与政府管理。作为新型的政府管理和服务模式，电子政务具有以下特点。

（1）复杂的人机系统

电子政务是一个由计算机、网络设施、技术设备、政府机构、公务员、公众和企业组成的复杂的人机系统，既是一个信息化系统，也是一个社会化系统。电子政务不仅与信息技术紧密相关，还与政治、经济、社会、文化等密不可分。它不仅需要在政务活动中广泛采用现代计算机技术、网络技术和通信技术，更需要对现行政府管理职能、组织结构、人力资源及行政流程进行必要的改革和调整，需要法律、法规的保护和支持，需要公众和社会各界的广泛参与和认同。

（2）分阶段逐步实施

电子政务的实施是一项任务艰巨的系统工程，由于电子政务要求对原有政务的流程和行程秩序进行变革，所以势必会牵涉到行政权力、政治利益、经济利益的调整，既得利益者难免会有抵触和反对，接受新技术来改变原有的工作方式同样会有阻力。由易到难，从最容易取得共识的地方着手，分阶段逐步实施即成为非常现实的选择。同时，任何国家和地区实施电子政务都会受到客观条件的限制，如资金不足、资源短缺、公务员和公众素质参差不齐等均是挑战，而信息技术本身也存在缺陷和漏洞，如何让其发挥最大的积极作用亦是一个难题。

（3）以互联网为基础的运行环境

互联网络从诞生开始就成为一个最佳的广域信息沟通平台，它使得政府机构、企业和公众能够进行更有效的沟通和协作。互联网络本身所具有的开放性、全球性、低成本、高效率的特点成为电子政务的内在特征，并使得电子政务大大超越了作为一种政务运行平台所具有的价值，它不仅会改变政府本身的业务活动过程，促进政务流程重组，而且对整个社会及其相关的运行模式都会产生积极有益的影响，如电子政务的实施对电子商务的发展无疑起到了重要的推动作用。

（4）以满足企业和公众需要为诉求

电子政务实施的目标是提高政府的工作效率，降低政府的运行成本，更好地为企业和公众提供公共服务，其出发点应是企业和公众的需要，应切实满足其真正需要。随着国家信息化工作的不断推进，信息经济、网络经济、知识经济的不断发展，企业和公众将更重视信息和知识的价值，政府应充分满足企业和公众对政府信息资源的需要，增强政府工作的透明度，利用互联网发布和公开政府信息，以推动经济和社会的发展。

（5）以安全保障体系为前提

政府部门拥有的信息资源具有经济、政治和军事等多方面的不同价值，同时政府机构又是行使国家行政权力的部门，电子政务系统安全与否决定了政府机构的业务、权力能否被正常开展和执行。因此，安全成为电子政务最为重要的前提，电子政务的安全保障体系不仅包括信息安全技术层面，还包括安全管理制度和公务员的安全意识等内容。

4. 电子政务的模式

按照服务对象的不同，可以将电子政务分为四种模式：政府对政府的电子政务（government to government，GtoG 模式）、政府对公众的电子政务（government to citizen，GtoC 模式）、政府对企业的电子政务（government to business，GtoB 模式）、政府对公务员的电子政务（government to employee，GtoE 模式），如图 9-1 所示。政府以两种身份参与电子政务建设，它既是电子政务平台的使用者，也是平台建设的组织者，两种身份相辅相成，互相促进。

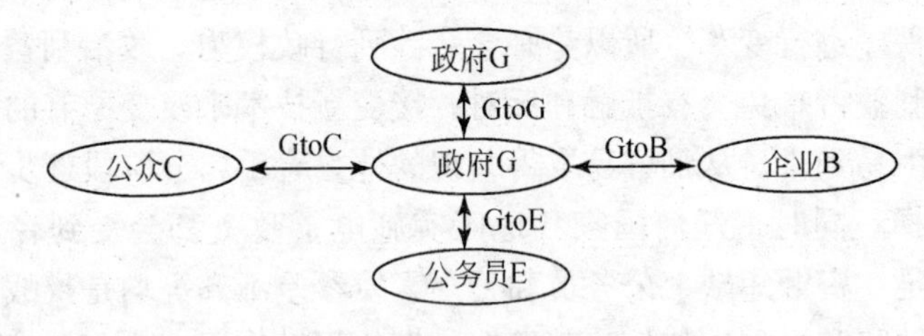

图 9-1　电子政务的模式

（1）GtoG 模式

GtoG 模式是在政府与政府之间，致力于政府办公系统的自动化建设，促进信息互动、信息共享以及资源整合，提高行政效率，包括上下级政府、不同地方政府、不同政府部门之间的电子政务。它包括电子法规政策系统、电子公文系统、电子司法档案系统、电子财务管理系统、横向网络协调管理系统、城市网络管理系统、业绩评价系统等内容。

（2）GtoC 模式

GtoC 模式是在政府与公众之间，致力于网络系统、信息渠道以及在线服务的建设，为公众提供更便捷、质量更佳、内容更多元化的服务的电子政务。服务内容包括教育培训服务、就业服务、电子医疗服务、社会保险网络服务、公民信息服务、交通管理服务、公民电子税务服务、电子证件服务等。

（3）GtoB 模式

GtoB 模式是在政府与企业之间，致力于电子商务实践，营造安全、有序、合理的电子商务环境，引导和促进电子商务发展的电子政务。GtoB 模式是政府通过电子网络系统精简管理业务流程，快捷地为企业提供各种服务，包括电子采购与招标、电子税务、电子证照办理、信息咨询服务、为中小企业提供服务等内容。

（4）GtoE 模式

随着电子政务的发展，政府部门对内部工作人员的电子政务被单独列出来，称为政府对公务员的电子政务模式，即 GtoE 模式。GtoE 模式主要包括电子办公系统、电子培训系统、绩效考核系统等内容。

9.1.2　电子政务的规划与实施

1. 电子政务的目标定位

发展电子政务首先要解决定位问题，明确电子政务的发展目标，为电子政务的规划和实施指明方向。电子政务的目标定位应结合具体的行政生态环境，因为在不同的行政生态环境下，电子政务的目的定位是不一致的。结合我国经济发展的现状，实现新型工业化是总的现代化目标定位。这个现代化是结合了信息化特征的工业化，是由信息化带动的工业化；同时，这个工业化还是以农业为基础的。我国电子政务的发展必须结合特有的行政生态环境，目前我国电子政务的发展具有以下特点。

（1）我国电子政务是新型工业化的电子政务

我国电子政务的发展不应该也不可能超越“工业化未完成”这一行政生态条件，而去模仿发达国家，期望一下子就建立起工业化完成阶段的电子政务模式；应把新型工业化的电子政务作为我国电子政务发展阶段目标的基本定位，而不是把发达国家的一般定位当作我们的定位。我国电子政务中的新型工业化特点，主要体现在以加强专业化分工、科学管理为基本政务诉求，以资源共享、创新发展为前进方向的电子政务发展中。

（2）我国电子政务是官僚制条件下体现以人为本的电子政务

我国政府"为人民服务"的根本宗旨决定了我国的公共行政不同于仅仅将公民当作客户的管理主义。我们强调的"以人为本"是在以职能为中心的工业化行政体制环境中被提出的，是在工业化未完成情况下的"以人为本"，是在官僚制背景下被提出的"以人为本"。我国在实现工业化的过程中，要充分发挥官僚制的积极作用；而强调以人为本，可以在发挥官僚制积极作用的同时，限制官僚主义的恶性膨胀。

（3）我国电子政务是引领行政变革的力量

我国电子政务与体制改革处于相互影响、相互作用的关系之中。政务改革滞后是制约我国电子政务发展的重要原因，我们期待政务改革的步伐加快，从而为电子政务发展扫除行政体制障碍；反过来，我们也同样希望通过大力推进电子政务，去推动和引领政务改革。电子政务至少可以带动行政生态条件好的地方加快行政改革的步伐，对国民经济和社会发展，特别是结构调整起到积极的推动作用。

（4）我国电子政务是和谐社会建设的推进器

经过三十年的改革开放，我国现在正处于重大的战略机遇和矛盾凸现期。党和政府提出了建设和谐社会的任务，要实现人与自然以及人与人之间的和谐。城市之间、管理者和被管理者之间、社会不同群体之间应通过积极的沟通协调，建立和谐的关系，增强全社会的向心力和凝聚力。在发展电子政务的过程中，即使无法在短期内达到普遍服务的程度，但协调发展、趋利避害、促进和谐、惠及于民，应是我国电子政务发展的一个特点。

2. 电子政务规划的原则

电子政务建设是一项资金投入多、涉及范围广、建设时间长、技术要求高、业务需求复杂的系统工程，具艰巨性和复杂性以及对政府影响的长期性和广泛性决定了电子政务规划的重要性。

（1）明确电子政务建设理念

电子政务建设是为了适应国内外环境的变动，从全局的高度组织网络建设、流程优化、服务公众三位一体、同步运行的改革实践。电子政务建设应明确以下理念：①开放理念，电子政务是政府与开放的市场环境相互改造、相互优化的吐故纳新的过程；②改革理念，"电子"为"政务"服务是工程规划的基本立场，应从提高政府监管的有效性和为公众服务的能力评价项目；③全局理念，电子政务是一项全局性的政务创新工程，是以各部门管理信息系统的建设为基础的，但在性质上并不等同于这些管理信息系统扩展的总和，电子政务是从国家的立场观察各部门的信息化需求，从总体上优化管理流程，并推动部门之间互联互通的过程。

(2)“想得要大，起步要小，扩展要快”

“想得要大”不是贪大求全，不是面面俱到，也不是“跑马圈地”，而是把与其相关的、方方面面的问题都想清楚。根据对信息技术发展的预期，审慎地确定本部门、本单位电子政务长远的发展目标。电子政务建设一定要以小的、容易实现的、效果明显的项目起步，确保“初战必胜”。这样做不仅是为了在实践中锻炼队伍，获得经验，汲取教训，也是为了“以小胜求大胜”，取得领导的信任和用户的支持。在已经取得的经验和效益的基础上，由点到面、由局部到全局，把试点经验尽快推广到整个系统。

(3)“统筹规划，资源共享，面向公众，保障安全”

“统筹规划，资源共享，面向公众，保障安全”是温家宝总理在国家行政学院省部级干部“政府管理创新与电子政务”专题研究班上的讲话中指出的。所谓“统筹规划”，就是各地区各部门要按照统一的标准和规范协同建设，防止各自为政、重复建设；以需求为导向，讲求实效，注重实用，充分利用已有的网络技术基础，防止贪大求全。所谓“资源共享”，就是要从信息化的全局出发，打破条块分割，实现网络资源的共建共享、互联互通。所谓“面向公众”，就是以公众服务为中心，把电子政务建设和推行政务公开紧密结合起来，推动各级政府的公开决策程序、服务内容和办事方法，使更多的老百姓通过电子网络得到更广泛、更便捷的信息和服务。所谓“保障安全”，就是要严格执行国家有关安全保密的法规，制定和完善电子政务网络与信息安全保障体系，确保国家秘密的安全。

(4)统分结合，分层设计

电子政务规划应设定若干规划层次，将原本一个规划难以理清的问题分解到不同层面去细化。例如，针对某一区域的电子政务规划可以分为三层：①总体规划。作为一个全局性的部署明确整个区域电子政务的总体架构，明确集中建设与分布建设的分工，确定重点发展的业务领域。②针对重点业务领域分别进行规划。优先对诸如人口管理、税收管理、土地管理等比较稳定和关键的业务领域进行统筹规划。③部门规划。各个部门按照上层次的规划要求，结合自身的业务情况制定本部门的规划。

(5)重视技术架构，加强标准化

电子政务规划应有清晰的应用蓝图和明确的技术架构。在对业务的规划比较清楚的前提下，对技术架构应尽可能给予详尽的确定，特别是对网络、身份认证等共性需求和统一平台的规范要细化在应用层面，各应用的主要指向和目标也应明确，特别是一些跨部门的应用，同时要对各项应用之间的逻辑关系作清晰的梳理和划分。此外，应把标准化放在电子政务规划的全过程中予以考虑，一方面充分利用已有的标准，另一方面对新的标准提出需求，使电子政务的规划过程同时也成为电子政务标准的规划过程。

3. 电子政务规划的内容

电子政务规划的内容应主要包括以下几个方面。

(1) 现状与问题

政府信息化发展的现状是进行电子政务建设规划的基本参考。只有将信息化的整体形势和本地区或本部门的现状分析透彻了，才能制定切实可行的规划，因此，在电子政务规划中首先应弄清楚国内外政府信息化建设的现状与趋势，尤其是本地区或本部门的电子政务建设的现状和问题。

(2) 原则与目标

确定电子政务建设的基本原则和目标，是做好电子政务系统规划的关键。电子政务建设的基本原则一般是：审时度势、量力而行，明确任务、突出重点，组织保证、统筹协调，技术可靠、安全实用。确定电子政务建设的目标一般从提高政府内部的管理绩效，推动政府经济调节、市场监管、社会管理、公共服务职能的转变，使电子政务成为运用信息技术构建廉洁、勤政、务实、高效的现代化政府的有效工具等方面进行考虑。

(3) 任务与措施

电子政务建设的任务是建设目标的具体化，措施是电子政务建设目标的实现和各项任务完成的基本保证。任务和措施的制定应特别关注如何利用信息技术支撑政务流程，如何将信息技术与政府职能紧密结合。

具体而言，电子政务规划应包括网络结构规划、信息资源规划、系统设计与实施规划，以及关键问题的解决方案等。其中，信息资源规划是要求相关部门尽快梳理信息流程，建立有关业务模型，制定有关编码标准与规范；对于一些通用系统，由上层统一开发，将其免费提供给下级使用，对通用设备或软件应集中招标采购。

4. 电子政务项目管理

在电子政务建设的过程中可引入项目管理的思想和方法，这样能够更好地把握电子政务项目的需求，加强相关人员之间的沟通，更好地跟踪项目进度和相关风险，进而降低电子政务工程的成本和风险，确保电子政务工程实施的质量。

（1）电子政务项目管理的过程

电子政务项目管理的过程包括从项目启动到项目结束的全过程，可以分为以下四个阶段：

1）前期阶段。前期阶段的任务包括成立项目管理小组，完成需求调研，形成需求分析报告，确定项目目标范围，编制建设方案，进行可行性分析，完成立项审批以及落实项目资金等。

2）招标阶段。电子政务工程项目招标是政府采购行为，应采用严格规范的招投标方式，一般采用公开招标。项目管理小组在该阶段的主要任务是选择和委托招标代理机构进行招标，并以项目建设方案或可行性分析报告为基础，编制招标文件。

3）实施阶段。在转入工程实施阶段后，合同规定的项目建设任务主要由以承建商项目经理为首的项目实施小组来完成。项目管理小组的工作重点主要是发挥好协调、监督和管理的作用，为项目建设提供良好的外部环境和内部条件，同时严把工程质量和进度关，将项目的建设目标和任务落到实处。

4）收尾阶段。工程验收通常由项目管理小组组织有关专家和部门组成验收委员会或验收小组进行。项目验收人员首先对承建单位提交的文档材料进行形式上和内容上的审查。在项目总体测试和试运行完成之后、项目正式验收之前，验收小组要对项目成果的物理形式进行初步验收。之后，通过召开项目验收会的形式完成正式验收。

（2）电子政务项目管理的内容

电子政务项目管理的内容主要包括以下九个方面：

1）项目范围管理。从目标、任务和要求出发，综合考虑人、财、物、事、时、合作关系等方面的因素，明确界定电子政务项目的范围，包括范围计划编制、范围分解、范围变更控制等内容。

2）项目时间管理。包括项目活动定义、活动排序、活动工期估算、安排进度表以及进度控制等内容。

3）项目成本管理。用以保证在批准预算内完成项目所需要的各个过程，由资源计划、成本估算、成本预算和成本控制构成。

4）项目质量管理。包括质量计划编制、质量保证和质量控制三项内容。

5）项目人力资源管理。首先，要有严格、科学、细致、涵盖工作各个方面的制度；其次，执行制度要严格、公正；最后，要严格实行按劳分配，奖勤罚懒、赏罚分明。通过制度的制定和执行，来构建团队精神、塑造团队形象。

6）项目沟通管理。包括沟通计划编制、信息分发、绩效报告和管理收尾等内容。

7）项目风险管理。包括风险识别、风险分析、风险评估以及风险应对等内容。

8）项目采购管理。采购管理的关键环节是标书的制定，要深入研究设计方案对设备的要求和工程预算要求，并进行广泛的市场调查，制定好采购标准和要求。

9）项目知识管理。包括建立激励制度、建立共享知识库及营造知识共享氛围等内容，旨在实现项目知识在相关人员之间的最大共享。

5. 电子政务信息安全

电子政务信息网络上承载着大量高度机密的数据和信息，这些数据和信息直接涉及政府的核心政务，关系到政府部门乃至整个国家的利益，有的甚至涉及国家安全。如果电子政务信息安全得不到保障，那么电子政务的便利与效率便无从保证。

(1) 电子政务信息安全的威胁

根据来源不同，电子政务信息安全的威胁可以分为内外两部分。来自于外部的信息安全威胁有病毒感染、黑客攻击、信息间谍、信息恐怖活动、信息战争、自然灾害等；来自内部的信息安全威胁包括内部人员恶意破坏、管理人员滥用职权、执行人员操作不当、内部管理疏漏、软硬件存在缺陷等。

(2) 电子政务信息安全的要求

电子政务信息安全要确保信息的保密性、完整性和可控性。

1）确保信息的保密性。制定措施防止别人窃取政府的秘密，防止秘密从内部泄露出去。保密性是政务信息最重要的特点之一。

2）确保信息的完整性。政务信息涉及政令，涉及国民经济的运行，涉及执法，涉及政府对整个国家的管理。因而，对政务信息一定要制定防止其被篡改的措施，以防政务信息被人随意地篡改或删除。

3）确保信息的可控性。可控性是指政务信息的可管理性。政务管理是有等级的，行政是有级别的，文件也是有级别的，信息有知密的范围，政令也有发放的范围和时间的要求。所以要采用明确的手段防止公务员在网络上打破政务管理层次，越权行事。

(3) 电子政务信息安全的策略

针对电子政务信息安全存在的威胁以及信息安全的要求，应制定相应的信息安全策略。

1）内外网间安全的数据交换。通过安全岛来实现内外网间信息的过滤和两个网络间的物理隔离，从而在内外网间实现安全的数据交换。

2）网络域的控制。电子政务的网络应该处于严格的控制之下，只有经过认证的设备才可以访问网络，并且能明确地限定其访问范围。

3）标准可信时间源的获取。政务文件上的时间标记是重要的政策执行依据和凭证，政务信息传递过程中的时间标记是防止网络欺诈行为的重要指标；同时，时间也是政府各部门协同办公的参照物。因此，电子政务系统需要建立标准可信的时间源，其获取通过在标准时间源（如天文台）上附加数字签名实现。

4）信息传递过程中的加密。在传递过程中，采取适当的加密方法对信息进行加密。

5）操作系统的安全性考虑。网络安全的重要基础之一是安全的操作系统，因为所有的政务应用和安全措施都依赖操作系统提供底层支持。

6）数据备份。在电子政务安全体系中必须重视数据的备份，并且最好是异地备份。

9.1.3　电子政务实例

1. 美国电子政务建设

1993年，克林顿政府成立了国家绩效评估委员会（National Performance Review Committee，NPR），在经过大量的调查研究后，NPR递交了《创建经济高效的政府》和《运用信息技术改造政府》两份报告。报告指出应当运用先进的信息网络技术克服美国政府在管理和提供服务方面存在的弊端，这使得构建“电子政府”成为美国政府改革的一个重要方向，也揭开了美国电子政务建设的序幕。

1994年，美国政府信息技术服务小组（Government Information Technology Services）强调利用信息技术协助政府与客户间的互动，建立以客户为导向的电子政务，以为其提供效率更高、更便于使用的服务，提供更多取得政府服务的机会与渠道。

1996年，美国政府发动“重塑政府计划”，提出要让联邦机构最迟在2003年全部实现上网，使美国公众能够充分获得联邦政府掌握的各种信息。

1997年，美国政府信息技术服务小组制定了一个名为“走近美国”的计划，要求从1997～2000年，在政府信息技术应用方面完成120余项任务，到21世纪初政府对每个美国公民的服务都要实现电子化。

1998年，美国通过了《文书工作缩减法》，要求各部门呈交的表格必须使用电子方式，规定到2003年10月全部使用电子文件，同时考虑风险、成本与收益，酌情使用电子签名，使公民与政府的互动关系实现电子化。

2000年，美国政府开通“第一政府”网站（www.firstgov.gov，现改为www.usa.gov）。该网站旨在加速政府对公民需要的反馈，减少中间工作环节，让美国公众能更快捷、更方便地了解政府，并能在同一个政府网站内完成竞标合同和向政府申请贷款的业务。美国政府的网上交易也已经展开，在全国范围内实现了网上购买政府债券、网上缴纳税款以及进行邮票、硬币买卖等。

美国电子政务的实际应用主要体现在以下五个方面：①政务公开。利用功能强大的政府网站向社会公开大量的政务信息，包括政府领导人的重要活动及演讲，政府工作的最新动态，公众到政府办理注册、登记等事项的有关信息，以及研究支持机构提供的相关信息等。②网上服务。在政府网站首页设置网上服务栏目，包括查询、申请、交费、注册、申请许可等服务，将分属政府各部门的业务集中在一起，并与相应的网上支付系统配套使用，实现“一站式”服务。③资源共享。各级政府通过政府网站向公众提供政府所拥有的公用资料库信息资源，实现公共信息资源的增值利用。④政府内部办公自动化。包括文档处理软件和在网络安全认证基础上的电子邮件系统，以及各种专门的业务处理软件。⑤提供安全保障。政府部门的内部办公一般都建有专门的内网，内网与互联网之间有严密的隔离措施，有的还是物理隔离，政府机关工作人员的保密安全意识很强，其内部办公网一般不许外人参观。

2. 英国电子政务建设

1994年，英国政府开始在互联网上建立自己的网站——“英国政府信息中心”。在进入该网站后，用户可以查询到政府部门、学术机构、企业等的网络地址。

1996年，英国推出“直接政府”计划，要旨是在“英国政府信息中心”的基础上，进一步利用计算机、因特网等现代信息通信技术，提高办公效率，改善行政管理，加快信息获取速度，与未来的信息高速公路顺利并轨。

1998年，英国政府率先提出“信息时代政府”的建设目标，旨在开发信息与通信技术，改善公共服务，使英国政府成为使用信息与通信技术的世界典范。具体措施包括确立政府电子采购目标、制定政府电子商务计划、加强政府服务与信息电子化。

1999年，英国政府正式发布《现代化政府》白皮书。接着，又出台了《21世纪政府电子政务》和《电子政务协同框架》，将政府信息化建设的目标聚焦于雄心勃勃的“电子政府计划”，明确提出到2008年，政府所有的公共服务项目全面实现电子化，建立网上“虚拟政府”，提供24小时无缝服务，把英国改造为在使用互联网方面居世界第一的国家。

2000年3月21日~22日，欧盟国家在葡萄牙“网络峰会”上达成一揽子“里斯本协议”，即到2010年，使欧盟国家进入新经济体系。各成员国的政府首脑一致同意，要依靠信息技术来达成这一目标。这一背景促成英国将完成政府上网工程的时间表大幅提前。当月30日，英国召开信息时代特别内阁会议，首相布莱尔把英国全面开通“电子政府”的时间，从原计划的2008年提前到2005年。

2000年，“英国在线”网站开通，它不仅将上千个政府网站连接起来，而且把政府业务按照公民的需求进行整合，使公民能够全天候地获得所有政府部门的在线信息与服务。该网站的内容分为五大块：生活频道、快速搜索、在线交易、市民交易、简易通道。

为了促进电子政务的发展，英国政府专门制定了全国统一的发展纲要。针对电子政务发展过程中出现的安全、标准和使用推广方面进行了规范和指导，具休包括：建立了一个各政府部门通用的身份认证方法；出台了一份有关电子政务安全的指导原则，提出了电子政务建设过程对安全的要求，借鉴了电子商务发展中的成功经验，满足了必要的安全要求；对网站设计出台了统一的指导原则，要求各级政府采用统一的方法在网上提供政府信息和服务，使政府网站能在管理和设计上达到最佳效果。在推广电子政务方面，英国政府还制定了相应的鼓励政策，如英国政府规定对网上交税者给予10英镑的优惠，对采用电子方式与政府打交道的人，在回复时间上给予保证和提前等。为进一步促进电子政务的发展，英国政府制定了网络监控法规，组建“网络警察”，防止网络犯罪和滥用网络，还放宽了信息技术人才的引入政策。

3. 加拿大电子政务建设

1994年，加拿大已有300个政府公共信息服务网站提供政务信息及申办业务等服务，同时开始对各项社会福利试行电子支付。同年4月，为加强对企业服务，由政府工业部与各省政府及企业共同合作成立了五个“加拿大商务服务中心”，以“单一窗口”的方式为企业提供各种商业信息及服务。就在这年，加拿大政府向公众承诺：以“低成本、高品质”的追求，发展信息高速公路，创建一个“网中有网，网网相连”的基础性全国信息网络架构。这个信息架构主要包括数字化的主体网络、声音网络、当地电话系统、渥太华地区的光缆通信网络、国有企业网络、移动通信服务设施等。

1999年，加拿大政府提出实施一项五年计划，旨在使加拿大成为世界上“公民联结”程度最高的国家。具体目标是：到2004年建成“e－政府”，将适于公开的各种政府信息和所有重要的政府服务全部上网。该计划自1999年10月启动，首先建设名为“政府在线”的政府门户网站，同时进行政府组织结构调整，使之适应网上施政。

自2000年春，加拿大政府实施了“e－分组”战略，本着“以用户为中心”的原则，对面向公众的电子政务服务项目进行了整理，将其归纳为35个政府信息与服务群组，并基于这些群组的进一步分类，重新设计加拿大政府的门户网站。到2001年1月，这项意义重大的改进终告完成。新的政府门户网站将用户分为“加拿大公民”、“加拿大企业”、“非加拿大公民”三类，各类用户可以按照自己的需要选择进入路径，找到相应的服务项目。

2001年，由政府、企业共同参与建设的国家光纤网建成，该网在技术上甚至领先于美国。据统计，加拿大是全球联网率最高、上网费用最低和上网人数占国民比例最多的国家，这对其在电子政务方面“后来居上”的迅速发展大有裨益。

从2002年起，政府各部门和机构的日常工作逐步被转移到一个新建设的外网。外网将各部门的网络连接在一起，接入该网如同接入互联网一样便利。通过外网，联邦政府公务员可以在办公室、出差途中、家庭环境、移动环境中安全地传送电子信息和收发文件。同时，外网还将与第三方机构进行安全连接，扩大覆盖范围。

从信息化的发展阶段上来看，加拿大的政府信息化发展主要分为两个阶段：第一个阶段是政府各部门资源实施信息化的阶段，主要是政府各部门在自愿基础上的信息化，侧重于政务上网、相关申报表格的下载等基本的信息服务；第二个阶段则是在相关信息化法律的推动下，由专门的政府信息化主管部门强制推进政府部门的信息化和各部门之间信息资源的共享。

4. 新加坡电子政务建设

新加坡在推动政府信息化方面有许多成功的经验。在过去的20年中，新加坡计算机委员会实施了四项国家信息化技术计划，为政府信息化奠定了良好的基础。

第一项国家信息化技术计划（1981～1985年）：实施公务员计算机化计划，为各级公务员普遍配备计算机，进行信息技术培训，并在各个政府机构发展了250多套计算机管理信息系统，推进政府机构办公自动化。

第二项国家信息化技术计划（1986～1991年）：实施国家信息技术计划，建成连接23个政府主要部门的计算机网络，实现了这些部门的数据共享，并在政府和企业之间开展电子数据交换。新加坡是全球少数几个率先在对外贸易领域推行电子数据交换、实现无纸化贸易的国家之一。

第三项国家信息化技术计划（1992～1999年）：在公务员办公计算机化和国家信息技术计划成功实施的基础上，制定并实施了目标是将新加坡建成智慧岛的IT2000计划。1996年，新加坡宣布建设覆盖全国的高速宽带多媒体网络，并于1998年投入全面运行。

第四项国家信息化技术计划（2000～2005年）：实施资讯通信21计划，使计算机与通信相互渗透，继续推动政府、企业和家庭上网，把“电子服务”的目标提升为信息时代的“电子政府”，全面实现政府服务电子化，使新加坡成为数字经济繁荣昌盛的全球资讯通信中心。

2006年6月20日，在imbX2006开幕式上新加坡公布了“智慧国2015”规划，设定了六个目标：到2015年，新加坡在利用信息通信为经济和社会增值方面领先世界各国；信息通信业增值翻一番，达到260亿新元；信息通信出口的收入翻两番，达到600亿新元；在信息通信科技领域创造8万个就业机会；九成的家庭使用宽带网络；有学龄儿童的家庭百分之百拥有电脑。

新加坡已形成一套包括管治理念、组织体制、决策机制和运作体系在内的，适合国情且比较成熟的电子政务组织体系，概括起来是“一部、一局、四委员会”，即财政部、资讯通信发展管理局（Infocomm Development Authority，IDA）、公共服务21系统委员会、ICT（资讯通信系统）委员会、公共领域ICT指导委员会以及公共领域ICT审查委员会（王元放，2007）。作为电子政务的资产拥有者，财政部为电子政务计划和项目提供了资金，推行“统一的政府”IT举措，负责解决机构之间妨碍服务和程序整合的跨界问题；IDA是电子政务建设和管理的核心，是信息化和电子政务的具体实施部门，其主要职责包括制定国家资讯通信整体规划和政策，向财政部提供技术意见及建议，定义信息通信政策、标准及程序，就整个服务范围内的信息通信基础设施提供建议与管理，就整个服务范围内的信息通信举措提供项目管理；公共服务21系统委员会负责制定电子政务总体规划；ICT委员会根据总体规划形成行动计划；公共领域ICT指导委员会提出具体的优先发展项目建议；公共领域ICT审查委员会负责审查并核批优先发展项目建议。

5. 我国电子政务建设

我国电子政务的发展过程可以分为以下四个阶段。

（1）20世纪80年代中期～90年代初期

各级政府部门开始尝试利用计算机辅助一些政府办公活动，在国内兴起了一股“办公自动化热”，并且建立了一些信息中心，以及各种纵向、横向的内部信息办公网络。这一阶段常被称为“政府办公自动化阶段”。

（2）20 世纪 90 年代中期 ~90 年代后期

1993 年 12 月，国务院成立了由 20 多个部委和企业代表组成的“国家经济信息联席会议”（后改为国务院信息化工作领导小组），确立“实施信息化工程，以信息化带动产业发展”的指导思想，正式启动了金桥、金关、金卡、金税等重大信息化工程。重点是建设信息化的基础设施，为重点行业和部门传输数据和信息，目标是建设我国的“信息准高速国道”。这一阶段常被称为“金字工程阶段”。

（3）20 世纪 90 年代末 ~2002 年

1999 年 1 月，由中国电信和国家经贸委经济信息中心牵头，联合 40 多家部、委、办、局信息主管部门在北京共同举办的“政府上网工程启动大会”，倡议发起了具有历史意义的“政府上网工程”。“政府上网工程”的目的是推动各级政府部门通过网络公布各种公共信息资源，并逐步应用网络实现政府的相关职能，为实现电子政务打下了坚实的基础。在“政府上网工程”的推动下，我国的政府信息化建设有了实质性进展，电子政务的发展进入快车道。这一阶段常被称为“政府上网工程阶段”。

（4）2003 年至今

2002 年 7 月 3 日，国家信息化领导小组审议通过《中国电子政务建设指导意见》，提出了“十五”期间我国电子政务的建设目标，宣布我国电子政务建设将主要围绕“两网一站四库十二金”重点展开。这标志着我国电子政务建设进入了一个全面规划、整体发展的新阶段。

2004 年 10 月，国家信息化领导小组召开第三次会议，提出“扎实推进电子政务，把行政体制改革与电子政务建设结合起来，推进政府职能转变”。

2006 年 3 月，国家信息化领导小组下发《国家电子政务总体框架》，指出“推进国家电子政务建设，服务是宗旨，应用是关键，信息资源开发利用是主线，基础设施是支撑，法律法规、标准化体系、管理体制是保障”。框架是一个统一的整体，在一定时期内相对稳定，具体内涵将随着经济社会的发展而动态变化。

2006 年 3 月通过的《国民经济和社会发展第十一个五年规划纲要》更是指出：要整合网络资源，建设统一的电子政务网络，构建政务信息网络平台、数据交换中心、数字认证中心，推动部门间的信息共享和业务协同，开发基础数据资源和办公资源，完善重点业务系统，健全政府与企业、公众互动的门户网站体系，依法开放政务信息，促进办事程序规范，培育公益性信息服务机构，开发利用公益性信息资源。

9.1.4　电子政务的未来

1. 政府信息资源共享

伴随着电子政务的迅速发展，大量政务信息系统和政府门户网站被兴建起来。然而，由于缺乏整体规划以及单独的开发实施，出现了大量“信息孤岛”和重复建设现象。这与电子政务旨在提供全方位优质服务的目标是不一致的，而要消除“信息孤岛”，实现协同政务，提高电子政务的建设水平，必须推动政府信息资源在不同政府部门之间的最大共享，实现数据的“一次录入，全程共享”。

（1）政府信息资源共享的层次

政府信息资源共享可以分为纵向和横向两个层次。

1）纵向政府信息资源共享。这是在上下级政府部门之间实现信息资源共享，是相同的上下级政府部门利用多级网络和中心数据库技术，实现高层政府部门的信息系统和中层、下层政府相应部门的整合，构建统一的信息系统平台。由于上下级政府之间存在着管理与被管理的关系，再加上很多电子政务系统是按部门条线来建设的（如金税、金关工程等），因此，纵向政府信息资源共享得到了较好的实现。

2）横向政府信息资源共享。这是在同级的不同政府部门之间实现信息资源共享，是将政府的管理和服务通过信息技术进行集成实现协同政务，打破传统的职能分割，真正面向公众优化政务流程，将传统的金字塔管理模式转变为扁平的网络模式。由于协同政务势必会对政务流程进行优化，这必然造成部门职能的转变甚至减少，会涉及相关部门的利益和权力调整，因此，横向政府信息资源共享是目前亟须解决的难题。

（2）横向政府信息资源共享的策略

为了实现政府信息资源在横向层次上的共享，可以采取以下策略：

1）加强行政领导、统筹规划、协调发展。坚持以网络为基础、应用为重点、信息资源开发利用为核心；对区域性网站建设按照“一个大脑和一套神经系统”的原则，促进政务信息系统既各具特色又互相连通；要求各政府部门根据自身的职能和服务特点建设各具特色的数据库，从而构建全面、完整、系统、全方位、多层次的政府信息资源服务体系。

2）加强部门间协作，树立服务型政府观念。在确定各项前台应用项目之前，要充分调查公众和企业的需求，把公众和企业最关心的、具有示范效应的项目确定为优先开展的在线服务项目，提高项目的成功率。在后台整合的过程中，加强政府各部门之间的协作，实现跨地域、跨部门、跨层次的信息集成和无缝隙政府运作。

3）建立信息资源共享奖励补偿机制。在信息不对称的情况下，尽管信息资源共享是对政府全局工作有利的，但具体到每个政府部门的成本与效益却并不平均，缺乏合理的补偿机制，这将增加信息资源提供部门的消极情绪，甚至会使系统逐渐瘫痪。因此，建立奖励补偿机制是很有必要的，奖励补偿方式包括经济奖励和行政激励。

2. 政府信息公开

政府信息公开是现代政府的一项基本义务，这既是信息化社会发展的必然，也是建设民主国家、法治社会的要求。而电子政务建设是目前政府职能转变的重要手段，政府信息公开与电子政务之间是相互推动、相互依赖、相互影响、相互作用的，两项工作的最终目标是一致的，两者均是为了提高政府的运行效率，增加政府工作的透明度。

（1）政府信息公开是以公众为中心的电子政务建设的重要内容

电子政务必须成为政府与公众沟通的重要渠道，公众通过这一渠道了解政府的想法，政府倾听公众的意见，良好的沟通是建立服务型政府的基础。服务型政府实质上是以“服务”为核心构建的致力于社会公正和社会发展的责任政府，而如果没有沟通，政府与公众之间就难以建立信任，政府也难以有的放矢地开展工作、提供服务。通过信息公开，政府使自己的政务工作透明化，得到更多公众的信任；公众通过政府信息公开，能更多地了解政府，更好地与政府协商、合作。因此，在各级政府门户网站上，信息公开成为一个不可或缺的栏目。

（2）政府信息公开制度是电子政务信息资源深度开发的法律保证

以公众为中心的电子政务的主线是对信息资源在深度和广度上的开发和利用，要最大限度地开发政府信息资源，就必须在完善的政府信息公开法律制度框架内进行运作。否则，开发和利用政府信息资源就会失去法律基础保障。政府信息公开应“以公开为原则，以不公开为例外”，将政府公开信息设定为行政机关必须履行的法定职责，明确规定政府信息公开的范围、程序、方式和期限，让政府和公众清晰了解哪些信息可以公开，哪些信息需要过一段时间公开，哪些信息不能公开。同时，健全相关的监督机制来确保政府信息公开的有效实施，这样才能推动电子政务的高水平建设。

（3）电子政务系统为政府信息公开提供了丰富的手段和表现形式

电子政务系统是发布政府信息的主要渠道，也是政府信息资源共享的核心平台。利用电子政务系统，能够提高政府机关的办公效率和共享政务信息资源，提高政府的透明度，拓宽群众参政议政的渠道，保证人民群众依法行使选举权、知情权、参与权、监督权。除了受保密法规定不能公开的信息以外，其他任何政府掌握的信息，只要公民想了解，政府就有义务提供。公民对政府信息具有知情权，信息公开是政府应尽的义务。电子政务系统的开发和应用，为政府信息公开提供了高效手段，它能够跨越时空和部门的限制，减少政府信息公开的成本，降低公众获取政府信息的时间成本和经济成本。同时，多样的信息系统构建模式、强大的网站开发技术、高效的界面设计技术、高性能的数据管理技术，为政府信息公开提供了丰富的表现方式。

3. 网络舆情

舆情也称舆论，是指公众对于现实社会以及社会中的各种现象、问题所表达的信念、态度、意见和情绪的总和，具有相对的一致性、强烈程度和持续性，会对社会发展及有关事态的进程产生影响，其中混杂着理智和非理智的成分。在网络环境下，舆情的表现形式就是网络舆情，它具有表达快捷、信息多元、方式互动的特点，具备传统媒体所无法比拟的优势。伴随着网络成为“第四媒体”，网络成为公众表达意见、提供建议的重要渠道，网络舆情已经成为政务舆情监测部门关注的重点。

(1) 内容分析法在网络舆情分析中的应用

1952年，美国传播学家伯纳德·贝雷尔森（Bernard Berelson）将内容分析法定义为“一种对具有明确特性的传播内容进行客观、系统和定量描述的研究技术”。内容分析法能够为深层次的网络舆情挖掘提供有力的支持，内容分析法在网络舆情分析应用中的工作流程包括六个步骤，如图9-2所示。

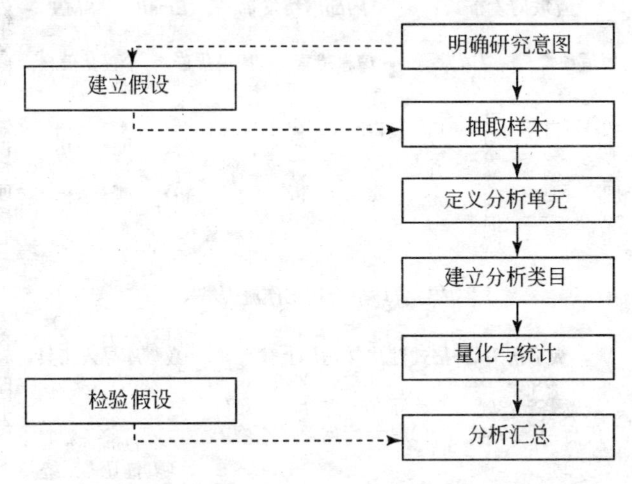

图9-2　内容分析法在网络分析应用中的工作流程

1）明确研究意图。首先进行选题，选题要注意时效性和针对性。根据不同的情况，有的研究在这个阶段能具体地提出研究目标，而有的选题在开始时则很难提出明确的目标和假设。

2）抽取样本。选择最有利于分析目的、信息含量大、具有连续性、内容体例基本一致的样本进行研究。

3）定义分析单元。分析单元是指实际计量的对象。单词或单个符号、主题、人物，以及独立的词组、句子、段落乃至整篇 Web 文档都可以作为分析单元。

4）建立分析类目。内容分析的核心在于建立分析内容的类目系统，这一系统随着研究主题的不同而变化。

5）量化与统计。在计算机处理的情况下，首先要对分析单元进行编码，然后利用各种统计分析方法进行计算。

6）分析汇总。对量化数据作出合理的解释与分析，并与定性分析相结合，提出自己的观点和结论。

（2）方正智思舆情辅助决策支持系统

北大方正技术研究院基于多年的科研技术成果累积，开发完成了方正智思舆情辅助决策支持系统，为各级政府的相关机构监测分析网络舆情突发事件提供了行之有效的解决方案，该系统的体系结构主要包括三个平台，如图 9-3 所示。

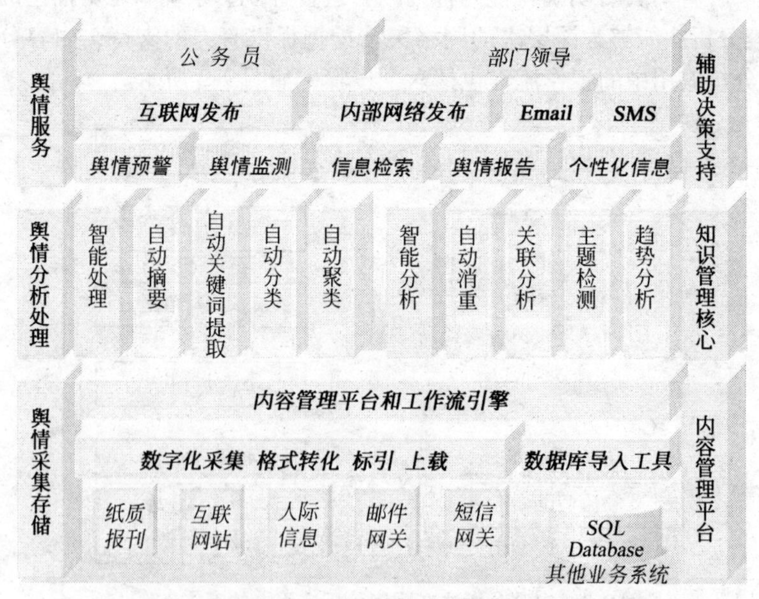

图 9-3　方正智思舆情辅助决策支持系统的体系结构

1）内容管理平台。为辅助分析系统提供基础的业务数据信息，提供了对海量数据的有效管理，可以从纸质报纸、互联网站、人际信息、邮件网关、其他业务系统等多个渠道中采集各种舆情信息。

2）知识管理平台。根据采集到的舆情进行智能处理、数据挖掘、知识发现以得到舆情知识，为辅助决策提供直接依据，包括智能处理、自动摘要、自动关键词提取、自动分类、自动聚类、智能分析、自动消重、关联分析、主体监测、趋势分析等功能。

3）辅助决策平台。将知识管理平台产生的各种舆情知识提供给相关的公务员或部门领导，是提供舆情服务的模块，主要包括舆情预警、舆情监控、信息检索、舆情报告及个性化信息提供等功能。发布方式包括互联网发布、内部网发布、电子邮件发布以及手机短信发布等。

4. 电子政府

对于电子政府与电子政务的关系，不同的学者提出了不同的看法。有的学者将二者之间的关系理解为行为的组织实体与其业务活动之间的关系；有的学者认为电子政府侧重于政治，电子政务侧重于行政；有的学者认为电子政务包含电子政府；有的学者认为电子政府包含电子政务；还有的学者认为电子政务是电子政府的实现手段，电子政府是与现有实体政府相对应的全新的政府结构形态，是电子政务发展到高度成熟的状态。

这里我们倾向于最后一种观点，电子政府的建设是以一系列电子政务的实现为前提的，没有大量政务工作的信息化，就没有电子政府，电子政府的建设是以电子政务的高度发展为前提的。而一旦实现了电子政府，人类现有的按照工业化时代所设计的分工明确的政府管理结构将不再存在，取而代之的是扁平的、高度一体化的政府组织结构。因此，全面推动政府信息化，构建真正的电子政府是电子政务的发展方向。具体包括以下几个方面。

（1）提高服务质量，实现“一站式”服务

构建电子政府是为了更好地利用信息技术为公众提供公共服务，满足公众在任何时间、任何地点，以多种渠道方式获取和享受公共服务的需要。为了达到这一目标，一方面，政府要吸收客户关系管理的理念、服务的理念，将公众作为自己的客户，根据公众的需要不断对自身进行调整和创新，以公众为中心优化政务流程，从服务公众的角度改变部门职能、精简编制；另一方面，建立单一的服务窗口，为公众提供“一站式”服务，在信息化建设中以“方便公众获取服务”为导向，而不是以“迎合政府需要”为导向。

(2) 缩小“数字鸿沟”，加强信息教育

电子政府的建设是以信息网络为基础的，如果部分公众不能接入互联网，不具备享受电子公共服务的素质，那么对他们而言，电子政府则是毫无意义的。而在现实中，这种差异是存在的，对于“信息富人”和“信息穷人”之间的差距如果不加以应对，那么它将会越拉越大。因此，缩小“数字鸿沟”是各国政府都应积极处理的重要课题。在电子政府建设的过程中，注重在全国范围内普及宽带网络，不忽视任何一个村落，是十分必要的；同时，要加强信息教育，增强公众的信息意识，提高公众的信息素养。

(3) 增强公众的参与意识，发展电子民主

电子民主是电子政府建设的重要方面。所谓电子民主，是指利用信息技术实现民主过程中价值理念、政治观点或个人意见等的交流和反映，包括在线选举、民意调查、选举人与被选举人的电子交流、在线立法、在线投票、在线问询等内容。互联网为公众参与政府决策提供了契机，利用信息技术能够让公众参与到政府的决策过程当中，并能让其有效地监督政府决策。另外，互联网不仅让公众能够获取相关的政府信息，而且能够让其针对政府管理和服务提出意见、发布信息，使公众的参与意识不断增强。

9.2 网络远程教育

伴随着互联网的蓬勃发展，远程教育在经历了以纸介质为媒体的函授教育，以广播电视、卫星电视为媒体的视听教育两个阶段之后，步入了网络远程教育阶段。目前，人们参加网络远程教育的目的主要包括获得学历学位、接受技能培训、获取学习资源等。而随着学习型社会的构建，终身学习、不断充电将是每个人必须面对的课题，利用现代信息网络技术接受各式各样的培训教育、获取自身需要的学习资料，将是生活和工作的组成部分。

9.2.1 网络远程教育概述

1. 网络远程教育的含义

网络远程教育是一种基于计算机技术、多媒体技术、通信技术和网络技术进行知识传输和知识学习的新型教育模式。由于网络的强大优势，网络教育信息资源在数量、质量、结构、类型、分布、传播范围、传播方式、交互能力等方面具有传统远程教育信息资源无法比拟的优势。网络远程教育融合了先进的信息技术和最新的教育理论、学习理论，本质上是基于网络的、在空间上相互分离的、在

虚拟环境中进行互动的教学模式。

关于网络远程教育的理解，可以从以下三个方面把握：第一，网络远程教育充分利用了现代信息技术，没有信息技术，就没有网络远程教育，它利用计算机技术实现教育信息资源的输入、存储、加工处理和输出，利用多媒体技术将教育信息资源以图、文、声等多种形式呈现出来，利用通信技术将教育信息资源传递到需要的地方，利用网络技术实现学习者、教育者及教育信息资源之间的多边互动；第二，网络远程教育需要相应的教育理论、学习理论支撑，绝不是传统课堂模式的照搬，网络环境下学习者和教育者之间在教育信息资源的获取上存在的差距在缩小，网络远程教育的实施必须结合网络环境下教育、学习模式的新特点；第三，信息技术是手段，教书育人是目的，要正确处理信息技术与教书育人之间的关系，信息技术的应用能够改善远程教育的效果，但不能完全替代教育者，教育者在网络远程教育中依然扮演着关键角色。

通过长期的教学实践和探索，有学者总结出了一种基于网络环境下远程教育教学实施与控制的“四力协同模型”，将网络远程教育的教学实施状况用四种力量——“学习力”、“支撑力”、“推动力”和“牵引力”来描述，认为四种力量的强弱及其协同与否决定了教学实施的效果，如图9-4所示。

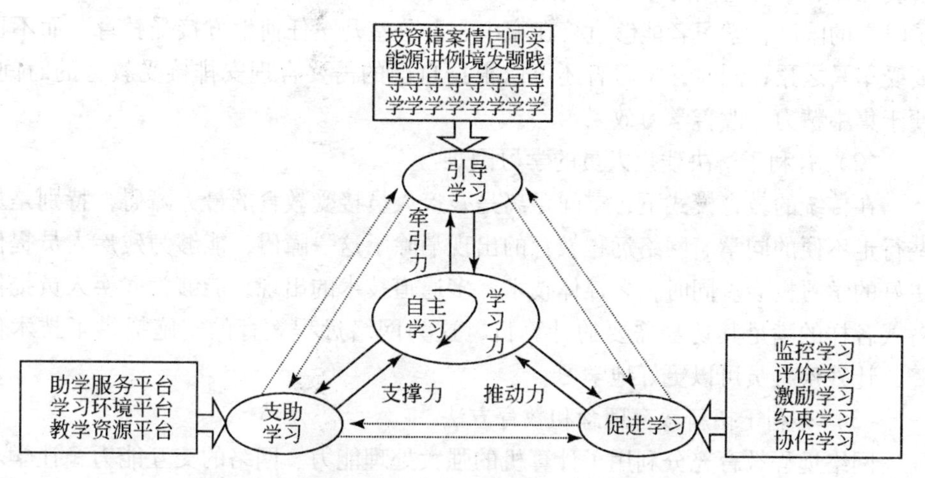

图9-4 网络远程教育实施与控制的“四力协同模型”

(1) 以学习者自主学习为中心——提升学习力

学习者借助于教育者的导学，明确学习目标以增强学习动力，借助于各种支助服务并掌握网络环境下的学习技能以提升学习能力，借助于各种促进学习的措施保持与强化学习的毅力，从而逐步提升学习力，确保教学目标的实现。

(2) 以教育者引导学习者的学习为前提——产生牵引力

教育者的主导性必不可少，强调教育者对学习者自主学习的“牵引力”发挥；教育者要针对学习者的个性特征与学习背景，有针对性地引导学习过程。

（3）以教育者支助学习者的学习为基础——产生支撑力

学习支助服务对学习者起基础性和保证性作用，网络环境条件下的教学资源、网络学习环境特别是网络交互环境和各种助学服务对学习者而言具有重要的作用。

（4）以教育者促进学习为保证——产生推动力

教育者对学习者学习过程的监控、评价、激励、约束以及学习者开展协作学习，能够产生共享和相互激励的作用。

2. 网络远程教育的功能

网络远程教育的出现，让更多人有了更好的学习机会，能够满足社会发展对专业人才的需要，同时，网络远程教育也对传统教育模式产生了重要影响，其具体功能体现在以下几个方面。

（1）有利于解决学习者工作与学习之间的矛盾

网络远程教育的学习者大多是在职人员，他们常常是边工作、边学习，如何解决工作和学习之间的矛盾一直是远程教育面临的难题。网络技术的应用，打破了时空的限制，学习者能够直接在家中、办公室乃至任何地方接受教育，而不再要受车马之累；同时，学习者还可以根据自己的需要合理安排接受教育的时间，便于集中精力，改善学习效果。

（2）有利于解决残疾人员的学习困难

在传统的教育模式下，空间距离是残疾人员接受教育的最大障碍，特别是那些行走不便的同学。网络远程教育的出现消除了这一障碍，能够为残疾人员提供更好的学习机会。同时，多媒体技术、多通道技术的出现，能够为残疾人员提供各式各样的满足其切身需要的计算机，这为网络远程教育的实施提供了技术保障，让残疾人员可以更好地学习。

（3）有利于拓新教育理念和教育方法

网络远程教育充分利用了计算机的强大处理能力、网络的交互能力，让学习者和教育者之间、学习者与学习者之间、教育者与教育者之间能够充分沟通和交流，这种沟通和交流有利于他们之间的相互了解，使他们在理解和信任的基础上撞出更多灵感和火花，并对教育理念和教育方法作出调整，通过不断创新改善教学效果。

（4）有利于优化配置教育信息资源

教育信息资源在全国范围内是非均衡的，存在发达地区和欠发达地区，教育信息资源的数字化、网络化能够在技术上保障教育信息资源在全国范围内的优化配置，能够将优质的教育信息资源通过网络输送到欠发达地区。同时，可以利用网络整合不同来源的教育信息资源，通过共建共享提供一体化的教育信息资源，更好地配置教育信息资源。

（5）有利于实现教育民主化

网络技术所带来的巨大信息量以及快速传输的优势，为社会带来了更多的学习机会，大量的优质教育资源能够在网络上实现共享和高效利用。网络远程教育紧随社会需求，能够提供多层次、多方式、广泛的教育内容，能够让更多的人拥有接受教育的机会。网络远程教育为教育机会均等的实现提供了全新的方式，有利于教育民主化的实现。

（6）有利于构建学习型社会

终身学习已经成为每个人必须接受的选项，以“人人是学习之人，时时是学习之机，处处是学习之所”为特征的学习型社会要求其成员“活到老、学到老”。网络远程教育的出现，为社会成员提供了更好的学习方式，能够让其根据自己的需要学习，能够满足其对知识结构的个性化需求，能够让其在快乐中学习，在学习中不断成长和提高。

3. 网络远程教育的特征

作为一种颇受社会认可的教育形式，网络远程教育具有自身的特征和优势。

（1）开放性

网络远程教育打破了时间和空间的限制，通过时空分离，让学习者能够在任何时间、任何地方通过多种渠道进行学习。随着移动网络技术的成熟，通过移动终端设备即能完成学习过程；伴随着“无线城市”的建设，社会成员能够在公交车、地铁上进行学习。网络远程教育为在职人员不能离岗接受优质教育提供了一种新型的教育模式，也为身处偏远地区的人们提供了接受优质教育的机会。宽带网络的普及、移动网络的推行，使得网络远程教育具有高度的开放性，能够扩大教育规模，让更多的人接受优质教育。

（2）实时性

网络远程教育的实时性体现在以下两个方面：一是现有的网络性能够实现教学内容的实时转播，整个教学过程能够通过网络被及时地传播到接收终端，相关的技术已经非常成熟和稳定；二是由于网络强大的渗透力和传播力，各种最新的教育信息资源能够通过网络被及时地传播到任何地方，知识经济时代的新理论、新方法、新技术、新应用层出不穷，经济社会的发展对知识更新提出了更高、更快的要求，网络远程教育能够将最新的知识以最快的速度传送到学习者面前，为知识更新的快速完成提供了原料来源。

(3) 交互性

网络远程教育的交互性体现在以下四个方面：一是学习者与教育者之间的交互，通过各种沟通方式，包括实时的和非实时的，能够拉近学习者与教育之间的距离；二是学习者与学习者之间的交互，由于具有同样的学习目标，所以学习者之间的沟通交流能够很好地促进学习；三是学习者与教育信息资源之间的交互，学习者能够通过先进的多媒体设备获取和吸收所需知识；四是学习者与管理者之间的交互，主要发生在课程前期准备阶段和后期评价阶段，包括填写课程设计前期的调查表单或者报名、考试等活动。

(4) 可控性

网络远程教育的可控性主要表现在以下四个方面：一是教学管理上的可控，能够实现注册、课程设置、教学计划安排、教与学的评价、学分统计、学位授予等功能，对教学管理的整个过程进行控制；二是教育者对教学的可控，教师能够对教学内容、教学进度、学习情况、评价反馈等方面进行控制；三是学习者对学习的可控，学习者能够对学习内容、学习进度进行自由控制，满足自主学习模式的要求；四是媒体和资源的可控，现代网络技术能够对各类先进媒体和资源进行有效控制。网络远程教育的可控性是其成功实施的重要保证。

(5) 经济性

尽管网络远程教育的前期投资即固定成本比较高，主要包括网络基础设施、计算机设备、多媒体设备、通信设备、教育信息资源、教育者、管理者等要素产生的成本，但是随着教学规模的增加，其可变成本是非常小的，网络远程教育投资具有规模效应。另外，对学习者而言，选择网络远程教育这一教育模式也是非常经济、划算的，这不仅体现在学费上，而且能够节省住宿、交通等生活费用。

4. 网络远程教育的模式

网络远程教育的蓬勃发展产生了多种教学模式，常见的教学模式包括以下几个方面。

(1) 课堂教学模式

课堂教学模式是传统教学模式的网络化虚拟实现，即利用视频将授课内容同步地播放给学习者，或通过演示部分交互式多媒体教材的内容改善教学效果。这种模式既要处理学习者的反馈信息，又要调用网上信息资源，操作多媒体演示系统，要求教育者具有较高的素质，即其除了要有丰富的教学经验外，还要具备一定的计算机操作知识，而且能够较好地应对课程进行中出现的各种问题。由于这种模式充分利用了视频、声音、文字、图片等多种形式的呈现方式，能够提供实时交互的需要，为学习者提供了身临其境的学习空间，与现场课题模式具有同样的亲和力。

（2）个性化教学模式

个性化教学模式是学习者利用网络调用各种多媒体教学资源进行自学的一种教学方式。这种模式要求建立一整套的网上教学软件和教学资源库，利用网络计算机建立远程教学基地，学习者通过浏览器进行学习，也可以将其下载到本地计算机上。个性化学习模式对多媒体教学资源提出了更高的要求，除课程知识点之外，还要有导航机制、教学策略、方法设计、问题设置、及时反馈评价等功能，应具有非常高的智能化程度，能够代替教育者完成对学习者的指导，学习者如果在学习过程中遇到问题能够及时地通过聊天室、即时通信软件、电子邮件、BBS等方式跟教育者进行交流。

（3）探索式教学模式

探索式教学模式首先设计一些适合由学习者来解决的问题，并通过网络向学习者发布，要求其解答。同时，还为学习者提供了大量与问题相关的信息资源供其在解答过程中查阅。另外，该模式还组织一定的教育者负责为学习者在遇到问题时提供帮助，但是教育者并不直接将答案告知学习者，而是提供一些适当的启发或提示。这种教学模式改变了传统教学模式中学习者被动接受的状态，要求学习者处于积极主动的地位，旨在最大程度地激发学习者的学习兴趣和创造性。探索式教学模式有问题、资料、提示和反馈四个基本要素，如何将这些要素组织好、衔接好是成功实施的关键，同时要能及时对学习者的问题进行反馈，避免其产生抵触情绪。

（4）学案式教学模式

学案式教学模式的目标是由“教师教”转变为“学生学”，发挥学习者的主体地位。学案是教育者在授课之前发给学习者的学习方案，包括学习目标、学法指导、重点难点、知识巩固、疑问反馈等内容。学习者在上课之前要根据学案自学课程中的相关内容，发现疑难问题并反馈给教育者。在课堂上教育者先组织学习者讨论问题，再根据反馈的问题进行精讲并给出总结性结论，最后进行相关练习。在这一模式中，教育者和学习者分别处于主导和主体的地位，是服务和被服务的关系，中心是学习者，而不是教育者。教育者在引导的过程中，尽量不给现成的答案，以指方向为主；学习者利用自己获得的知识和能力独立去解决实际问题。

9.2.2　网络远程教育系统的设计与实现

1. 网络远程教育系统的设计原则

网络远程教育系统是利用先进的软件开发理念和技术，结合最新的教育理念和方法，开发的基于Web的远程教育系统，旨在为学习者提供全新的学习模式，提高学习效率。远程教育系统绝不是简单地将课程教材、教案、大纲等资源数字化、网络化，而是一个涉及诸多功能和模块的信息系统，能够提供丰富的学习内容，全面支持学习过程的完成。网络远程教育系统的设计必须遵循一定的原则。

（1）自主学习

网络远程教育强调学习者的主动性，要求学生能够根据自身的需要和能力展开针对性的学习，在学习过程中具备资料收集、分析、整理、组织和评价能力。因此，网络远程教育系统的设计必须以自主学习为导向，提供便于学习者进行自主学习的功能和模块。例如，提供个性化的资源组织功能，使学习者能够根据自己对知识点的认识和实际需要对相关的学习资源进行分类和标引。

（2）内容丰富

丰富的网络教育信息资源是学习者进行学习吸收的营养来源，不管是针对单一课程的网络远程教育系统，还是针对众多课程的网络远程教育系统，都应提供丰富的学习内容。这些内容不仅包括课程资源，如学习目标、进度安排、课程课件、讲课视频等，还应包括与课程相关的其他信息资源，如类似课程、所属学科门户、可用数据库的网站链接，相关的知名专家介绍、大专院校介绍、期刊杂志介绍等。

（3）界面友好

网络远程教育系统包含大量的信息资源、丰富的操作菜单、众多的系统用户，如何对相关的模块和功能进行合理的设计和组织是界面设计的关键。首先，模块和功能划分要清晰合理，相互之间的逻辑关系要明显，用户能够快速定位到所需功能；其次，信息资源的组织和呈现要清晰合理，用户能够快速查找到所需资源；最后，界面要美观大方，为用户提供舒畅、轻松的体验过程，能够吸引其注意力。

（4）标准接口

网络远程教育系统是一个开放的信息系统，应能与其他网络远程教育系统进行互操作，实现网络教育信息资源的共享。因此，网络远程教育系统的设计应遵循一定的标准，包括学习者对象模型标准、学习过程记录标准、学习对象元数据标准、数据传输协议标准、用户界面标准等。标准化接口设计能够提高网络远程教育系统的可扩展能力、适应能力和互操作能力，是网络远程教育系统发展壮大的基石。

（5）智能处理

网络远程教育系统应具有一定的智能处理能力，在用户使用系统时常常是无人监控的，应采用先进的智能处理技术对用户使用系统中出现的问题给予实时响应，对用户使用系统、访问信息资源的模式进行跟踪分析以识别出规律性的模式，同时系统应能支持用户学习的全过程，在合适的位置给用户正确的学习提示。常用的智能处理技术包括 Web 使用挖掘技术、信息抽取技术、学习序列生成技术等。

2. 网络远程教育系统的设计内容

针对不同的教学模式，相应的网络远程教育系统不是完全相同的，而教学模式应根据课程的特点和学习者的特性进行选择。是采取课堂教学模式；还是个性化教学模式；是采取探索式教学模式，还是学案式教学模式，要具体情况具体分析。在确定教学模式后，还应进行可行性分析，包括经费、人员能否保证，技术条件是否成熟等。在完成可行性分析之后，需要进行系统分析和设计，不同教学模式下的系统设计均应考虑以下内容。

（1）学习目标设计

学习目标是学习者在完成学习任务后应该达到的效果和指标，包括认知能力、操作技能、情感修养等方面。学习目标应在对教学内容、学习者对知识的需要、社会对能力素质的需要等方面的详细分析之上确定，应具有较强的操作性和评价性。学习目标的阐述应当清晰明了，要十分明确和具体，同时应站在学习者的角度，让其易于理解，在学习之前能够认清学习目标和任务。同时，学习目标设计是学习内容设计、学习过程设计的基础，起着重要的指导性作用，是整个教学策略设计的依据。学习目标可以分为课程目标、知识单元目标、知识点目标三个层次，由整体到部分，逐步细化。

（2）学习内容设计

学习内容设计是网络远程教育系统实施的关键，是学习者获取学习资源的主要途径。因此，学习内容设计一定要以学习者的需要为导向，围绕学习目标进行展开。学习内容设计包括内容提示设计、主体内容设计以及参考内容设计三个部分。内容提示是为了帮助学习者能够顺利完成学习内容而专门设置的提示性内容，如课程简介、学习者所需的基础知识、前导课程等；主体内容应按知识单元、知识点进行组织，遵循充分发挥学习者能动性的原则，并列出学习时数、进度安排、学习策略、课程作业、学习指导等内容；参考内容是指与学习内容相关的各种学习资源，如相关网站、参考书、期刊杂志等。

（3）学习过程设计

学习过程设计针对网络远程教育具体的实施过程，主要支持教学实施和教学监控的完成，包括教学活动设计、学习监控设计以及评价反馈设计三个部分。教学活动设计是指如何组织教学活动的完成，课堂教学模式需要相应的视频会议系统，个性化模式需要提供论坛讨论功能，教学活动设计应根据不同的教学模式进行，但都应以满足学习者的需要为前提；在网络环境下，面对诸多诱惑，学习者的自我控制能力会下降，稍微放松就会不能自拔，因此应对学习者的学习过程进行监控，督促学习者按质按量完成学习任务；评价反馈是为了检查学习效果，激励学习者的热情和动机，包括学习者自我评价、教师评价、同学评价等形式。

（4）资源呈现设计

优秀的资源呈现方案不仅能够吸引学习者的注意力、激发学习者的兴趣，而且能够提高学习者的学习效率、改善学习者的学习效果。身处大量的学习信息资源之中，学习者常常会感到茫然不知所措，因此应设计良好的网络远程教育系统信息空间，给学习者以美好的学习体验。资源呈现设计应把握以下三个原则：一是美观大方，应使页面布局、页面跳转、颜色搭配、图片选择、动画设计富于美感，而不是让学习者深受其累；二是媒体多样，不仅提供文本资源，还应提供图片、图像、动画、视频、音频等多种媒体形式，满足学习者对各种学习情境的需要；三是易于理解，媒体选择和页面布局应清晰可见，易于学习者理解，而不过于复杂晦涩。

3. 网络远程教育系统的基本组成

网络远程教育系统的基本组成包括用户、资源、课件设计、技术平台支持系统，管理系统和沟通交流系统六个部分，如图 9-5 所示。

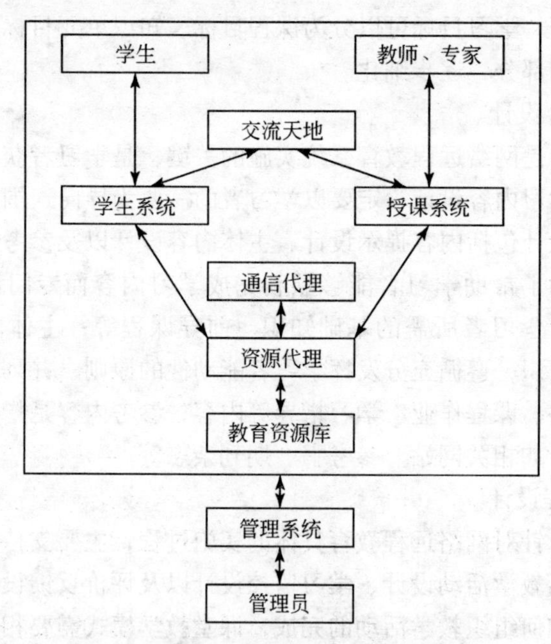

图 9-5　网络远程教育系统的基本组成

(1) 用户

网络远程教育系统中的用户主要由管理员、教师、学生、专家教授组成。管理员负责维护系统，实施对资源库的组织、发布和管理等；教师则负责操作课程内容，创建测试、修改成绩，检查学生学习进度，辅助学生进行意义建构；学生选修课程，管理个人信息，浏览教学内容，查看学习记录和成绩；专家教授进行专题讲座和系统答疑。

(2) 资源

网络远程教育系统的资源包括媒体素材、题库、案例、教学单元库、网上课程、电子图书等。媒体素材是传播教学信息的基本材料单元；题库是严格遵循教育测量理论，在精确的数学模型基础上建立起来的教育测量工具；案例是指有现实指导意义和教学意义的代表性的事件或现象；教学单元库是对一个或几个知识点进行相对完整教学的辅助教学软件。

(3) 课件设计

课程设计包括教学设计、媒体设计、程序设计及评价。制作远程课程涉及各种类型的设计专家，因而设计者应该同技术专家一起工作，并对课程目标、学生的活动、文字的布局、记录的音频或视频内容以及交互的音频和视频、计算机会议中的问题达成一致意见。

(4) 技术平台支持系统

支持网上教学的远程教育平台在网上远程教育系统中扮演着重要的角色。授课系统提供基于流媒体的同步传播功能和动态适应性学习机制，提供基于 Web 的辅导、答疑功能和作业发布、批改功能，提供在线考试系统，提供师生交流的工具和教育科研搜索引擎，提供教学资源编辑制作工具及管理工具；管理系统支持对学生进行入学和学籍管理，对教师进行远程教学档案管理、任职资格审查、考核及评价管理，还要支持课程设置和课程计划的管理；评价系统设计涉及学生、教师教学各个方面的评价支持平台。

(5) 管理系统

管理系统贯穿于网上远程教育系统的各个子系统。在资源库子系统中，管理工作包括对多媒体资源上传和下载的管理，提供动态生成与修改功能；对于用户子系统，管理工作主要涉及用户注册和账号的管理，用户授权和认证的管理，用户组别的管理，用户跟踪、评价的管理等；在通信交流子系统中，管理工作主要实现对网络故障、网络配置、网络性能、网络计费、网络安全等的管理功能。

(6) 沟通交流系统

通信交流存在于远程教育系统中的各种用户之间，他们通过卫星技术和因特网技术传递教学信息或其他信息。用户之间的交互形式取决于课程与活动设计者的策划，一般可通过聊天、电子邮件、新闻组、论坛、视频会议系统等进行适时交互。

4. 网络远程教育系统的关键技术

网络远程教育系统开发需要网站搭建、Web 设计、数据管理、多媒体设计等多种技术的支持，包括 HTML、XML、Ajax、ASP、PHP、JSP、ASP. NET 等语言，SQL Server、Oracle、Access 等数据库管理软件，Flash、Photoshop、Dreamweaver、Eclipse、Visual Studio. NET 等开发工具。所以其涉及的关键技术是比较多的，这里主要介绍三种关键技术。

(1) CDN 技术

CDN 是 Content Delivery Network（内容分发网络）的缩写，它是建立在现有网络基础结构之上的一种增值网络，是部署于应用层的一层网络架构。CDN 是利用分布广泛的内容缓存服务器将单点对全部点的星型服务提供模式改进为多点对应各自所属范围内所有访问请求的分布式树型服务提供模式，由分布在不同区域的内容缓存服务器群组成，将多点负载均衡，利用智能分配技术将内容根据来访用户的地点，按照就近访问的原则分配到多个节点。基于 CDN 技术的网络远程教育系统可以分为同步教学系统和异步教学系统。

1) 同步教学系统。它通过平台进行数据传输，保证分布在各个地域的同步教学服务器的数据信息协同一致，无论教师客户端连接的是哪一台同步教学服务器，都能通过 CDN 系统将课堂场景近乎实时地同步放大。

2) 异步教学系统。它将多媒体同步教学课件上传到平台，由系统根据就近服务、负载均衡等一系列调度策略进行统一的分发管理。当异步教学系统接到客户端的服务请求时，通过的路由系统选择一台最合适的课件节点机为其提供服务。

(2) VOD 技术

VOD 是 Video-On-Demand（视频点播）的缩写，它是一种可以按用户需要点播节目的交互式视频系统，或者从更广义上讲，它可以为用户提供各种交互式的信息服务。利用 VOD 技术，可以实现异地的可视教学模式，让学习者有身临其境的感受，拉近学习者与教育者、教育信息资源之间的距离。通过 VOD 系统，教育者可以根据教学资料制作自己的多媒体课件，将声音、图片、视频和音频文件全部输入计算机当中，并上传到教学点播视频服务器中保存；学习者则根据需要有目的地选择播放所需要的视频内容。

(3) RSS 技术

RSS 是 Really Simple Syndication（简易信息聚合）的缩写，它将网站看做一系列频道的组合，各个频道又包含了一系列资源，因此通过对频道及所含资源的描述可实现对作为资源集合的网站的描述。内容提供者根据 RSS 规范对各种信息以 RSS 格式打包，即创建 RSS Feed 文件，然后采用“推”技术将其发布到网络中，这个 RSS Feed 中所包含的信息能直接被其他站点调用，而且一个网站联盟也能通过互相调用彼此的 RSS Feed 文件，自动地显示网站联盟中其他站点上的最新信息，实现网站间的资源共享。利用 RSS，可以针对不同的学科和知识点建立不同的知识频道，经教育者和学习者的参与可以逐步建立相关的专业资源库，满足学习者及时广泛获取学习资源的要求。

5. 网络远程教育系统的质量保障

确保网络远程教育系统的质量需要制定一定的策略和机制，需要做出一系列工作，其中信息管理、学习动机培养、情感交流设计尤为重要。

（1）完善信息管理工作

网络远程教育系统通过网络将各种教育信息资源发布出去，由相应的信息管理人员负责确定资源的内容格式、媒体形式以及呈现方式。信息管理的范畴和质量将影响学习者对系统平台的评价，如何让学习者接受相应的资源是网络远程教育系统能否被认可的关键因素之一。网络远程教育系统中的有效信息管理涉及从大量的渠道中系统地收集信息，使信息标准化，编辑整理以去除冗余的细节，检查连贯性和准确性，并进行格式化、分类、编码及添加元数据。信息经过加工整理可以反复呈现，用户通过各种搜索、索引、查询工具可以接触到所要的信息。信息管理过程能够产生高质量的服务，确保信息的全面性、相关性，并使信息内容得到有效的利用。具体工作包括编制时间进度表，制定采集计划，识别信息来源和收集信息，选择信息渠道，评价筛选信息，对信息进行加工处理，信息更新和发布，以及使用监控和评价等。

（2）培养学习者的动机

在网络远程教育中，如何培养学习者的学习动机是关键的一步。首先，要设计一个友好的课程登录界面，让学习者易于进入学习系统；其次，教育者在教学过程中应给学习者提出明确的学习目标；最后，要能够让学习者知道为什么平台提供的课程能够符合他们的需求。同时，应设计一个网上课程导航系统，以便让学生清楚地了解他们的学习目标，以调动学习者的学习动机。而要真正激发和培养学习者的动机还有大量的工作要做，具体包括：培养学习者强烈的求知欲和浓厚的学习兴趣；转变学习观念，改革教学模式和教学方法；激发学习者自主学习的求知欲；提供完善周到的教学支持服务系统，最大限度地满足学习者的学习需要；适当地组织竞赛，激发外在动机；及时作好反馈和沟通，不断强化学习者的学习动机。

(3) 加强师生情感交流

教学活动能否取得成功，在一定程度上取决于师生双方的互动，而互动的基础是师生双方的情感交流。由于教学双方在时空上的远离，网络远程教育系统造成了教育者与学习者的心理距离加大。尽管通过各种通信技术可以实现师生交互，但不能面对面地直接交流，导致师生心理上的疏远，对激发学生的学习动机，调动并保持学生的学习积极性和主动性非常不利。因此，一方面，课件设计要充分利用多媒体技术创设各种恰当的教学情境，以教学游戏、问题解决、积极反馈等多种形式，让学习者在解决问题的过程中形成坚强、自信、勇敢等性格，充分利用多媒体的交互功能，采取角色扮演、巧妙提问、设置表达感情的环节等形式，丰富学生的情感体验；另一方面，为学习者提供全程、全面、及时、便捷的学习支持服务，不仅及时提供辅导、答疑、讨论和作业评比等动态教学资源和信息，还要提供远程学习咨询，以及能够实施导航、内容浏览、查询、实时和非实时交互教学等功能。

9.2.3 网络远程教育实例

1. Moodle 课程管理系统

Moodle 是 Modular Object-Oriented Dynamic Learning Environment（模块化面向对象的动态学习环境）的缩写，是澳大利亚教师 Martin Dougiamas 基于建构主义教育理论开发的课程管理系统，是一个免费的开放源代码软件，目前已在多个国家得到了广泛的应用。

(1) Moodle 系统的功能

1) 课程管理。教师可以全面控制课程的所有设置；选择课程的格式为星期、主题或社区讨论；灵活的配置课程活动，包括论坛、测验、资源、投票、问卷调查、作业、聊天、专题讨论；全面的用户日志和跟踪；邮件集成，能把讨论区的帖子和教师反馈等以 HTML 或纯文本的格式通过邮件发送；自定义评分等级。

2) 作业模块。可以指定作业的截止日期和最高分；学生可以上传作业；可以在一个页面、一个表单内为整个班级的每份作业评分；教师的反馈会显示在每个学生的作业页面，并且有电子邮件通知。

3) 聊天模块。支持平滑的、同步的文本交互；聊天窗口里包含个人图片；支持 URL、笑脸、嵌入 HTML 和图片等；所有的谈话都被记录下来以供日后查看。

4）投票模块。可以用来为某一事件表决，或从每名学生那里得到反馈；教师可以在直观的表格里看到谁选择了什么；可以选择是否允许学生看到更新的结果图。

5）论坛模块。有多种类型的论坛供选择，如教师专用、课程新闻、全面开放等；每个帖子都带有作者的照片；可以以嵌套、列表和树状的方式浏览话题；每个人都可以订阅指定的论坛，这样帖子会以电子邮件的方式发送。

6）测验模块。教师可以定义题库，在不同的测验里反复使用；题目自动评分，并且如果题目更改，可以重新评分；题目和答案可以随机显示，减少作弊；题目可以包含 HTML 和图片；题目可以从外部文本文件导入。

7）资源模块。支持显示任何电子文档、Word、PowerPoint、Flash、视频和声音等；可以连接到 Web 上的外部资源，也可以无缝地将其包含到课程界面里；可以用链接将数据传递给外部的 Web 应用。

8）问卷调查模块。内置的问卷调查（COLLES、ATTLS）作为分析在线课程的工具已经被证明是有效的；随时可以查看在线问卷的报告，包括很多图形。

9）互动评价。学生可以对教师给定的范例作品文档进行公平的评价，教师对学生的评价进行管理并打分；支持各种可用的评分级别；教师可以提供示例文档供学生练习打分。

（2）Moodle 系统的特征

1）界面简单。使用者可以根据需要随时调整界面，增减内容。课程列表显示了服务器上每门课程的描述，包括是否允许访客使用，访问者可以对课程进行分类和搜索，按自己的需要学习课程。

2）兼容性强。几乎可以在任何支持 PHP 的平台上安装，安装过程简单，只需要一个数据库（并且可以共享）。它具有全面的数据库抽象层，几乎支持所有的主流数据库。利用 Moodle，现今主要的媒体文件都可以进行传送，这使可以利用的资源就变得大为丰富了。

3）交互性强。教师和学生、学生和学生之间的交流打破了时空限制，他们可以随时随地地在互联网条件下，就某个与教学相关的问题将自己的想法发布到讨论区里展开交流。

2. 101 远程教育网

101 远程教育教学网创办于 1996 年 9 月，是国内领先的中小学远程教育网。它凭借强大的互联网技术，改变了传统的教学模式，融入了全新的网络教育理念，将国内最优秀的教育教学资源实现全国共享，在中小学生与优秀教师之间构建了一条信息高速通道，使每一个孩子都能享受到最好的教育。

从成立伊始，101远程教育网服务的用户数量就已经累计超过100万，在全国设立了数百家分中心和代理机构。其涉及的教育领域包括中小学远程教育、英语教育、幼儿教育及远程教育理论研究等，服务项目包括电话咨询（入网前后）服务、网上演示、免费培训、上门服务等。

101远程教育网是现今众多网校中教师人数最多、用户规模最大的一所，由全国四百余名一线优秀教师任教，为学习者提供了同步课程及答疑服务。这些老师来自：北京101中学、上地实验中学（101分校）、北京大学附属中学、北京四中、北京师范大学附属小学、首都师范大学附属中学、北京一六一中学、北京光明小学、北京分司厅小学、天津南开中学、天津新华中学、天津耀华中学、天津一中、南京师范大学附中、山东师范大学附属中学等学校。

101远程教育网上不仅提供每周更新的同步课堂、名师面授等同步教学内容，还开设有超前班课程、疑难提问、疑难共享、专题辅导、学法指导、英语听力、中高考专栏、语文月刊、英语月刊实验演示、课外生活等众多内容。

101远程教育网提供全国各地主要教材版本的教学，包括人教版（六三制）、人教版（五四制）、北京版、首师大版、浙江版、河北版、湘教版、江苏版、鲁教版、上海科技版、华东师大版、鄂教版等三十多种版本，基本满足了全国用户的需要。

101远程教育网平台，让优秀的师资资源为全社会所共享，实现了名师共享、名校共进，开创了现代化教学模式，造福了社会。学生可随时上网学习，在视听课堂中可以听到老师声情并茂的讲课并看到其动态的板书。学生不仅可以听到老师对知识点的透彻讲解，还可以利用课后习题巩固新知识。学生以邮件的形式把问题发送给此网络，网络会及时将老师的解答反馈给学生。学生所提的问题和老师的详细解答都被收录在疑难共享中，以便学生可以从其他同学的疑难问题和老师的解答中获得启发，开阔思路，查漏补缺。在试题集锦中有练习模拟题和考试题，学生可以在自我检验的同时增加应试经验，考试前还可以在视听课堂中听到权威教师的考前串讲和进行相关模拟练习。

3. 视像中国

“视像中国”是香港优质教育基金会资助计划，由香港中文大学连同香港圣文德书院负责推动实施，通过网络视频电话，已经将中国内地与香港近百所学校连接成为网络姊妹学校，这些学校以远程实时互动的形式开展教学活动、专题学习活动及文化交流活动等。在取得一定成效及经验的前提下，2006年7月该计划启动了第二期，并计划“迈向世界”，联络更多国家和地区的学校，充分拓展学生的国际视野。

“视像中国”计划的推广是基于实时网络远程教育解决方案并通过建立实时远程教室来实现。远程教室是一种集合多种信息科技技术的教学环境。实施远程教室的关键要素包括讲者的影像、讲者的声音及其他声源以及讲者的电子黑板。讲者的影像除可使学生感到老师的存在外，还能使其感受到老师的教学神情、身体动态；讲者的声音是教学重要的媒体，另外其他多媒体的声源，如音乐音响等亦须配合；传统教学使用黑板粉笔，信息时代讲者使用数码电子白板，或使用计算机显示。在布置一个远程教室时，应注意以下几个问题（视像中国，2008）。

（1）显示器的位置

显示器主要有两个功能：一是显示影像，如老师为学生准备的影像或影片，该类显示一般用电视即可；二是显示计算机信息，如教学时的电子白板，这需要使用高清晰电视。

（2）室内光线分布及背景处理

传统教室的光线都是来自天顶部的灯光，缺乏前侧光会使人物面部光线不足，应考虑安装多点的侧光源；被摄者的背景也不宜太光亮，如果背景太亮，则人物面部便显得黑暗；背景应以暗色（如深蓝色）为佳，暗色调的背景可使主题人物显得清亮。

（3）互动电子白板

电子白板是指教师在教学时将教学的电子画面传到远方学生的教室中，学生通过观看教师的电子白板可更容易地理解教师的授课内容；电子白板需要互动，学生在提问或答题时，也可透过电子白板向远方的教师或同学显示。

（4）教师桌的安排

教师的桌上应安设三座显示器，包括远方学生环境、已方影像显示及已方桌面计算机；学生一方需要安设一座计算机与教师桌上计算机分享并作程序互动。

（5）学生座位的考虑

从学生的角度考虑，学生应能清楚地看到教室前的三个大显示器；从教师的角度考虑，教师应能清楚地看到教室内每一位学生的状态；学生必须以阶梯形式安排座位，这样方可使教师容易观看；对于不同形式、不同内容的教学，应有不同的学生座位安排。

（6）控制角的设立

在远程教学文化尚未普及时，教师举行远程教学需要一些技术人员在背后支持这样其才可专心教学，如收音的控制、摄像取景、分享程序以及背后两地联系等都需要协助；学生一方也需技术员协助，如管理众多学生的收音、多点摄像选取全景及某位学生的互问时特写、分享程控以及背后两地联系等都需要技术人员的协助。

(7) 网络的安装设计

远程教学的影音信息是双向传送的，下载上传的速度同样重要；一般来说，单独使用一条2M的ADSL网线就能有相当流畅的影音视讯效果。

(8) 较好的音响设备

远程教室除可下载远方的音讯外，还需上传已方的音讯；应避免回音效应，要让室内各个参与者能够随意发表谈话；可使用监听耳机确保输出声质标准。

(9) 影像的摄取

摄像机安装的高度应与眼睛水平相齐，并且适宜放于显示对方的电视屏附近，这样可给予对方一种互视的感觉；安装两部或两部以上影像摄取器，以便从多角度选取及传送画像。

4. GetSmart 学习平台

GetSmart 学习平台是美国国家科学数字图书馆项目的一个组成部分，它利用概念图集成了搜索工具和课程支持工具。GetSmart 的设计目标包括教育和数字图书馆设计两个方面：教育目标包括具体支持有效学习策略，简易系统开发与培训，支持对学习者的评价等；数字图书馆设计目标包括从灵活的平台中提供内容，集成检索与概念图绘制，支持存取外部资源，支持从外部资源中产生新知识等。GetSmart 的体系结构由课程构件、检索构件、概念图构件、学习过程构件组成，如图9-6所示。

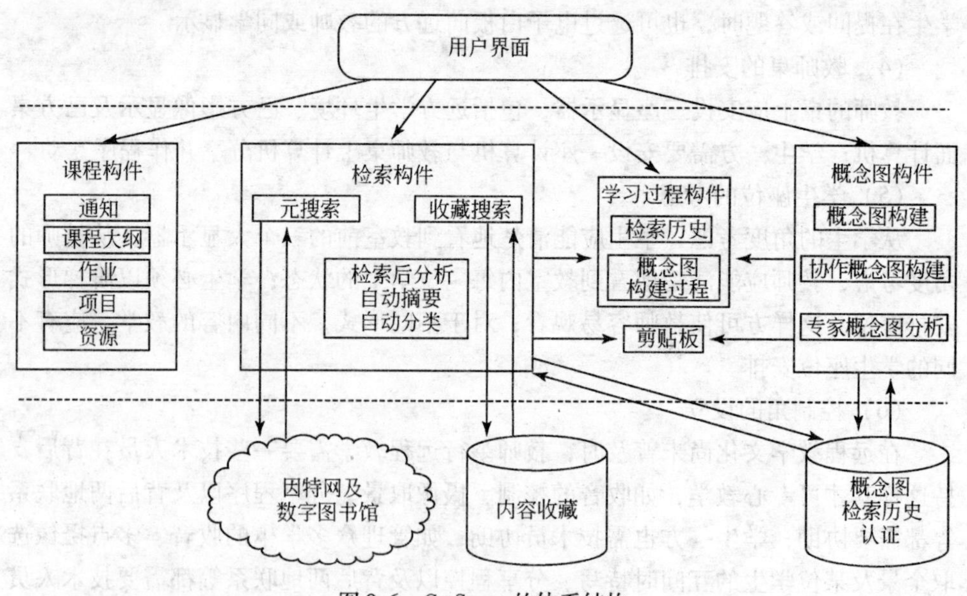

图9-6 GetSmart 的体系结构

课程构件提供了获取课程相关正式信息的途径，主要包括与课程相关的通知、课程大纲、课程教学目标、作业布置内容、项目信息、课程资源等内容。它给出了学习的目标和要求，与一般电子学习平台的设计类似。

检索构件基于元搜索框架提出，并支持检索式（queries）及检索后分析（post-retrieval analysis）功能。在响应检索请求时，一方面从收藏的资源即课程资源中，匹配相关的资源；另一方面从其他搜索引擎和数字图书馆中收集相应的资源，例如 ACM、AltaVista、CITIDEL、eBizProt 等。另外，针对检索结果列表中的资源，它提供了后分析功能，主要是自动摘录和自动分类两项处理功能。

概念图构件包括一系列概念图管理功能和一个概念图绘制 Applet。概念图管理功能主要包括文件夹操作（包括新建、删除及重命名文件夹），概念图操作（包括新建、删除及重命名概念图），高级概念图操作（包括提交概念图、打印概念图及以 XML 格式导入/导出概念图）。概念图绘制 Applet 窗口则提供制作概念图的界面，其中，还专门提供了协作机制，通过锁定机制概念图来同步多个用户对同一个概念图的操作。

学习过程构件允许用户回顾自己所绘制的概念图以及检索历史。用户可以查看概念图活动，如最近执行的动作、提交时间、概念图数量、节点数量、关系数量以及相关资源。检索历史则显示最近执行的 10 次检索及其结果。

用户利用 GetSmart 平台进行学习的过程是：①通过课程构件了解课程信息；②在学习过程当中，利用搜索构件查询所需要的资源；③学习、吸收检索到的资源，结合课程要求利用概念图构件将个人知识表示出来；④在学习过程中，还可以成立小组协作构建概念图；⑤用户可以提交自己构建的概念图，由系统进行存储。其用户界面如图 9-7 所示。

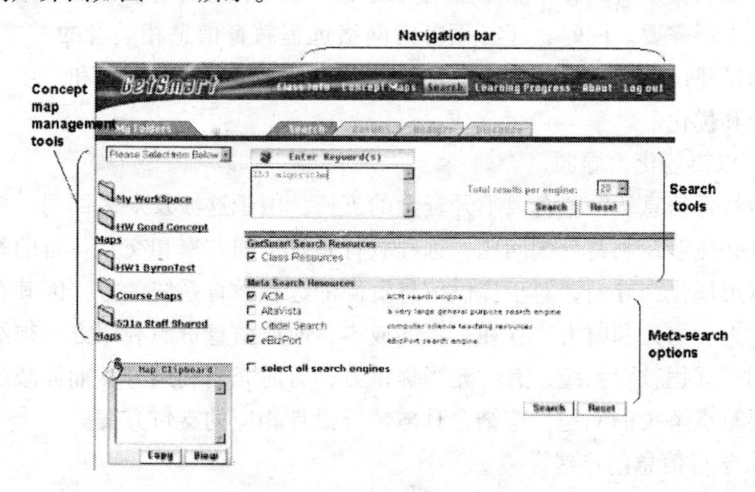

图 9-7　GetSmart 的用户界面

GetSmart学习平台集成了电子学习平台和搜索引擎工具，能够为用户提供丰富的学习信息资源，并能进行一定的智能处理来减轻用户的负担；同时，能够让用户借助概念图进行知识建构。另外，GetSmart支持用户学习的全过程，包括知识的采集、组织和吸收。

9.2.4 网络远程教育的未来

1. 网络教育信息资源整合

目前，网络远程教育信息资源存在需求大、来源广、数量多、种类杂等特点。以远程高等教育为例，网络远程教育信息资源包括网络教育学院提供的各种资源，各个大学提供的网络课程、精品课程、课程网站等资源，以及存在于网络中的电子课件、电子讲稿、电子书等资源。从资源的格式上看，它包括文字、图形、图像、动画、视频、音频；从资源的运行平台上看，它包括跨平台的和专有平台的；从资源类别上看，它包括课件、讲义、教案、作业、试题、素材、参考文献等。由于大量的网络教育信息资源处在低水平的自治共享状态，分布在众多的服务器之中，未能进行高水平的交换共享。因此，有必要对网络教育信息资源进行整合，降低网络教育信息资源的建设成本并提高其质量，进而满足用户的高层次需要。

（1）网络教育信息资源规划

网络远程教育是一项庞大的系统工程，需要结合社会需求和技术发展分阶段逐步实施，而网络教育信息资源规划是网络远程教育的基石，是网络远程教育系统实施的指导，也是网络教育信息资源整合的基础。网络教育信息资源规划包括短期、中期和长期规划，在制定规划时既要考虑当前的需要，也要考虑以后的资源整合和发展需要。同时，还必须考虑网络远程教育信息相关者的需要和利益，不仅要满足建设者的需要，也要满足使用者的需要，在最大深度和广度上实现资源的整合和优化。

（2）以市场化为导向

网络教育信息资源整合离不开资金的支持，由于这涉及众多部门、单位和企业，所以必然涉及利益分配问题。远程教育系统之间共享和交互各自的教育信息资源应以市场化为导向，对于提供信息资源的远程教育系统一方，因其在建设时投入了人力、物力和财力，存在一定的成本，所以信息资源利用方必须给予其补偿。而同一远程教育系统，有时充当提供方，有时充当利用方，如何减少其交易成本是要重点解决的问题，应结合具体情况设计相应的支付方案。

（3）学科信息门户建设

学科信息门户是一个整合网络学术资源的虚拟图书馆，对某一学科或若干学科领域的相关学术资源进行集成和深入揭示，提供信息分类和主题标引，构建分类浏览结构，并提供关键词检索等多种查询途径。学科信息门户按照其所囊括的信息资源和涉及的学科范围可以分为综合性学科信息门户、多学科的学科信息门户以及单一学科的学科信息门户（蔡箐，2008）。在网络教育信息资源整合中，应借鉴图书情报机构在信息组织、信息检索以及信息标准化方面取得的经验，利用先进的Portal技术和Web服务技术建设多层次、多类型的学科信息门户，以满足网络远程教育他们对学习资源的个性化需要。

2. 协同学习模式

协同学习是指多个学习者共同完成某一学习任务，在共同完成任务的过程中，他们发挥各自的认知特点，相互争论、相互帮助、相互提示或者进行分工合作。学习者对学习内容的深刻理解和领悟是在和同伴紧密沟通与协调合作的过程中逐渐形成的。在协同学习模式中，学习者通过小组或团队的形式来组织学习，提高学习效率。小组成员的协同工作是实现学习目标的有机组成部分，学习者个体之间的活动是一种有机的关系，一方面学习者需要独立完成自己的工作，另一方面又要与其他学习者进行交流，共同完成整体的学习任务。网络远程教育中协同学习模式包括以下四个模块。

（1）前端分析模块

前端分析模块包括学习目标分析、学习内容分析、学习对象分析和网络环境分析四个方面，这期间主要是确定进行协作学习的问题和通过问题的解决要求学生获得哪些方面的能力。由于并不是所有学习内容都适合协同学习，所以在开始协同学习前需要进行分析。

（2）准备模块

准备模块包括学习小组的建立、学习环境的设计、信息资源的设计三个方面，主要任务是为协同学习的进行创造一个良好的环境。

1）学习小组的建立。确定协作小组要考虑学习者的特点，包括其认知水平、思维特点、年龄、兴趣等，尽量做到组内异质、组间同质，这样有利于组内合作和组间竞争；同时，还要结合学习内容、学习任务的特点。

2）学习环境的设计。利用计算机和网络通信技术构造的虚拟场所，为处在不同地域的学习者提供了各种学习条件，促进学习者的交流合作以使其完成学习任务，协同学习的环境除了包括计算机和网络提供的硬件环境和资源环境外，还包含学习者之间形成的协同集体这个社会文化环境。

3）信息资源的设计。协同学习需要一定的资源来帮助学习者完成学习目标，但由于在网络环境中信息资源极其丰富，所以教师必须对信息资源进行整合、设计，并提供相应的信息资源检索方法。

(3) 学习过程模块

学习过程模块主要是设计和组织协同活动。协同活动是学习过程的核心，包括教师和学习者的各种与学习相关的行为。协同学习活动主要围绕学习内容开展，并根据学习内容的不同采用不同的活动方式。在学习活动设计中，协同学习强调学习者之间的协作能力和实际解决问题的能力，教师要对协同活动过程进行良好的组织和引导，使学习者体会协同学习的有效性。

(4) 协作评价模块

在整个学习过程中，教师不仅要对学习者在学习中解决不了的问题或提出的新问题给予及时的指导和帮助，同时还要引导各小组的工作，适时地组织各小组进行形成性评价，及时发现学习者在学习中存在的问题，对其解决问题的过程进行提问和启发，帮助其进行知识整合，协调小组间和小组内各成员之间的关系，以促进协同学习的开展。

3. 多媒体学习模式

多媒体允许多种外部表征形式如文本、图片、图像、表格、语音、音乐等组合成灵活的表征方式，以支持学习过程的完成。多媒体学习能够减轻学习者的认知负担，减少学习时间，改善学习效果，尤其可以帮助学习者理解复杂、难懂的知识。另外，多媒体学习不仅影响学习过程中的知识获取，还影响所获取知识的利用效果。

(1) 双重编码理论

双重编码理论认为人类具有两个在功能和结构上均不相同、独立但又相互联系的加工、储存信息的认知系统：言语系统和表象系统，如图 9-8 所示。在功能方面，言语系统用于加工言语信息，产生言语反应；表象系统用于加工非言语的、物体或事件的信息，形成事物的心理表象。在结构方面，言语系统储存信息的单元是言语符号；表象系统储存信息的单元是图像映象。在组织方式上，表象信息以同步的方式进行组织，它允许一个心理表象的许多成分同时加工；而言语信息以连续的形式进行组织，只能进行序列加工，并且每次只能加工有限的信息。

(2) 多媒体学习模型

在双重编码理论的基础之上，Mayer 提出了多媒体学习模型，如图 9-9 所示。Mayer 关于双重编码的主要假设是言语信息和图画信息在不同的认知系统中进行加工。学习者选择相关的词语建构成命题表征，组织成言语心理模型；选择重要的图像形成图像表征，两种加工建构了两种平行的心理模式，最后彼此进行一对一的映射联系。如果言语信息和图画信息同时出现在工作记忆中，那么就发生了整合加工。

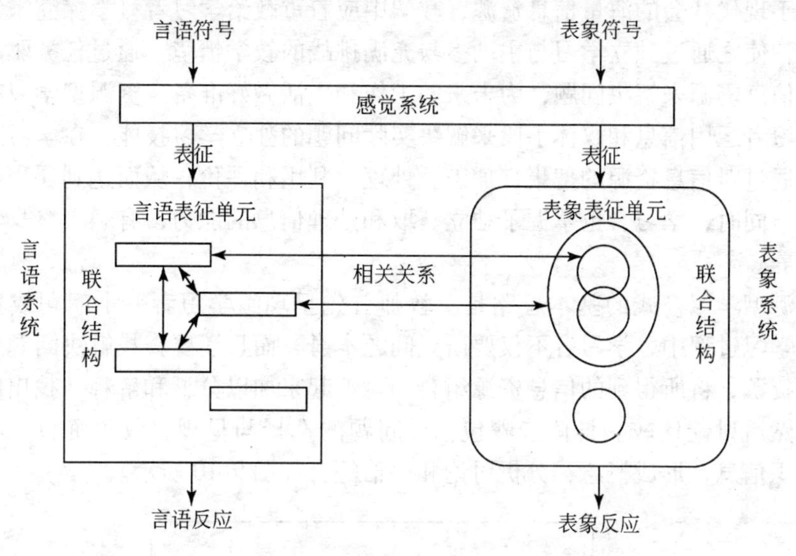

图 9-8　双重编码理论的言语系统和表象系统

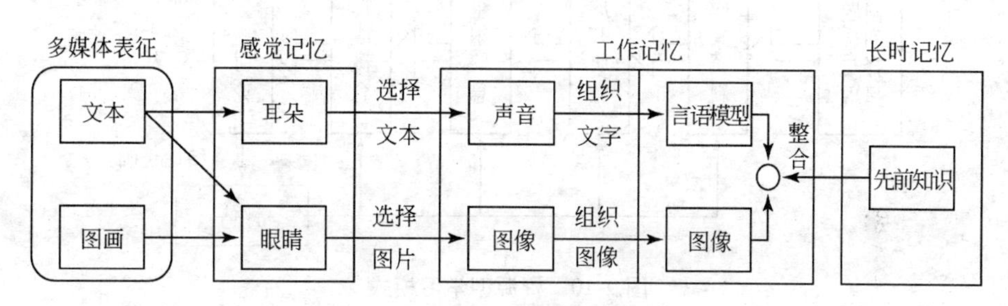

图 9-9　Mayer 的多媒体学习模型

（3）网络远程教育中多媒体学习模式构建

多媒体技术的普及、网络带宽的提高，为在网络远程教育中应用多媒体学习模式提供了技术条件，尤其是 Flash 动画技术、流媒体技术、信息可视化技术、知识可视化技术能够将各种教育信息资源以多种媒体形式表示出来，便于学习者吸收和利用。在网络远程教育系统中，一方面将单个学习资源，包括教程、知识单元、知识点以多媒体的形式呈现出来，如制作可视化教程，以图形的方式表达整本教程的内容和知识点之间的关联结构；另一方面，将学习资源集合以多媒体的方式呈现出来，如将某一网络课程的所有资源全部以 Flash 动画的方式进行组织和呈现。

4. 资源型学习模式

基于现代社会的海量信息资源，教学中应着重教给学习者科学探究未知领域的方法，使之通过独立学习与主动参与充满挑战的教学情境，通过任务驱动，充分利用信息资源来解决问题，为未来的工作和生活做好准备。资源型学习有利于培养学习者运用信息和媒体手段来解决实际问题的独立学习技能，在学习过程中学习者通过对信息资源的搜集、加工、处理、利用和评价，从而达到课程和学习的目标。同时，学习者也掌握了独立获取和处理信息的能力，有利于终身学习能力的培养。

资源型学习模式的基本思路是：教师首先呈现给学习者一个问题或疑难情境，在学习过程中，学习者不仅要研究问题本身，而且还要查找解决问题所需要的信息资源，将所得到的信息资源组合、融汇起来加以分析和解释，找出问题的结论，然后讨论比较。具体步骤包括：问题的选择与呈现，收集资料，展开研究，组织信息，形成概念，分析讨论和评估等，如图 9-10 所示。

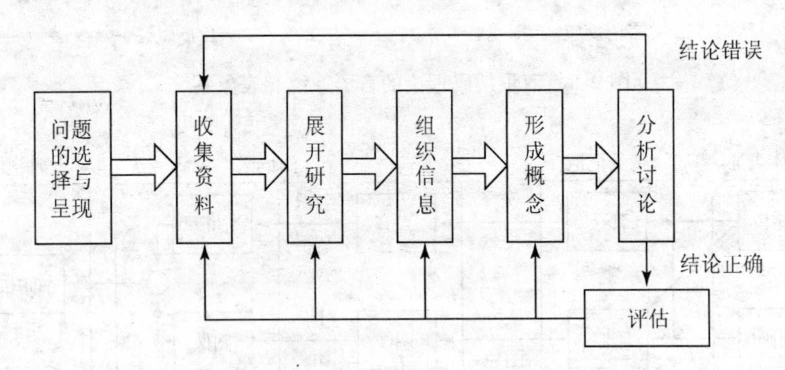

图 9-10　资源型学习模式

资源型学习可以促进知识的内化，提高学习者的创新能力，具有以下特点。

(1) 自主性

资源型学习强调以学习者为中心，由学习者独立地完成知识的接受与吸收。在学习过程中，学习者根据问题或情境的需要制定收集资料的主题、范围与方式；针对获取的资料进行研究和分析，并以自己的方式进行组织和管理；通过对资料的把握与理解，形成概念；最后，将学习结果与他人交流。资源型学习要求学习者根据问题自主地寻找资源进行分析并给出答案。

(2) 资源性

资源型学习是学习者不断搜集信息资源，并分析、组织信息资源来获取知识。因此，资源型学习是以丰富的资源为基础的，包括各种文本、网页、语音、音乐、图片、图像、视频等形式的信息资源。从来源上看，资源不仅包括课程提供的课件资源，还包括数字图书馆、WWW、搜索引擎等包含的各类资源。资源型学习是学习者不断与各类信息资源交互的过程。

（3）过程性

与传统的学习模式相比，资源型学习更注重学习的过程，而不是仅仅注重最终的结果，认为学习是学习者通过各种资源的获取，不断加深对知识的理解，并建构知识的过程。事实上，人类的认识是不断加深提高的，而不是一次就完成的。资源型学习强调不断利用各种资源来建构知识。另外，资源型学习强调在学习过程中与他人进行沟通、交流，即强调协作学习在整个学习过程中的作用。

网络资源的丰富性为网络远程教育应用资源型学习模式提供了条件，未来的网络远程教育将在提高学习者信息素养的基础上提供切合学习者需要的各种信息资源。

9.3　其他网络公共信息资源的利用

网络已经渗透到人类生活和工作的各个领域，利用网络发布、转载、存储、检索、利用各种信息资源已经成为每个人的必备技能，各个领域的专家、生活中的人们均在利用网络获取各种公共信息资源。网络公共信息资源的利用除了电子政务和网络远程教育之外，还体现在网络医学信息资源、网络法律信息资源、网络新闻信息资源、网络娱乐信息资源的利用等方面。

9.3.1　网络医学信息资源

1. 网络医学信息资源的类型

网络上的医学信息资源十分丰富，内容、种类繁多，可以满足不同层次、不同用户的需求。从内容角度出发，可以将网络医学信息资源划分为以下类型。

（1）医学数据库资源

医学数据库按文献类型又可以分为三种类型：一是文献数据库，如PubMed数据库；二是事实型数据库，主要包括基因库、核酸序列、蛋白质结构等分子生物学数据库，以及毒理学、药物方面的事实型数据库；三是多媒体数据库，包括各种医学图谱库、医学影像库、病理切片库以及化学物质或药物结构数据库等，如美国国立卫生研究院的可视人计划的人体数字图像数据库。

（2）医学电子期刊和电子图书

网络上还存在一定的免费电子期刊和电子图书，如，斯坦福大学的High

Wire 和 Free Medical Journals 网站分别收录了400 多种医学期刊和990 多种电子出版物；PubMed 数据库 Books 链接包含有数十种生物医学图书；Merck 公司在网上提供了诊断治疗手册、药物手册以及医学信息手册的部分内容，可免费利用；Free-eBook 网提供了包括医学健康方面在内的免费图书。

（3）医学新闻资源

医学新闻包括医药卫生行业新闻、商业新闻、临床实验进展、疾病防治新技术、新进展等，可通过搜索引擎、综合网站新闻频道、医学专业网站或者专业新闻刊物查找。

（4）医学教育资源

医学教育资源包括医学院校网站中的教育内容，以及分散在各类网站上的医学教育资源，如一些提供医学培训知识的信息服务型网站。

（5）医学市场信息资源

网络医药产品信息、市场信息越来越多，许多网站都建立了医药产品栏目，甚至出现了一些医学市场信息网站，如中国医药信息网。

（6）医学软件资源

医学软件资源是指实验数据分析、各种统计、基因同源性比较等公用软件、共享软件和其他相关软件等。

（7）虚拟医学图书馆

虚拟医学图书馆是网络环境下的大规模电子化文献信息系统，将现实馆藏中的数字化资源与外部虚拟信息资源整合、连接，供用户检索和共享利用。

（8）循证医学资源

循证医学（evidence based medicine，EBM）资源分为系统综述和临床实践指南，Cochrane 是获取循证医学资源的重要数据库。

（9）其他医学信息资源

其他医学信息资源还包括医学会议信息资源，特种文献如专利信息、标准、学位论文资源等，医院、医学院和医生信息资源，以及科研基金申请、求职信息等。

2. 网络医学信息资源的特点

网络医学信息资源与传统的医学文献信息相比，在数量、结构、分布、类型、载体形态、内涵、控制机制、传递手段和速度等方面有显著的差异，它具有以下特点。

（1）数量大，内容广，类型多

网络医学信息资源几乎囊括了生物医学领域各个学科主题的内容，包含有电子报刊、电子图书、电子邮件列表、专题讨论组、数据库、新闻、政府和组织机构发布的公告信息等多种类型的信息，存在 HTML、TEXT、PDF 等多种文件格式，以及包括声音、图像和文字在内的多种媒体信息。

（2）分布式存取

网络医学信息分布在全世界各个国家和地区的数据服务器上，具有无序性、非均衡性和非对称性的特点。

（3）更新及时

网络上的医学信息更新速度快，便于人们及时了解到最新的信息。

（4）交互性强

用户在使用网络信息资源时可以及时地进行交流互动，例如，医学专业人员可以在专题讨论组中直接与知名专家和学者进行交流，还可以利用互联网的虚拟医学学术会议，提供虚拟的交流途径。

（5）质量良莠不齐

由于因特网是一个完全开放的网络，信息的发布随意性大，而且缺乏“精审”过程，因此网络医学信息的质量问题日益突出。

（6）检索比较困难

由于目前网络检索工具的查全率和查准率并没有达到一个理想的程度，因此，用户有时很难找到自己所需的信息。

（7）不易判断信息来源

网络医学信息存在大量转载和移植的现象，甚至存在恶意更改原始信息的情况，用户有时很难鉴别信息的来源。

（8）出口带宽有待提高

出口带宽的扩容速度明显低于用户的增长速度，使得访问网络医学信息资源受到限制，尤其是网络医学数据库的利用。

3. 网络医学信息服务实践

由于网络医学信息资源内容丰富、范围广泛，用户很难有时间和精力准确地查全所需的信息，因此，需要有针对性地开展网络医学信息服务，通过多种渠道开辟检索途径，探求合适的方式进行检索导航，引导用户快速、准确地获取有价值的信息。

（1）建立网络医学信息导航系统

网络医学导航系统是将众多的生物医学网站连接起来，组成多层次的目录指示数据库，是对较深层次的网络资源进行搜索并序化组织的信息产品，导航系统还可以配制有搜索引擎，用户通过输入检索词即可获取与之相匹配的检索结果。

建立医学信息导航系统需要完成以下工作：一是利用各种搜索引擎对分散于网络上的各医学学科信息资源进行采集；二是对医学资源进行描述，制作网上医学资源著录款目；三是审核；四是资源排序；五是设计检索系统。

（2）开展专题信息服务

在对相关医学学科的国内外研究现状、发展方向进行前期调研和跟踪的基础之上，有重点、有选择地对医学信息资源进行加工整理，为医药卫生科研人员进行选题、了解研究动态、撰写论文提供最新且较为全面的专业信息。还可以利用许多先进的信息技术开展信息推荐服务，根据用户预定的有关主题内容将最新的网络医学信息资源及时地发送给用户以供其参考使用。

（3）开展个性化信息服务

由于用户对获取信息的内容日益重视，因而，信息服务主要从过去的提供信息线索、文献书目数据或信息参考数据服务，转变为侧重提供全文服务或针对查询问题的较全面的信息解答。为给特定读者群的信息需求提供有针对性的信息服务，需要注意文献结构的优化，突出重点，形成文献特色。

（4）开展用户培训服务

用户培训服务应根据用户的特点进行，包括网络基础知识培训、网络数据库使用培训、网络搜索引擎使用培训、个人信息管理知识培训等，旨在提高用户利用信息网络技术的能力，提高其检索医学信息资源的速度和质量，同时提高其鉴别、处理和分析医学信息资源的能力。

4. PubMed 数据库系统

PubMed 是由美国国家医学图书馆下属的国家生物技术信息中心开发的免费医学搜索引擎，提供生物医学方面的论文搜寻以及摘要。PubMed 的核心主题是医学，但也包括其他与医学相关的领域，如护理学以及其他健康学科，同时也对于相关生物医学提供资讯上相当全面的支援，如生化学与细胞生物学。PubMed 信息并不包括期刊论文的全文，但可能提供指向全文提供者（付费或免费）的链接。PubMed 完善的检索功能和独特的技术支持使其赢得了全球用户的赞誉，其比较有特色的服务功能包括以下几个方面。

（1）期刊数据库

期刊数据库包括了 MEDLINE 收录的所有刊物，可用于检索期刊全称、刊名缩写和 ISSN 号。

（2）医学主题词数据库

用户使用医学主题词数据库（MeSH database）可方便地查找主题词和副主题词，并可设置检索策略；而且该数据库可将用户输入的自由词自动转换成医学主题词。

（3）单引文匹配器

单引文匹配器（single citation matcher）为想查找具体某篇文献的准确信息或该文献 PubMed 唯一标识符（PMID）的用户提供了途径。

（4）批引文匹配器

批引文匹配器（batch citation matcher）适合于核对批量的文献信息并可获得文献的 PMID，一次最多可检索 PubMed 中的 100 条文献纪录。

（5）临床咨询

临床咨询（clinical queries）为临床医生查询有关疾病方面的文献提供了一个方便的途径，PubMed 在临床咨询中建立了研究方法过滤器（research methodology filters）和系统综述过滤器（systematic reviews filters），两个过滤器可用于限定检索的文献范围。

（6）外部链接

PubMed 与各种相关的网络资源建立了外部链接（linkout），包括网上一些全文出版物、生物学数据库、医学信息资源和研究工具等，从而为用户通过 PubMed 查找更广阔的外部信息资源提供了方便的途径。

（7）存储器

存储器（cubby）可用于存储检索策略，在使用该项功能前用户需要先进行注册。

9.3.2　网络法律信息资源

1. 网络法律信息资源概述

随着我国融入经济全球化的体系，为了尽快与国际规则接轨以及出于自身发展的需要，国家经济、社会的法制化进程明显加快，与此相适应的是法律的地位和作用日益彰显。网络传播迅捷的特点和优势，使得法律网络信息资源更加受到人们的青睐。网络法律信息资源包括法律法规、法律文书、法学文献信息、法学专家信息、法学院校信息、司法考试信息、律师事务所信息、法律人才供求信息等。

近年来，我国法律网站发展较快，在中国法学会的倡导下，由十家法律网站发起的“中国法学法律网合作机制”于 2007 年 4 月在北京成立，它旨在推动国内法律网站资源的共享和协作。我国法律网站已呈现出多元化的发展趋势，从内容、定位、运行模式、创设机构等方面来看，各种类型的法律网站并存。根据网站的内容、创设的机构可以将法律网站分为以下六种类型。

（1）法律机构网站

法律机构网站包括国家立法机构、国家机关、司法机构的网站，如中国人大网、全国政协网、国务院法制办中国政府法制信息网、中国普法网、公安部网、最高人民检察院网、最高人民法院网等，高等院校、科研机构网站，如北大法学院网站、中国法学网、清华大学法学院网等，以及由各级律师协会建设的网站。

（2）法制媒体网站

新闻门户网站中均有法律相关栏目，如新华网被授予发布“两会”期间的法律文件、人民网社会频道以新闻的形式报道法制动态，此外，法制媒体网站还包括由传统法制媒体建立的网站，如由检察日报主办的正义网、法制日报网站、人民法院报网站。

（3）综合性网站

该类法律网站内容丰富，多为商业网站，如北大法律信息网、中国法制网。

（4）专门网站

该类法律网站的定位非常明确，属于特色型网站，包括法律学术网站，如中国民商法律网、中国宪政网、经济法网、法律思想网、中国刑事法律网等，以及律师咨询类网站，如律师天下、华律网、好律师网。

（5）法律培训网站

法律教育培训类网站包括司法考试、学历教育（含本科和法律硕士）以及企业法律顾问培训等几类，如中国司法考试网、万国司法培训网、三校名师网等。

（6）法律论坛、博客网站

法律论坛类网站是随着法律主流网站的发展而迅速兴起起来的，如天涯论坛的法律论坛、司法考试论坛、北大法律信息网论坛、中国法院网的法治论坛。比较著名的法律博客网站包括正义网办的法律博客、中国法院网法律博客、法律博客网等。

2. 网络法律信息资源建设

法律信息具有专业性的特点，同时还具有广泛的适应性和普及性。因此，在进行网络法律信息资源建设时要体现法律信息的多样性。要利用网络环境和计算机技术，不断汇集、整合、挖掘不同类型、不同媒介的法律信息，开发和建设成资源全面丰富、检索功能齐全、具有特色的法律专业数据库。

各类法律网站要建立健全信息工作标准、业务培训制度、绩效评估制度等，强化行业自律和公众监督机制，规范网上信息源的转载和信息发布，提高信息质量和权威性，特别是要提供规范的法律信息，保证信息来源的准确和时效性。

加强网站的特色建设，确保栏目新颖、有深度。相关部门和机构可协同共建共享，彻底解决网站信息资源匮乏、维护不力的局面，使法律网站真正成为沟通法律信息、传播法律文化的重要渠道。

建立一定的机制实现不同类型法律网站之间的信息资源共享，整合集成各种网络法律信息资源。在网站信息资源整合建设的基础上，建立需求反馈机制，收集用户的意见和建议，分析用户的信息需求和偏好，做好与用户的沟通交流工作，形成与用户的良性互动，努力使法律网站的服务被社会公众所认可和接受。

建立法律信息资源门户，将法律数字信息资源的导航与检索、馆藏书刊目录查询、馆际互借和文献传递、虚拟参考咨询、参考文献引用、网络搜索引擎等服务形式有机地整合起来。用户通过访问一个门户，即可远程访问、无缝获取所需的法律信息资源。

3. 北大法律信息网

北大法律信息网是由北大英华公司和北大法制信息中心共同创办的大型综合性网站，其设置的栏目包括法规中心、法律动态、法学文献、法学论坛、天问咨询、律师天下、远程教育、英华司考、法律导航、北大法宝、司法案例、法学期刊、中央法规、地方法规、条文释义、实务指南、英文法规、法律图书等。

其中，北大法宝是一个智能法律信息检索系统，包含中国法律检索系统、中国法律英文检索系统、中国司法案例检索系统、中国法学期刊检索系统等多个检索系统，内容全面涵盖了法律法规规章、司法解释、司法案例、仲裁裁决、裁判文书、中外条约、合同范本、法律文书、法学教程、法学论文、法学期刊、参考数据及 WTO 法律文件等中国法律信息的各个方面。北大法宝在法律信息的利用方式上取得了一定的突破，主要包括以下两个方面。

（1）打造智能联想型数据库模式

北大法宝提供的“法条联想”功能将某一法条与该法条相关的实施细则、司法解释、案例分析、专家文献、条文释义、事务指南、法学教程等资源联系在一起，用户可以根据自己的需要迅速筛选、组织、学习和利用相关信息。在“法条联想”的基础上，北大法宝还提供了“法宝之窗”功能，可以动态智能直观地显示某法条的关联信息。当光标停留在某一法条时，“法宝之窗”会自动弹出并显示该法条的具体和相关信息。

（2）开创体系化法律信息模式

北大法宝开创了法条回溯模式，实现了纵向信息检索模式。通过对法律法规历次颁布、修订、修正情况的整理，使法律法规的异动形成一个完整的体系。将变动情况清晰地呈现出来，实现历次修订法律法规的篇篇对应，以及历次修订法条的条条对应。设立完备的统计功能，实现法条横向检索信息模式。一方面，以宪法为例，用户可以看到使用或引用中华人民共和国宪法的法律的数量和分类；以立法法为例，用户可以看到哪些地方的立法主体根据立法法制定了地方法规。另一方面，一个省在制定地方法规时，可以通过该系统查看其他省制定的同类规定，为本地立法提供参考。

4. 万律法律信息平台（Westlaw）

Westlaw是由汤姆森路透法律信息集团旗下的美国West出版公司于1975年开发的综合性法律、法规、新闻和公司信息平台，现已成为全球使用量最多的法律检索在线数据库，其在美国法学院、律师事务所中的覆盖率几乎高达100%，并广泛地被英国、加拿大、澳大利亚、新加坡、马来西亚、中国香港地区的大学、政府机构、律师事务所和企业所采用。其数据库更新速度最快可达每10分钟一次。Westlaw的内容主要包括以下几个方面。

（1）判例

Westlaw收录了美国联邦和州判例（1658年至今），以及英国（1865年至今）、欧盟（1952年至今）、澳大利亚（1903年至今）、中国香港地区（1905年至今）和加拿大（182年至今）的所有判例。除此之外，它还提供了其他国际机构的判例报告，包含国际法院、国际刑事法院（前南斯拉夫法院和卢旺达法庭）、世界贸易组织等判例报告。

（2）法律法规

Westlaw收录了各国的法律条文，主要包括英国成文法（1267年至今）、美国联邦和州法（1789年至今）、欧盟法规（1952年至今）、中国香港地区（1997年至今）和加拿大的法律法规。

（3）法学期刊

Westlaw收录了1000余种法学期刊，覆盖了当今80%以上的英文核心期刊。还包括300多种法律通信和法律新闻，如New York Law Journal、American Lawyer和Criminal Law News，帮助法律专业人士更快地获取最新动态。

（4）法学专著、教材、词典和百科全书

Westlaw独家完整收录了法律界最为权威的法律词典——《布莱克法律词典》第八版、《美国法律精解》、《美国法律大百科》、《美国法律释义续编》、美国联邦法典注释。

（5）新闻、公司和商业信息

Westlaw提供了包括《纽约时报》在内的新闻报道以及新闻频道的报告底稿。另外，它还包括《福布斯》杂志、《财富》杂志、《哈佛商业评论》、《经济学人》、《商业周刊》等经济类刊物。

9.3.3　网络新闻信息资源

1. 网络新闻信息资源概述

网络新闻信息资源是以新闻传播者为主体、以新闻传播为目的、以网络为传播媒介，是客观事物新近所发生的相对变动、与变动相关的各类信息，以及处理信息的人员、技术、设备的总和，包括新闻提供者、新闻合作者、新闻线索、新闻稿件、新闻信息加工系统、新闻门户网站等。网络新闻信息资源具有以下特征。

（1）及时反映客观变动

新闻本身具有客观变动的特性，这不仅体现在客观事物的变动上，还体现在新闻工作者的实践活动上。客观变动是新闻不断产生的根本原因，而新闻信息资源的采集方式、采集工具、传播手段的变化也会对新闻信息资源的质与量有很大影响。网络作为“第四媒体”，给新闻信息资源的采集和传播带来了全新的模式，它不仅使得新闻工作者能够快速获取信息资源并将其迅速传播出去，也使更多的人能够提供新闻信息资源，让人们具有信息获取者和信息提供者的双重身份。提供、采集和传播渠道的广泛性、传播的实时性使得网络新闻信息资源能够及时反映客观变动。

（2）构成组合的多层性

网络新闻信息资源是多样化、多层面、多角度的各种信息的组合。网络新闻信息资源的多层次性是由新闻信息本身的多层性和网络媒体的多层性造成的。新闻信息是客观变动的一种折射，一条信息往往会牵涉社会生活的多个方面，也反映客观变动给社会造成的多方面影响。在时间序列上，新闻信息包括了过去、现在的变动和未来的预期；在内在逻辑上，新闻信息既有从中心人物、中心事件向边缘人物、边缘事件的扩散，也有对平行或相反事物的考虑。网络媒体的多层性体现在网络媒体的丰富多样上，包括传统媒体的网络化、新闻门户网站、网络博客、网络社区、新闻搜索引擎等。

（3）整合各种媒体资源

对于特定的网络媒体而言，它可以整合其他媒体的新闻信息资源，包括不同介质、不同性质的媒体如报纸、杂志、广播、电视以及由其他网络媒体发布的信息资源。计算机、网络技术使得网络媒体之间、网络媒体与传统媒体之间能够方便地进行新闻信息资源的共享，这不仅能够降低新闻信息的采集成本，也能够满足用户获取全方位新闻的要求。

2. 网络新闻信息资源建设

网络新闻信息资源建设是贯穿于新闻实践始终的，传播者运用主体的认识能力和实践能力以及网络信息技术，完成对新闻信息资源的发现、采集、加工、处理、存储、传播和利用，旨在充分发掘新闻信息资源蕴含的价值。

（1）建立网络新闻信息分类体系

目前国内主要的网络媒体已经具有一定的分类模式，但是分类体系不够完善，类目层次不清晰，上位类、下位类、同位类的区分不严格，未能达到“内容属性相同的予以聚集，内容属性不同的予以区分，内容属性相似的予以反映”的标准，而且网络媒体之间的分类标准也并不一致。因此，需要建立统一规范的网络新闻信息分类体系。

（2）建立网络新闻信息数据库

建立网络新闻信息数据库，将各类新闻信息资源转化为可被充分利用的社会化网络信息资源，为用户提供多层次、多形式、多类型的服务。以采编人员为主，开展全方位、以知识层次为单元的主动服务，开发索引、文摘、二三次文献数据库，为用户提供高层次的需求。对网络新闻信息的加工、整理、组织技术等全面把握，对纷繁的网络新闻资源进行有目的、有选择的采集、存储、组织、控制和提供利用。

（3）适时开发网络新闻信息资源

网络新闻信息资源的开发要有预见性、计划性，杜绝“滥采滥伐”、“竭泽而渔”的现象，应坚持“可持续发展”战略。即便是对“紧俏”的新闻信息，也要注意开发手段的科学性，要善于经营，留有后路，适时变换重点和主题，不要对用户实施“疲劳轰炸”，让他们反胃生厌。对于有些具有极高价值的资源，不一定立即发布，应待时机成熟时再将其全力推出。

（4）加强网络新闻的人文管理

加强网络新闻法律法规及网络伦理建设、网络信息知识产权保护、个人隐私保护。对网络技术带来的新问题尽快予以解决，将网络新闻法律法规、道德伦理建设作为一项长期任务来抓，设立专门的负责机构，审查网络新闻的传播措施、确定网络新闻的传播原则和方法，组织、协调和监督网络新闻传播法律法规的执行，建立网络道德新秩序。

3. 人民网

人民网是由《人民日报》建设的以新闻为主的大型网上信息发布平台，其办网宗旨是“权威性、大众化、公信力”。人民网拥有数百家合作媒体，同时依托人民日报社强大的采编力量，以中文（简、繁体）、蒙文、藏文、朝鲜文和英文、日文、法文、西班牙文、俄文、阿拉伯文等10种语言11种版本，以图片文字、动漫、音/视频、论坛、博客、播客、掘客、手机、聚合新闻（RSS）、网上直播报道等多种形式参与重大活动的报道，每天24小时在第一时间向全世界网民发布信息。

人民网秉承党报“政治家办报”的优良传统，坚持“政治家办网站”的思想，始终坚持以正确的舆论引导人民。人民网是党和国家的重要舆论工具，是党的宣传思想工作的重要组成部分，是我国参与国际舆论竞争的重要力量，是思想政治工作的新阵地、对外宣传的新渠道。正是这种强烈的使命感和社会责任感，使人民网能时时刻刻保持清醒的头脑和政治警觉，无论在新闻报道还是在网站论坛管理中都能坚持正确的政治方向和舆论导向，积极推动正向舆论的形成。

网络新闻的发展，必然将突破“低质量重复”，除了海量存储、媒介融合、时效性强之外，它必然还会产生独有的生命力，因为网络的发展是无限的。人民网提供了“一站式”新闻信息满足网民的全方位需求，利用传统强势栏目“时政新闻”吸引网民，利用便捷丰富的“信息超市”锁住网民。随着网络进入Web2.0时代，博客、播客、维基新闻等的兴起，人民网继强国论坛之后又开设了强国博客、播客、掘客等栏目。

其中，强国论坛是中国网络媒体创办的第一个网上时政论坛，被称为“最著名的中文论坛”。2008年6月20日，在人民日报创刊60周年之际，中共中央总书记、国家主席、中央军委主席胡锦涛和中共中央政治局常委李长春来到人民日报社考察工作，并视察人民网。胡总书记在强国论坛通过视频直播同广大网民进行在线交流，他在回答网友提问时说：“虽然我平时工作比较忙，不可能每天都上网，但我还是抽时间尽量上网。我特别要讲的是，人民网‘强国论坛’是我上网必选的网站之一。”

4. 新浪网

新浪网主要为全球用户提供全面及时的中文资讯、多元快捷的网络空间，以及轻松自由地与世界交流的先进手段。其覆盖国内外突发新闻事件、体坛赛事、娱乐时尚、产业资讯、实用信息等，设有新闻、体育、娱乐、财经、科技、房产、汽车等30多个内容频道，同时开设了博客、视频、论坛等自由互动交流空间。其中，新闻中心与全国上千家媒体有着良好的合作关系，以对国内外大事全面、快速的报道赢得了业界良好的口碑和网友的喜爱；体育频道全面覆盖全球体育赛事，多媒体、全方位地再现国内外体坛风云，以图文、视频等生动多彩的方式奉献体坛精华；而娱乐频道设置有明星、电影、电视、音乐综艺、视听等栏目，一直以文字、图片、音频、视频等多种形式详尽报道娱乐界的信息。

随着Web2.0和1.0的融合，新浪网将走向“多”媒体化，这种趋势将在两个维度上实现：第一个维度是向多平台多终端方向拓展，包括手机、PDA、电视等终端；第二个维度是挖掘新的内容表现与产品模式，包括播客、博客、新浪空间、新浪魔方、甚至Widget等。步入Web2.0时代，新浪网紧紧抓住时代脉动以及互联网行业的科技发展趋势，其“内容+广告”的模式，已逐步发展成“内容+产品+广告”的三维商业模式。其中，内容和产品两个维度旨在最大化吸引用户，而广告则依然是门户的基本商业运营要素。

新浪网在发展“内容+产品+广告”模式的同时，推出了IMPACT（interactive，互动性；magnetism，用户黏性；popularity，聚合性；authoritative，公信力；creative，创意性；target，精准性）网络营销新理念，目的在于通过对这六个核心营销要素的科学选择、组合和优化，实现最佳的营销效果。新浪网的“内容+产品+广告”模式的发展，也恰恰符合了IMPACT理念：打造更精彩的内容优势，将提高网站的聚合力和公信力；推出功能更强大的产品，将增强网站的互动性与用户黏性；而推出更具创意性的广告形式，实施精准性的传播，才能吸引更多的客户，实现门户广告的收益最大化。

9.3.4 网络娱乐信息资源

1. 网络娱乐信息资源概述

网络平台为娱乐休闲提供了新的形式，网络聊天、网络文学、网络歌曲、网络影视、网络播客、网络游戏等娱乐形式得以不断涌现和流行，给人们的生活方式带来了极大的变化。这些娱乐方式具有辐射范围广、蔓延速度快、超越时空限制、实时双向互动等特点，逐渐成为人们放松身心的新选择。网络娱乐信息资源包括各种以娱乐休闲为目的的网络平台中的信息资源，包括各种文字、图像、音频、视频、软件、数据库等资源以及处理各种信息的人员、技术和设备。在数字技术、多媒体技术、网络技术、人机交互技术的作用下，网络娱乐提供了集影像、文字、声音为一体的全新动感的视听感受，最大程度地满足了人们的视听快感需求。同时，网络的出现使得人们拥有一个全新的空间来发表言论、宣泄情感、展示自我。网络空间是一个反中心化、非集权性的空间，它蔑视宏大叙事，消除等级观念，拒斥英雄情怀和盛气凌人，无论是达官贵人还是黎民百姓，在这里都是平起平坐的网民，从而使网络娱乐文化展现出一种自由、大胆、创新的精神面貌。网络娱乐信息资源的开发和利用与人们的生活息息相关，广泛和深刻开发网络娱乐信息资源有利于丰富人类的精神生活，提高人们的生活质量。

2. 网络文学

网络文学是网民在网络上所发表的供网民阅读的文学，是在网上“创作”的文学，是利用网页设计技术、多媒体技术和人机交互技术，以互联网为传播媒介的文学作品。网络文学强调对网络及网络技术的依赖，其主体是网络的使用者。网络文学的传播渠道是网络，其创作出发点必须是网络受众。具体而言，网络文学具有以下特征。

（1）技术化

网络文学数字化、多媒体的特性和互动性的技术特性，使得其创作方式不同于传统的创作方式，是非显性的。超文本链接技术使得创作者的思维得以自由发散，其思路可以在层层文本的界面之间随意切换；多媒体技术使得创作者的创作手段无限拓展，声音、画面和影像可以随意调度；互动性使得创作者与阅读者、评论者之间可以跨越时空进行实时交流，体现了写作、阅读和批评的自由精神。

（2）自由化

网络空间具有身份变动性和地位平等性的特点，使得网民能够在网络的海洋中轻松畅游。从技术角度看，创作者只要拥有一台计算机，不需要任何出版机构和编辑，只需将作品上传到网络平台上，其作品即可得到发表。简捷的网络发稿机制给文学爱好者提供了开放、平等、自由的创作空间，给传统的精英文学创作模式带来了冲击。

（3）大众化

网络文学对创作条件和技术要求比较简单，尤其是线性状态的媒体技术制作规范，使得文学创作活动在某种意义上成为一条流水线，加之作品上传和发表的高度自由化，网络文学很快成为网民的群众运动。“人人都可以是艺术家”、“我是网虫我怕谁”，成为网络上旗帜性的口号，无数承载着随心所欲、畅所欲言的平民意识的作品不断地涌向网络。

（4）口语化

网络文学最初出现在论坛的聊天、讨论中，这就自然使其在语言表达风格上具有明显的口语化倾向。加之网络技术条件的限制，在线创作中存在游戏心理、求快表现欲、流水线心态，同时为了适应读者在线快速浏览、跳跃浏览的阅读习惯，减少在线阅读的困难，创作者对作品很少进行精雕细刻，而是要努力让语言风格直白化、口语化。

3. 网络视频

随着 Web2.0 及其相关技术和 RSS、博客、播客等新兴应用的快速发展，计算机、手机、摄像头等个人数字终端的大量普及，互联网宽带用户数量的迅速增加，以及 YouTube 的成功，网络视频得到迅速发展，越来越多的人通过网络来欣赏电影、电视以及其他视频节目。视频类网站大致可以分为两种模式：一种是以网友的个人视频资料的上传和分享为主的网站，如优酷网、土豆网；一种是采用 P2P 等将传统媒体或是影视节目制作单位所提供的内容进行直播或点播，如 PPLive、PPS 网络电视。

优酷网是国内领先的视频网站，自 2006 年 12 月 21 日正式运营以来，它在诸多方面始终保持优势，领跑中国视频行业，业绩发展迅猛。2008 年，优酷网的月度总访问时长突破了 1.1 亿小时，时长份额超过了全行业的 50%。优酷网平台上拥有海量的视频资源，设置了热点、原创、电影、电视、体育、汽车、音乐、游戏、动漫等诸多频道；提供了专辑播放功能，实现不间断的影视连播；自主研发了定向搜索技术和海量数据精准处理模式，用户可以通过多种行之有效的搜索方法找到所需视频，包括关键字搜索、人气榜单搜索、相关视频推荐、兴趣分类匹配及会员 ID 搜索等功能。

PPLive 是一种用于互联网上大规模视频直播的免费软件，它使用网状模型有效解决了传统网络视频点播服务的带宽和负载有限问题，实现了用户越多、播放越流畅的技术特性。同时，有别于其他同类软件，PPLive 内核采用了独特的应用层多播（application layer multicast，ALM）和内聚算法技术，有效地降低了视频传输对运营商主干网的冲击，减少了出口带宽流量，并能够实现用户越多、播放越流畅的特性，使得整体服务质量大大提高。

4. 网络游戏

网络游戏是以互联网为依托，可以有多人同时参与，通过人与人之间的互动达到交流、娱乐和休闲目的的新型游戏项目。按照不同的划分标准，可以将网络游戏划分为不同的类型。从运行平台出发，可以将网络游戏分为 PC 网络游戏、视屏控制台网络游戏、掌上网络游戏和交互电视网络游戏；从游戏内容架构出发，可以将网络游戏分为角色扮演类、策略类、动作类、冒险类、模拟类、棋牌类和赛车类游戏，等等。网络游戏具有以下特征：

(1) 存在方式上的虚拟现实性

网络游戏所建构的不是一个真正的现实社会，乃是一个由虚拟现实构成的虚拟社会。事实上，虚拟现实性是一切游戏的共同特征，例如，“小孩过家家”的游戏就是对成人生活的一种无意识或者潜意识模仿。但是，网络游戏对现实的虚拟程度更深更强，也就是说，同样是玩游戏，玩家在玩网络游戏时更容易入迷。

（2）审美诉求上的无功利性

人们从事网络游戏的动机仅仅在于游戏本身的情感体验上，而情感体验是无所谓功利性的。人类只有在彻底摆脱世俗功利性的纠缠的时候，才能真正获得精神上的自由。网络游戏在这一点上展现了自己独特的审美价值，满足了玩家最高的精神诉求，这也是网络游戏得以迅速普及的重要原因之一。

（3）游戏运行的和谐性

游戏运行的和谐性是从人在网络游戏的活动方式上来考察的。具有网络游戏体验的人都会有这样的感觉：当他置身于网络游戏世界的时候，他的一切感官都处在一种高度自由的状态，他的眼睛、耳朵、大脑和手指处在完全的自觉状态；不仅如此，他的逻辑推理能力也同时处在高度自由的状态，无需运用他在从事认识活动时必须依赖的理性能力。

（4）情感体验上的轻松愉悦性

网游戏的轻松性在主观上是作为解脱而被感受的，当然这种轻松性不是指实际上的缺乏紧张性，而只是现象学上的缺乏紧张感。网络游戏的秩序结构设计旨在让玩家专注于游戏本身，而忘记现实生活中的实际体验。网络游戏给玩家的情感体验是愉悦的，玩家能够乐在其中，甚至沉迷于其中。

（5）多向度的互动性

传统游戏的活动机制基本上是基于二向度的互动模式，其活动方式受到现实环境的严重制约，这与基于双重虚拟现实下的网络游戏具有本质的区别。数万人同时在线的网络游戏不允许人与人之间的直接联系，玩家们只能在虚拟的环境中按照最为简单化的游戏规则来实现最大的互动，显然这对他们而言，是一种真正的智慧、意志和情感挑战。

（6）无与伦比的自由开放性

网络游戏极具个性的开放式结构与传统游戏封闭性的结构形成了鲜明对比。游戏的封闭式结构即是指游戏得以活动的不依赖于任何外在目的和外在手段的内在空间结构关系，这种结构限定了游戏一旦启动，其规则将排斥处于该结构之外的时空环境，直到新的游戏重新开始。网络游戏的开放性体现在它对时空条件的完全超越性，网络游戏在时间上无始无终，在空间上无穷无尽。

参考文献

Arms. W Y. 2001. 数字图书馆概论. 施伯乐译. 北京：电子工业出版社. 1
白柠. 2006. 如何做实电子政务规划. 信息化建设，(4)：30，31
包昌火，谢新洲. 2001. 网络竞争情报源. 北京：华夏出版社
北大方正技术研究院. 2005. 以科技手段辅助网络舆情突发事件的监测分析——方正智思舆情辅助决策支持系统. 信息化建设，8 (10)：50～53
毕强. 2002. 网络信息资源开发与利用. 北京：科学出版社
才书训. 2007. 电子商务概论. 沈阳：东北大学出版社. 290
蔡箐. 2008. 学科信息门户及其优化途径. 中国图书馆学报，34 (4)：45～50
曹钢. 2005. 基于数字图书馆的资源型学习模式的探讨. 中国远程教育，(5)：41～44
巢乃鹏. 2002. 网络受众心理行为研究——一种信息查询的研究范式. 北京：新华出版社
陈光祚. 2002. 因特网信息资源深层开发与利用研究. 武汉：武汉大学出版社. 2
陈浩. 2006. 现代远程教育信息资源的评价. 雅安职业技术学院学报，(4)：1～4
陈力丹. 1999. 舆论学——舆论导向研究. 北京：中国广播电视出版社. 10，11
陈太洋. 2007. 我国大学图书馆网站链接的实证分析. 图书馆杂志，26 (6)：43～49
陈雅，郑建明. 2002. 网站评价指标体系研究. 中国图书馆学报，(5)：57～60
陈雅芝. 2006. 信息检索. 北京：清华大学出版社. 13，14，396，399，400
陈耀盛. 2004. 网络信息组织. 北京：北京科学技术出版社
初景利，林曦，巢乃鹏等. 2001. 国外图书馆学情报学2001年研究进展（二）. 大学图书馆学报，(5) 32～37
稻香. 2006. 得情报者得天下：企业竞争情报管理. 青岛：青岛出版社. 245
邓顺国. 2004. 网上银行与网上金融服务. 北京：清华大学出版社
丁继国. 2008. 基于计算机网络架构下的信息资源开发与应用. 电脑知识与技术，(8)：2498，2499
杜治波，明均仁. 2008. 网络信息过滤技术研究. 现代情报，(6)：13～16
段宇峰，邱均平. 2005c. 网络信息计量学研究（V）——链接分析在大学评价中的应用研究. 情报学报，24 (6)：735～741
段宇峰. 2004. 网络链接分析与网站评价研究. 武汉大学博士学位论文
段宇锋，邱均平. 2005a. 中美大学网站评价的比较研究. 中国图书馆学报，(5)：22～28
段宇锋，邱均平. 2005b. 基于链接分析的网站评价研究. 中国图书馆学报，(4)：19～23，41
樊博. 2008. 跨部门政府信息资源共享的推进体制、机制和方法. 上海交通大学学报（哲学

社会科学版)，16（2）：13～20
范爱红，姜爱蓉．2001．基于知识管理的学术信息资源整合体系．现代图书情报技术，（6）：43～46
方敏．2006．中国新加坡电子政务比较．大学图书情报学刊，24（5）：15～18
符福峘．1997．信息资源学．北京：海洋出版社
符绍宏．2004．信息检索．北京：高等教育出版社．69～71，90，91，298～360，301～303
符绍宏等．2005．因特网信息资源检索与利用．北京：清华大学出版社．15，16，359～367
高俊宽．2005．文献计量学方法在科学评价中的应用探讨．图书情报知识，（2）：14～17
龚曙明．2005．市场调查与预测．北京：清华大学出版社．147～151
谷琦．2008．网络信息资源组织管理与利用．北京：科学出版社．67～81，161～199
韩学志．2003．论网络信息资源利用中知识产权的保护．情报科学，（3）：279～282，285
何琍芳，冯炯．2007．信息资源组织与利用．四川：四川大学出版社．102～107，125～134
洪颖，李培．2002．网上学术资源评价方法的研究．图书馆工作与研究，（4）：9～12
侯淑梅．2008．高校图书馆网络信息资源的管理及效率评价．湖州师范学院学报，（4）：132～135
胡伶霞，明均仁．2009．网络学科导航的信息重组探析．高校图书情报论坛，（3）：33～36
胡岷．2002．传统联机检索系统与搜索引擎的比较．江西图书馆学刊，（1）：53～55
胡潜．2004．网络信息资源开发与服务中的权益保障分析．情报科学，（12）：1490～1494，1502
胡潜．2005．关于网络信息资源组织与开发技术标准化推进的思考．情报杂志，（6）：97，98，102
胡正银，张娴，方曙．2006．学科信息门户核心资源评价研究．情报杂志，（2）：55～57
黄奇，郭晓苗．2000．Internet 上网站资源的评价．情报科学．（4）：350～354
黄奇，李伟．2001．基于链接分析的学术性 WWW 网络资源评价与分类方法．情报学报，（2）：186～192
黄如花．2002．网络信息的检索与利用．武汉：武汉大学出版社．4，5
黄世祥，张吉国．2006．电子商务．北京：中国农业出版社．302
黄晓斌．2004．对网络环境下引文分析评价方法的再认识．情报资料工作，（4）：53～56
黄晓斌．2005．网络信息过滤原理与应用．北京：北京图书馆出版社．3～104
黄晓斌．2006．网络环境下的竞争情报．北京：经济管理出版社
黄晓涛．2005．电子商务导论．北京：清华大学出版社
黄艳凤．2006．在网络环境下地方文献资源的评价．福建图书馆理论与实践，（4）：53～55
霍丽萍．2001．网络环境下的文献计量学．图书情报工作，（11）：40～42，92
蒋国华．2001．迎接科学计量学应用的新时代——第二届科研绩效定量评价国际学术会议暨第六次全国科学计量学与情报计量学年会．科学学研究，（6）：1～9
蒋颖．1998．因特网学术资源评价：标准和方法．图书情报工作，（11）：27～31
矫健．2007．基于 AHP-BN 的网络信息资源综合评价研究．现代图书情报技术，（9）：66～71
金燕，赵蓉英．2004．国内外网络全文数据库比较研究．情报科学，（2）：626～634

金越. 2004. 网络信息资源的评价指标研究. 情报杂志, (1): 64~66
柯平, 高洁. 2007. 信息管理概论（第二版）. 北京: 科学出版社. 347
赖茂生, 屈鹏. 2008. 网络用户信息获取语言使用行为研究. 现代图书情报技术, (6): 16~23
蓝曦. 2003. 网络信息资源的类型及其评价. 现代情报, (9): 73, 74
雷银枝, 李明, 李晓鹏. 2008. 网络信息资源利用效率的模型研究——基于 TAM/TTF 模型. 图书情报知识, (4): 76~82
冷伏海. 2003. 信息组织概论. 北京: 科学出版社
李刚, 孙兰. 2000. 网络信息资源评价初探. 情报杂志, (1): 56~60
李林霞, 尚杰. 2007. 网络远程教育中学习者学习动机的培养. 吉林工程技术师范学院学报（社会科学版）, 23 (4): 91~94
李明, 雷银枝, 李晓鹏. 2008. 网络信息资源利用效率研究内涵及模型分析. 图书情报工作, (1): 77~80
李培, 刘淑华. 2000. 论网上信息资源的评价标准. 图书情报工作, (9): 28~30
李爽. 2002. 网评的意义与类型. 图书馆, (2): 39~41
李婷. 2008. 精品课程网络教学资源的建设与评价. 武汉科技学院学报, (3): 86~89
李子臣. 2008-12-8. 互联网上的竞争情报资源研究. http: //blog. gmw. cn/u/1225/archives/2004/5102. html
林平忠. 2003. 论图书馆信息服务的个性化问题. 中国图书馆学报, (6): 46~49
凌云, 王勋, 费玉莲. 2003. 智能技术与信息处理. 北京: 科学出版社. 7~20, 110~128, 151~159
刘彩娥. 2004. 用概率统计方法评价网络信息资源. 北京联合大学学报, (1): 83~85
刘传和, 杜永莉. 2004. 医药学信息检索与利用. 北京: 化学工业出版社. 1~4
刘传和, 王志萍, 何玮. 2003. 因特网信息资源评价研究进展. 情报理论与实践, (3): 264~266
刘春茂, 王琳. 2004. 网络影响因素研究的动态分析. 情报理论与实践, (1): 65~71
刘记, 沈祥兴. 2006. 网络信息资源评价现状及构建研究. 图书情报工作. (12): 88~91, 43
刘嘉. 2002. 网络信息资源的组织——从信息组织到知识组织. 北京: 北京图书馆出版社
刘卫中. 2004. 网上信息跨语言检索方法. 情报科学, 22 (12): 25~28
刘炜, 周德明, 王世伟等. 2000. 数字图书馆引论. 上海: 上海科学技术文献出版社
刘雁书, 方平. 2001. Web 网站站外链接类型与特征调查——链接分析法可行性研究. 大学图书馆学报, (5): 65~68
刘雁书, 方平. 2002. 利用链接关系评价网络信息的可行性研究, 情报学报, 21 (4): 401~406
刘雁书. 2001. 链接关系在网络信息评价中的应用研究. 图书情报工作, (12): 80
刘毅. 2006. 内容分析法在网络舆情信息分析中的应用. 天津大学学报（社会科学版）, 8 (4): 307~310

柳丽花. 2005. 网络信息资源的统一评价指标及各类网站信息的问答式评价指标. 现代图书情报技术,(7):69~73
柳卫莉. 2004. 知识创新与网络信息资源开发利用. 情报科学,(4):437~440
娄策群,桂学文. 1998. 信息经济学通论. 北京:中国档案出版社
卢光明. 2007. 加拿大电子政务建设模式及比较. 中国信息界,(1):150~153
卢小莉,吴登生. 2008. FCM/AHP 在网络信息资源评价中的应用. 情报探索,(6):112~114
鲁捷,王粤钦. 2005. 论网络文学概念及待征. 新疆师范大学学报(哲学社会科学版),26(1):173~174
陆宝益. 2002. 网络信息资源的评价. 情报学报,(1):71~76
吕俊生. 2005a. 网上信息资源的链接分析研究. 情报科学,(1):79~82,139
吕俊生. 2005b. 基于网络链接的化学化工经济信息资源的比较研究. 图书情报知识,(1):82~85
罗春荣,曹树金. 2001. 因特网的信息资源评价. 中国图书馆学报,(3):45~52
罗丽姗. 垂直搜索引擎发展概述. 图书馆学研究,(12):55,68~70
马大川,邱均平,段宇锋等. 2003. 中美学术型网站链接特征的比较研究. 情报学报,(6):659~664
马费成. 2002. 信息管理学基础. 武汉:武汉大学出版社. 109
马费成. 2004. 信息资源开发与管理. 北京:电子工业出版社
马福晶. 2008. 网络信息检索的探讨. 网络安全技术与应用,(6):70~72
马立新. 2007. 论网络游戏的本体特征. 山东师范大学学报(人文社会科学版),52(4):10~14
马维和. 2008. 网络环境下中学数字化学习资源评价研究. 中国教育信息化,(10):9~12
孟广均. 1999. 国外图书馆学情报学研究进展. 北京:北京图书馆出版社
孟广均. 2003. 信息资源管理导论. 北京:科学出版社
孟建. 2002. 网络信息采制. 北京:新华出版社. 45~63,178~205
缪富民. 2008. 网络环境下远程教育教学实施与控制的"四力协同模型". 湖南师范大学教育科学学报,7(5):73~75
缪园. 2003. 日本数字图书馆的项目、特色与启示. 图书馆理论与实践,(3):15~18
奈斯比特. 1984. 大趋势——改变我们生活的十个新方向. 梅艳译. 北京:中国社会科学出版社
南京航空航天大学图书馆组. 2005. 网络信息采集与应用. 北京:清华大学出版社. 27~31,42~47,60~64
聂相玲,孔德瑾. 2008. 电子商务概论. 北京:经济管理出版社. 248
庞恩旭. 2003. 基于模糊数学分析方法的网络信息资源评价研究. 情报理论与实践,(6):552~555
庞明,谭庆平,李海燕等. 2006. 基于内容分发网络技术的远程教育系统的研究与实现. 通信学报,27(11):144~147

彭晖，吴拥政．2008．网络金融理论与实践．西安：西安交通大学出版社
秦珂．2001．竞争情报原理．北京：气象出版社
邱均平，安璐．2003．中文期刊影响因子与网络影响因子和外部链接数的关系研究．情报学报，22（4）：398～402
邱均平，安璐．2004．基于印刷版与电子版的学术期刊综合评价研究．情报理论与实践，（2）：219～222
邱均平，陈敬全，段宇峰．2003．中国大学网站链接分析及网络影响因子探讨．中国软科学，（6）：151～155
邱均平，陈敬全．2001．网络信息计量学及其应用研究．情报理论与实践，（3）：161～163
邱均平，张洋．2005．网络信息计量学综述．高校图书馆工作，（1）：1～12
邱均平，张洋．2007．网络信息计量学的应用研究．图书情报工作，51（9）：16～19，36
邱均平．2000．信息计量学（一）．信息计量学的兴起和发展．情报理论与实践，（1）：75～80
邱均平．2007．信息计量学．武汉：武汉大学出版社．379
邱均平．2004．网络数据分析．北京：北京大学出版社．290～301
邱均平．2009-01-14．中国大学及学科专业评价的做法与结果分析．http：//www. sina. com. cn，2009 年 01 月 14 日．available at：http：//edu. sina. com. cn/gaokao/2009-01-14/1905183932. shtml．（accessed 19 Jan 2009）
邱燕燕．2001．基于层次分析法的网络信息资源评价．情报科学，（6）：599～602
曲津莉．2007．基于学案教学的网络远程教育探究．中国成人教育，（2）：141～142
沙勇忠，牛春华．2004．中国信息化优秀企业网站链接分析与网络影响因子测度．兰州大学学报（社会科学版），32（5）：99～107
沙勇忠，欧阳霞．2004．中国省级政府网站的影响力评价——网站链接分析及网络影响因子测度．情报资料工作，（6）：17～22
山红梅．2008．电子政务信息资源共享的制约因素分析与对策研究．现代情报，（1）：56～58
邵波．2004．用户接受：网络信息资源开发与利用的重要因素．中国图书馆学报，（1）：51～54
沈传尧．2006．数字资源检索与利用．江苏：江苏人民出版社．28～63
沈扬，曾群，万群．2004．试论基于需求的网络信息资源的开发利用．情报杂志，（7）：107～108
师光辉．2007．电子政务项目建设管理探索与研究．中国科技信息，（11）：327～332
视像中国．2008-12-21．实时远程教室的解决方案．http：//www. vchina. hk/dis-classroom/default. htm
束漫．2005．国外数字图书馆建设及其启示．图书馆理论与实践，（1）：97
宋迎迎，索传军．2006．网络信息资源评价的理论与实践．情报资料工作，（1）：47～51
苏广利．2001．因特网信息资源评价研究．情报资料工作，（6）：26～28
苏涛．2008-11-21．美国电子政务考察报告．http：//www. chinaunicom. com. cn/profile/xwdt/sczh/file586. html
粟慧．2002．网络资源评价：评价标准及元数据和 CORC 系统的应用．情报学报，（3）：

295～300
孙建军，成颖. 2004. 信息检索技术. 北京：科学出版社. 1
孙建军. 2004. 信息检索技术. 北京：科学出版社. 453～462
孙兰，李刚. 1999. 试论网络信息资源评价. 图书馆建设，(4)：66～68
孙延蘅. 2004. 高校网络信息资源的有效开发. 情报资料工作，(3)：52，53
索传军. 2004. 论数字资源评价/评估研究. 图书情报工作，(11)：79～82
谭明君. 2008. 图书馆电子资源的科学评价. 图书馆建设，(1)：37～39
唐毅. 2002. 网上调查利弊分析及对策. 情报杂志，(3)：29～31
田红梅，李强. 2004. 基于链接分析的学术性核心网站评价. 情报科学，22 (9)：1078～1080
田菁. 2001. 网络信息与网络信息的评价标准. 图书馆工作与研究，(3)：29，30
田青，车尧. 2008. 论高校图书馆网络数据库的评价标准. 长春师范学院学报，(2)：148～150
宛文红. 2002. WWW信息检索工具的类型分析与有效利用. 现代情报，(6)：45～50
汪徽志，岳泉. 2008a. 国内外网络数据库测评——网络数据库评价指标体系应用. 情报科学，26 (6)：849～854
汪徽志，岳泉. 2008b. 网络数据库评价指标体系构建. 情报科学，26 (4)：556～560
汪向东，姜奇平. 2007. 电了政务行政生态学. 北京：清华大学出版社. 314～318
王宏鑫. 2005. 我国省级以上公共图书馆网站的链接分析. 中国图书馆学报，(3)：86～89，97
王居平. 2008. 基于纯语言信息的网络信息资源综合评价研究. 情报理论与实践，(2)：215～217
王恺荣. 2003. 刍论网络引文文献对评价核心期刊的影响. 情报科学，(3)：269～271
王娜. 2007a. 网络信息挖掘探析. 高校图书馆工作，27 (119)：36～38
王娜. 2007b. 网络信息资源挖掘研究概述. 图书馆学刊，(1)：25～28
王荣国，李东来. 2001. 数字图书馆的概念、形态及研究范围. 图书馆学刊，(5)：4
王同明. 2005. 网络远程教育中协同学习模式的构建. 中小学电教，(3)：25～28
王伟军，王丹，孙晶. 2007. 基于Web2. 0的集成信息服务研究. 情报资料工作，(5)：25～28
王渊. 2004. 网络信息资源评价的指标体系及其实现. 情报杂志，(10)：20，21
王元放. 2007. 新加坡电子政务成功经验及对我国的启示. 电子政务，(11)：89～93
王曰芬. 2003. 网络信息资源检索与利用. 南京：东南大学出版社
王知津. 2005. 竞争情报. 北京：科学技术文献出版社
韦东方，仲伟. 2006. 我国电子政务顶层设计与管理中亟待解决的问题及其对策. 电子政务，(6)：43～48
文庭孝，邱均平. 2007. 对科学评价作用与价值的再认识. 科技管理研究，(9)：43～45
吴江文. 2001. 如何正确评估因特网资源. 情报杂志，(10)：76，77
西南师范大学图书馆. 2009-04-10. 科技情报计算机检索. http：//lib. nwnu. edu. cn/read-

erzn/search/jiansuo_ chapt3. htm
夏旭，贺湘文，黄开颜. 2006. 网络生物医学信息资源评价方法与标准研究. 中华医学图书情报杂志，(3)：3～7
向桂林. 2003. 网络信息资源的建设与利用. 图书情报工作，(9)：72～76
肖琼，汪春华，肖君. 2006. 基于模糊层次分析法的网络信息资源综合评价. 情报杂志，(3)：63～65
肖琼. 2007. 图书馆网络信息资源评价标准体系探讨. 情报杂志，(6)：61，62
肖扬. 2008-12-08. 网上保险，已到春暖花开时. http：//www. financialnews. com. cn/kj/txt/2007-09/13/ co- ntent_ 59946. htm
谢奇，张晗. 2005. 中国大学网站的网络计量学研究. 现代图书情报技术，(07)：74～77
信息构建的基本原理研究. http：//hi. baidu. com/sgf2008/blog/item/21bf266dd06b95fe43169483. html
邢湘萍. 2008. 论网络信息资源组织开发及其发展方向. 邯郸职业技术学院学报，(4)：40～42
徐海燕. 2002. 网络环境下文献资源的结构及质量评价. 图书馆学研究，(8)：36，37
徐久龄，刘春茂，刘亚轩. 1999. 网络计量学的研究. 见：张力治. 情报学进展（第三卷）北京：航空工业出版社
徐群岭. 2003. 搜索引擎的定性、定量评价研究与合理选择. 情报杂志，(3)：32，33
徐晓林，杨兰蓉. 2002. 电了政务导论. 武汉：武汉出版社. 19，20
徐志坚. 2001. 网络证券. 贵阳：贵州人民出版社. 255
许永哲，孙良红. 2003. 商业网站信息资源的商品特殊性及质量评价尺度. 情报杂志，(2)：21～23
薛涛. 2007. 体育网络信息资源评价支撑要素的研究. 体育科技文献通报，(10)：118～120
晏尔伽. 2008. 中国省会城市政府网站链接分析. 情报科学，(2)：218～223
杨涛，曹文娟. 2002. 网络影响因子及其测度. 图书情报工作，(9)：55～59
杨涛. 2003. 网络信息计量学实证研究：对国内20个大学网站的分析. 图书情报工作，(9)：61～66
杨涛. 2005. 中国50所大学网站的网络影响因子比较分析. 图书情报工作，(6)：47～54
杨文祥. 1996. 文献信息资源——信息时代历史发展的社会资源. 图书馆学研究，(5)：55～57，88
杨文祥. 1998. 文献信息资源社会保障体系建设与社会科技、经济、文化的协调发展（上）. 图书馆学研究，(4)：27～31
杨先明，但碧霞. 2005. 网络信息资源的分布特点及其利用对策分析. 图书馆论坛，(5)：112～114
姚湘中. 2007. 我国211重点大学图书馆网站的链接分析. 图书馆学刊，(4)：138～140
叶南平. 2007. 试论电子政务与政府信息公开. 电子政务，(5)：37～41
叶协杰，王泽武. 2006. PubMed系统特殊服务功能应用概述. 农业图书情报学刊，18（2）：119～121

易向军．2007．网络信息检索现状及未来．合肥学院学报（社会科学版），24（4）：90～92
应峻，徐一新．2004．专业网络信息资源评价方法及标准．中华医学图书情报杂志，（2）：7，8
尤金·加菲尔德．2004．引文索引法的理论及应用．侯汉清等译．北京：北京图书馆出版社．243～249
于丽英．2008．中国法律信息事业发展与现状．法律文献信息与研究，（1）：18～27
于云江．2004．网络信息检索工具介绍．图书情报工作动态，（9）：14～18
袁毅．2005．网络信息资源内容评价关键指标研究．中国图书馆学报，（6）：54～57，85
曾鸿，钟蕾．2006．论网络调查与传统调查方法的综合应用．工业技术经济，25（158）：65，66
曾建勋．2006．中文知识链接门户的构筑．情报学报，（1）：63～69
曾蕾，张甲，杨宗英．2000．数字图书馆：路在何方？——关于数字图书馆定义、结构及世纪项目的分析．情报学报，（1）：66
曾伟辉，李淼．2008．深层网络爬虫研究综述．计算机系统应用，（5）：122～126
张爱珍．2004．论网络信息资源的开发与利用．前沿，（8）：194，195
张安珍，张翔．2002．信息采集、加工服务．长沙：湖南科学技术出版社．37～97
张东华，2007．基于线性回归法的网络信息资源评价模型的应用．现代情报，（8）：10～15
张东华，索传军．2007．于线性回归法的网络信息资源评价模型研究．情报杂志，（3）：12～14
张帆．2003．信息存储与检索．北京：高等教育出版社．42～47，90，91
张福德．2001．电子商务与网络银行．北京：清华大学出版社．398
张海涛．2006．信息检索．北京：机械工业出版社．14～73
张晗，郭文，崔雷．2005．链接分析法评价医学网络资源的可靠性研究．医学情报工作，（6）：427～430
张惠文．2001．论 Internet 信息资源评价．情报杂志，（8）：40～43
张际平．2004．网络远程教育的主要特点分析．华东师范大学学报（教育科学版），22（2）：37～41
张西宁．2008．情感交流——网络远程教育不可或缺的因素．科教文汇，（09 中旬刊）：69
张心童．2006．网络远程教育系统的组成与结构．河南科技，（1 上）：32，33
张洋，邱均平，文庭孝．2004．网络链接分析研究进展．图书情报知识，（6）：3～8
张洋，邱均平．2005．网络信息计量学的兴起及其哲学思考．情报杂志，24（1）：2～5
张洋，赵蓉英，邱均平．2007．网络信息计量学的学科体系研究．中国图书馆学报，33（6）：11～14，21
张洋，周黎明．2005．论信息管理与科学评价的互动关系．图书情报知识，（2）：5～8
张洋．2006．网络资讯计量学在科学评价中的应用研究．资讯传播与图书馆学，12（1～4）：51～66
张洋．2008a．我国重点大学网络计量指标的实证分析．情报科学，26（4）：604～611
张洋．2008b．网络信息计量学在大学评价中的应用分析．情报杂志，27（11）：20～23

张洋. 2009. 网络信息计量学理论与实证研究. 北京：科学出版社
张永胜，蔡小芬，常明浩等. 2006. 电子政务信息安全之探析. 电子政务，(7)：8~12
张咏. 2001. 网络信息资源评价的方法及指标. 图书情报工作，(12)：25~29
张咏. 2002a. 网络信息资源评价方法. 图书情报工作，(10)：41~47，61
张咏. 2002b. 网络信息资源评价相关问题. 情报理论与实践，(5)：375~378
赵继海. 2000. Internet 信息评估：新世纪图书馆员的重要职责. 大学图书馆学报，(5)：35~38
赵静. 2008. 现代信息查询与利用. 北京：科学出版社 . 271~306
赵俊玲，陈兰杰. 2004. 国外网络信息资源评价研究综述. 图书馆工作与研究，(3)：24~26
赵蓉英，邱均平. 2005. CNKI 发展研究. 情报科学，(4)：2~30
赵蓉英，张洋，邱均平. 2007. 网络信息计量学基本问题研究. 中国图书馆学报，33 (5)：59~62
赵伟，张秀华，张晓青. 2006. 基于 BP 算法的网络信息资源有效性评价研究. 现代图书情报技术，(7)：52~55
赵伟. 2006. 基于改进的层次分析法的网络信息资源评价体系. 鲁东大学学报，(4)：293~296
赵炜霞，隗德民. 2003. 网络信息资源评价中的 AHP 方法. 图书馆杂志，(7)：16~20
赵晓海，郭叶. 2007. 中国法律网站概述. 法律文献信息与研究，(1)：5~11
赵晓海. 2008. 构建法律信息服务的新模式——以“北大法宝”数据库开发为例. 法律文献信息与研究，(2)：51~55
赵仪，赵熊，张成昱. 2002. 专业网站的评价指标分析. 现代图书情报技术，(4)：43~45
浙江大学公共管理学院. 2009-04-05. 《信息检索》国家精品课程教案. http：//jpkc. zju. edu. cn/k/244/jiao%27an/6. 1 (1). htm
郑琳. 2003. 搜索引擎的质量评价研究. 情报杂志，(9)：15~17
郑睿. 2001. 网络参考信息源的划分与评价. 图书馆杂志，(6)：11~14
中文搜索引擎指南. 2008-08-01/2009-04-07. 无所不能：Google 搜索引擎技巧全攻略. http：//www. sowang. com/SOUSUO/20080801-11. htm
钟义信. 2002. 信息科学原理（第三版）. 北京：北京邮电大学出版社
周德民，廖益光，曾岗. 2006. 社会调查原理与方法. 湖南：中南大学出版社，31~44
周登朋. 2009-04-06. 用 Lucene 加速 Web 搜索应用程序的开发. http：//www. ntsky. com/tech/java/opensource/2007-10-22/62a303e837b0a9b9. html? scri pt-lucene
周宁. 2001. 信息组织. 武汉：武汉大学出版社 . 17
周晓英. 2009-08-23. 政府网站的信息构建. http：//www. echinagov. com/echinagov/yanjiu/2006-05-08/4216. shtml
朱雷. 2006. 网站影响力的定量评价指标——网络影响因子述评. 情报科学，24 (8)：1269~1274
朱苏. 2000. 网络资源集评价标准初探. 情报科学，(10)：913，914
卓骏. 2005. 网络营销. 北京：清华大学出版社
左国超. 2007. 基于属性测度的 Internet 搜索引擎评价系统研究. 情报学报，26 (2)：235~239
左艺，魏良，赵玉虹. 1999. 国际互联网上信息资源优选与评价研究方法初探. 情报学报，(4)：340~343

Alireza N. 2006. The web impact factor: a critical review. The Electronic Library, 24 (4): 490 ~ 500

Almind T C, Ingwersen P. 1997. Informetrics analyses on the World Wide Web: methodological approaches to "Webometrics". Journal of Documentation, 53 (4): 404 ~ 426

Bjorneborn L, Ingwersen P. 2001. Perspectives of webometrics. Scientometrics, 50 (1): 65 ~ 82

Boundaries A M, Sigrist B, Alevizos P D. 1999. Webometrics and the self-organization of the European information society. Draft Report on Task 2. 1 of the SOEIS Project, Rome Meeting

Devaraj S, Kohli R. 2003. Performance impacts of information technology: is actual usage the missing link. Management Science, 49 (3): 273 ~ 289

Harris R. 1997-06-25. Evaluating Internet Research Sources. http: //people. biola. edu/faculty/mattr/APA/Evaluating%20Websites. pdf

Ingwersen P. 1998. The calculation of web impact factors. Journal of Documentation, 54 (2): 236 ~ 243

Kapoun J. 1998. Teaching undergrads web evaluation. College&Research Libraries News, 5 (9): 522, 523

Klark J M, Paivio A. 1991. Dual coding theory and education. Educational Psychology Review, 3 (3): 149 ~ 213

Marshall B et al. 2003. Convergence of knowledge management and E-learning: the getSmart Experience. Proceedings of Joint Conference on Digital Libraries. 135 ~ 146

Mayer R E. 2001. Multimedia Learning. New York: Cambridge University Press. 59

McKiernan G. 2009-04-12. CitedSites (sm): Citation indexing of web resources. available at: http: //www. public. iastate. edu/ ~ CYBERSTACKS/Cited. htm

McMurdo G. 1998. Evaluating web information and design. Journal of Information Science, 24 (3): 192 ~ 204

Oliver K M. 2009-04-12. Consolidated listing of evaluation criteria and quality indicators. http: //eric. ed. gov/ERICDocs/data/ericdocs2sql/content_ storage_ 01/0000019b/80/15/05/9c. pdf

Park H W, Thelwall M. 2003. Hyperlink analyses of the World Wide Web: a Review. Journal of Computer-Mediated Communication, 8 (4): 245 ~ 247

Qiu J P, Chen J Q. 2003. An analysis of backlink counts and Web impact factors for Chinese university Websites. Proceedings of the 9th International Conference on Scientometrics and Informetrics, Beijing, China. 221 ~ 229

Richmond B. 2009-04-12. Ten C's for evaluating Internet sources. http: //www. montgomerycollege. edu/Departments/writegt/htmlhandouts/Ten%20C%20internet%20sources. html

Schnotz W, Kürschner C. 2008-01-10. External and internal representations in the acquisition and use of knowledge visualization effects on mental model construction. http: //www. springerlink. com/index/an18334831k42654. pdf

Scott B D. 1996. Evaluating information on the Internet. Computer in Libraries, 16 (5): 44 ~ 46

Smith A G, Thelwall M. 2001. Web impact factors for Australasian universities. Scientometrics, 54

(1，2)：363～380

Smith A G. 1997. Criteria for evaluating information resources. Public-Access Computer Systems Review，8 (3) 1～14

Smith A G. 1999a. A tale of two web spaces：comparing sites using web impact factors. Journal of Documentation，55 (5)：577～592

Smith A G. 1999b. ANZAC webometrics：exploring Australasian web structures. Proceedings of the Ninth Australasian Information Online & On Disc Conference and Exhibition，Sydney，Australia

Tang R，Thelwall M. 2002. Exploring the pattern of links between Chinese university web sites，Proceedings of the 65th Annual Meeting of the American Society for Information Science and Technology，39：417～24

Thelwall M. 2000. Web impact factors and search engine coverage. Journal of Documentation，56 (2)：185～189

Thelwall M. 2002. Comparison of sources of links for academic web impact factor calculations. Journal of Documentation，58 (1)：60～72

Thomas O，Willett P. 2000. Webometric analysis of departments of librarianship and information science. Journal of Information Science，(6)：421～428

Vaughan L，Hysen K. 2002. Realationship between links to journal web sites and impact factors. Aslib Proceedings，54 (6)：356～361

Vaughan L，Thelwall M. 2003. Scholarly use of the web：what are the key inducers of links to journal Web sites? Journal of the American Society for Information Science and Technology，54 (1)，29～38

Wyatt J C. 1997. Commentary：measuring quality and impact of the World Wide Web. British Medical Journal，314：1879～1881